国防特色教材·材料科学与工程

材料加工过程的建模与数值分析

盖登宇　李　鸿　马旭梁　主编

西北工業大學出版社

北京航空航天大学出版社　北京理工大学出版社
哈尔滨工程大学出版社　哈尔滨工业大学出版社

内容简介

本书阐述材料加工建模与数值分析。其内容包括数学模型与建模方法；回归分析，人工神经网络，试验化设计，相似理论，有限差分，有限元以及热力学计算等材料加工模拟中常用的建模方法与算法；热处理、铸造、焊接及塑性成形等几个典型加工过程的建模与数值分析，以及常用软件和上机实践内容。

书中注重基础知识与工程应用的结合，案例翔实，力求深入浅出，通俗易懂。

本书可作为材料加工专业研究生或高年级本科生教材，也可作为相近学科教学参考书，同时可供工程技术人员参考。

图书在版编目(CIP)数据

材料加工过程的建模与数值分析/盖登宇，李鸿，马旭梁主编．—西安：西北工业大学出版社，2009.12

ISBN 978-7-5612-2687-2

Ⅰ．材…　Ⅱ．①盖…②李…③马…　Ⅲ．①工程材料—加工—建立模型—研究②工程材料—加工—数值模拟—研究　Ⅳ．TB3

中国版本图书馆 CIP 数据核字(2009)第 214809 号

材料加工过程的建模与数值分析

盖登宇　李　鸿　马旭梁　主编
责任编辑　张　友

*

西北工业大学出版社出版发行
西安市友谊西路 127 号(710072)　发行部电话：029-88493844　传真：029-88492314
http://www.nwpup.com　E-mail:fxb@nwpup.com
陕西向阳印务有限公司印装　各地书店经销

*

开本：787×960　1/16　印张：24.5　字数：517 千字
2009 年 12 月第 1 版　2009 年 12 月第 1 次印刷　印数：2 000 册
ISBN 978-7-5612-2687-2　　定价：45.00 元

前　言

计算机技术在各种传统技术中的应用已成为发展趋势，计算机辅助材料加工工程（材料加工 CAE）将为材料加工工程提供新的研发手段，带来材料研究方法上的革命，而其基础则是数学建模。本书较为全面地介绍建模与数值分析技术在铸、锻、焊、热处理等材料加工过程中的应用。

本书主要内容是由模型基础知识、数学模型构建、材料加工工程常用模型及算法构成的基础篇，由铸造、热处理、焊接、塑性成形材料数值分析构成的应用篇，以及最后给出的几个提供读者上机进行实践的具体操作内容等三大部分组成，可以形成较为完整的材料加工工程建模及数值分析知识体系。本书在注重基础培养的同时，也突出了专业领域特色。

希望通过对本书的学习，读者能够了解材料加工建模与仿真的概念；掌握材料加工的模型及其在材料加工过程中的应用；了解材料加工，包括铸造、热处理、锻造和焊接等过程数值分析技术；了解各类专用及通用数值分析软件的应用范围及方法。通过生产过程的实例剖析，将建模及数值分析技术应用于材料加工及成形过程中，以实现材料加工过程的分析与研发，提高材料现代加工制造的技术水平。

本书第 1,9,14 章及第 12 章的 12.4 节由哈尔滨工程大学盖登宇编写；第 4,12 章（不包括 12.4 节）由哈尔滨工程大学李新林编写；第 5 章由哈尔滨工程大学侯彦芬编写；第 6,7 章由哈尔滨工程大学李鸿编写；第 10 章由哈尔滨工程大学王香编写；第 11 章由哈尔滨工程大学李莉编写；第 2,13 章由哈尔滨理工大学马旭梁编写；第 3 章由哈尔滨师范大学何立晖编写；第 8 章由中南大学杜勇、刘立斌编写。全书由盖登宇、李鸿、马旭梁主编，由盖登宇统稿，由哈尔滨工程大学李庆芬教授主审。

在本书的编写过程中，哈尔滨工程大学陈昭运教授提供了大量应用实例；哈尔滨工程大学材料计算课题组的学生们在成稿过程中给予了大力的帮助，提供帮助的有王世滨硕士、闵祥军硕士、褚元召硕士、黎群霞硕士，付红梅硕士以及周晓雪、吕云鹤同学。在此一并表示衷心的感谢！

由于笔者水平有限，时间仓促，书中内容如有不妥之处，敬请读者指正。

编　者

2009 年 1 月

目　录

第1章 材料加工模型与建模

模型作为科学和工程的研究手段有着悠久的历史，最早是具有象征意义的原样模型，随后才发展了抽象意义的相似模型和数学模型。

材料加工的科学研究同样需要建立模型，其中物理模型和数学模型是解决材料加工工程问题的重要手段。尤其是数学模型，通过建立适当的数学模型来研究实际问题已成为材料加工研究和应用的主要手段。正是数学模型的采用，材料加工的研究才脱离了试错法，成为一门真正的科学。

1.1 模型基本概念

模型是对研究对象的一种抽象，它反映现实中对象系统的主要特征，但它又高于现实，具有同类问题的共性。

模型一般具有如下特征：

①模型是对系统的抽象或模仿；

②模型由说明系统本质或特征的诸因素构成；

③模型集中地表明系统因素之间的相互关系。

研究目的不同，对同一个对象系统可以建立不同的模型，这些模型分别反映该系统的不同侧面。研究目的相同，同一个对象系统也可以建立不同的模型，反映不同的研究角度、考察因素和价值取向。

1.1.1 模型的分类

1. 原样模型

原样模型是在工程开发末期建立的一种对象实体，是具有实物形态的模型。它与目的工程在结构和过程方面基本相同。原样模型经过试验收进和完善后便是所要开发的目的工程。例如，新产品的样机可认为是原样模型。材料加工工程往往涉及大型铸锻件及焊接结构，其结构庞大，过程复杂，成本高，作原样模型是不可取的。

2. 相似模型

相似模型是根据不同系统间的相似规律(包括几何相似、逻辑相似和过程相似等)而建立的用于研究的模型。例如,地球仪、飞机风洞实验模型等都是相似模型。在材料加工中经常用到的物理模拟手段即是建立相似模型。通常物理模拟指放大或缩小比例,或简化条件,或代用材料,或用实验模型代替原型的研究。在材料加工中往往特指利用小试件,借助实验装置模拟材料加工过程的温度及受力的变化,进而揭示材料加工过程的材料组织及性能的变化。材料通过相似建模进行物理模拟可以通过少量的实验代替过去的大量重复性实验。

3. 数学模型

数学模型是指运用数学符号和公式来表达、研究对象系统的结构或过程的模型。工程中力求采用数学模型是因为数学模型是定量化的基础,是科学实验的补充手段,是预测和决策的重要工具,是推进科技发展的依据。数学的抽象化、公理化的概念和方法,体系十分严谨。数学模型是一种创新性的科学方法,它通过简化问题、抽象问题而得到,通过建立模型并采用适当的数学方法求解,进而对现实问题进行定量分析和研究,最终解决实际问题。总之,数学模型的推理计算、思维方法和想象力是科学发现的钥匙。它能够纠正一般经验和常识所产生的偏见,获得对客观世界的新认识,是其他方法难以比拟的。

1.1.2 不同类型模型之间的关系

可以说相似模型以及数学模型都是对原样模型的抽象及简化。在工程实践中往往几种模型是相辅相成的,工程的成功往往是几种模型综合运用的结果。

利用数学建模能够从整体上和整个过程为相似模型的物理模拟提供理论趋势,尤其是非线性问题数值模拟更是具有量化结果的优势,从而避免了建立在相似条件下的物理模拟不能够进行外推的缺陷。

但由于材料加工的复杂性,目前尚缺乏全面描述加工过程的理论公式,数学模型的建立也要依赖物理模拟获得的过程主要影响因素及性能、缺陷形成机理的认识。数学模型基础上的数值模拟要依赖相似模型基础上的物理模拟来检验其合理性和可靠性。例如大型焊接结构件往往需要在热模拟机上得到其母材及焊接填充材料的各种性能以及不同温度的表现,这些是数值模拟的基础,而数值模拟的结果又需要由相似模型的小件进行物理模拟验证。所有这些工作完成后,其最终要经过中试实验,即利用原样模型(样件)进行验证。

1.1.3 模型的本质

从系统概念上看，模型是系统中各种关系的表达形式。因此，建立模型要从状态和过程两个方面去寻求，把握和描述各系统要素之间的相互关系。

模型是作为认识与实践活动的中介。模型既可以理解为概念集合的表达系统，又可以理解为创造实践的中间产品。模型既是认识的表达，又是实践活动的先导。模型参与认识世界和改造世界的不断的循环往复过程，既是认识不断深化的体现，又是实践活动不断拓展的体现。

1.2 数学模型

1.2.1 数学模型及其特点

现代科技发展的一个重要特征就是研究者越来越多地使用数学。数学的应用使科学研究走向定量化。科学数学化成为科学研究的重要趋势。研究中无论是工程问题还是基础科学问题，无论是自然科学问题还是社会科学问题，都离不开数学模型。

经典的数学模型包括力学方面的牛顿三大定律、热力学中的热力学三大定律以及电磁学中的高斯定律等。在社会科学研究中各类的经济运行规律、马尔萨斯人口模型等都是数学模型。还有很多模型既可以用于自然科学领域，又可以用于社会科学领域，例如一些统计学模型和人工智能模型等。

我们知道模型是对现实世界中实体的特征及变化规律的一种表示或抽象，那么数学模型就是利用数学语言对某种事物系统的特征及数量关系建立的符号系统。重要的是如何看待数学模型。我们可以把数学模型看做一种对现实世界的理想化，它与实际问题的关系就像城市的交通图与城市交通系统：交通图扭曲地绘出各个距离和方向，但精致地表现出它们相互连接的情况，也就是从本质上简化了交通系统。数学模型同样是实际问题的粗略简化，但抓住了它的一些本质特征。模型的成功与否在于是否抓住事物的本质，差的数学模型是一系列罗列的数据描述，而好的数学模型则能够抓住物理本质，反映过程变化规律。为了反映本质而扭曲部分非本质的东西是允许的。

通常数学模型分为广义和狭义两种。广义言之，对客观事物进行的一级抽象或多级抽象的数学概念、数学公式、数学理论等都叫做数学模型。而狭义数学模型则是指反映特定问题或特定事物系统的数学符号系统。一般应用于材料加工工程的数学模型往往是针对特定问题的,也就是狭义的数学模型,其目的也是解决具体问题。

数学模型具有以下特点。

1. 高度的抽象性

任何一门学科都具有一定的抽象性,数学的抽象性更高,这是数学区别于其他学科的显著特点。数学方法抛开了事物的次要属性,突出了事物的本质属性,而且舍弃了事物的物质和能量方面的具体内容,只考虑其数量关系和空间形式,并加以形式化和符号化,以便能够进行逻辑推理和数值运算。这种高度的抽象性,实质是对事物认识上的高度概括和深化,对同类问题包含更多的经验和理解。在科学研究中,不同性质的问题可以用相同的数学模型来表示,同一个问题也可以用不同的数学模型来表示。

2. 高度的精确性

数学方法的高度精确性表现在三个方面:一是表达各种因素、变量和它们之间的关系相当明确、清楚,二是逻辑推演和运算规则十分严密,三是结论非常确定。数学方法可以处理多变量、关系复杂的问题,可在有意义的范围内获得令人满意的计算精度,因此特别适合于揭示事物的量的规定性,成为定量研究的有力工具。

3. 应用的普适性

数学方法的高度抽象和精确,使之比任何一种科学方法的应用范围都更为广泛,或者说,任何一门学科的发展都必须引进和应用数学方法。可以说,目前只存在尚未运用数学方法的领域而不存在不能运用数学方法的领域。许多相同形式的数学模型可用于不同的实际问题,具有重要类比和借鉴意义。数学方法的形式化和公理化,使模型本身、计算过程和计算结果都便于交流。数学模型易变动,便于修改参数和改变计算关系,分析和求解问题速度快,求解成本低,特别是同计算机相结合时,这一特点更为突出。

尽管数学模型缺乏直观性、形象性和实时感,但由于上述持点,一直是普遍使用的有效模型,而通常所说的模型化过程主要是指建立数学模型的过程。

具有如此多的优点,数学模型究竟如何表示呢?事实上我们完全可以把数学模型看做转换函数,它将输入转换为输出,而其表示形式是多种多样的,可以是代数方程、微分方程或者积分方程,而且这些方程可以被植入离散计算中,例如有限元计算及有限差分计算。在科学研究中,不同性质的问题可以用相同的数学模型来表示,同一个问题也可以用不同的数学模型表示。例如材料研究中有时可以把温度场与电磁性能模型用同一数学模型表示,而人工神经网络模型以及回归分析方程都能很好地预测材料的流变应力。

1.2.2　数学模型的分类

1. 数学模型分类

数学模型的分类方式很多，可按不同分类原则得到不同的分类，如表1.1所示。但对于揭示事物本质来说，可以区分为经验模型和物理模型。经验模型是对一系列实验数据的近似的数学拟合，没有预测能力。物理模型建立在已知的物理和化学原理及定律基础上，根据这些原理或定律，物理模型获得了预测能力。材料加工建模中我们的最终目的是建立物理模型，但由于材料加工过程的复杂性，完全以物理模型处理是很难行得通的，通常的做法是在建立的物理框架内嵌入某些变量行为的经验描述。关于这种模型形式的先例很多，例如弹性体的建模基于平衡和协调的物理原理，而当应变较小时，就要基于线弹性原理，弹性模量的值以及弹性模量与温度、压力的关系尚不能由物理原理中导出达到实用精度的结果，必须以经验方法得到。

表1.1　数学模型分类表

分类的原则	名　称
人类认识过程	描述性、解释性
模型构建数学方法	初等模型、图论模型、规划论模型、微分方程模型、最优控制模型、随机模型、模拟模型
问题性质	确定与不确定的、静态与动态的、连续与离散的、线性与非线性的
解的特征	解析的、数值的
算法应用	经典工程数学的、运筹学的
应用领域	人口模型、交通模型、环境模型、焊接模型等等
对模型结构了解程度	白箱模型、黑箱模型、灰箱模型

2. 数学模型分类原则

(1)按人类的认识过程分类

按人类的认识过程，数学模型可分为描述性模型和解释性模型。

描述性模型注重对所研究系统的状态和过程的描述，通常是一组系统中各个要素之间关系的量化方程。客观事物间的联系通过特定的数学结构表示。解释性模型源自公理系统，是借助数学解释公理。

(2)按构建模型的数学方法分类

按构建模型的数学方法，数学模型可分为初等模型、图论模型、规划论模型、微分方程模型、最优控制模型、随机模型以及模拟模型等。

所谓初等模型，是指运用初等方法建立的数学模型，如代数模型、图解模型等。这些模型易于理解和运用，因而价值更高。

图论作为一门学科是在近代数学有了相当发展后建立的。图论中的图不是物体的形象图，也不是几何图，而是由点和点的有向或无向连线组成的表示各种关系的图。图论模型在材料领域可以表示物质结构、晶体结构以及工艺步骤关系等。图论中的树结构应用尤其广泛，在材料加工的建模以及过程控制中都有应用。

微分方程模型在研究问题中将过程的局部或瞬态各变量的关系以微分或差分形式表示，从而获得系统的数学模型。各类有限差分以及有限元模型均建立在此基础上，材料加工中的温度场、应力场以及扩散问题均能用到这种模型。

随机模型是基于概率论的模型，它探讨了随机过程发生的概率。材料加工中常用的Monte Carlo 模型以及相场理论等模型均属于此类模型。

模拟模型使用其他现象或过程来描述所研究的现象或过程，用模型的性质来代表原来的性质。它建立在不同物理现象的数学模型一致的基础上，例如可以用电流来模拟热流或流体流动。自材料加工中建立液晶高分子材料本构模型是采用了非牛顿流体力学以及流变学来描述高聚物加工过程。

(3)按所研究问题的性质分类

按所研究问题的性质，数学模型可分为确定的和不确定的、动态的和静态的、连续的和离散的、线性的和非线性的、宏观的和微观的模型。

①确定型模型与不确定型模型。所谓模型的确定性与不确定性是指其描述过程的状态确定后其输出是否确定。如果过程的输出响应是唯一确定的，则模型为确定型模型；否则状态确定而过程的输出响应仍然是不确定的，即过程随机，为不确定型模型。

对于模型究竟为确定型或不确定型，必须从问题的本质来把握，即在一定条件下现象是必然发生还是在一定条件下发生的可能性不确定或随机。在对同一个现象研究时，当提出的问题与观察的角度不同时，可以建立确定型或不确定型模型。例如掷硬币问题，当研究哪一面会朝上时，属于不确定性问题；当研究每一面朝上的概率时，又可以确定必然为50%。所以对不确定性或随机性，要具体分析其性态与成因，才能构建出切合实际的模型。

②动态模型与静态模型。动态模型与静态模型的划分在于所研究的问题是否随时间变化。当所研究的系统各状态变量之间的关系是时间的函数时，需要建立动态模型。而静态模型即稳态模型，即描述过程处于稳态时各状态变量之间的关系，它们一般都不是时间的函数。人们感兴趣的材料行为往往是动态的，材料加工中会涉及从稳态方程导出瞬态方程的问题，例如稳、瞬态热传导问题。

③连续模型与离散模型。连续模型和离散模型也是按问题的本质来划分的。当系统有关

变量连续时,即为连续系统,其模型为连续模型。系统有关变量离散时,则系统为离散系统,其模型为离散模型。材料加工中经常涉及将连续问题离散化,这是因为计算机只能处理离散问题。例如塑性加工中的固体的变形以及铸造中的液体的流动都是连续问题,处理时一般采用有限差分或有限元方法将其离散化,建立离散模型进行处理。

④线性模型与非线性模型。线性模型用来描述线性过程。线性连续动态系统模型为线性常微分方程,可以为一元高阶方程,也可以为多元一阶联立方程。线性过程必定满足均匀性和叠加原理,即系统整体作用等于各部分作用之和,这是线性系统的基本特征。

基于系统动力学,常微分方程对线性系统的描述是:确定初始状态后,系统未来的状态是可以决定的。

非线性系统是指不可以用线性数学模型描述的系统,系统的一部分或整体存在非线性特性,且系统各部分间存在非线性相互作用。

非线性系统的动态行为一般难以用解析法求解,多用数值法求解。有时求解非线性问题时可以忽略一些不重要的非线性项而进行局部线性化,但这种方法若不加一定条件使用会导致不可预测的结果,致使结果严重偏离。非线性系统具有相干性,即其不满足叠加性原理,整体作用要大于部分作用之和,这说明即使许多微小非线性因素的相互作用也可导致不可预测的结果。材料加工中涉及的大应变问题,例如压力加工以及焊接过程建模都是非线性问题,目前许多工程分析软件如 MARC,ANSYS 等都有非线性分析功能。

(4)按模型的解的特征分类

按模型的解的特征,数学模型可分为解析模型和数值模型。

所谓解析模型,是指必然可依据特定形式的公式求出精确解(也称解析解)的数学模型。但并非所有可构造的数学模型都有解析解,许多高次的非线性方程就只能求其近似解。

所谓数值模型,是指在研究未知函数的分析问题时,用数值参数的问题来代替本来的问题,只要获得这些参数,就可近似地计算未知函数。

事实上材料加工中许多问题人们已经得到了它们应遵循的基本方程和相应的定解条件。但是能用解析方法求出精确解的问题只占少数,只有方程简单,几何形状规则的求解问题能够做到解析求解。多数问题由于方程一些特征的非线性或复杂的几何区域,解析的答案很难得到,这就需要数值求解来完成,即建立离散的数值模型。

(5)按算法应用的基本关系分类

按算法应用的基本关系,数学模型可分为经典工程数学模型和运筹学模型。

经典工程数学模型包括微分方程、积分方程、积分变换、变分、矩阵等,它们源于物理系统,一般称为第一类工程数学。

运筹学模型则是研究包含人的某些活动规律在内的问题,往往是基于一定规则下的最优化问题。这些包含人的活动准则在内的运筹学,以及能够表达人的概念和思维过程的由数理逻辑、集合论、关系和图论、代数系统、组合分析等近代数学所组成的“离散数学”,统称为第二类工程数学。

(6)按应用领域分类

不同的模型有不同的应用领域，按其应用领域可分为人口模型、环境模型、材料加工模型等。

(7)按人类对模型的了解程度分类

按人类对模型的了解程度可分为白箱模型、灰箱模型和黑箱模型。这些模型意味着人们对明显的原型机理从完全了解到了解一部分再到不了解。其中灰箱模型给予灰色理论，在处理不确定问题上有其独到之处。

1.2.3 数学模型的评价

数学模型的根本作用在于它对客观原型的抽象和简化，便于人们采用定量分析的方法分析解决实际问题。它是定量分析的工具，如果一个数学模型不能用来对问题进行定量分析，那么该模型便失去了它的现实意义。一个合适的数学模型一般应具备以下三个条件：

首先，数学模型必须能够真实反映所研究对象的本质特征和运动规律。这是一切模型存在的前提，如果失去对事物本质的准确反映，模型就失去了存在的意义。

其次，数学模型应结构简明，便于理论分析、逻辑推演和数值计算。只有模型足够简明才能够应用有限的计算能力来实现问题求解。

第三，数学模型不但要能够有效地说明和解释实际问题，而且必须能检验其可靠程度。只有可检验的数学模型才有意义，如果我们无法提供模型检验方法，那么就无法说明其正确性，在建模与模型求解过程的努力也就失去了存在的基础。

数学模型不仅能为揭示特定的数量关系提供科学有效的工具和手段，而且能够通过自身的思维特性和在整个历史过程中不断发展并确定下来的全部通用思维方法与手段来影响人的思维活动，提高人的认知能力。

但是，由于客观世界固有的复杂性，大量的系统工程问题中存在着模糊性、不确定性、无样本性和信息的不充分性，很难完全使用数量关系的形式描述和揭示，这就使数学模型的定量研究受到许多因素的制约。因此，数学模型也往往存在以下缺陷：

①对事物的科学抽象不合理；

②模型的结构形式不合理；

③遗漏重要变量使模型失真；

④模型过于复杂而难以求解；

⑤模型参数取值困难或取值不准确，影响计算结果的可信性和可靠性。

基于上述原因，数学模型需要反复修正和改进，才能获得令人满意的结果。这也符合人类的认知规律，即螺旋式上升的认知。

自然及工程问题是极其复杂的,依靠对研究对象的现有认识和数学工具,单凭定量方法并不一定能真实反映复杂系统的性质和运动规律,因此,定量研究还必须与定性研究结合起来。

1.2.4 建立数学模型的目的

建立数学模型的目的究竟是什么？对这一问题的回答影响着模型的建立方式。我们可以列举一些材料工程中建立模型的目的：

①了解和洞察材料某一方面行为的物理本质,获得方程或程序中材料的某些响应,例如有限元程序中的塑性力学方程。

②预测实验室中不易复制条件下的材料响应,例如大型铸件的流场。

③允许时间、空间或速率进行外推,例如锅炉钢管的使用寿命。

④提炼数据,例如应力应变数据的提炼即是各种弹性模量,扩散数据的提炼即是扩散常数。

⑤指导工艺优化,提供工艺实时控制。这也是材料加工中最主要的模型目的。

⑥指导工程设计中材料的优选与使用。

材料科学与工程的研究方法是从试错法开始的。随着各种材料科学与加工工程中测试方法的提高以及规律的揭示,数学这一工具的作用不断被强化。数学这一有效工具的利用使材料科学及加工工程本质规律不断被揭示,数值模拟与实验的结合使材料研究变得效率更高。计算机模拟不但能够在某些方面代替实验,甚至能够完成实验不可能完成的任务。

1.3 建模及模型构造

1.3.1 建模

建模,即模型化过程,是一个认识的辩证过程。模型不是研究问题的归宿,而是人们对事物认识的表达形式和工具,模型化过程所追求的是问题的清晰和有效的表达并尽可能高效、准确地解决问题。

建模,是模拟成功的基础,模型干净利落,才能使求解一气呵成。好的模型,通过仿真可以查知秋毫;坏的模型,会导致仿真得出错误的结论。大型复杂问题的建模必须坚持两条腿走路,一方面是简化、提炼来表达整体特性,服务于总体分析,解决总体特性问题;另一方面要有效地刻画细节,建立详细模型,解决局部问题。这两方面相辅相成,互相协调。这些都要求有一个规范的模型化过程。

模型化过程如图 1.1 所示。

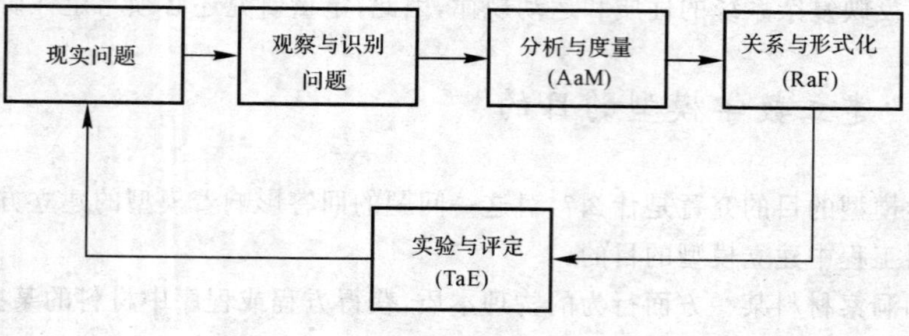

图 1.1 模型化过程的构造方法论

模型化过程内容简述如下。

1. 观察与理解

①阐明对所研究问题的见解和意向；
②提出目的和目标；
③搜索各种有关的信息来源；
④确定主要限制(时间限制、活动领域、资源限制等)；
⑤显示解决问题的各种途径(即概念性方案)。

2. 分析与度量

①对解决问题的各种途径进行设想和分析,明确系统和环境的各种影响因素；
②作出各种假设；
③分析各种因素的性质(指明其为常量、变量或可控量)；
④推断所需的某些数据；
⑤建立系统效能评价准则。

3. 关系与形式化

①判定问题的性质；
②研究各种关系；
③典型化和抽象化；
④衡量各种因素的重要性(确定各因素的影响力及主作用力)；
⑤研制并显示模型的适当表现形式。

4. 实验与评定

①建立科学、合理的系统效能评价指标体系；

②确定反馈量的处理方式；

③确立比较得失的均衡原则和方法；

④方案排序。

构造模型是一个认识的不断深化过程，因此反复迭代过程是必不可少的。

1.3.2　模型构造方法

模型构造方法因所表达的工程系统的结构和性能的千差万别以及研究的目的、程度不同而不同。在建模时我们首先要明确建模的目的及所要解决的问题，然后要对所研究的对象进行详细的调查研究，再根据研究对象所处的相关学科知识建立因素间相互关系模型，或者利用系统行为的统计规律建模。

总之，建模需要创造性，不能对建模以过多的条条框框加以限制，否则将损害模型的表达，但建模并不排除模仿现有的方法，要建立合理的模型就要在实践中合理地利用现有模型，正确地改造相似模型，创造新的模型。

对于模型构造，大致有以下的方法。

1. 直接分析法

研究的问题足够简单和明确时，可以根据问题的性质和范畴直接建模。该方法是一种广泛应用于科学研究中的建模方法。当人们对问题的机理已经有了清楚的了解时，该方法具有简单易行的优势。

在材料加工过程中，简单的传热分析、扩散分析等过程就可以根据问题的性质直接利用现有的温度场模型等进行建模。在质量参数的计算中也可直接利用几何模型计算研究对象的重心等参数。

2. 基于统计学规律的方法

材料加工中常常应用的建模方法是基于回归分析的建模方法，基于试验化设计的建模方法等都是基于统计学规律的建模方法，正确地应用这些方法往往会取得事半功倍的效果。

3. 数理方法

基于数理模型的方法运用数值手段，结合产品的几何模型，在离散化基础上，进行产品静、动态及热、流场分析，预测产品的功能。基本的数值方法包括有限元法、边界元法、有限差分法等。其中,有限元法依赖于变分原理,边界元法和有限差分法分别由积分、微分方程推导出来。这三种方法,有成熟的商业软件包可供利用,各企业也可以根据分析目标,结合产品特点编制特定的应用程序。

三种数值方法中,有限元法应用得最普遍,适用于静、动力分析,以及热、磁、流、声等多场分析,对于不规则边界的场域问题处理最有成效。以静力分析为例,它首先将考察构件分割成单元,在每个单元建立作用力和位移之间的关系式,然后集成各单元,得到总体关系式,求解该方程,得到场在各离散节点的解。

有限元法的通用性使得它可以把固体力学、流体力学、动力学与控制等不同分支中课题的求解统一在一个框架内,组织在一个系统中。

基于数理模型,产品的分析过程一般分为前处理、模型求解、后处理三个部分。其中前、后处理是算法与空间模型的接口,进行相应数据的前期准备与后期整理,完成算式表达和结果显示。模型求解部分实现数理方程的解算。对线性化模型,目前算法已近于成熟,当前数理方法的主要研究方向是非线性问题和多体系统建模。

数理方法的进步与发展与计算机技术的发展直接相关,它的运用可以最充分地调动计算机软、硬件资源,实现产品结构及功能关系的检测和优化。

4. 人工智能方法

基于知识的方法,也称人工智能(AI)方法,是在知识的系统中实现的,运用的主要元素是知识表达和知识处理。

人工智能研究人的思维能力,进行人思维活动的计算机模拟。人工智能主要应用在故障诊断、配置、计划、咨询、决策和建议等方面。人工智能有思维认知和工程应用两种取向,材料加工建模往往取其工程取向,即仿生的建模和处理技术,包括人工神经网络、模拟退火、遗传算法等。

以往,计算机的应用基于确定性规则,对于含有过多不确定因素的问题,如概念设计,计算机较少涉足。人工智能改变了这种局面,为不确定的知识和经验搭建了算法平台,并具有良好的全局优化功能。

1.3.3 建模具体过程

有了模型化过程的流程,又熟悉了模型构造的方法,我们来探讨一下建模尤其是材料加工中建模的具体过程。

首先要识别问题。识别问题看似简单,似乎每个有经验的研究者都能够轻易做到,但是问题往往含有许多子问题,有时会涉及多种机理。在材料加工中经常有这样的问题,很多过程不但有多种的子问题,而且子问题也要涉及多种机理。例如,热加工模拟中涉及温度场、应力场以及组织转变等子问题。组织转变过程又涉及新组织的析出，析出则有多种机制来控制，有的受扩散机制控制，也有的受界面动力控制。对于应力场也就是形变问题，往往可能发生弹性形变，也有可能发生塑性形变。建立每一种子问题的模型是较为简单的，对照结果，结合分析也不是很困难的问题。真正困难的是将这些子问题模型耦合起来。识别问题，分析清楚其结构是建模成败的关键。

第二步要识别输入及输出。建立模型的本质是简化，但绝不能忽略本质要素，所以识别输入、输出是建模的主要步骤。建模时必须明确想从模型中得到什么，为得到这些信息将要输入什么，变量以及边界条件(成分、温度、时间、载荷以及位移等)是什么。如果一个变量几乎不变或者其变化对所求解问题无影响，那么在建模时应该去除它，或在计算过程中加入。多个模型的耦合就是一个更加复杂的问题，某一个模型的输出可能会成为下一个模型的输入。

第三步，识别所要解决问题的物理机理。查机理是一切建模正确与否的基础和关键。识别模型的机理可以使用三种方法：一是根据成熟的经验，这也是材料加工中建模最常用的方法，因为一般的加工过程都有经典的理论可以运用；二是参照类似问题，如果某一问题与已有经验中的其他问题十分相似，就可以用类比的方法来推测该问题的机理；第三种方法只能是通过实验来认识问题，实验的目的一是寻找未知的机理以建模，二是验证一些通过参照类似方法推测出的机理。

模型的建立并不能一蹴而就，而是一个反复迭代的过程。以一个数量级开始应该为一个不错的选择。所以精度的确定是一个重要的步骤。首先以一个比较大的数量级建模以便识别重要变量并揭示那些错误的假设。在确定精度的过程中确定的精度因子可以简化模型，包括忽略对输出影响小于精度因子的因素；用一维或二维的等效问题代替三维建模，用简单的过渡代替复杂的形状。简约的模型有利于把握整体，但对于一些细节问题，还需要精度高的精细刻画。当从较低精度向较高精度过渡建模时必须检查前一阶段忽略的因素是否应该考虑，某些时候精度会受到软、硬件能力的限制，这就更需要在建模时注意精度的把握。

以上几步是建模的准备工作，构造模型则更多地是利用标准技术和标准结果。材料加工的建模手段用到许多基本原理和方程，但求解问题往往不需要从最基本的原理开始，而是利用大量的已被确认的模型。材料加工的建模往往要涉及多种机理、耦合计算以及空间变化。加工问题中涉及多机理的例子很多，例如粉末压制过程受到来自屈服、幂律蠕变和各类扩散的作用，烧结速率就是这些作用的总和。如图 1.2 所示，晶粒长大通过孔隙与晶界分离而影响烧结，其状态变量是现行密度 Δ(相度量残留孔洞的体积分数) 和晶粒尺寸 g。这种响应曲线模型目标仍为 Δ 这一状态变量。烧结本构方程的一般形式如下：

$$\left.\begin{aligned}\dot{\Delta} &= f_1(\Delta, T, g) + f_2(\Delta, T, g) + f_3(\Delta, T, g) \\ \dot{g} &= g_1(\Delta, T, g)\end{aligned}\right\} \tag{1.1}$$

式中，$\dot{\Delta}$ 是密度变化速率，$\dot{g}$ 是晶粒长大速率，f_1, f_2, f_3 分别表示屈服、幂律蠕变以及扩散三种独立机理。

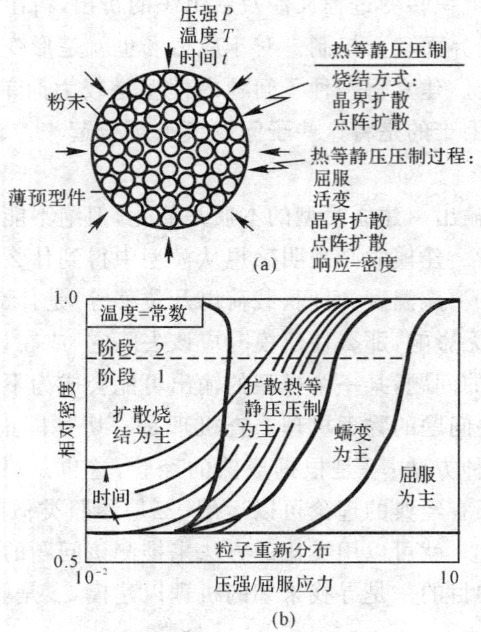

图 1.2 热等静压压制

(a) 热等静压压制实粉末,状态变量是密度和晶粒尺寸;

(b)给定温度和压强时,多种机理起作用

加工过程是多种机理分过程的耦合,图 1.3 为几种加工过程的耦合示意图。对于各个部分的模型必须以某种方式加以耦合,为保证连续性、协调性以及平衡性,耦合有时也会涉及尺度问题。空间变化则是在温度场、浓度场以及应力场非均匀时采用离散的方法进行的。

由图 1.3 可以看出,(a)表示焊接过程的几种模型耦合,焊弧或焊炬模型、焊池模型和热影响区模型都是耦合的;(b)表示的喷涂成形中,雾化模型、喷涂模型、冲撞模型、固化模型以及最终的传热模型都是耦合的:材料和热流必须在相遇处匹配;(c)表明在连续浇铸中熔池模型、糊状区模型、固体模型和外界冷却模型都是耦合的:热流和材料必须匹配;(d)表明热轧涉及热流与材料流的耦合:温度和变形影响轧辊压强和轧制板材的结构和性能。

模型建立的关键一步是量纲分析,量纲分析是建立模型非常重要的手段。检验方程或结果的量纲一致性之后,才能进行无量纲分析。

查询及检验是在模型给出不理想甚至荒谬的结果时确定是否需要重新开始建模的必不可少的步骤。方法如下:检查每一步骤是否符合本质,输出结果是否简练;检验模型对极端输入值的输出是否敏感,输出值对输入值是否敏感,若不敏感是否可以换为常数;设计校准步骤,通过测量来调整模型中常数的值,测量的次数取决于常数个数。

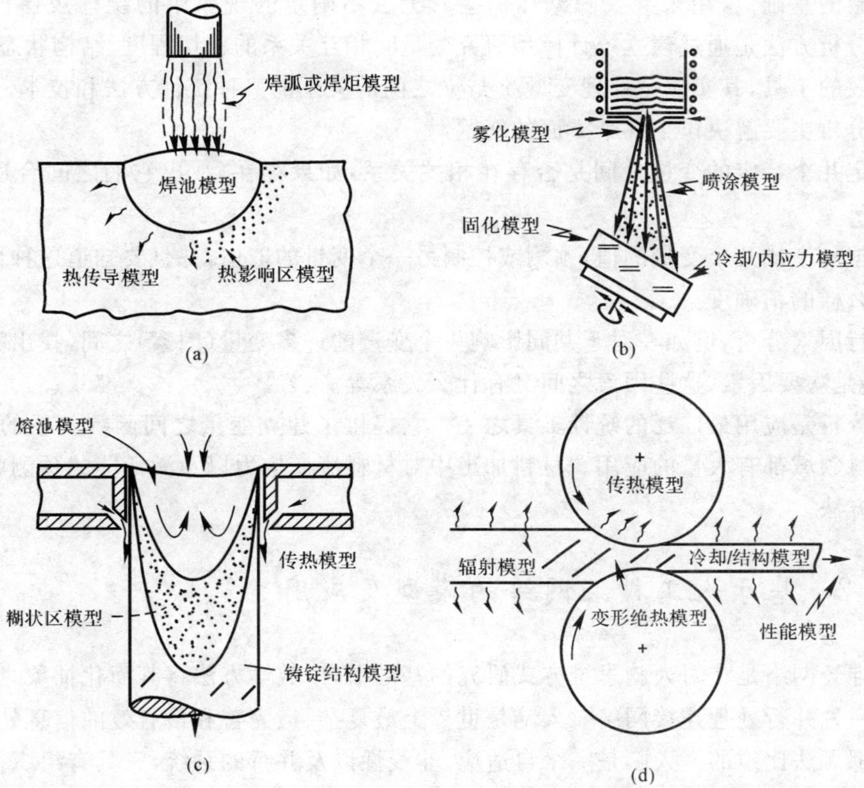

图1.3 加工过程耦合示意图

(a)焊接过程；(b)喷涂成形；(c)连续浇铸；(d)板材热轧

1.4 材料加工常用模型与算法

材料加工建模涉及的范围广，包括温度场、应变场、组织转变、流场等诸多物理场的模型，材料加工又涉及实验与建模计算相结合，应用一些基于实验数据的算法。本书主要介绍一些材料加工中常用的模型及算法，包括回归分析、人工神经网络、试验化设计、相似理论、有限差分、有限元以及基于热力学的模型。

1.4.1 基于回归分析的模型及应用

回归分析研究的主要对象是客观事物变量间的统计关系，它建立在对客观事物进行大量试验和观察的基础上，用来寻找隐藏在那些看上去不确定的现象中的统计规律性的统计方法。回归分析方法是通过建立统计模型研究变量间相互关系的密切程度、结构状态、模型预测的一种有效的工具，其实质是处理变量 x 与 y 之间的关系的一种统计方法和技术。

回归分析主要解决以下几个方面的问题：

①确定几个特定的变量之间是否存在相关关系，如果存在，找出它们之间合适的数学表达式。

②根据一个或几个变量的值，预测或控制另一个变量的取值，并且要知道这种预测或控制可达到什么样的精确度。

③进行因素分析，例如在对于共同影响一个变量的许多变量(因素)之间，找出哪些是主要因素，哪些是次要因素，这些因素之间又有什么关系等。

回归分析是应用最广泛的统计工具之一。它提供了建立变量之间函数关系的简便方法，在许多学科领域都有大量的应用。材料加工中对材料流变应力以及激活能的预测就可采用回归分析的方法。

1.4.2 基于人工神经网络的模型及应用

人工神经网络是在对人脑思维方式研究的基础上，以数学方法将其简化抽象，反映人脑基本功能的一种并行处理连接网络。人脑是世界上最复杂、最完善和最有效的信息处理系统，是任何机器都无法比拟的。人脑是一个自适应、非线性以及并行的系统，它具有组织神经元完成特定功能的能力，虽然每个神经元处理信息的速度很慢，但由于大量神经元并行工作，因而人脑可轻易处理大量信息。人工神经网络只能是人脑这一复杂系统的粗糙模型。

人工神经网络一般以一段构造的程序形式表示，但与一般的计算机程序不同，它模仿了人脑的优点，利用模拟人类大脑的运行去理解和利用信息。人工神经网络可用于解决定性问题，也可用于定量分析。人工神经网络可靠性高，尤其对复杂非线性问题处理表现突出，且具有自学习能力，在现代科学研究中得到了大量应用。

人工神经网络的处理单元十分简单，其工作则是“集体”进行的，它的信息传播、存储方式与神经网络相似。它没有运算器、内存、控制器这些现代计算机的基本单元，而是相同的简单处理器的组合。它的信息存储在处理单元之间的连接上，因而是与现代计算机完全不同的系统。

1.4.3 基于试验化设计的模型及应用

试验设计是以概率论和数理统计为基础，积极地、科学地制定试验方案以便对试验数据进行有效的统计分析的数学理论和方法。

试验设计的基本思想由英国统计学家 R. A. Fisher 提出，Fisher 进行农业田间试验时发现环境因素难以严格控制，随机误差不能被忽略。他提出应合理安排试验方案，采用合适的数学模型来减少随机误差的影响，进而提高试验结论的可靠性。

试验设计大致分为传统方差分析、正交试验设计、信噪比试验设计与产品的三次设计几个阶段，它有助于更加有效地解决很多问题，包括：

①科学地安排试验，减少试验量，缩短周期，当试验的因素水平较多时，效果更加显著。

②通过试验设计和结果分析分清产品设计制造中大量因素的主次，找出影响指标的主要因素。

③分析因素间影响的大小。

④利用方差分析试验误差影响的大小，提高试验精度。

⑤优化设计参数及工艺。

⑥预测最优化指标值。

试验设计有许多种，其基本思想都是在某一数学模型下达到最优。正交设计建立于特定的方差分析模型下达到最优，最优设计是在特定回归模型下达到最优，均匀设计是在特定稳健回归模型下达到最优。要想制定出好的试验方案设计，不但要掌握统计学方法，还要具备深厚的专业知识及经验。

1.4.4　相似理论模型及应用

相似的概念最早出现于几何学中，即假如两个几何图形的对应边成一定的比例，那么这两个图形便是几何相似的。可以把这一概念推广到某个物理化学过程的所有物理量上。相似理论是一门完整的学科，是处理实验数据的理论基础。对于以实验为基础的一些学科，如传热学、传质学、流体力学、材料学等，相似理论有着特别重大的意义。

相似理论综合了理论研究和实验研究两种方法的优点。它从描述过程的微分方程中导出所研究现象规律的相似准则一般关系式，并将它作为实验和整理数据的依据，使一般性的关系式具体化，从而得到解决具体问题的准则方程。这样得到的结果，不但避免了求解微分方程时所遇到的困难，而且使实验结果具有普遍指导意义。总之，相似理论可以使描述现象的微分方程用实验方法来求解，它是一种有效的求解微分方程和整理实验数据的特殊的物理数学方法，目前，这种方法已在各学科得到广泛的应用。

相似理论的基本内容包括在相似三定理中。

相似第一定理指出，两相似现象应该具有相同的相似条件，用同一方程描述，又称相似不变量存在定理。

相似第二定理指出，若系统的单值条件相似，则系统为相似。所谓单值条件是指将某个现象从同类现象中区别出来的条件，即将现象群的通解转变为特解的具体条件，包括：

①系统的几何特性。

②对所研究的现象有重大影响的介质特性。

③系统的起始条件和边界条件。

相似第三定理指出，现象相似的充分和必要条件是单值性条件相似，而且由单值性条件包含的物理量所组成的相似准则相等。

简单地说，它是以量纲分析为基础，把参与现象的各物理量参数，通过量纲分析组成无量纲量组，这些无量纲量就是该物理现象的相似判据。

1.4.5 基于有限差分法的模型及应用

有限差分方法是数值计算中常用的方法之一，最早用来描述物体运动的方程就是有限差分方程。随着计算机技术的发展，有限差分法得到迅速的发展，并在传热分析、流动分析、扩散分析等很多领域取得了显著的成就。有限差分法在材料成形领域的应用较为普遍，与有限元法一起成为材料成形计算机模拟技术的两种主要的数值分析方法。特别是在流动场分析方面，与有限元相比，有限差分法有独特的优势，因此目前进行流体力学数值分析，绝大多数都是基于有限差分法。计算流体力学把描述流体运动的连续微分方程变成了有限离散的代数方程，著名的铸造模拟软件 MAGMA 就是基于有限差分技术制作的。

有限差分法以差分代替微分，将求解对象在时间与空间上进行离散，对每个离散单元进行各种物理场（如温度场、流动场及应力场等）分析，然后将所有单元的求解结果汇总，得到整个求解对象在不同时刻的行为变化，并对分析对象的可能变化（发展）趋势作出预测。有限差分法具有求解过程简单、速度快、前后处理易于实现等优点。例如有限差分法在流体力学数值解法中应用时，就是在离散的网格点上把各偏导数项化为差商来求数值解：选择合适的基本方程，确定相应的定解条件，然后将微分方程离散到差分网格上求解。

差分方法的基本要求是差分方程能准确地代表微分方程。有限差分法的近似处理会引进误差，包括差分方程的截断误差、差分方程解的离散误差，以及计算过程中引入的舍入误差。这些误差对计算过程和计算结果的影响，反映在差分方程的数学特性上。与此相应的是差分方程的相容性、收敛性和稳定性。

差分方程的建立过程如下：

①合理选择网格布局及步长。图 1.4 所示为几种不同图形的差分网格布局。

将离散后各相邻离散点之间的距离，或者离散化单元的长度称为步长。

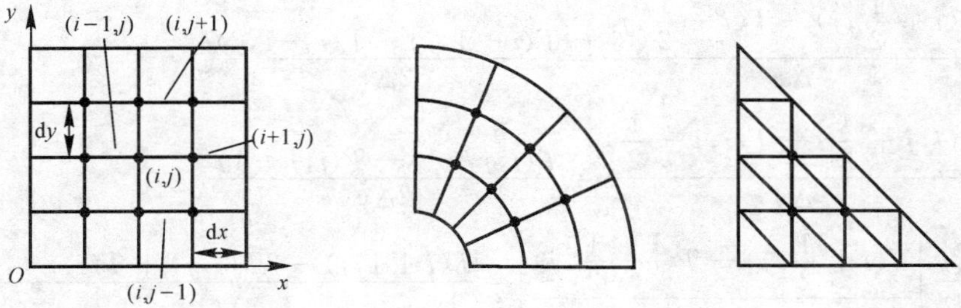

图 1.4　差分网格

② 将微分方程转化为差分方程。以有限差分代替无限微分，即以 $x_2-x_1=\Delta x$ 代替 $\mathrm{d}x$，以差商 $\dfrac{y_2-y_1}{x_2-x_1}=\dfrac{\Delta y}{\Delta x}$ 代替微商 $\dfrac{\mathrm{d}y}{\mathrm{d}x}$，并以差分方程代替微分方程及其边界条件。

向前差分：

$$\left.\begin{aligned}
\frac{\partial T}{\partial x}&=\frac{T(i+1,j)-T(i,j)}{\Delta x}\\
\frac{\partial T}{\partial y}&=\frac{T(i,j+1)-T(i,j)}{\Delta y}\\
\frac{\partial^2 T}{\partial^2 x}&=\frac{\partial}{\partial x}\left[\frac{T(i+1,j)-T(i,j)}{\Delta x}\right]=\frac{T(i+2,j)-2T(i+1,j)+T(i,j)}{\Delta x^2}\\
\frac{\partial^2 T}{\partial^2 y}&=\frac{\partial}{\partial y}\left[\frac{T(i,j+1)-T(i,j)}{\Delta y}\right]=\frac{T(i,j+2)-2T(i,j+1)+T(i,j)}{\Delta y^2}
\end{aligned}\right\}\tag{1.2}$$

向后差分：

$$\left.\begin{aligned}
\frac{\partial T}{\partial x}&=\frac{T(i,j)-T(i-1,j)}{\Delta x}\\
\frac{\partial T}{\partial y}&=\frac{T(i,j-1)-T(i,j)}{\Delta y}\\
\frac{\partial^2 T}{\partial^2 x}&=\frac{\partial}{\partial x}\left[\frac{T(i,j)-T(i-1,j)}{\Delta x}\right]=\frac{T(i,j)-2T(i-1,j)+T(i-2,j)}{\Delta x^2}\\
\frac{\partial^2 T}{\partial^2 y}&=\frac{\partial}{\partial y}\left[\frac{T(i,j)-T(i,j-1)}{\Delta y}\right]=\frac{T(i,j)-2T(i,j-1)+T(i,j-2)}{\Delta y^2}
\end{aligned}\right\}\tag{1.3}$$

中心差分：

$$\left.\begin{aligned}
\frac{\partial T}{\partial x}&=\frac{T(i+\frac{1}{2},j)-T(i-\frac{1}{2},j)}{\Delta x}=\frac{T(i+1,j)-T(i-1,j)}{2\Delta x}\\
\frac{\partial T}{\partial y}&=\frac{T(i,j+\frac{1}{2})-T(i,j-\frac{1}{2})}{\Delta y}=\frac{T(i,j+1)-T(i,j-1)}{2\Delta y}\\
\frac{\partial^2 T}{\partial^2 x}&=\frac{\partial}{\partial x}\left[\frac{T(i+\frac{1}{2},j)-T(i-\frac{1}{2},j)}{\Delta x}\right]=\frac{T(i+1,j)-2T(i,j)+T(i-1,j)}{\Delta x^2}\\
\frac{\partial^2 T}{\partial^2 y}&=\frac{\partial}{\partial y}\left[\frac{T(i,j+\frac{1}{2})-T(i,j-\frac{1}{2})}{\Delta y}\right]=\frac{T(i,j+1)-2T(i,j)+T(i,j-1)}{\Delta y^2}
\end{aligned}\right\}\tag{1.4}$$

由定义可知，当自变量的差分趋近于零时，就可由差商得到导数。在数值计算中常用差商近似代替导数。差商与导数之间的误差表明差商逼近导数的程度，称为逼近误差。

差分格式的物理意义如图 1.5 所示。

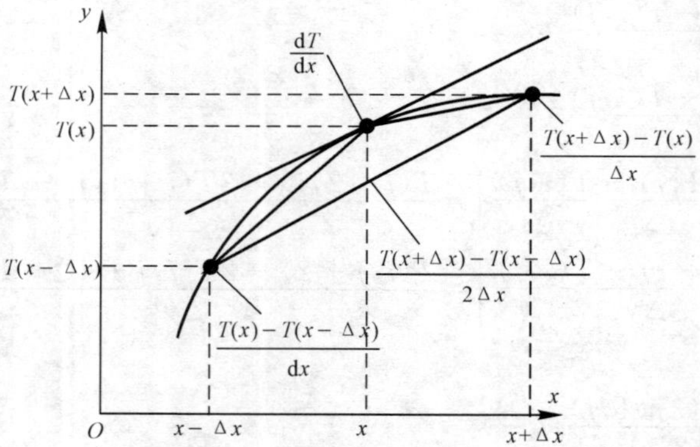

图 1.5 差分格式的物理意义

由图 1.5 可以看出，有限差分中的三种差分格式用以代替微分$\frac{\mathrm{d}T}{\mathrm{d}x}$，图中$\frac{T(x+\Delta x)-T(x)}{\Delta x}$代表前向差分，$\frac{T(x)-T(x-\Delta x)}{\Delta x}$代表后向差分，$\frac{T(x+\Delta x)-T(x-\Delta x)}{2\Delta x}$代表中心差分，由图可见中心差分的误差最小。

1.4.6 基于有限元法的模型及应用

数值方法中有一类方法是首先建立与原问题基本方程及相应定解条件等效的积分提法，然后建立近似解法。此类方法有配点法、最小二乘法、Galerkin 法、力矩法等。如果原问题的方程具有某些特定的性质，那么它的等效积分提法可归结为某个泛函的变分。相应的近似解法是求解泛函的驻值问题。但由于它们在整个区域上假设近似函数，因而局限于几何形状规则的问题。有限元法的出现使形状复杂区域求解成为可能。

有限元法是由古典变分法，用试探函数求解演变而来的。以变分法代替微分方程直接求解，在泛函中引入试探函数，一般形式为

$$y=a_1y_1+a_2y_2+\cdots+a_ny_n \tag{1.5}$$

式中，$a_1,a_2,\cdots,a_n$ 为待定系数；$y_1,y_2,\cdots,y_n$ 为具有良好微分性质的多项式，并满足边界条件。

将试探函数代入泛函后，泛涵 $J[y(x)]$ 实际成为 $J(a_1,a_2,\cdots,a_n)$ 的多元函数，变分问题即转为多元函数求极值问题，即将 $\frac{\partial J}{\delta y}=0$ 变为

$$\frac{\partial J}{\partial a_k}=0 \quad (k=1,2,\cdots,n) \tag{1.6}$$

由 n 个代数方程组解出 $a_1,a_2,\cdots,a_n$ 共 n 个未知量，带回试探函数，得到近似解。古典变分法的试探函数是按整个求解域设置的，一组试探函数满足全域很困难，求解范围有限，因此有了有限元法的离散域思想。

有限元法的基本思想是将连续的求解区域离散为一组有限个按一定方式互相连接在一起的单元的组合体。由于单元可以有不同形状，且可按不同方式组合，因而可模型化几何形状复杂的求解域。有限元法的另一个特点是利用在每一个单元内假设的近似函数来分片地表示全求解域上待求的未知场函数。单元内的近似函数通常由未知场函数及其导数在单元各节点的数值和它的插值函数来表达。这样有限元分析中未知场函数及其导数在各节点上的数值成为新的未知量（自由度），一个连续的无限自由度问题变成离散的有限自由度问题。未知量解出后，通过插值计算各单元内场函数的近似值，得到整个求解域上的近似解。随着单元数目的增加，或单元自由度的增加及插值精度的提高，解的近似程度不断改进，若单元满足收敛要求，则近似解收敛于精确解。

1.4.7　基于热力学计算的模型及应用

热力学应用于材料研究，其目的是揭示材料中相和组织的形成规律。其主要研究对象是固态材料的熔化和凝固、各类固态相变、相平衡关系和相平衡成分的确定、结构上的物理和化学有序性以及各类缺陷形成条件。

自1876年Gibbs相率出现即为刚刚起步的材料组织的研究提供了基本的理论指导。H. Roozeboom在多组元系统应用相率把理解物质内可能存在的各种相及其平衡关系提升到

理论阶段。Roberts-Austen建立的$Fe-Fe_3C$相图至今仍为钢铁材料研究的理论基础。之后各个学者建立了各种应用于材料研究的热力学理论及体系，其中自由能理论以及与第一性原理的结合为热力学发展提供了宽广的舞台。

复习思考题

1-1　简要分析建模的要素，提出自己对建模的理解。

1-2　材料加工中的建模往往需要对不同机理的问题耦合进行分析，请举例说明材料加工中如何进行耦合建模分析。

1-3　模型的建立都有适当的简化，图1.6所示是端淬实验的温度场分析的边界条件。该模型采用的是轴对称模型，因此在二维空间只取上半部分进行分析。该边界条件是淬火顶端强制对流（图形左端加载强制换热），圆棒表面自由对流（图形上部换热），淬火装置顶端与圆棒完全绝热（即图形右端无换热）。请评价该模型（可以从简化、模型精度以及效率方面进行说明）。

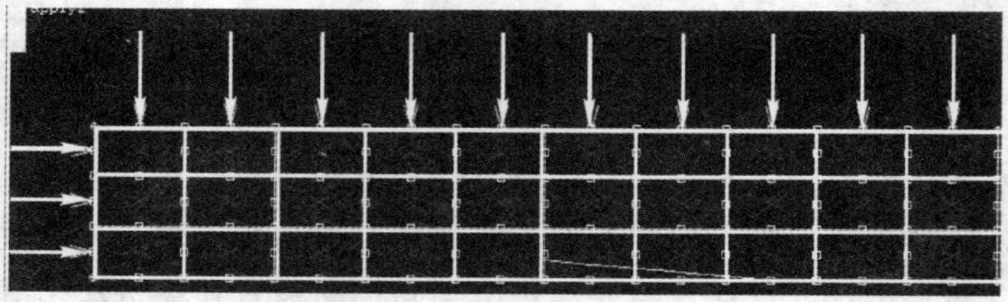

图1.6　端淬实验的温度场分析的边界条件

1-4　根据热力模拟实验结果预测某种镁锂合金的流变应力的情况如下：

实验采用双相镁锂合金，原始状态为挤压态。热模拟试样为$d8\times15$ mm的小圆柱体试样，在Gleeble—3500热/力模拟试验机上进行热压缩实验。应变速率分别为0.001 s^{-1}，0.01 s^{-1}，0.1 s^{-1}，1，10 s^{-1}，变形温度范围为250～450℃。试样加热速度为2℃/s，压缩前试样在变形温度下保温2 min，总压缩变形量为1（真应变）。

应用回归分析得到合金的热变形方程：

$$\dot{\varepsilon}=e^{28.8467}[\sinh(0.020454\sigma)]^{5.2139}\exp\left(\frac{-148\,124.25}{RT}\right)$$

流变应力方程计算值与实测值的比较如表1.2所示。

表 1.2　流变应力方程计算值与实测值的比较

T/℃	$\dot{\varepsilon}$/s^{-1}	实测应力 /MPa	计算应力 /MPa	相对误差
250	0.001	27.399	32.771 8	0.196 09
	0.01	17.385	19.440 8	0.118 25
	0.1	12.674	12.241 4	−0.034 13
	1	9.521	8.193 1	−0.139 47
	10	7.729	5.781 6	−0.251 96
300	0.001	51.251	47.193 2	−0.079 18
	0.01	26.945	29.259 8	0.085 91
	0.1	17.385	18.773	0.079 84
	1	12.795	12.66	−0.010 55
	10	9.1	8.962 4	−0.015 12
350	0.001	71.466	64.714	−0.094 48
	0.01	42.758	42.651 6	−0.002 49
	0.1	28.655	28.310 4	−0.012 03
	1	19.48	19.397 1	−0.004 26
	10	13.45	13.831 6	0.028 37
400	0.001	90.85	84.292 9	−0.072 18
	0.01	55.666	59.368 4	0.066 51
	0.1	38.878	41.402 3	0.064 93
	1	25.826	29.197 8	0.130 56
	10	18.643	21.135	0.133 67
450	0.001	78.987	78.462 1	−0.006 65
	0.01	59.232	57.872 6	−0.022 95
	0.1	41.017 7	42.570 3	0.037 85
	1	31.896	31.646 5	−0.007 82

应用人工神经网络预测得到网络的最大误差为±6.5%。

试分析采用两种不同模型预测该合金流变应力的优缺点。

第 2 章　基于回归分析的建模与分析

2.1　回归分析概述

2.1.1　回归模型的一般形式

回归分析主要研究客观事物变量间的统计关系，它是建立在对客观事物进行大量试验和观察的基础上，用来寻找隐藏在那些看上去不确定的现象中的统计规律性的统计方法。其实质是处理变量 x 与 y 之间关系的一种统计方法和技术。

如果变量 $x_1, x_2, \cdots, x_n$ 与随机变量 y 之间存在着相关关系，那么通常就意味着在 $x_1, x_2, \cdots, x_n$ 取定值后，y 便有相应的概率分布与之对应。随机变量 y 与相关变量 $x_1, x_2, \cdots, x_n$ 之间的概率模型为

$$y = f(x_1, x_2, \cdots, x_n) + \varepsilon \tag{2.1}$$

其中，随机变量 y 称为因变量，$x_1, x_2, \cdots, x_n$ 称为自变量。$y = f(x_1, x_2, \cdots, x_n)$ 为一般变量 $x_1, x_2, \cdots, x_n$ 的确定性关系，ε 为随机误差。

当概率模型式(2.1)中回归函数为线性函数时，有

$$y = \beta_0 + \beta_1 x_1 + \beta_2 x_2 + \cdots + \beta_n x_n + \varepsilon \tag{2.2}$$

其中，$\beta_0, \beta_1, \beta_2, \cdots, \beta_n$ 为未知参数，称为回归系数。线性回归模型的“线性”是针对未知参数 $\beta_i (i = 0, 1, 2, \cdots, n)$ 而言的。对于回归自变量的线性是非本质的，因为自变量是非线性时，总可以通过变量的替换把它转化成线性的。

如果$(x_{i1}, x_{i2}, \cdots, x_{in}; y_i)(i = 1, 2, \cdots, n)$ 是式(2.2) 中变量$(x_1, x_2, \cdots, x_n; y)$ 的一组观测值，则线性回归模型可表示为

$$y_i = \beta_0 + \beta_1 x_{i1} + \beta_2 x_{i2} + \cdots + \beta_n x_{in} + \varepsilon_i, \quad i = 1, 2, \cdots, n \tag{2.3}$$

为便于估计模型参数，线性回归模型通常应满足以下几个基本假设：

① 自变量 $x_1, x_2, \cdots, x_n$ 是确定性变量，且自变量之间不相关。

② 等方差及不相关的假定条件为

$$\begin{cases} E(\varepsilon_i) = 0, \quad i = 1, 2, \cdots, n \\ \mathrm{Cov}(\varepsilon_i, \varepsilon_j) = \begin{cases} \sigma^2, & i = j, \\ 0, & i \neq j, \end{cases} \quad i, j = 1, 2, \cdots, n \end{cases}$$

此条件称为高斯-马尔柯夫(Gauss-Markov) 条件,简称 G-M 条件。在此条件下,可以得到关于回归系数的最小二乘估计及误差项方差 σ^2 估计的一些重要性质。

③ 正态分布的假定条件为

$$\begin{cases}\varepsilon_i \sim N(0,\sigma^2), \quad i=1,2,\cdots,n \\ \varepsilon_1,\varepsilon_2,\cdots,\varepsilon_n \text{ 相互独立}\end{cases}$$

在此条件下便可得到关于回归系数的最小二乘估计及 σ^2 估计的进一步的结果,如它们分别是回归系数及 σ^2 的最小方差无偏估计等,并且可以作回归的显著性检验及区间估计。

④ 为便于处理,通常还要求样本容量的个数要多于自变量的个数。在整个回归分析中,线性回归的统计模型最为重要。一方面因为线性回归的应用最广泛,另一方面是有许多非线性的回归模型可以通过适当的转化变为线性回归问题进行处理。

回归分析主要解决以下几个方面的问题:

① 确定几个特定的变量之间是否存在相关关系,如果存在,找出它们之间合适的数学表达式。

② 根据一个或几个变量的值,预测或控制另一个变量的取值,并且要知道这种预测或控制可达到什么样的精确度。

③ 进行因素分析,例如在对于共同影响一个变量的许多变量(因素)之间,找出哪些是主要因素,哪些是次要因素,这些因素之间又有什么关系等。

2.1.2　回归分析的步骤

回归分析的基本步骤如下。

1. 问题的表述

回归分析通常从正确描述问题开始,就是确定要通过分析回答哪些问题。表述问题是回归分析的第一步,如果错误地归结问题会导致变量选择的错误、统计方法选择的错误,最终导致徒劳无获。

2. 变量的选择

在明确地表述问题之后,下一步需要选择一组被该领域的专家认为可用于解释和预测因变量的变量。因变量一般用 y 表示,自变量用 $x_1,x_2,\cdots,x_n$ 表示,其中 n 为自变量的个数。

3. 数据的收集

在确定了可能有关的变量之后,就要采集在分析中要用到的相关数据。采集的数据由 n 个个体的观测构成,每一个体的观测由有关的各变量的测量值构成,通常以表 2.1 的形式给出。表 2.1 中 x_{ij} 表示第 j 个变量的第 i 个观测值,即第一个下标表示第 i 个观测,第二个下标

表示第 j 个变量。

表 2.1 回归分析中数据的记号

观测序号	因变量 y	自变量			
		x_1	x_2	…	x_n
1	y_1	x_{11}	x_{12}	…	x_{1n}
2	y_2	x_{21}	x_{22}	…	x_{2n}
⋮	⋮	⋮	⋮	⋮	⋮
p	y_p	x_{p1}	x_{p2}	…	x_{pn}

4. 模型的设定

因变量和自变量之间关系的模型形式，可通过分析收集到的数据，对假定的模型予以确认或否决。要注意的是：此时只需设定模型的形式，模型中仍有若干未知参数。这需要选择式(2.1)中函数 $f(x_1,x_2,\cdots,x_n)$ 的适当形式。函数可分为两类：线性的和非线性的。如

$$y=\beta_0+\beta_1 x_1+\varepsilon \tag{2.4}$$

为线性的，而

$$y=\beta_0+e^{\beta_1 x_1}+\varepsilon \tag{2.5}$$

则为非线性的。

只包含一个自变量的回归方程称为简单回归方程，若回归方程包含的自变量多于一个，则称为多元回归方程。当因变量只有一个时，称这样的回归分析为单变量回归，当因变量多于一个时，称为多变量回归。表 2.2 所示为对回归分析的分类。

表 2.2 回归分析的分类

回归的类型	条　件
单变量	只有一个因变量
多变量	有两个或多于两个因变量
简单	只有一个自变量
多元	有两个或多于两个自变量
线性	方程中参数为线性的或经变换后为线性的
非线性	因变量与一些自变量之间的关系是非线性的，或一些参数是非线性的且不能通过变换化成线性的
方差分析	所有自变量均为定性的
协方差分析	部分自变量为定性的，另一部分为定量的
Logistic	因变量为定性的

5. 拟合方法

在模型已设定且数据收集到以后，就要利用收集到的数据对模型中的参数进行估计，即所谓的参数估计或模型拟合。常用的估计方法有最小二乘法及其衍生方法（如加权最小二乘法等）、最大似然法、岭估计法、主成分估计法等。

6. 模型的拟合

用选定的估计方法去估计回归参数或拟合模型。对式(2.1)估计的回归方程为

$$\hat{Y}=\hat{\beta}_0+\hat{\beta}_1 x_1+\cdots+\hat{\beta}_n x_n \tag{2.6}$$

式中，$\hat{Y}$ 称为拟合值。由式(2.6)可以得到 n 个拟合值。第 i 个拟合值为

$$\hat{Y}_i=\hat{\beta}_0+\hat{\beta}_1 x_{i1}+\cdots+\hat{\beta}_n x_{in},\quad i=1,2,\cdots,n \tag{2.7}$$

其中，$x_{i1},x_{i2},\cdots,x_{in}$ 为第 i 个观测中 n 个自变量的值。

7. 模型的论证

回归分析的合理性常依赖于所作的假定，这些假定通常是对数据所作的，或对模型所作的。假定的合理性对分析的准确性以及通过分析所得结论的准确性是至关重要的。

2.2　线性回归

回归分析可以广义地定义为对一些变量之间的关系的分析。这个关系可用因变量 y 与一个或多个自变量 $x_1,x_2,\cdots,x_n$ 之间的方程来表示。这个方程称为回归方程，一般取

$$y=b_0+b_1x_1+b_2x_2+\cdots+b_nx_n$$

的形式。这里 $b_0,b_1,b_2,\cdots,b_n$ 称为回归系数，是由数据确定的。

2.2.1　一元线性回归

1. 回归方程

一元线性回归处理的是两个变量之间的线性关系。如通过试验及其结果的分析，找出两个变量 x 和 y 间所存在的某种线性关系就属于一元线性回归。设 x,y 为二变量，其中 y 为因变量，是随机变量，x 为自变量，它可以是随机变量，也可以是普通变量。本书只讨论 x 为普通变量的情形，即它是可以精确测量或严格控制的变量。y 依赖于 x，但 x 并不能唯一地确定 y。对 x 的每一个确定的值，y 有一个概率分布与之对应。

设随机变量 y 与普通变量 x 之间存在着线性相关关系，则 y 与 x 之间的关系可表示为

$$y=\beta_0+\beta_1 x+\varepsilon \tag{2.8}$$

式(2.8) 称为一元线性回归模型。其中 $\varepsilon \sim N(0,\sigma^2)$ 是随机误差项，β_0,β_1,σ^2 是与 x 无关的未知参数。这相当于假设对每一个 x 值，有

$$y \sim N(\beta_0+\beta_1 x,\sigma^2) \tag{2.9}$$

如果对于给定自变量 x 的一组不全为零的值 $x_1,x_2,\cdots,x_N$，对 y 进行了 N 次独立试验观察，其观察值为 $y_1,y_2,\cdots,y_N$，则由式(2.8)，有

$$\left.\begin{aligned} y_1&=\beta_0+\beta_1 x_1+\varepsilon_1\\ y_2&=\beta_0+\beta_1 x_2+\varepsilon_2\\ &\cdots\cdots\cdots\cdots\\ y_N&=\beta_0+\beta_1 x_N+\varepsilon_N \end{aligned}\right\} \tag{2.10}$$

由于各次试验观察是相互独立的，故 $\varepsilon_1,\varepsilon_2,\cdots,\varepsilon_N$ 相互独立且均服从分布 $N(0,\sigma^2)$，即

$$\mathrm{Cov}(\varepsilon_i,\varepsilon_j)=\begin{cases}\sigma^2, & i=j\\ 0, & i\neq j\end{cases} \tag{2.11}$$

对 $y_1,y_2,\cdots,y_N$，也有 $y_i \sim N(\beta_0+\beta_1 x_i,\sigma^2)(i=1,2,\cdots,N)$ 及

$$\mathrm{Cov}(y_i,y_j)=\begin{cases}\sigma^2, & i=j\\ 0, & i\neq j\end{cases} \tag{2.12}$$

点 $(x_1,y_1),(x_2,y_2),\cdots,(x_N,y_N)$ 在坐标平面上的散点图如图 2.1 所示。可以看出，这些点大致都落在一条直线附近，且随着 x 的增大，y 也有增大或减小的趋势，并且这种趋势是线性的，则可确定一条直线，使该直线与这 N 个点的误差二次方和为最小。

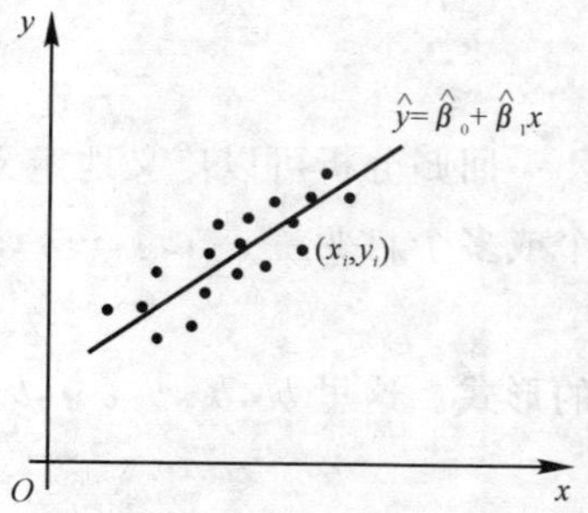

图 2.1　散点图与回归直线

所以首先求出误差二次方和为

$$Q=Q(\beta_0,\beta_1)=\sum_{i=1}^{N}\varepsilon_i^2=\sum_{i=1}^{N}(y_i-\beta_0-\beta_1 x_i)^2 \tag{2.13}$$

对给定的子样 $(x_1,y_1),(x_2,y_2),\cdots,(x_N,y_N)$，$Q$ 的大小随着 β_0,β_1 的变化而变化，因而 Q 是 β_0,β_1 的二元函数。求 Q 的最小值，就是寻求 β_0,β_1 的估计 $\hat{\beta}_0$，$\hat{\beta}_1$，使

$$\sum_{i=1}^{N}(y_i-\hat{\beta}_0-\hat{\beta}_1 x_i)^2=\min_{\beta_0,\beta_1}\sum_{i=1}^{N}(y_i-\beta_0-\beta_1 x_i)^2$$

根据极值理论，当 Q 取最小值时，应有

$$\begin{cases}\dfrac{\partial Q}{\partial \beta_0} = -2\sum_{i=1}^{N}(y_i - \beta_0 - \beta_1 x_i) = 0 \\ \dfrac{\partial Q}{\partial \beta_1} = -2\sum_{i=1}^{N}(y_i - \beta_0 - \beta_1 x_i)x_i = 0\end{cases}$$

即为

$$\left.\begin{aligned}\sum_{i=1}^{N}(y_i - \beta_0 - \beta_1 x_i) = 0 \\ \sum_{i=1}^{N}(y_i - \beta_0 - \beta_1 x_i)x_i = 0\end{aligned}\right\} \tag{2.14}$$

又可化为

$$\left.\begin{aligned}N\beta_0 + N\bar{x}\beta_1 = N\bar{y} \\ N\bar{x}\beta_0 + \left(\sum_{i=1}^{N}x_i^2\right)\beta_1 = \sum_{i=1}^{N}x_i y_i\end{aligned}\right\} \tag{2.15}$$

其中，$\bar{x} = \frac{1}{N}\sum_{i=1}^{N}x_i$，$\bar{y} = \frac{1}{N}\sum_{i=1}^{N}y_i$。

式(2.15) 的解为

$$\left.\begin{aligned}\hat{\beta}_1 = \frac{\sum_{i=1}^{N}x_i y_i - N\bar{x}\bar{y}}{\sum_{i=1}^{N}x_i^2 - N\bar{x}^2} = \frac{\sum_{i=1}^{N}(x_i - \bar{x})(y_i - \bar{y})}{\sum_{i=1}^{N}(x_i - \bar{x})^2} \\ \hat{\beta}_0 = \bar{y} - \hat{\beta}_1\bar{x}\end{aligned}\right\} \tag{2.16}$$

可以证明这样求得的 $\hat{\beta}_0$，$\hat{\beta}_1$ 确实使 Q 在($\hat{\beta}_0$，$\hat{\beta}_1$) 处可以取得最小值。求出 $\hat{\beta}_0$，$\hat{\beta}_1$ 后，可得到

$$\hat{y} = \hat{\beta}_0 + \hat{\beta}_1 x \tag{2.17}$$

或

$$\hat{y} = b_0 + b_1 x$$

式(2.17) 便为 y 关于 x 的回归方程。$\hat{\beta}_0$，$\hat{\beta}_1$ 称为 β_0，β_1 的最小二乘估计。

通常令

$$l_{xx} = \sum_{i=1}^{N}(x_i - \bar{x})^2 \tag{2.18}$$

$$l_{xy} = \sum_{i=1}^{N}(x_i - \bar{x})(y_i - \bar{y}) \tag{2.19}$$

$$l_{yy} = \sum_{i=1}^{N}(y_i - \bar{y})^2 \tag{2.20}$$

因此，$\hat{\beta}_1$ 又可写为 $\hat{\beta}_1 = \frac{l_{xy}}{l_{xx}}$。

将 $\hat{\beta}_0 = \bar{y} - \hat{\beta}_1\bar{x}$ 代入式(2.17) 可得

$$\hat{y}=\bar{y}+\hat{\beta}_1(x-\bar{x}) \tag{2.21}$$

另外，$\hat{y}_i(i=1,2,\cdots,N)$ 的平均值为

$$\frac{1}{N}\sum_{i=1}^{N}\hat{y}_i=\frac{1}{N}\left[N\bar{y}+\sum_{i=1}^{N}\hat{\beta}_1(x_i-\bar{x})\right]=\frac{1}{N}\left[N\bar{y}+\hat{\beta}_1\left(\sum_{i=1}^{N}x_i-N\bar{x}\right)\right]=\bar{y}$$

可见，回归值 $\hat{y}_i$ 与观测值 $y_i(i=1,2,\cdots,N)$ 的平均值相同。

例 2.1　在球墨铸铁高温石墨化退火的研究中发现退火时间与金相组织有一定的关系，经推导得出退火时间 y 与组织参数 x 之间为线性关系。表 2.3 所示为实验测得的 x 与 y 间的 11 组数据，试求退火时间与金相组织的回归方程。

表 2.3　球墨铸铁高温石墨化退火数据表

序号	1	2	3	4	5
	x_i	y_i	x_i^2	y_i^2	x_iy_i
1	1.349 2	53	1.820 34	2 809	71.507 6
2	0.807 2	40	0.651 57	1 600	32.288
3	2.069 3	68	4.282	4 624	140.712
4	1.204 7	52	1.451 3	2 704	62.644 4
5	0.305 6	16	0.093 39	256	4.889 6
6	0.021 4	7	0.000 46	49	0.149 8
7	1.321 6	55	1.746 63	3 025	72.688
8	0.062 5	12	0.003 91	144	0.75
9	1.701 8	72	2.896 12	5 184	122.53
10	1.159 2	45	1.343 74	2 025	52.164
11	1.127 1	40	1.270 35	1 600	45.084

解　首先由观测数据作出散点图，如图 2.2 所示。由散点图可以看出，随着 x 的增大，y 也有增大的趋势，并且这种趋势是线性的，因此，可采用线性回归模型，即取 $y=\beta_0+\beta_1x+\varepsilon$，计算结果如下：

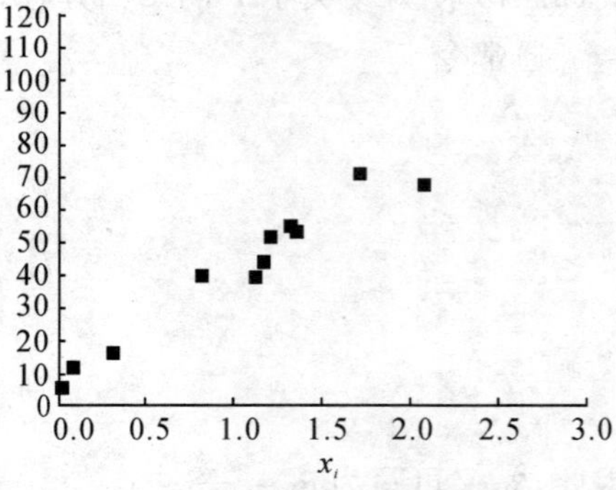

图 2.2　根据观测数据作的散点图

$$N=11,\quad \sum_{i=1}^{N}x_i=11.129\ 6$$

$$\sum_{i=1}^{N}y_i=460,\quad \bar{x}=1.011\ 8$$

$$\bar{y}=41.828,\quad \sum_{i=1}^{N}x_i^2=15.559\ 81$$

$$\sum_{i=1}^{N} y_i^2 = 24\ 020, \quad \sum_{i=1}^{N} x_i y_i = 605.407\ 4$$

$$l_{xx} = \sum_{i=1}^{N} x_i^2 - N\bar{x}^2 = 4.299\ 1$$

$$l_{yy} = \sum_{i=1}^{N} y_i^2 - N\bar{y}^2 = 4\ 782.6$$

$$l_{xy} = \sum_{i=1}^{N} x_i y_i - N\bar{x}\bar{y} = 139.987\ 8$$

$$\hat{\beta}_1 = \frac{l_{xy}}{l_{xx}} = 32.562$$

$$\hat{\beta}_0 = \bar{y} - \hat{\beta}_1 \bar{x} = 8.872$$

从而得回归方程为

$$\hat{y} = 8.872 + 32.562x$$

2. 显著性检验

求解得到的回归方程是否符合变量 y 与 x 之间的客观规律呢？用它来根据自变量 x 的值预测因变量 y 的值,效果如何呢？这都需要对所得的回归方程进行统计检验才有答案。

回归方程中的假设检验包括两个方面的内容：一是线性关系的检验,实质是检验自变量和因变量之间的关系能否用一个线性模型来表示；二是回归参数的检验,回归参数检验的实际意义是当线性关系的检验通过以后,要检验每一个自变量对因变量的影响程度是否显著。在一元线性回归分析中,这两种检验是统一的。

在对回归方程进行检验时,通常需要正态性假设 $\varepsilon_i \sim N(0,\sigma^2)$。下面介绍几种常用的检验方法,若无特别说明,检验内容都是在此正态性假设下进行的。

(1)F 检验

F 检验是根据二次方和分解式,直接从回归效果检验回归方程的显著性。二次方和分解式为

$$\sum_{i=1}^{N} (y_i - \bar{y})^2 = \sum_{i=1}^{N} (\hat{y}_i - \bar{y})^2 + \sum_{i=1}^{N} (y_i - \hat{y}_i)^2 \tag{2.22}$$

其中,$\sum_{i=1}^{N} (y_i - \bar{y})^2$ 为总二次方和,记为 S_t,$\sum_{i=1}^{N} (\hat{y}_i - \bar{y})^2$ 为回归二次方和,记为 S_r,$\sum_{i=1}^{N} (y_i - \hat{y}_i)^2$ 为残差二次方和,记为 S_e。

故二次方和分解式可写为

$$S_t = S_r + S_e$$

总二次方和反映因变量 y 的波动程度(或称不确定性),在建立了 y 对 x 的线性回归后,总二次方和 S_t 就分解成回归二次方和 S_r 与残差二次方和 S_e 两个部分。其中 S_r 是由回归方程确

定的，也就是由自变量 x 的波动引起的；S_e 是由 x 之外的未加控制的因素引起的，是不能用自变量解释的波动。所以总二次方和 S_t 中，能够由自变量解释的部分为 S_r，不能由自变量解释的部分为 S_e。回归二次方和 S_r 越大，回归的效果就越好，据此构造的 F 检验统计量如下：

$$F=\frac{S_r/1}{S_e/(N-2)} \tag{2.23}$$

在正态假设下，当原假设 $H_0:\beta_1=0$ 成立时，F 服从自由度为 $(1,N-2)$ 的 F 分布。在给定的显著水平 α 下，统计量 F 应有

$$P\{F\leqslant F_\alpha(1,N-2)\}=1-\alpha$$

假如算得的 F 值大于由给定的显著水平 α 查 F 分布表得到的临界值 $F_\alpha(1,N-2)$，则说明原假设“$H_0:\beta_1=0$”不成立，表明回归方程显著，x 与 y 有显著的线性关系；否则认为回归方程没有显著意义，x 与 y 之间没有线性相关关系。这种检验方法也称为回归方程的方差分析，如表 2.4 所示。

表 2.4 一元线性回归方差分析表

方差来源	自由度	二次方和	均方和	F 值
回归	1	S_r	$S_r/1$	$\frac{S_r/1}{S_e/(N-2)}$
残差	$N-2$	S_e	$S_e/(N-2)$	
总和	$N-1$	S_t		如果 $F>F_\alpha(1,N-2)$，则拒绝 $H_0:\beta_1=0$

(2)t 检验

t 检验是统计推断中常用的一种检验方法，在回归分析中，t 检验用于检验回归系数的显著性，就是要检验因变量 y 对自变量 x 的影响程度是否显著。检验的原假设是

$$H_0:\beta_1=0 \tag{2.24}$$

对立假设是

$$H_0:\beta_1\neq 0 \tag{2.25}$$

可以证明，$\hat{\beta}_0$ 和 $\hat{\beta}_1$ 均服从正态分布，且

$$\hat{\beta}_1\sim N(\beta_1,\frac{\sigma^2}{l_{xx}})$$

$$\frac{(N-2)\hat{\sigma}^2}{\sigma^2}\sim\chi^2(N-2)$$

构造的 t 统计量为

$$t=\frac{\dfrac{\hat{\beta}_1-\beta_1}{\sqrt{\sigma^2/l_{xx}}}}{\sqrt{\dfrac{(N-2)\hat{\sigma}^2}{\sigma^2(N-2)}}} \tag{2.26}$$

即

$$t=\frac{\hat{\beta}_1-\beta_1}{\sqrt{\hat{\sigma}^2/l_{xx}}} \tag{2.27}$$

其中，回归方程的误差方差估计

$$\hat{\sigma}^2=\frac{1}{N-2}\sum_{i=1}^{N}(y_i-\hat{y}_i)^2 \tag{2.28}$$

当原假设 $H_0:\beta_1=0$ 成立时，式(2.27)构造的 t 统计量服从自由度为 $N-2$ 的 t 分布。给定显著水平 α，双侧检验的临界值为 $t_{\alpha/2}$。当 $|t|\geqslant t_{\alpha/2}$ 时拒绝原假设 $H_0:\beta_1=0$，认为 β_1 显著不为零，因变量 y 对自变量 x 的一元线性回归成立；当 $|t|<t_{\alpha/2}$ 时接受原假设 $H_0:\beta_1=0$，认为 β_1 为零，因变量 y 与自变量 x 之间并没有真正的线性关系，即自变量 x 的变化对因变量 y 并没有影响。

(3) 相关系数检验法

有时回归后要求计算相关系数，相关系数是衡量两个随机变量间线性相关密切程度的一个参数。对于子样 $(x_1,y_1),(x_2,y_2),\cdots,(x_N,y_N)$，称

$$\hat{r}=\frac{\sum_{i=1}^{N}(x_i-\bar{x})(y_i-\bar{y})}{\sqrt{\sum_{i=1}^{N}(x_i-\bar{x})^2\sum_{i=1}^{N}(y_i-\bar{y})^2}}=\frac{l_{xy}}{\sqrt{l_{xx}}\sqrt{l_{yy}}} \tag{2.29}$$

为子样的相关系数或经验相关系数。$|\hat{r}|$ 的值越大，y 与 x 之间的线性关系越密切。因此，当 $|\hat{r}|$ 的值越接近 1 时，所得到的回归方程越有意义。如果 $|\hat{r}|$ 的值接近于 0，则说明 y 与 x 之间没有线性相关关系，所得到的回归方程也就没有意义。所以 $|\hat{r}|$ 的大小反映了 x 对 y 的线性影响的密切程度。若 $\hat{r}>0$，则称 x 与 y 正相关，反之则称 x 与 y 负相关。

3. 利用回归方程进行预测

预测和控制是回归模型最重要的应用。所谓预测，就是指对于给定的 x，估计对应的 y 的取值范围，即求 y 的预测区间。

设给定的 x 的值为 x_0，则其对应的 y 的值为

$$y_0=\beta_0+\beta_1 x_0+\varepsilon_0 \tag{2.30}$$

其中，$\varepsilon_0\sim N(0,\sigma^2)$。

式(2.30)中，除 x_0 外，其余各参数都是未知的，因此求 y_0 的预测区间时应使用它的估计量 $\hat{y}_0$，记两者之差为 $u=y_0-\hat{y}_0$。其中 $\hat{y}_0=\hat{\beta}_0+\hat{\beta}_1 x_0=\bar{y}+\hat{\beta}_1(x_0-\bar{x})$。因 y_0 与 $y_i(i=1,2,\cdots,N)$ 相互独立，而 $\hat{y}_0$ 是 $y_i(i=1,2,\cdots,N)$ 的线性组合，故 y_0 与 $\hat{y}_0$ 相互独立，且都服从正态分布，所以有

$$E(u)=E(y_0-\hat{y}_0)=E(y_0)-E(\hat{y}_0)=0$$

$$D(u)=D(y_0-\hat{y}_0)=D(y_0)+D(\hat{y}_0)$$

因为

$$D(\hat{y}_0)=D(\bar{y})+(x_0-\bar{x})^2D(\hat{\beta}_1)$$

由文献可知

$$D(\bar{y})=\frac{\sigma^2}{N}$$

$$D(\hat{\beta}_1)=\sigma^2\Big/\sum_{i=1}^{N}(x_i-\bar{x})^2$$

所以

$$\sigma_u^2=D(u)=\left[1+\frac{1}{N}+\frac{(x_0-\bar{x})^2}{\sum\limits_{i=1}^{N}(x_i-\bar{x})^2}\right]\sigma^2 \tag{2.31}$$

故

$$\frac{u}{\sigma_u}\sim N(0,1)$$

又因为

$$\frac{(N-2)\hat{\sigma}^2}{\sigma^2}\sim\chi^2(N-2)$$

并且可以证明 u/σ_u 与 $(N-2)\hat{\sigma}^2/\sigma^2$ 相互独立，所以得

$$\frac{y_0-\hat{y}_0}{\hat{\sigma}\sqrt{1+\frac{1}{N}+\frac{(x_0-\bar{x})^2}{l_{xx}}}}\sim t(N-2) \tag{2.32}$$

从而对给定的 α，可得到 y_0 的 $100(1-\alpha)\%$ 的预测区间为

$$\hat{y}_0\pm t_{\frac{\alpha}{2}}(N-2)\hat{\sigma}\sqrt{1+\frac{1}{N}+\frac{(x_0-\bar{x})^2}{l_{xx}}} \tag{2.33}$$

在实际的回归问题中，当 N 较大，且 x_0 接近 $\bar{x}$ 时，有

$$\sqrt{1+\frac{1}{N}+\frac{(x_0-\bar{x})^2}{l_{xx}}}\approx 1$$

因此，式(2.33) 近似为

$$\hat{y}_0\pm t_{\frac{\alpha}{2}}(N-2)\hat{\sigma} \tag{2.34}$$

2.2.2 多元线性回归

在许多实际问题中，对因变量 y 有影响的因素不止一个，而是有多个。本节主要讨论多元线性回归，它是一元线性回归分析问题的推广。

1. 回归方程

用 y 表示因变量，$x_1, x_2, \cdots, x_p$ 表示 p 个自变量，则多元线性回归模型为

$$y = \beta_0 + \beta_1 x_1 + \beta_2 x_2 + \cdots + \beta_p x_p + \varepsilon \tag{2.35}$$

其中，$\beta_0, \beta_1, \cdots, \beta_p$ 是 $p+1$ 个未知参数，β_0 为回归常数，$\beta_1, \cdots, \beta_p$ 为回归系数。随机误差 $\varepsilon \sim N(0, \sigma^2)$，$\sigma^2$ 是未知的。$x_1, x_2, \cdots, x_p$ 是 p 个可以精确测量并可控制的一般变量。$p=1$ 时，式(2.35) 即为一元线性回归模型式(2.8)。上述模型又可写为

$$E(y) = \beta_0 + \beta_1 x_1 + \beta_2 x_2 + \cdots + \beta_p x_p \tag{2.36}$$

当自变量取值为

$$(x_{i1}, x_{i2}, \cdots, x_{ip}),\quad i = 1, 2, \cdots, N$$

时，对 y 作 N 次独立试验观察，得到 y 的 N 次观察值 $y_i (i = 1, 2, \cdots, N)$，则线性回归模型式(2.35) 可表示为

$$\left.\begin{array}{c} y_1 = \beta_0 + \beta_1 x_{11} + \beta_2 x_{12} + \cdots + \beta_p x_{1p} + \varepsilon_1 \\ y_2 = \beta_0 + \beta_1 x_{21} + \beta_2 x_{22} + \cdots + \beta_p x_{2p} + \varepsilon_2 \\ \cdots\cdots\cdots\cdots \\ y_N = \beta_0 + \beta_1 x_{N1} + \beta_2 x_{N2} + \cdots + \beta_p x_{Np} + \varepsilon_N \end{array}\right\} \tag{2.37}$$

写成矩阵形式为

$$\boldsymbol{y} = \boldsymbol{X\beta} + \boldsymbol{\varepsilon} \tag{2.38}$$

其中，

$$\boldsymbol{y} = \begin{bmatrix} y_1 \\ y_2 \\ \vdots \\ y_N \end{bmatrix} \qquad \boldsymbol{X} = \begin{bmatrix} 1 & x_{11} & x_{12} & \cdots & x_{1p} \\ 1 & x_{21} & x_{22} & \cdots & x_{2p} \\ \vdots & \vdots & \vdots & & \vdots \\ 1 & x_{N1} & x_{N2} & \cdots & x_{Np} \end{bmatrix}$$

$$\boldsymbol{\beta} = \begin{bmatrix} \beta_0 \\ \beta_1 \\ \vdots \\ \beta_p \end{bmatrix} \qquad \boldsymbol{\varepsilon} = \begin{bmatrix} \varepsilon_1 \\ \varepsilon_2 \\ \vdots \\ \varepsilon_N \end{bmatrix}$$

为了估计参数 $\boldsymbol{\beta}$，仍采用最小二乘法。设 $\hat{\beta}_0, \hat{\beta}_1, \cdots, \hat{\beta}_p$ 分别是参数 $\beta_0, \beta_1, \cdots, \beta_p$ 的最小二乘估计，则其回归方程为

$$\hat{y} = \hat{\beta}_0 + \hat{\beta}_1 x_1 + \hat{\beta}_2 x_2 + \cdots + \hat{\beta}_p x_p \tag{2.39}$$

由最小二乘法知道 $\hat{\beta}_0, \hat{\beta}_1, \cdots, \hat{\beta}_p$ 应使全部观察值 y_0 与回归值 $\hat{y}_0$ 的误差二次方和 Q 达到最小，即

$$Q = Q(\hat{\beta}_0, \hat{\beta}_1, \hat{\beta}_2, \cdots, \hat{\beta}_p) = \sum_{i=1}^{N} (y_i - \hat{\beta}_0 - \hat{\beta}_1 x_{i1} - \hat{\beta}_2 x_{i2} - \cdots - \hat{\beta}_p x_{ip})^2 =$$

$$\min_{\beta_0,\beta_1,\beta_2,\cdots,\beta_p} \sum_{i=1}^{N}(y_i-\beta_0-\beta_1 x_{i1}-\beta_2 x_{i2}-\cdots-\beta_p x_{ip})^2$$

由于Q是关于$\beta_0,\beta_1,\cdots,\beta_p$的非负二次函数，因而它的最小值总是存在的。根据微积分中求极值的原理，$\hat{\beta}_0,\hat{\beta}_1,\cdots,\hat{\beta}_p$应满足下列方程组：

$$\left.\begin{aligned}
\left.\frac{\partial Q}{\partial \beta_0}\right|_{\beta_0=\hat{\beta}_0} &= -2\sum_{i=1}^{N}(y_i-\hat{\beta}_0-\hat{\beta}_1 x_{i1}-\hat{\beta}_2 x_{i2}-\cdots-\hat{\beta}_p x_{ip})=0\\
\left.\frac{\partial Q}{\partial \beta_1}\right|_{\beta_1=\hat{\beta}_1} &= -2\sum_{i=1}^{N}(y_i-\hat{\beta}_0-\hat{\beta}_1 x_{i1}-\hat{\beta}_2 x_{i2}-\cdots-\hat{\beta}_p x_{ip})x_{i1}=0\\
\left.\frac{\partial Q}{\partial \beta_2}\right|_{\beta_2=\hat{\beta}_2} &= -2\sum_{i=1}^{N}(y_i-\hat{\beta}_0-\hat{\beta}_1 x_{i1}-\hat{\beta}_2 x_{i2}-\cdots-\hat{\beta}_p x_{ip})x_{i2}=0\\
&\cdots\cdots\cdots\\
\left.\frac{\partial Q}{\partial \beta_p}\right|_{\beta_p=\hat{\beta}_p} &= -2\sum_{i=1}^{N}(y_i-\hat{\beta}_0-\hat{\beta}_1 x_{i1}-\hat{\beta}_2 x_{i2}-\cdots-\hat{\beta}_p x_{ip})x_{ip}=0
\end{aligned}\right\} \tag{2.40}$$

式(2.40)称为正规方程组。

正规方程组的矩阵形式可表示为

$$\boldsymbol{X}^{\mathrm{T}}\boldsymbol{X}\hat{\boldsymbol{\beta}}=\boldsymbol{X}^{\mathrm{T}}\boldsymbol{Y} \tag{2.41}$$

因为$\boldsymbol{X}^{\mathrm{T}}\boldsymbol{X}$是满秩的，故其逆矩阵$(\boldsymbol{X}^{\mathrm{T}}\boldsymbol{X})^{-1}$存在，即可得回归参数的最小二乘估计为

$$\hat{\boldsymbol{\beta}}=(\boldsymbol{X}^{\mathrm{T}}\boldsymbol{X})^{-1}\boldsymbol{X}^{\mathrm{T}}\boldsymbol{Y} \tag{2.42}$$

其中，$\hat{\boldsymbol{\beta}}=[\hat{\beta}_0 \quad \hat{\beta}_1 \quad \hat{\beta}_2 \quad \cdots \quad \hat{\beta}_p]^{\mathrm{T}}$。可以证明，在$\hat{\boldsymbol{\beta}}$处，$Q$确实取得最小值。

在此称$\boldsymbol{X}$为结构矩阵，称

$$\boldsymbol{A}=\boldsymbol{X}^{\mathrm{T}}\boldsymbol{X}=\begin{bmatrix}
N & \sum_{i=1}^{N}x_{i1} & \sum_{i=1}^{N}x_{i2} & \cdots & \sum_{i=1}^{N}x_{ip}\\
\sum_{i=1}^{N}x_{i1} & \sum_{i=1}^{N}x_{i1}^2 & \sum_{i=1}^{N}x_{i1}x_{i2} & \cdots & \sum_{i=1}^{N}x_{i1}x_{ip}\\
\sum_{i=1}^{N}x_{i2} & \sum_{i=1}^{N}x_{i2}x_{i1} & \sum_{i=1}^{N}x_{i2}^2 & \cdots & \sum_{i=1}^{N}x_{i2}x_{ip}\\
\vdots & \vdots & \vdots & & \vdots\\
\sum_{i=1}^{N}x_{ip} & \sum_{i=1}^{N}x_{ip}x_{i1} & \sum_{i=1}^{N}x_{ip}x_{i2} & \cdots & \sum_{i=1}^{N}x_{ip}^2
\end{bmatrix} \tag{2.43}$$

为信息矩阵，称

$$\boldsymbol{\beta}=\boldsymbol{X}^{\mathrm{T}}\boldsymbol{Y}=\begin{bmatrix}\beta_0\\ \beta_1\\ \beta_2\\ \vdots\\ \beta_p\end{bmatrix}=\begin{bmatrix}\sum_{i=1}^{N}y_i\\ \sum_{i=1}^{N}x_{i1}y_i\\ \sum_{i-1}^{N}x_{i2}y_i\\ \vdots\\ \sum_{i=1}^{N}x_{ip}y_i\end{bmatrix}\tag{2.44}$$

为常数项矩阵。记$(\boldsymbol{X}^{\mathrm{T}}\boldsymbol{X})^{-1}$为

$$\boldsymbol{C}=(\boldsymbol{X}^{\mathrm{T}}\boldsymbol{X})^{-1}=\begin{bmatrix}c_{00} & c_{01} & c_{02} & \cdots & c_{0p}\\ c_{10} & c_{11} & c_{12} & \cdots & c_{1p}\\ c_{20} & c_{21} & c_{22} & \cdots & c_{2p}\\ \vdots & \vdots & \vdots & & \vdots\\ c_{p0} & c_{p1} & c_{p2} & \cdots & c_{pp}\end{bmatrix}\tag{2.45}$$

由式(2.42)可求出$\boldsymbol{\beta}$的最小二乘估计为

$$\hat{\beta}_i=c_{10}\beta_0+c_{i1}\beta_1+c_{i2}\beta_2+\cdots+c_{ip}\beta_p,\quad i=0,1,2,\cdots,p$$

或者表示为

$$\hat{\beta}_i=\sum_{j=0}^{p}c_{ij}\beta_j,\quad i=0,1,2,\cdots,p\tag{2.46}$$

由此可得到回归方程

$$\hat{y}=\hat{\beta}_0+\hat{\beta}_1x_1+\hat{\beta}_2x_2+\cdots+\hat{\beta}_px_p\tag{2.47}$$

另外，对式(2.41)进行整理，可得到

$$\hat{\beta}_0=\bar{y}-\sum_{j=1}^{p}\hat{\beta}_j\bar{x}_j\tag{2.48}$$

其中，

$$\bar{x}_j=\frac{1}{N}\sum_{i=1}^{N}x_{ij},\quad j=0,1,2,\cdots,p$$

故回归方程(2.47)又可写成

$$\hat{y}=\bar{y}+\hat{\beta}_1(x_1-\bar{x}_1)+\hat{\beta}_2(x_2-\bar{x}_2)+\cdots+\hat{\beta}_p(x_p-\bar{x}_p)\tag{2.49}$$

y在各点$(x_{i1},x_{i2},\cdots,x_{ip},i=1,2,\cdots,N)$上的回归值的平均值为

$$\frac{1}{N}\sum\hat{y}_i=\frac{1}{N}\sum_{i=1}^{N}[\bar{y}+\hat{\beta}_1(x_{i1}-\bar{x})+\hat{\beta}_2(x_{i2}-\bar{x}_2)+\cdots+\hat{\beta}_p(x_{ip}-\bar{x}_p)]=\bar{y}\tag{2.50}$$

即回归值的平均值等于观察值的平均值。

2. 显著性检验

多元线性回归问题同一元线性回归问题一样，在得到回归方程后，要对其进行检验。但多元回归方程除了要对回归方程进行检验外，还要对各回归系数进行检验。这是因为即使回归方程是显著的，也并不能说明所有的回归变量对 y 的线性影响都是显著的，所以对回归系数的检验也是必要的。

(1) 参数估计量的性质

①$\hat{\boldsymbol{\beta}}$ 是随机向量 $\boldsymbol{y}$ 的一个线性变换，即 $\hat{\boldsymbol{\beta}}=(\boldsymbol{X}^{\mathrm{T}}\boldsymbol{X})^{-1}\boldsymbol{X}^{\mathrm{T}}\boldsymbol{y}$.

②$\hat{\boldsymbol{\beta}}$ 是 $\boldsymbol{\beta}$ 的无偏估计，即 $E(\hat{\boldsymbol{\beta}})=\boldsymbol{\beta}$。

③$D(\hat{\boldsymbol{\beta}})=\sigma^2(\boldsymbol{X}^{\mathrm{T}}\boldsymbol{X})^{-1}$。

④ 高斯-马尔柯夫定理：在假定 $E(\boldsymbol{y})=\boldsymbol{X\beta}$，$D(\boldsymbol{y})=\sigma^2 l_n$ 时，$\boldsymbol{\beta}$ 的任一线性函数 $\boldsymbol{c\beta}$ 的最小方差线性无偏估计为 $\boldsymbol{c}\hat{\boldsymbol{\beta}}$，其中 $\boldsymbol{c}$ 为任一 $p+1$ 维常数向量。

⑤ 当 $\boldsymbol{y}\sim N(\boldsymbol{X\beta},\sigma^2 l_n)$ 时，有 $\hat{\boldsymbol{\beta}}\sim N(\boldsymbol{X\beta},\sigma^2(\boldsymbol{X}^{\mathrm{T}}\boldsymbol{X})^{-1})$，$S_e/\sigma^2\sim\chi^2(N-p-1)$。

(2) 回归方程的显著性检验

对多元线性回归方程的显著性检验就是要看自变量 $x_1,x_2,\cdots,x_p$ 从整体上对随机变量 y 是否有明显的影响，即 y 与 $x_1,x_2,\cdots,x_p$ 之间是否存在线性相关关系。如果 y 与 $x_1,x_2,\cdots,x_p$ 之间没有线性相关关系，则回归模型式(2.35)中的一次项系数 $\beta_0,\beta_1,\cdots,\beta_p$ 应均为0，因此提出原假设

$$H_0:\beta_1=\beta_2=\cdots=\beta_p=0$$

如果 H_0 被接受，则表明随机变量 y 与 $x_1,x_2,\cdots,x_p$ 之间的关系由线性回归模型表示不合适，仍然可以通过总离差二次方和的分解式来对上述假设进行检验。仍用 S_t 表示总离差二次方和 $\sum\limits_{i=1}^{N}(y_i-\bar{y})^2$，用 S_r 表示回归二次方和 $\sum\limits_{i=1}^{N}(\hat{y}_i-\bar{y})^2$，自由度 $f_r=p$，用 S_e 表示残差二次方和 $\sum\limits_{i=1}^{N}(y_i-\hat{y}_i)^2$，自由度 $f_e=N-p-1$，则有

$$S_t=S_r+S_e$$

可以证明：在满足矩阵 $\boldsymbol{X}$ 满秩和假设 H_0 成立的条件下，有

$$\frac{S_r}{\sigma^2}\sim\chi^2(p),\frac{S_e}{\sigma^2}\sim\chi^2(N-p-1)$$

因 S_r 和 S_e 相互独立，从而有

$$F=\frac{S_r/p}{S_e/(N-p-1)}\sim F(p,N-p-1) \tag{2.51}$$

对给定的显著水平 α，如果算得的 F 值大于由给定的显著水平 α 查 F 分布表得到的临界值 $F_\alpha(p,N-p-1)$，即

$$F=\frac{S_r/p}{S_e/(N-p-1)}>F_\alpha(p,N-p-1)$$

则拒绝 $H_0:\beta_1=\beta_2=\cdots=\beta_p=0$，认为 y 与自变量间存在线性相关关系，称回归方程是显著的；反之接受 H_0，认为 y 与自变量间没有线性相关关系，称回归方程是不显著的。

在实际计算时，为了计算方便，往往利用求回归系数过程中的一些结果来计算 S_r 与 S_e。常用的公式是

$$S_e=\sum_{i=1}^{N}y_i^2-\sum_{j=1}^{p}\hat{\beta}_j\beta_j$$

$$S_t=\sum_{i=1}^{N}y_i^2-N\bar{y}^2$$

$$S_r=S_t-S_e=\sum_{j=0}^{p}\hat{\beta}_j\beta_j-N\bar{y}^2$$

多元线性回归方差分析可总结于表 2.5。

表 2.5　多元线性回归方差分析表

方差来源	自由度	二次方和	均方和	F 值
回归	p	$S_r=\sum_{i=1}^{N}(\hat{y}_i-\bar{y})^2=S_t-S_e$	$S_r/1$	$\frac{S_r/1}{S_e/(N-2)}$
残差	$N-p-1$	$S_e=\sum_{i=1}^{N}(y_i-\hat{y}_i)^2=\sum_{i=1}^{N}y_i^2-\sum_{j=1}^{p}\hat{\beta}_j\beta_j$	$S_e/(N-2)$	
总和	$N-1$	$S_t=\sum_{i=1}^{N}(y_i-\bar{y})^2=\sum_{i=1}^{N}y_i^2-N\bar{y}^2$		如果 $F>F_\alpha(1,N-2)$，则拒绝 $H_0:\beta_1=0$

(3) 回归系数的显著性检验

在多元线性回归模型中，回归方程显著并不意味着每个自变量 $x_1,x_2,\cdots,x_p$ 对 y 的影响都显著，因此要从回归方程中剔除那些次要的、可有可无的变量，重新建立更为简单的线性回归方程。所以要对每个自变量进行显著性检验。如果某个变量 x_j 对 y 的作用不显著，那么在回归模型中，它的系数 β_j 就取值为零。因此变量 x_j 是否显著等价于检验假设

$$H_{0j}:\beta_j=0,\quad j=1,2,\cdots,p$$

如果接受原假设 H_{0j}，则 x_j 对 y 的影响不显著；如果拒绝原假设 H_{0j}，则 x_j 对 y 的影响是显著的。

由前述回归参数估计量的性质，有

$$E(\hat{\boldsymbol{\beta}})=\boldsymbol{\beta},\quad D(\hat{\boldsymbol{\beta}})=\sigma^2\ (\boldsymbol{X}^{\mathrm{T}}\boldsymbol{X})^{-1}=c_{jj}\sigma^2$$

其中，$c_{jj}\ (j=1,2,\cdots,p)$ 为相关矩阵 $\boldsymbol{C}$ 中对角线上第 j 个元素。

$$\frac{\hat{\beta}_j-\beta_j}{\sqrt{c_{jj}\sigma^2}}\sim N(0,1)$$

因为随机变量 $\hat{\beta}_j$ 与 S_e 相互独立，所以

$$F=\frac{(\hat{\beta}_j-\beta_j)^2/c_{jj}}{S_e/(N-p-1)}\sim F(1,N-p-1)\tag{2.52}$$

或

$$t=\frac{(\hat{\beta}_j-\beta_j)/\sqrt{c_{jj}}}{\sqrt{S_e/(N-p-1)}}\sim t(N-p-1)\tag{2.53}$$

当原假设 $H_{0j}:\beta_j=0$ 成立时，可采用统计量

$$F=\frac{\hat{\beta}_j^2/c_{jj}}{S_e/(N-p-1)}=\frac{\hat{\beta}_j^2}{\hat{\sigma}^2c_{jj}}\tag{2.54}$$

或

$$t=\frac{\hat{\beta}_j}{\sqrt{c_{jj}S_e/(N-p-1)}}=\frac{\hat{\beta}_j}{\hat{\sigma}\sqrt{c_{jj}}}\tag{2.55}$$

其中，

$$\hat{\sigma}=\sqrt{\frac{1}{N-p-1}S_e}=\sqrt{\frac{1}{N-p-1}\sum_{i=1}^{N}\ (y_i-\hat{y}_i)^2}\tag{2.56}$$

是回归标准差。

当采用 F 分布对回归系数进行检验时，对给定的显著水平 α，如果由式(2.54)算得的 F 值大于由给定的显著水平 α 查 F 分布表得到的临界值 $F_\alpha(1,N-p-1)$，即

$$F=\frac{j^2}{\hat{\sigma}^2c_{jj}}>F_\alpha(1,N-p-1)$$

则拒绝 H_0，即认为自变量 x_j 对 y 的线性影响是显著的，反之则认为 x_j 对 y 的线性影响不显著。

当采用 t 分布对回归系数进行检验时，对给定的显著水平 α，查出双侧检验的临界值 $t_{\alpha/2}$。当 $|t_j|\geqslant t_{\alpha/2}$ 时拒绝原假设 $H_{0j}:\beta_j=0$，认为 β_j 显著不为零，自变量 x_j 对 y 的线性影响是显著的；当 $|t_j|<t_{\alpha/2}$ 时接受原假设 $H_{0j}:\beta_j=0$，认为 β_j 为零，自变量 x_j 对 y 的线性影响不显著。

如果经过显著性检验，回归变量中有一个或几个是不显著的，则可将不显著的变量从回归方程中剔除，重新建立更为简单的回归方程。但要注意的是，从回归方程中剔除一个变量，譬如剔除 x_i，不是简单地从回归方程中把 $\hat{\beta}_ix_i$ 去掉，而是应该从 $p-1$ 个变量

$$x_1,x_2,\cdots,x_{i-1},x_{i+1},\cdots,x_p$$

着手，重新估计回归系数，写出新的回归方程：

$$\hat{y}'=\hat{\beta}_0^*+\hat{\beta}_1^*x_1+\cdots\hat{\beta}_{i-1}^*x_{i-1}+\hat{\beta}_{i+1}^*x_{i+1}+\cdots+\hat{\beta}_p^*x_p \tag{2.57}$$

其中，$\hat{\beta}_j^*(j\neq i)$是新的回归系数，一般地说$\hat{\beta}_j^*\neq\hat{\beta}_j$。这是因为回归系数之间存在着相关性，当从原回归方程中剔除一个变量时，其他变量，特别是与它密切相关的一些变量的回归系数就会受到影响，有时影响是很大的，甚至会引起符号的变化。所以在进行 t 检验或 F 检验时，必须特别谨慎。一般对回归系数进行一次检验后，只能剔除其中一个变量，这个变量是所有不显著因子中 F 值或 t 值为最小的，然后重新建立新的回归方程，再对新的回归系数逐个进行检验，直到余下的回归系数都显著时为止。

由于建立新的回归方程需要重新进行大量的计算，于是促使人们进一步去寻求新、老回归系数之间的关系，以简化计算。可以证明，在 y 对 $x_1,x_2,\cdots,x_i,\cdots,x_p$ 的多元回归中，在取消一个变量 x_i 后，$p-1$ 个变量的新的回归系数$\hat{\beta}_j^*(j\neq i)$与原来的回归系数$\hat{\beta}_j$之间有如下关系：

$$\hat{\beta}_j^*=\hat{\beta}_j-\frac{c_{ij}}{c_{ii}}\hat{\beta}_i,\quad j\neq i \tag{2.58}$$

其中，c_{ii}，c_{ij} 是原 p 元回归中相关矩阵$\boldsymbol{C}=(c_{ij})$的元素。

设 S_r 是 p 个变量 $x_1,x_2,\cdots,x_p$ 所引起的回归二次方和，S_r'是 $p-1$ 个变量 $x_1,x_2,\cdots,x_{i-1},x_{i+1},\cdots,x_p$ 所引起的回归二次方和(除去了 x_i)，那么它们的差

$$Q_i=S_r-S_r'$$

就是去掉变量 x_i 后回归二次方和减少的量，称 Q_i 为变量 x_i 的偏回归二次方和。显然，Q_i 的值越大，说明变量 x_i 对变量 y 的影响就越大，因此，可用偏回归二次方和 Q_i 来衡量变量 x_i 在回归方程中所起作用的大小。

因为

$$S_r=S_t-S_e=\sum_{j=1}^{p}\hat{\beta}_j\beta_j-N\bar{y}^2$$

$$S_r'=\sum_{\substack{j=1\\j\neq i}}^{p}\hat{\beta}_j^*\beta_j-N\bar{y}^2$$

$$Q_i=S_r-S_r'=\sum_{j=1}^{p}\hat{\beta}_j\beta_j-\sum_{\substack{j=1\\j\neq i}}^{p}\hat{\beta}_j^*\beta_j$$

所以由式(2.58)得

$$Q_i=\sum_{j=1}^{p}\hat{\beta}_j\beta_j-\sum_{\substack{j=1\\j\neq i}}^{p}\hat{\beta}_j\beta_j+\frac{\hat{\beta}_i}{c_{ii}}\sum_{j=1}^{p}c_{ij}\beta_j$$

再由式(2.46)得

$$Q_i = \hat{\beta}_i \beta_i + \frac{\hat{\beta}_i}{c_{ii}} \sum_{\substack{j=1 \\ j \neq i}}^{p} c_{ij} \beta_j = \frac{\hat{\beta}_i}{c_{ii}} \sum_{j=1}^{p} c_{ij} \beta_j = \frac{\hat{\beta}_i^2}{c_{ii}} \tag{2.59}$$

可见，F 统计量式(2.54)的分子就是偏回归二次方和，它是偏回归二次方和与平均剩余二次方和的比值，因此可用来检验某个变量是否显著。Q_i 越大，其 F 值就越大。

总之，凡是偏回归二次方和大的变量，一定是显著的；凡是偏回归二次方和小的变量，却并不一定不显著，但是可以肯定，偏回归二次方和最小的那个变量，必然是所有变量中对 y 作用最小的一个，假如此变量检验结果又不显著，那就可以将该变量剔除。剔除一个变量后，必须重新计算回归系数和偏回归二次方和。一般它们的大小都会有所改变，所以应对它们重新再作检验。

3. 利用回归方程进行预测

当自变量 $x_1, x_2, \cdots, x_p$ 取值为 $x_{01}, x_{02}, \cdots, x_{0p}$ 时，对应的观察值

$$y_0 = \beta_0 + \beta_1 x_{01} + \beta_2 x_{02} + \cdots + \beta_p x_{0p} + \varepsilon_0$$

与回归值

$$\hat{y}_0 = \hat{\beta}_0 + \hat{\beta}_1 x_{01} + \hat{\beta}_2 x_{02} + \cdots + \hat{\beta}_p x_{0p}$$

之间的偏差 $y_0 - \hat{y}_0$ 的分布也服从正态分布，并且

$$y_0 - \hat{y}_0 \sim N\left\{0, \left[1 + \frac{1}{N} + \sum_{i=1}^{p} \sum_{j=1}^{p} c_{ij} (x_{0i} - \bar{x}_i)(x_{0j} - \bar{x}_j)\right]\sigma^2\right\}$$

其中，c_{ij} 为相关矩阵 $\boldsymbol{C}$ 的元素。

同时，还可以证明

$$t = \frac{y_0 - \hat{y}_0}{\hat{\sigma}\sqrt{1 + \frac{1}{N} + \sum_{i=1}^{p} \sum_{j=1}^{p} c_{ij} (x_{0i} - \bar{x}_i)(x_{0j} - \bar{x}_j)}}$$

服从分布 $t(N-p-1)$，其中 $\hat{\sigma} = S_e/(N-p-1)$。

对于给定的 α，可求得 y_0 的 $100(1-\alpha)\%$ 的预测区间为

$$(y_0 - \Delta, y_0 + \Delta) \tag{2.60}$$

其中，

$$\Delta = t_{\frac{\alpha}{2}}(N-p-1)\hat{\sigma}\sqrt{1 + \frac{1}{N} + \sum_{i=1}^{p} \sum_{j=1}^{p} c_{ij} (x_{0i} - \bar{x}_i)(x_{0j} - \bar{x}_j)} \tag{2.61}$$

当 N 较大且 x_{0i} 比较接近 $\bar{x}_i (i=1,2,\cdots,p)$ 时，可近似求得 y_0 的 $100(1-\alpha)\%$ 的预测区间为

$$(y_0 - \hat{\sigma} t_{\frac{\alpha}{2}}(N-p-1), y_0 + \hat{\sigma} t_{\frac{\alpha}{2}}(N-p-1)) \tag{2.62}$$

2.3 自变量选择与逐步回归

2.3.1 自变量选择

在建立一个实际问题的回归模型时，首要问题便是确定回归自变量。一般情况下大都是根据所研究问题的目的，找出对因变量可能有影响的一些因素作为自变量。如果遗漏了某些重要的变量，回归方程的效果肯定不好；但如果担心遗漏重要的变量，而考虑过多的自变量，则在这些变量中，有些自变量数据的质量可能很差，有些变量可能和其他变量有很大程度的重叠。如果回归模型把这样一些变量都选进来，不仅大大增加计算量，而且得到回归方程的稳定性也差，这将直接影响回归方程的应用。

1. 自变量选择对估计和预测的影响

(1) 全模型和选模型

设研究的某一实际问题共有 m 个对因变量有影响的因素，由因变量 y 和 m 个自变量 x_1，x_2，…，x_m 构成的回归模型为

$$y=\beta_0+\beta_1x_1+\beta_2x_2+\cdots+\beta_mx_m+\varepsilon \tag{2.63}$$

因为式(2.63)是因变量 y 与所有自变量 $x_1,x_2,\cdots,x_m$ 的回归模型，所以称为全回归模型，简称全模型。

如果从所有可供选择的 m 个变量中挑选出 p 个，记为 $x_1,x_2,\cdots,x_p$，那么由所选的 p 个自变量组成的回归模型为

$$y=\beta_{0p}+\beta_{1p}x_1+\beta_{2p}x_2+\cdots+\beta_{pp}x_p+\varepsilon_p \tag{2.64}$$

相对全模型而言，称式(2.64)为选回归模型，简称选模型。

为便于分析与计算，将模型式(2.63)的参数向量 $\boldsymbol{\beta}$ 与 σ^2 的估计记为

$$\hat{\boldsymbol{\beta}}_m=(\boldsymbol{X}_m^{\mathrm{T}}\boldsymbol{X}_m)^{-1}\boldsymbol{X}_m^{\mathrm{T}}\boldsymbol{y} \tag{2.65}$$

$$\hat{\sigma}_m^2=\frac{1}{N-m-1}S_{me} \tag{2.66}$$

将模型式(2.64)的参数向量 $\boldsymbol{\beta}$ 与 σ^2 的估计记为

$$\hat{\boldsymbol{\beta}}_p=(\boldsymbol{X}_p^{\mathrm{T}}\boldsymbol{X}_p)^{-1}\boldsymbol{X}_p^{\mathrm{T}}\boldsymbol{y} \tag{2.67}$$

$$\hat{\sigma}_p^2=\frac{1}{N-p-1}S_{pe} \tag{2.68}$$

自变量的选择实际上可以看成是对一个实际问题是用模型式(2.63)还是用式(2.64)去

描述。

(2) 自变量选择对估计和预测的影响

① 自变量选择对参数估计的影响。以下面的几个定理来揭示变量选择对参数估计的影响。

定理 2.1　当全模型式(2.63)为真时,有

Ⅰ. $E(\hat{\boldsymbol{\beta}})=\boldsymbol{\beta}$,除 $\boldsymbol{\beta}_{m-p}=\mathbf{0}$ 或 $\boldsymbol{X}_p^{\mathrm{T}}\boldsymbol{X}_{m-p}=\mathbf{0}$ 外,$E(\tilde{\boldsymbol{\beta}}_p)\neq\boldsymbol{\beta}_p$;

Ⅱ. $\mathrm{Cov}(\hat{\boldsymbol{\beta}}_p)\geqslant\mathrm{Cov}(\tilde{\boldsymbol{\beta}}_p)$,其中 $\tilde{\boldsymbol{\beta}}_p$ 是全模型中相应 p 个变量所对应的回归系数的估计值。

定理 2.1 中的 Ⅰ. 表明,当式(2.63)为真时,如果误用式(2.64),则 $\boldsymbol{\beta}_p$ 的估计值 $\tilde{\boldsymbol{\beta}}_p$ 失去无偏性。要想使 $\tilde{\boldsymbol{\beta}}_p$ 成为 $\boldsymbol{\beta}_p$ 的无偏估计,必须有 $\boldsymbol{\beta}_{m-p}=\mathbf{0}$ 或 $\boldsymbol{X}_p^{\mathrm{T}}\boldsymbol{X}_{m-p}=\mathbf{0}$。$\boldsymbol{\beta}_{m-p}=\mathbf{0}$ 表示后面 $m-p$ 个自变量与因变量没有什么关系,即选用模型本来就是正确的。$\boldsymbol{X}_p^{\mathrm{T}}\boldsymbol{X}_{m-p}=\mathbf{0}$ 表示设计矩阵 $\boldsymbol{X}=\boldsymbol{X}_p^{\mathrm{T}}\boldsymbol{X}_{m-p}$ 的两部分正交,这种情况下,为了估计 $\boldsymbol{\beta}_p$,后 $m-p$ 个自变量不起任何作用。

定理 2.1 中 Ⅱ. 的 $\mathrm{Cov}(\hat{\boldsymbol{\beta}}_p)\geqslant\mathrm{Cov}(\tilde{\boldsymbol{\beta}}_p)$ 说明在全模型中前 p 个自变量所对应的未知参数向量 $\boldsymbol{\beta}_p$ 的估计值 $\hat{\boldsymbol{\beta}}_p$ 的方差,大于或等于只选择前 p 个自变量所建的选模型的未知参数向量 $\boldsymbol{\beta}_p$ 的估计值 $\tilde{\boldsymbol{\beta}}_p$ 的方差。这表明尽管使用全模型式(2.63)才是正确的,但我们丢掉 $m-p$ 个自变量后,用剩下的前 p 个自变量建立模型,它的参数的估计值的方差不会超过全模型时 $\hat{\boldsymbol{\beta}}_p$ 的方差。但此时的估计是有偏的。

定理 2.2　当全模型式(2.63)为真且 $\mathrm{Cov}(\hat{\boldsymbol{\beta}}_{m-p})\geqslant\boldsymbol{\beta}_{m-p}\boldsymbol{\beta}_{m-p}^{\mathrm{T}}$ 时,$\mathrm{Cov}(\hat{\boldsymbol{\beta}}_p)\geqslant\mathrm{MSE}(\tilde{\boldsymbol{\beta}}_p)$。式中,$\mathrm{MSE}(\tilde{\boldsymbol{\beta}}_p)$ 为 $\tilde{\boldsymbol{\beta}}_p$ 的均方误差,即 $\mathrm{MSE}(\tilde{\boldsymbol{\beta}}_p)=E(\tilde{\boldsymbol{\beta}}_p-\boldsymbol{\beta}_p)(\tilde{\boldsymbol{\beta}}_p-\boldsymbol{\beta}_p)^{\mathrm{T}}$。

定理 2.2 表明,即使被丢掉的自变量对参数估计确实有影响,即 $\boldsymbol{\beta}_{m-p}\neq\mathbf{0}$,但是,如果 $\boldsymbol{\beta}_{m-p}$ 不好估计时,丢掉了这些变量还是有好处的。这样可以使剩下的那些自变量的回归系数的最小二乘估计的精度提高。在对实际问题建模时,最好剔除那些对因变量影响不大或回归系数的方差过大的变量,用剩下的 p 个自变量去建立模型,$\tilde{\boldsymbol{\beta}}_p$ 的均方误差会减小,从控制的角度来看是有利的。

定理 2.3　当全模型式(2.63)为真时,对选模型导出的 σ^2 的估计 $\tilde{\sigma}_p^2$,有 $E(\tilde{\sigma}_p^2)\geqslant E(\hat{\sigma}^2)$,且仅当 $\boldsymbol{\beta}_{m-p}=\mathbf{0}$ 时等号成立。

此定理表明,当应该运用全模型式(2.63)时,而丢掉了一些对因变量有影响的自变量,采用了选模型,便会使丢掉的那些自变量的影响进入随机误差项,从而使得到的误差方差 σ^2 的估计 $\tilde{\sigma}_p^2$ 偏大。

② 自变量选择对预测的影响。关于自变量选择对预测的影响通过下面的性质来说明。

性质 1　在 x_j 与 $x_{p+1},\cdots,x_m$ 的相关系数不全为零时,选模型回归系数的最小二乘估计是全模型相应参数的有偏估计,即 $E(\hat{\boldsymbol{\beta}}_{jp})=\boldsymbol{\beta}_{jp}\neq\boldsymbol{\beta}, j=1,2,\cdots,p$。

性质 2　选模型的预测是有偏的,给定新自变量值 $\boldsymbol{x}_0=[x_{01}\quad x_{02}\quad\cdots\quad x_{0m}]^{\mathrm{T}}$,因变量新值为 $y_0=\beta_0+\beta_1x_{01}+\beta_2x_{02}+\cdots+\beta_mx_{0m}+\varepsilon_0$,用选模型的预测值 $\hat{y}_{0p}=\hat{\beta}_{0p}+\hat{\beta}_{1p}x_{01}+\hat{\beta}_{2p}x_{02}+\cdots+\hat{\beta}_{pp}x_{0p}$ 作为 y_0 的预测值是有偏的,即 $E(\hat{y}_{0p}-y_0)\neq0$。

性质 3　选模型的参数估计有较小的方差。选模型的最小二乘估计为 $\hat{\boldsymbol{\beta}}_p = [\hat{\beta}_{0p} \quad \hat{\beta}_{1p} \quad \cdots \quad \hat{\beta}_{pp}]^{\mathrm{T}}$，全模型的最小二乘估计为 $\hat{\boldsymbol{\beta}}_m = [\hat{\beta}_{0m} \quad \hat{\beta}_{1m} \quad \cdots \quad \hat{\beta}_{mm}]^{\mathrm{T}}$，这一性质说明 $D(\hat{\boldsymbol{\beta}}_{jp}) \leqslant D(\hat{\boldsymbol{\beta}}_{jm})$，$j=0,1,\cdots,p$。

性质 4　选模型的预测残差有较小的方差。选模型的预测残差为 $e_{0p} = \bar{y}_{0p} - y_0$，全模型的预测残差为 $e_{0m} = \bar{y}_{0m} - y_0$，其中 $y_0 = \beta_0 + \beta_1 x_{01} + \beta_2 x_{02} + \cdots + \beta_m x_{0m} + \varepsilon_0$，则有 $D(e_{0p}) \leqslant D(e_{0m})$。

性质 5　记 $\boldsymbol{\beta}_{m-p} = [\beta_{p+1} \quad \cdots \quad \beta_m]^{\mathrm{T}}$，用全模型对 $\boldsymbol{\beta}_{m-p}$ 的最小二乘估计为 $\hat{\boldsymbol{\beta}}_{m-p} = [\hat{\beta}_{p+1} \quad \cdots \quad \hat{\beta}_m]^{\mathrm{T}}$，则在 $D(\hat{\boldsymbol{\beta}}_{m-p}) \geqslant \boldsymbol{\beta}_{m-p}\boldsymbol{\beta}_{m-p}^{\mathrm{T}}$ 的条件下，$E(e_{0p})^2 = D(e_{0p}) + [E(e_{0p})]^2 \leqslant D(e_{0m})$，即选模型预测的均方差比全模型预测的方差更小。

由上述几个定理和性质可以看出，一个好的回归模型，并不是考虑的自变量越多越好。在建立回归模型时，选择自变量的基本指导思想是“少而精”。哪怕丢掉了一些对因变量 y 还有些影响的自变量，由选模型估计的保留变量的回归系数的方差，要比由全模型所估计的相应变量的回归系数的方差小。但是丢掉了一些对因变量 y 有影响的自变量后，会使估计量产生有偏性。然而，尽管估计量是有偏的，但预测偏差的方差会下降。另外，如果保留了对因变量无关紧要的自变量，会导致参数估计和预测精度降低。因此，在建立实际问题的回归模型时，应尽可能剔除那些可有可无的自变量。

2. 自变量选择的准则

将选模型式(2.64)的残差二次方和记为 S_{pe}，当再增加一个新的自变量 x_{p+1} 时，相应的残差二次方和记为 $S_{(p+1)e}$。根据最小二乘估计原理，增加自变量时残差二次方和将减小，减少自变量时残差二次方和将增加，因此 $S_{(p+1)e} \leqslant S_{pe}$。又记它们的复相关系数分别为 $R_p = \sqrt{1 - \dfrac{S_{pe}}{S_t}}$，$R_{p+1} = \sqrt{1 - \dfrac{S_{(p+1)e}}{S_t}}$。由于 S_t 是因变量的离差二次方和，与自变量无关，因而 $R_{p+1} \geqslant R_p$。

可见当自变量子集扩大时，残差二次方和随之减小，而复相关系数随之增大。因此，如果按 S_e 越小越好的原则来选择自变量子集，或者为提高复相关系数，不论什么变量只要多取就行，则毫无疑问选的变量越多越好。这样由于变量的多重共线性，给变量的回归系数估计值带来不稳定性，加上变量的测量误差积累将使 y 值的估计值误差增大。如此构造的回归模型稳定性差，因此残差二次方和、复相关系数或样本决定系数都不能作为选择变量的准则。下面从不同的角度给出几个常用的准则。

准则 1　自由度调整复相关系数达到最大。

设 $\bar{R}^2$ 为调整后的复相关系数，N 为样本容量，p 为自变量的个数，则

$$\bar{R}^2 = 1 - \frac{N-1}{N-p-1}(1-R^2) \tag{2.69}$$

显然有 $\bar{R}^2 \leqslant R^2$，$\bar{R}^2$ 随着自变量的增加并不一定增大，并且尽管 $(1-R^2)$ 随着变量的增加

而减少，但 $\bar{R}^2$ 随着自变量的增加并不一定增大。当所增加的自变量对 y 不产生影响时，$\bar{R}^2$ 反而可能减小。

在一个实际问题的回归建模中，自由度调整复相关系数 $\bar{R}^2$ 越大，所对应的回归方程越好。如果仅从拟合的角度追求"最优"，则所有回归子集中 $\bar{R}^2$ 最大者对应的回归方程就是"最优"方程。

准则 2 平均残差二次方和达到最小。

对于选模型式(2.64)，平均残差二次方和是指对应模型中 σ 的估计

$$\hat{\sigma}_p^2=\frac{S_{pe}}{N-p-1} \tag{2.70}$$

一般说来，当自变量个数从零开始增加时，$\hat{\sigma}^2$ 先是开始下降，而后稳定下来，自变量个数增加到一定数量后，$\hat{\sigma}^2$ 又开始增加。

准则 3 赤池信息量 AIC 达到最小。

对一般情况，设模型的似然函数为 $L(\theta,x)$，θ 的维数为 p，x 为随机样本，则 AIC 定义为

$$\mathrm{AIC}=-2\ln L(\hat{\theta}_L,x)+2p \tag{2.71}$$

其中，$\hat{\theta}_L$ 为 θ 的极大似然估计，p 为未知参数的个数。式中等号右边第一项是似然函数的对数乘以 -2，第二项是未知参数个数的 2 倍。似然函数越大的估计量越好，因而选择使 AIC 达到最小的模型是"最优"模型。在回归分析建模过程中，对每一个回归子集计算 AIC，其中 AIC 最小者所对应的模型是"最优"回归模型。

准则 4 C_p 统计量达到最小。

考虑在 N 个样本点上，用选模型式(2.64) 作回归预测时，预测值与期望值的相对偏差二次方和为

$$J_p=\frac{1}{\sigma^2}\sum_{i=1}^{N}\left[\hat{y}_{ip}-E(y_i)\right]^2=$$

$$\frac{1}{\sigma^2}\sum_{i=1}^{N}\left[\hat{\beta}_{0p}+\hat{\beta}_{1p}x_{i1}+\cdots+\hat{\beta}_{pp}x_{ip}-(\beta_0+\beta_1 x_{i1}+\cdots+\beta_m x_{im})\right]^2$$

可以证明，J_p 的期望值为

$$E(J_p)=\frac{S_{pe}}{\hat{\sigma}^2}-N+2(p+1)$$

据此构造出 C_p 统计量为

$$C_p=\frac{S_{pe}}{\hat{\sigma}^2}-N+2(p+1)=(N-m-1)\frac{S_{pe}}{S_{me}}-N+2p \tag{2.72}$$

其中，$\hat{\sigma}^2=\dfrac{1}{N-m-1}S_{me}$ 为全模型中 σ^2 的无偏估计。这样可得到一个选择变量的 C_p 准则：选择使 C_p 最小的自变量子集，这个自变量子集对应的回归方程就是最优回归方程。

2.3.2　逐步回归

逐步回归的基本思想是有进有出。具体做法是将变量一个一个引入，每引入一个自变量后，对已选入的变量要进行逐个检验，当原引入的变量由于后面变量的引入而变得不再显著时，要将其剔除。引入一个变量或从回归方程中剔除一个变量，为逐步回归的一步，每一步都要进行 F 检验，以确保每次引入新的变量之前回归方程中只包含显著的变量。这个过程反复进行，直到既无显著的自变量选入回归方程，也无不显著自变量从回归方程中剔除为止。这样可以保证最后所得的回归子集是最优回归子集。

在逐步回归法中需要注意的一个问题是引入自变量和剔除自变量的显著性水平 α 值是不相同的，要求引入自变量的显著性水平 $\alpha_{进}$ 小于剔除自变量的显著性水平 $\alpha_{出}$，否则可能产生“死循环”。也就是当“$\alpha_{进} \geqslant \alpha_{出}$”时，如果某个自变量的显著性 P 值在 $\alpha_{进}$ 与 $\alpha_{出}$ 之间，那么这个自变量将被引入、剔除、再引入、再剔除 …… 循环往复，以至无穷。

2.4　非线性回归

在许多实际问题中，变量之间不是线性相关关系，这样应该在这些相关变量之间配以非线性回归方程。在建立非线性回归方程时，最关键的是确定因变量与回归变量间的函数形式，确定函数形式的方法一般有两种。

① 根据理论推导或者由以往的经验知道它们之间的回归方程的类型。

② 由散点图估计回归方程的函数类型。

确定了回归方程的函数类型后，需要对其中的未知参数进行估计。本节着重讨论函数形式定下后确定各回归系数的方法。

2.4.1　将非线性问题线性化

有许多非线性回归方程在形式上是非线性的，但本质上是线性的，即经过简单的变量替换后，就可化为线性回归方程，用最小二乘法求出各回归系数。但有些非线性回归方程不但形式上是非线性的，本质上也是非线性的，如对模型

$$y=\beta_0+\beta_1 x+\beta_2 x^2+\cdots+\beta_p x^p+\varepsilon \tag{2.73}$$

可以令 $x_1=x, x_2=x^2, \cdots, x_p=x^p$，于是得到 y 关于 $x_1, x_2, \cdots, x_p$ 的线性表达式

$$y=\beta_0+\beta_1 x_1+\beta_2 x_2+\cdots+\beta_p x_p+\varepsilon$$

式(2.73) 本来只有一个自变量 x，是一元 p 次多项式回归，在线性化后，变为 p 元线性

回归。

而对模型

$$y=a\mathrm{e}^{bx}+\varepsilon \tag{2.74}$$

当b未知时,不能通过对等式两边同时取自然对数的方法将回归模型线性化,所以式(2.74)是属于本质上的非线性,只能用非线性最小二乘法求解。

一般地,对于包含多变量的任意多项式

$$Y=\beta_0+\beta_1x_1+\beta_2x_2+\beta_3x_1^2+\beta_4x_1x_2+\beta_5x_2^2+\cdots \tag{2.75}$$

也可以通过类似的变换把它化成多元线性回归计算。因为若令 $X_1=x_1,X_2=x_2,X_3=x_1^2,X_4=x_1x_2,\cdots$,则式(2.75)成为

$$Y=\beta_0+\beta_1X_1+\beta_2X_2+\beta_3X_3+\beta_4X_4+\beta_5X_5+\cdots \tag{2.76}$$

通常在比较复杂的实际问题中,可以不考虑y与诸因素的确切关系如何,而用多项式回归进行分析和计算。

2.4.2 非线性模型

非线性回归模型一般可记为

$$\boldsymbol{y}_i=f(\boldsymbol{x}_i,\boldsymbol{\theta})+\boldsymbol{\varepsilon}_i,\quad i=1,2,\cdots,N \tag{2.77}$$

其中,$\boldsymbol{y}_i$为因变量,非随机向量$\boldsymbol{x}_i=[x_{i1}\quad x_{i2}\quad\cdots\quad x_{ik}]^{\mathrm{T}}$是自变量,$\boldsymbol{\theta}=[\theta_1\quad\theta_2\quad\cdots\quad\theta_p]^{\mathrm{T}}$为未知参数向量,$\boldsymbol{\varepsilon}_i$为随机误差项并且满足独立同分布假定,即

$$\begin{cases}E(\boldsymbol{\varepsilon}_i)=0,\quad i=1,2,\cdots,N\\ \mathrm{Cov}(\boldsymbol{\varepsilon}_i,\boldsymbol{\varepsilon}_j)=\begin{cases}\sigma^2, & i=j,\\ 0, & i\neq j,\end{cases}\quad i,j=1,2,\cdots,N\end{cases}$$

如果$f(\boldsymbol{x}_i,\boldsymbol{\theta})=\theta_0+x_1\theta_1+x_2\theta_2+\cdots+x_p\theta_p$,那么式(2.77)就是前面讨论的线性模型,而且必然有$k=p$。对于一般情况的非线性模型,参数的数目与自变量的数目并没有一定的对应关系,不要求$k=p$。

仍使用最小二乘法估计参数$\boldsymbol{\theta}$,即求使得

$$Q(\boldsymbol{\theta})=\sum_{i=1}^{N}[y_i-f(\boldsymbol{x}_i,\boldsymbol{\theta})]^2 \tag{2.78}$$

达到最小的$\hat{\boldsymbol{\theta}}$,称为$\boldsymbol{\theta}$的非线性最小二乘估计。在假定$f$函数对参数$\boldsymbol{\theta}$连续可微时,可以利用微分法,建立正规方程组,求解使$Q(\boldsymbol{\theta})$达最小的$\hat{\boldsymbol{\theta}}$。将$Q$函数对参数$\theta_j$求偏导,并令其为0,得$p+1$个方程

$$\left.\frac{\partial Q}{\partial\theta_j}\right|_{\theta_j=\hat{\theta}_j}=-2\sum_{i=1}^{N}[\boldsymbol{y}_i-f(\boldsymbol{x}_i,\hat{\boldsymbol{\theta}})]\left.\frac{\partial f}{\partial\theta_j}\right|_{\theta_j=\hat{\theta}_j}=0,\quad j=1,2,\cdots,p \tag{2.79}$$

非线性最小二乘估计$\hat{\boldsymbol{\theta}}$就是式(2.79)的解,式(2.79)称为非线性最小二乘估计的正规方

程组，它是未知参数的非线性方程组。一般用 Newton 迭代法求解此正规方程组。也可以直接极小化残差二次方和 $Q(\boldsymbol{\theta})$，求出未知参数 $\boldsymbol{\theta}$ 的非线性最小二乘估计 $\hat{\boldsymbol{\theta}}$。

对于非线性最小二乘估计，仍然需要作参数的区间估计、显著性检验、回归方程的显著性检验等回归诊断，这需要知道有关统计量的分布。在非线性最小二乘中，一些精确分布是很难得到的，在大样本时，可以得到近似的分布。

在非线性回归中，二次方和分解式 $S_t = S_r + S_e$ 不再成立。类似于线性回归中的复相关系数，定义非线性回归的相关指数为

$$R^2 = 1 - \frac{S_e}{S_t} \tag{2.80}$$

2.5　回归分析在材料加工中的应用

回归分析方法在材料加工领域已经得到了广泛的应用，为解决实际问题提供了很大帮助。可将材料加工中回归分析的应用主要归纳为以下几个方面：① 规律性分析；② 性能预测；③ 加工过程工艺参数优化设计；④ 材料常数的确定。

2.5.1　规律性分析

马伟民等研究 Al_2O_3 和 $Al_2O_3/ZrO_2(Y_2O_3)$ 复合刀具材料的 Weibull 分布、磨损形态及其切削耐用度时，采用一元线性回归方法确定 $Al_2O_3/ZrO_2(Y_2O_3)$ 刀具的耐用度参数，分析切削条件对 $Al_2O_3/ZrO_2(Y_2O_3)$ 复合刀具材料寿命的影响。

目前基于超高分子量聚乙烯（UHMWPE）复合材料的相关摩擦学性能研究主要集中在影响摩擦学性能的诸多因素方面的探讨，而对各因素影响程度的研究报道较少。雷毅等用热压成形法制备了纳米 ZnO 填充 UHMWPE 复合材料，测定了复合材料的摩擦学性能，采用四水平正交表设计试验，运用多元线性回归方法处理试验数据，分别得到了复合材料的摩擦因数和磨损率与载荷、纳米粒子含量和相对滑动线速度 3 个试验因素间的回归方程。结果表明，载荷对复合材料摩擦因数的影响最大，纳米粒子含量和相对滑动线速度的影响相对较小。复合材料摩擦因数随着载荷的增加而减小；试验因素对磨损率的影响程度由大到小依次为相对滑动线速度、载荷和纳米粒子含量，复合材料磨损率随着相对滑动线速度和载荷的增加而增大，随着纳米粒子含量的增加而减小。

2.5.2　性能预测

(1)力学性能的预测

钢材复验过程中，屈服强度试验结果由于诸多因素，会在一定范围内波动，这样会导致检验结果出现异常。曹雷等应用数理统计方法对 10CrNi3MoV 船用钢的屈服强度和化学成分的试验数据进行回归分析，获得两者间的回归方程，并结合该钢的检验标准，确定其屈服强度检验结果的异常界限，可加强船厂的材料质量检验环节。其基本思路是利用钢材强度与成分间存在的相关关系，对钢材的屈服强度和化学成分的试验数据进行回归分析，获取两者间的线性回归方程，然后运用回归方程的预测作用，通过其化学成分的上下限(即钢材化学成分的检验标准)来预测屈服强度试验值可能的范围。

不同钢材的高温力学性能研究大多局限于恒温加载或恒载升温两种路径下各项力学性能参数随温度变化的模型。而徐彦、赵金城通过不同应力-温度路径下对 Q235 钢材性能的试验，研究应力-温度历史对钢材应变的影响，并通过对试验数据进行回归分析，研究了 Q235 钢经过恒载升降温自然冷却到常温时的力学性能。宁爱林等则利用回归分析方法研究回归时间对 RRA 处理后高 Zn 超高强度铝合金的组织和性能的影响。结果表明，回归时间延长至 17 min和 45 min，由于晶内粒子粗化甚至有平衡相形成，而晶界的无析出带已经无法被再时效粒子填充，高 Zn 超高强度铝合金虽然具备高的抗应力腐蚀性能，但是室温拉伸强度却大幅度降低。

(2)物理性能的预测

针对反应烧结制备的刚玉/β-Sialon 复合材料，刘战杰等采用逐步回归方法研究了材料的体积密度、显气孔率及常温抗折强度与原料的颗粒配比之间的关系，得到了回归效果良好的回归方程，可用于刚玉/β-Sialon 复合材料常温物理性能的预报。

(3)抗氧化性能的预测

李云等使用 25 种镍基高温合金的氧化行为数据进行多元线性回归计算，求得每种合金元素对合金抗氧化性能的作用系数，利用合金元素作用系数的线性叠加，验证了 3 种镍基铸造高温合金的氧化动力学方程，计算结果与实验值符合得比较好。

2.5.3 加工过程工艺参数优化设计

(1)炼钢工艺参数优化

刘冬梅等针对梅山炼钢厂冶炼中磷铁水的生产实践，利用统计回归的方法对现场的生产数据进行回归分析，得出了冶炼终点钢水磷含量、碳含量以及终点钢水温度的预测模型，并通过回归分析找出影响冶炼终点钢水成分及温度的主要因素，并提出改进措施，以期对改进冶炼操作提出有意义的建议。

(2)喷涂工艺参数优化

电弧喷涂工艺参数主要包括喷涂电流、喷涂空气压力、送丝速度、喷涂电压、喷涂距离和喷涂材料成分等。国外也曾进行过一些工艺参数优化试验，但都采用普通碳钢材料。张本生等采用二次回归旋转组合设计安排试验方案，并对得出的试验数据进行计算机分析，得出了各因素和目标函数之间关系的数学模型以及最优工艺参数，对于电弧喷涂技术的理论研究和应用将产生深远的影响。

(3)热压缩工艺参数优化

孙志超等根据 TA15 钛合金的应力-应变曲线、变形温度、对数应变速率与对数应力的曲线关系，将所有影响 TA15 钛合金流动应力的宏观可测变量引入模型中，采用逐步回归法合理地选取了影响 TA15 钛合金流动应力的“最优”自变量子集，然后以热压缩实验数据和部分神经网络预测数据作为原始数据，建立了 TA15 钛合金简单、适用的材料本构模型。

2.5.4　材料常数的确定

(1)导热系数的确定

工业铝电解槽内衬材料的导热系数是计算热平衡和温度场的重要数据之一，目前国内对铝电解槽温度场的研究大多采用文献报道的导热系数数据，某些新型内衬材料的导热系数数据很缺乏。狄跃忠等通过测量两种新型内衬材料氮化硅结合的碳化硅板、耐火混凝土砖在中低温度下的导热系数，用数学回归方法得到其与温度的线性关系式，为铝电解槽的三维模拟计算的精确进行提供了基本数据。

(2)激活能的确定

赵培峰等根据热压缩模拟试验，采用一元线性回归方法，确定 6061 铝合金的材料常数，如激活能、应力指数、应力水平参数和结构因子等。

栾卫志等利用 X 射线衍射线形分析方法，研究了 TiB2/6351Al 和 6351Al 喷丸形变层的再结晶行为，并通过回归分析，获得了晶块长大激活能和显微畸变松弛激活能。

复习思考题

2-1　回归模型中随机误差项 ε 的意义是什么？

2-2　阐述线性回归模型的基本假设。

2-3　分析论述几种回归分析模型在材料加工中的应用。

2-4　在平炉炼钢过程中，由于矿石及炉气的氧化作用，铁水中的总含碳量在不断降低，一炉钢在冶炼初期(熔化期)中总的去碳量 y 与所加的两种矿石(天然矿石与烧结矿石)的量 x_1，x_2 及熔化时间 x_3 有关(熔化时间愈长则去碳量愈多)。经实测，某号平炉的 49 炉数据如表

2.6 所示，试求出 y 与 x_1, x_2, x_3 之间的线性回归方程。

表 2.6 试验数据

编号	$\frac{x_1}{槽}$	$\frac{x_2}{槽}$	$\frac{x_3}{(5\ \mathrm{min})}$	$\frac{y}{t}$	编号	$\frac{x_1}{槽}$	$\frac{x_2}{槽}$	$\frac{x_3}{(5\ \mathrm{min})}$	$\frac{y}{t}$
1	2	18	50	4.330 2	26	9	6	39	2.706 6
2	7	9	40	3.648 5	27	12	5	61	5.631 4
3	5	14	46	4.483 0	28	6	13	41	5.815 2
4	12	3	43	5.546 8	29	12	7	47	5.130 2
5	1	20	64	5.497 0	30	0	24	61	5.391 0
6	3	12	40	3.112 5	31	5	12	37	4.453 3
7	2	17	64	5.118 2	32	4	15	48	4.656 9
8	6	5	39	3.875 9	33	0	20	45	4.521 2
9	7	8	37	4.670 0	34	6	16	42	4.865 0
10	0	23	55	4.953 6	35	4	17	48	5.356 6
11	3	16	60	5.006 0	36	10	4	48	4.609 6
12	0	18	49	5.270 1	37	4	14	36	2.381 5
13	8	4	50	5.877 2	38	5	13	36	3.874 6
14	6	14	51	5.484 9	39	9	8	51	4.591 9
15	0	21	51	4.596 0	40	6	13	54	5.158 8
16	3	14	51	5.664 5	41	5	8	100	5.437 3
17	7	12	56	6.079 5	42	5	11	44	3.996 0
18	16	0	48	3.219 4	43	8	6	63	4.397 0
19	6	16	46	5.807 6	44	2	13	55	4.062 2
20	0	15	52	4.730 6	45	7	8	50	2.290 5
21	9	0	40	4.680 5	46	4	10	45	4.711 5
22	4	6	32	3.127 2	47	10	5	40	4.531 0
23	0	17	47	2.610 4	48	3	17	64	5.363 7
24	9	0	44	3.717 4	49	4	15	72	6.077 1
25	2	16	39	3.894 6					

2-5 太钢耐火材料厂的一种二级料筛分后体积对粒度的分布数据如表 2.7 所示，请应用曲线拟合与回归分析的方法确定粒度的实际分布。

表 2.7　试验数据

序号	粒度 /mm	体积 /L
1	0	0
2	＜0.1	0.011 451 7
3	＜0.2	0.024 924 2
4	＜0.5	0.071 067 7
5	＜1.0	0.131 694
6	＜1.5	0.175 48
7	＜2.0	0.192 321
8	＜2.5	0.229 707
9	＜3.0	0.231 728
10	＜4.0	0.358 37
11	＜5.0	0.385 315
12	＜6.0	0.395 083
13	＜8.0	0.664 534
14	＜10.0	0.834 288
15	＜15.0	1

2-6　某种合金中的主要成分为金属 A 与金属 B，经过试验和分析发现这两种金属成分之和 x 与膨胀系数 y 之间有一定的数量关系，为此收集了如表 2.8 所示的 13 组数据，试求出 y 与 x 之间的回归方程。

表 2.8　试验数据

序号	x	y
1	37.0	3.40
2	37.5	3.00
3	38.0	3.00
4	38.5	2.27
5	39.0	2.10
6	39.5	1.83
7	40.0	1.53
8	40.5	1.70
9	41.0	1.80
10	41.5	1.90
11	42.0	2.35
12	42.5	2.54
13	43.0	2.90

第3章　基于人工神经网络的建模与分析

3.1　人工神经网络

3.1.1　人工神经网络概述

模拟人的智慧一直是人类追求的目标，但人脑是世界上最复杂、最完善和最有效的信息处理系统，是任何机器都无法比拟的。人脑是一个自适应、非线性以及并行的系统，它具有组织神经元完成特定功能的能力，虽然每个神经元处理信息的速度很慢，但由于大量神经元并行，人脑可轻易处理大量信息。人工神经网络则是人脑这一复杂系统的粗糙模型。

人工神经网络起源于20世纪，它是神经学、心理学、数学以及计算机技术等多学科研究成果的结晶。1943年，美国心理学家麦卡洛克（Warren S. McCulloch）和数学家皮茨（Walter Pitts）根据生物神经元特征提出了M－P神经元模型，如图3.1所示，这被视做现代神经网络研究的开端。他们描述了五个假设来控制神经元操作，当时的神经元并不具备训练功能，但已经可以完成一些逻辑功能。

人工神经网络多为计算机程序形式，与一般的计算机程序的不同之处在于它模仿了人脑的优点。人工神经网络可用于解决定性问题，也可用于定量分析。人工神经网络可靠性高，尤以对复杂非线性问题处理表现突出，且具有自学习能力，在现代科学研究中得到了大量应用。

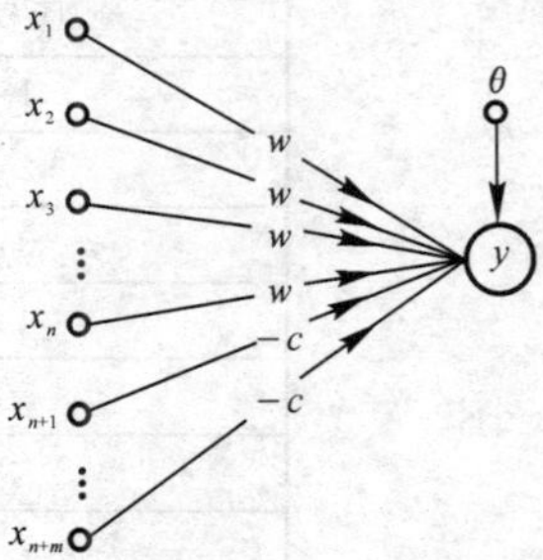

图3.1　M－P神经元模型

人工神经网络的处理单元简单，其工作则是“集体”进行的，它的信息传播、存储方式模仿神经网络。它没有运算器、内存、控制器这些现代计算机的基本单元，而是相同的简单处理器的组合。它的信息是存储在处理单元之间的连接权中的，因而，它是与现代计算机完全不同的系统。与计算机相比，人工神经网络吸取了生物神经网络的部分优点，具有以下特点：

①人工神经网络在结构上与目前的计算机根本不同。它是由很多小的处理单元互相连接而成的。每个单元功能简单，但大量简单的处理单元集体的、并行的活动却能得到预期的识别、计算结果，并具有较快的速度。

②人工神经网络具有很强的容错性，即局部的或部分的神经元损坏后，不影响全局的活动。

③人工神经网络所记忆的信息分布式存储在神经元之间的连接权中，从单个权中看不出其存储信息的内容。

④人工神经网络具有十分强的学习功能，人工神经网络中的连接权和连接的结构都可以通过学习得到。

3.1.2　人工神经元

人工神经元是人工神经网络的基本单位，是对生物神经元的简单仿真。生物神经元的结构如图 3.2 所示。

生物神经元由细胞体、树突和轴突三部分组成。树突的作用是接受其他神经元传递的信号。轴突则是传出来自细胞体的神经信息。细胞体内、外由细胞膜分开，造成细胞体内外不同电位即膜电位。各突触产生电位总和决定膜电位，膜电位是否达到阈值决定神经元兴奋与否。各神经元连接构成神经网络，神经细胞信息在细胞间传递，且只允许正向传播，不允许逆向传播。

生物神经元具有如下性质：

①多输入，单输出。

②突触对刺激的传递兼有兴奋和抑制性能。

③可时间加权与空间加权，其加权值是所有突触所受刺激之和。

④可产生脉冲，传送给细胞体。

⑤脉冲可传递。

⑥非线性且有阈值。

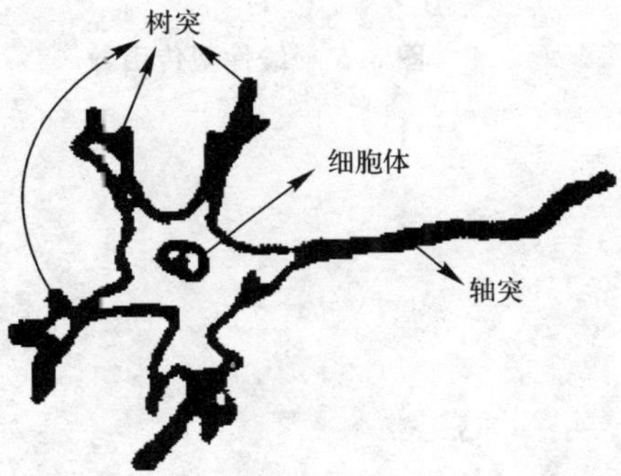

图 3.2　生物神经元

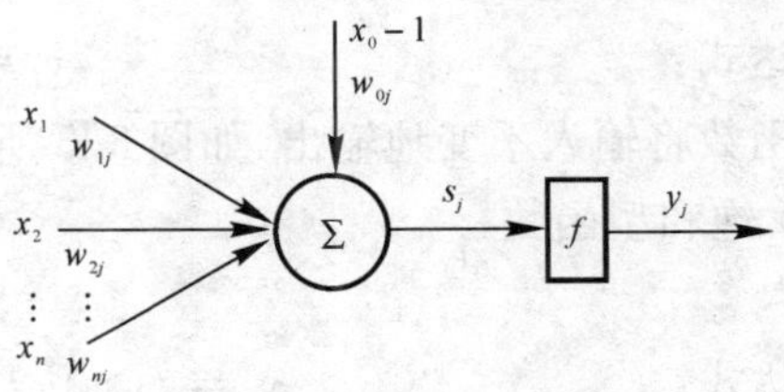

图 3.3　人工神经元模型示意图

人工神经元模型如图 3.3 所示，它仿真了生物神经元的三个基本功能：

①处理每一个输入信号，确定其强度即权值。

②确定所有输入信号组合即加权和。

③确定处理单元的输出即转移特性。

人工神经元模型的输出向量表示如下：

$$\boldsymbol{y}=f(W\times X+\theta_j)=f(\sum_{i=1}^{n}w_{ij}\boldsymbol{x}_i-\theta_j) \tag{3.1}$$

其中，$\boldsymbol{x}_1,\boldsymbol{x}_2,\cdots,\boldsymbol{x}_n$ 为输入向量；f 为输出激活函数；w_{ij} 为连接权系数；固定偏置 $x_0=-1$；单元阈值 θ_j 即为连接强度 w_{0j}。

人工神经元模型的转移函数全称为激活转移函数，又称激励函数、传函等。它是对生物神经元转移特性的仿真，即输出激活函数 f。它的基本作用就是将输入激励转换为输出响应的数学表达式。常用的激活函数有阈值型、线性型、饱和型、S 型等类型。

(1) 阈值型函数

表达式：

$$y_j=f(s_j)=\begin{cases}1, & s_j\geqslant 0\\ -1\text{ 或 }0, & s_j<0\end{cases} \tag{3.2}$$

该函数将输入转化为固定值 ±1 或者 0 和 1 输出。该函数为阶跃型，不可微，如图 3.4 所示。

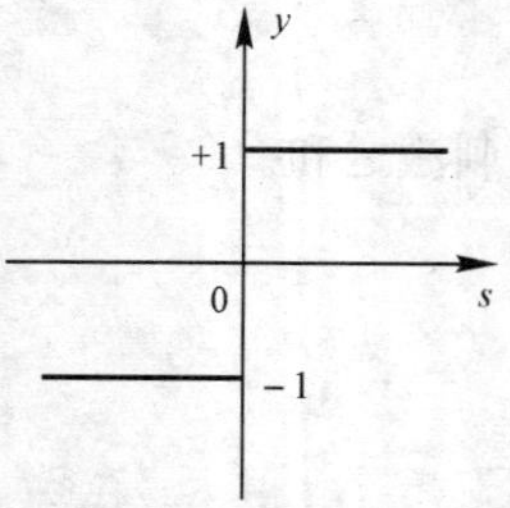

图 3.4 阈值型传递函数

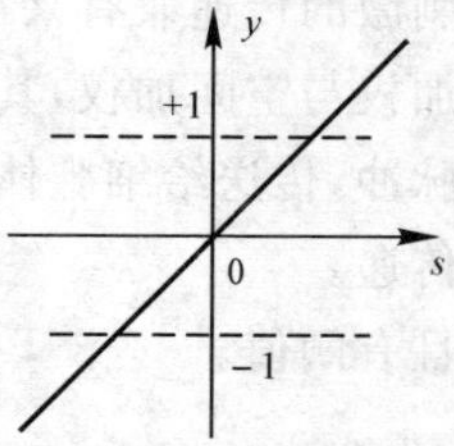

图 3.5 线性型传函数

(2) 线性型函数

表达式：

$$y_j=f(s_j)=s_j \tag{3.3}$$

该函数将输入不变地输出，如图 3.5 所示。

(3) 饱和型函数

表达式：

$$y_j=f(s_j)=\begin{cases}1, & s\geqslant h\\ s_j/h, & |s|<h\\ -1\text{ 或 }0, & s\leqslant -h\end{cases} \tag{3.4}$$

该函数结合阈值型函数与线性型函数，不可微，阶跃型，如图 3.6 所示。

(4)S 型函数

此类函数较多,例如对数函数、双曲正切函数等。其作用就是将任意输入转化为(0,1)间的输出。

双曲正切函数表达式:

$$y_j = f(s_j) = \frac{1 - e^{-s_j}}{1 + e^{-s_j}} \tag{3.5}$$

该函数可微,阶跃型,如图 3.7 所示。

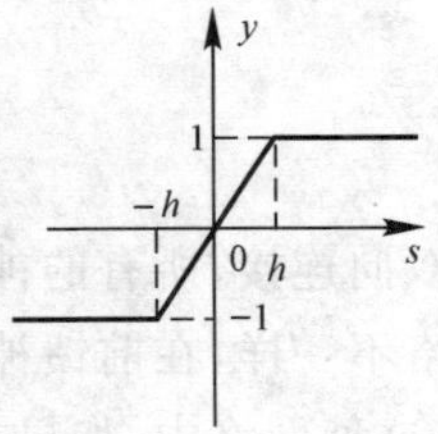

图 3.6　饱和型传递函数

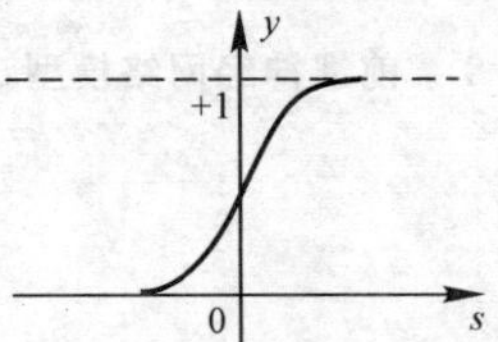

图 3.7　S 型传递函数

3.1.3　人工神经网络构成

单个神经元的功能简单,而将多个神经元组合成一个网络,并将神经元之间的相互作用关系模型化,就构成了神经网络模型。人工神经网络是由人工神经元相互连接而成的网络模块。由于人工神经元的类型多样,神经网络的连接形式也有多种,因而构成的人工神经网络也有多种类型。人工神经网络按构成形式可分为以下几种类型。

1. 分层网络模型

前馈神经网络(前向网络):前馈网络通常包含许多层,这种网络的特点是只有前、后相邻两层之间神经元相互连接,各神经元之间没有反馈。每个神经元可以从前一层接收多个输入,并只有一个输出送给下一层的各神经元。前馈神经网络分为输入层、隐含层和输出层。在前馈神经网络中有计算功能的节点称为计算单元,而输入节点无计算功能,如图 3.8 所示。

反馈神经网络模型:反馈网络从输出层到输入层有反馈,即每个节点同时接收外来输入和来自其他节点的反馈输入,其中也包括神经元输出信号引回到本身输入构成的自环反馈,这种反馈网络每个节点都是一个计算单元,如图 3.9 所示。

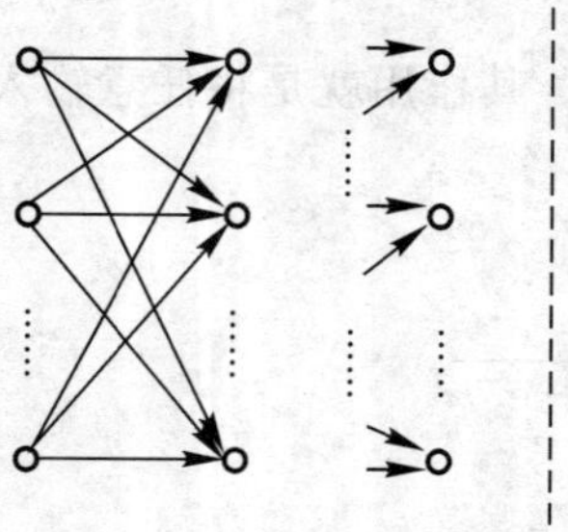

图 3.8 前馈神经网络模型

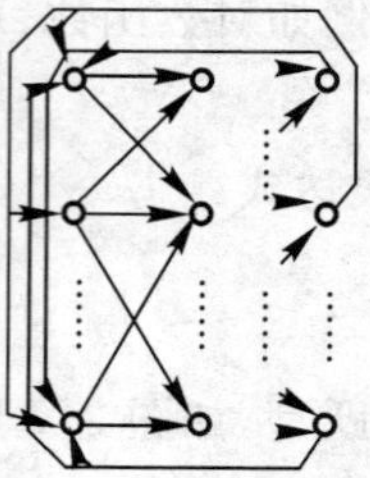

图 3.9 反馈神经网络模型

2. 结合型网络

结合型网络中构成网络的各个神经元都可能相互双向连接，所有的神经元既可以作输入，同时也用于输出。这种网络对信息处理与前馈神经网络不一样，在前馈神经网络中，信息处理是从输入层依次通过隐含层到输出层，处理结束。而在这种网络中，如果在某一时刻从神经网络外部施加一个输入，各个神经元一边相互作用，一边进行信息处理，直到使所有神经元的活性度或输出值收敛到某个平均值为止，处理结束，如图 3.10 所示。

3. 混合型网络

混合型网络是介于前馈神经网络和结合型网络之间的一种连接方式。在前馈神经网络的同一层间神经元有互连的结构，则称为混合型网络。这种在同一层内的互连，目的是为了限制同层内神经元同时兴奋或抑制的神经元的数目，以完成特定功能，如图 3.11 所示 。

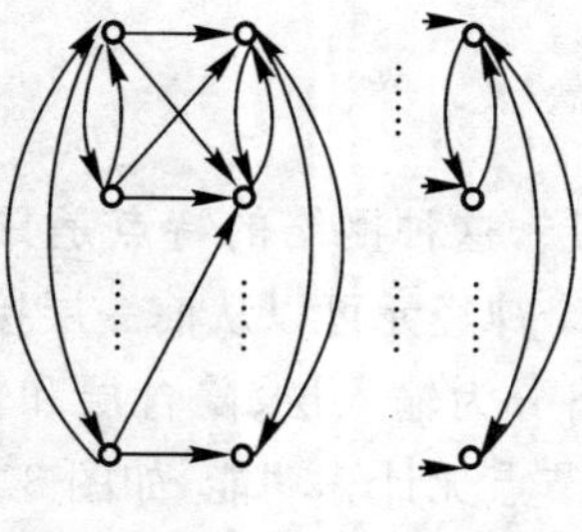

图 3.10 结合型网络模型

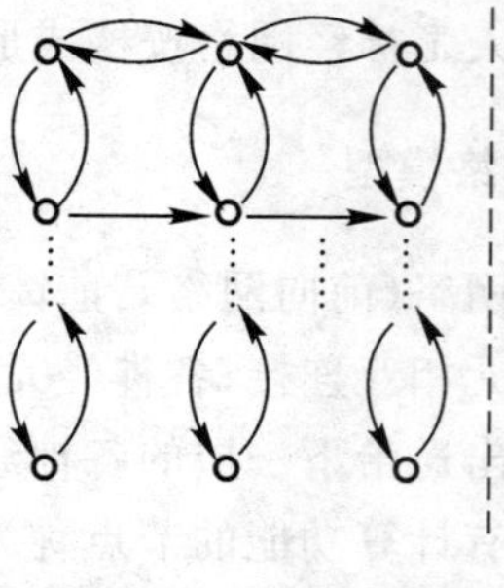

图 3.11 混合型网络模型

3.1.4 人工神经网络的工作方式

人工神经网络的工作方式(过程) 有两个阶段:学习期和工作期。

1. 学习期

此时各计算单元传递函数不变,各连接权值可修改,即把要交给网络的信息(外部输入)作为网络的输入和要求的输出,使网络按某种规则(称为训练算法)调节各处理单元的连接权值,直到加上给定输入,网络就能产生给定的输出为止。这时各连接权值已调好,网络的训练完成。此阶段耗时较多。

2. 工作期

此时各连接权值固定,计算单元的状态变化,以求达到稳定状态,即对训练好的网络输入一个信号,它就可正确回忆出相应的输出,所以也称回忆操作。

由神经网络的工作方式可以得知,其建模主要包括以下三个方面:

① 传递函数,指决定阈值的方程。

② 训练计划,指设置初始权重和修改权重的方程。

③ 网络结构,指神经元数、层数及互连情况。

3.1.5 人工神经网络的学习方法

人工神经网络学习的实质就是加权矩阵随外部激励(环境)作自适应变化。人工神经网络的训练算法有三种:有师学习、无师学习和强化学习。

① 有师学习,网络的实际输出和期望输出(即教师信号)进行比较,根据两者之间的差,通过某种规则或算法调整网络权值,直到权值满足某种要求为止,如图3.12所示。

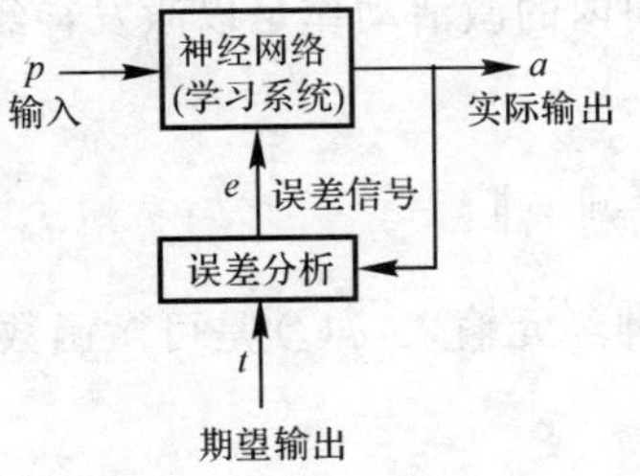

图3.12 有师学习框图

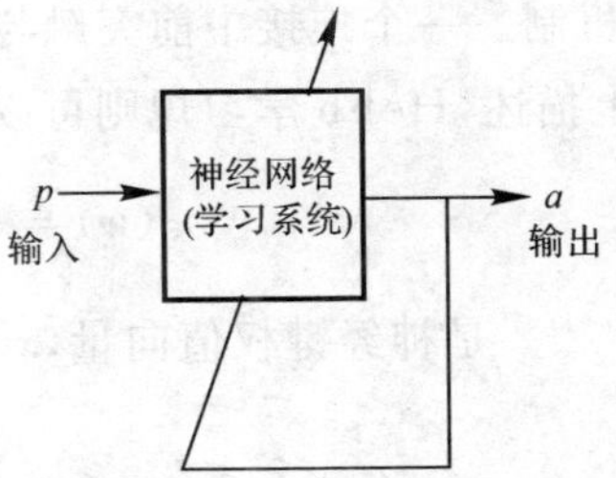

图3.13 无师学习框图

② 无师学习,输入模式进入网络后,网络按照预先设定的规则(如竞争规则)自动调整权值,使网络最终具有模式分类等功能。调节加权所遵循的预定规则就是训练算法,如图3.13所示。

③ 强化学习,介于有师学习与无师学习之间,外部环境对系统输出结果给出奖或惩的评

价信息代替有师学习的标准答案,而系统通过奖惩驱动自身改善,如图 3.14 所示。

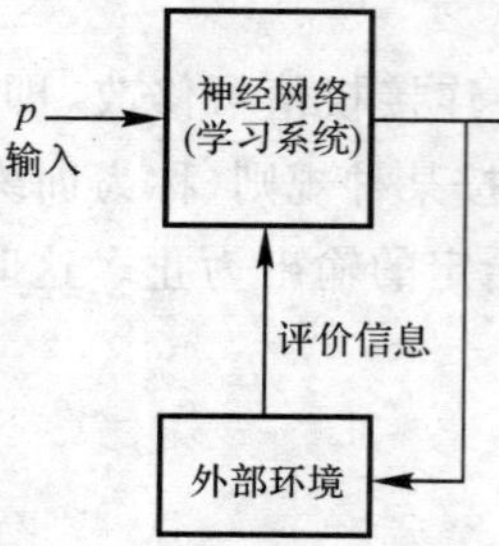

图 3.14　强化学习框图

3.1.6　Hebb 算法

神经网络应用的训练算法很多,其中大多数是最早的 Hebb 算法的变形。由于篇幅限制,本书仅介绍 Hebb 算法。该方法由神经心理学家 Donald Hebb 提出,通过观察生物神经元激活,Hebb 认为:“当某一突触(连接)两端的神经元的激活同步时,该连接强度增强,反之则减弱。”Hebb 神经键(即神经连接)具有四个特点:

① 时间依赖机制。Hebb 神经键的变化依赖于前一突触及后一突触激活的精确时间。

② 局部机制。在 Hebb 神经键中,Hebbian 神经键利用前突触及后突触的激活水平改变来产生依赖于输入的局部神经键改变。

③ 相互作用机制。Hebb 学习依赖于前突触与后突触的相互作用。

④ 关联机制。一个连接中前突触与后突触短时间内的激活动作足以激发神经键改变。

基于以上描述,Hebb 学习规则可以用下式表示:

$$\varepsilon(\boldsymbol{w}) = -\psi(\boldsymbol{w}^{\mathrm{T}}\boldsymbol{x}) + \frac{\alpha}{2}\|\boldsymbol{w}\|_2^2 \tag{3.6}$$

式中,$\boldsymbol{w} \in \mathbf{R}^{(n+1)\times 1}$ 是神经键权值向量,$\boldsymbol{x} \in \mathbf{R}^{(n+1)\times 1}$ 是神经元输入,$\psi(\ )$ 是可微函数,$\alpha \geqslant 0$ 是遗忘算法指数。

$$\boldsymbol{y} = \frac{\mathrm{d}\psi(\boldsymbol{v})}{\mathrm{d}\boldsymbol{v}} = f(\boldsymbol{v}) \tag{3.7}$$

式中,$\boldsymbol{y}$ 是神经元的输出,$\boldsymbol{v} = \boldsymbol{w}^{\mathrm{T}}\boldsymbol{x} \in \mathbf{R}$ 是神经元激活函数。

3.2　BP　网　络

3.2.1　映射网络与 BP 网络

从人工神经网络模型的描述中可以知道网络分类的方法很多，其中应用最广泛的网络形式是映射网络。在材料加工研究中应用最广的两个神经网络（BP 网络和 RBF 网络）都属于映射网络，它们都是有师学习网络，都具有模式识别、分类、函数逼近等功能。映射网络的一般结构如图 3.15 所示，图中 $\Omega()$ 可以是线性的或非线性的，一般非线性应用较多。映射 $\Omega:\mathbf{R}^{n\times 1}\rightarrow\mathbf{R}^{m\times 1}$ 提供不同模式的储存与检索。学习过程中通过改变神经元的权值来达到模式储存记忆功能，仿真时再来重现这些模式分类。映射网络的训练就是建立网络输入到输出间的非线性映射。

图 3.15　映射网络结构

BP 网络的提出是由于单层网络的局限性，即单层感知器只能进行线性分类，对线性不可分的输入，即使是异或运算也无法进行。于是前馈多层网络诞生了，而BP算法的发展，为前馈多层网络发展提供了助推器，使BP神经网络成为类型众多的人工神经网络中应用得最为广泛的一种。80％～90％的人工神经网络采用BP网络或其变形，它是前馈网络的核心部分，也是人工神经网络的最精华部分。

3.2.2　BP 神经元

BP 神经元模型如图 3.16 所示。

BP 神经元有 n_0 个输入，各输入通过适当的权值 $w_i(i=1,2,\cdots,n_0)$ 连接到神经元节点上，其输出为

$$\boldsymbol{y}=f(\boldsymbol{w}\times\boldsymbol{x},\theta),\quad a=\sum_{i=1}^{n_0}w_i x_i \tag{3.8}$$

式中，a 作为激活函数 f 的输入，激活函数的另一个输入是神经元的阈值 θ。

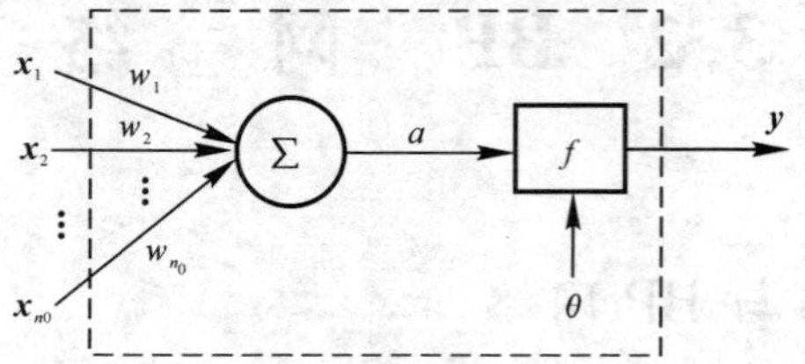

图 3.16 BP 神经元

BP 神经元类似于其他神经元，其特点是 BP 神经元的传输函数为非线性函数，有时在输出层也会采用线性函数。

3.2.3 BP 网络模型

BP 网络多为多层神经网络，通常具有一个或多个隐层，在隐层中一般采用非线性的 S 型传输函数，输出层则可以采用非线性或线性传递函数。当输出层采用 S 型传输函数时，输出值会被限制在(0,1)之间，采用线性传输函数则输出值可以任意取值。图 3.17 所示是一个三层的 BP 神经网络，它具有两个隐层和一个输出层。

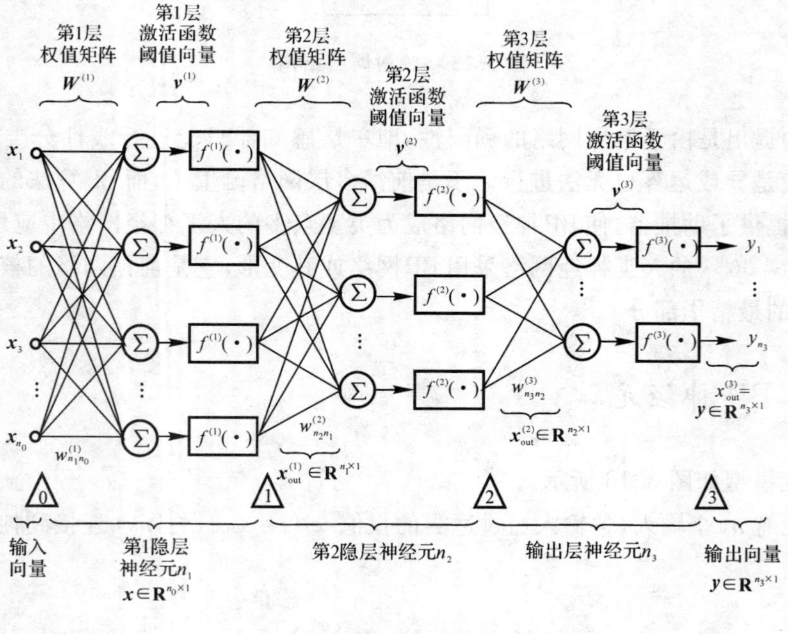

图 3.17 三层 BP 神经网络

输入向量 $\boldsymbol{x} \in \mathbf{R}^{n_0 \times 1}$（第一个隐层共有 n_1 个神经元，其权值矩阵为 $\boldsymbol{W}^{(1)}$），激活函数阈值向量 $\boldsymbol{v}^{(1)}$，第一隐层的输出向量即第二隐层的输入向量 $\boldsymbol{x}_{\text{out}}^{(1)} \in \mathbf{R}^{n_1 \times 1}$。第二隐层以及输出层的情况依此类推，输出向量 $\boldsymbol{y} \in \mathbf{R}^{n_3 \times 1}$。通过这一三层 BP 人工神经网络，可以完成输入向量 $\boldsymbol{x} \in \mathbf{R}^{n_0 \times 1}$ 向输出向量 $\boldsymbol{y} \in \mathbf{R}^{n_3 \times 1}$ 的映射。

3.2.4　BP 网络学习

BP 算法是一种有师学习算法，在网络学习中，有两种信号在网络中传输，如图 3.18 所示。一种为工作信号，它是输入信号前向传播直至输出端产生实际输出信号，是输入和权值的函数；另一种为误差信号，输出与目标之间的差值即为误差，它由输出端开始逐层后向传播。

学习过程中，网络在正向传播阶段，学习样本输入经隐层传播到输出层，前一层只对下一层神经元状态有影响 。在输出层输出结果与预期的教师信号进行比较，计算误差，误差信号沿网络反向传播并逐层调整连接权值使误差达到最小。两种信号逐层传播并且通过逐层修正权值来使网络达到最优。

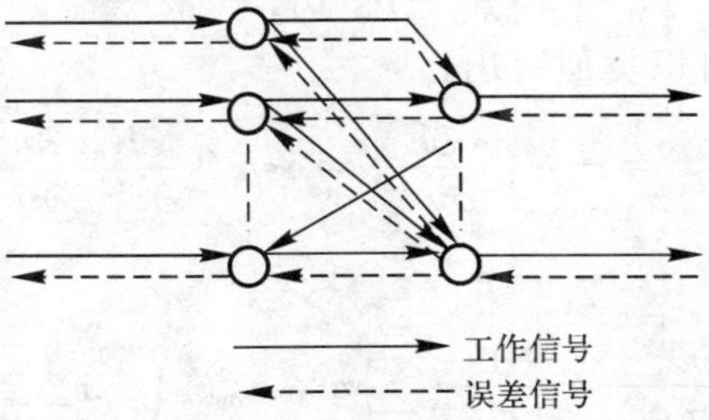

图 3.18　BP 神经网络学习信息传输

标准的BP学习规则是一种梯度下降的学习算法，其权值的修正沿着误差性能函数梯度反方向进行。下面以最速下降法为例介绍 BP 算法。

1. 最速下降法

最速下降法是BP网络的基本算法，该算法是以最小能量函数的形式表达即时误差。对于图 3.15 所示的网络，该算法即是按下式定义一个最小函数：

$$E_q = \frac{1}{2}(\boldsymbol{d}_q - \boldsymbol{x}_{\text{out}}^{(3)})^{\mathrm{T}}(\boldsymbol{d}_q - \boldsymbol{x}_{\text{out}}^{(3)}) = \frac{1}{2}\sum_{h=1}^{n_3}(d_{qh} - x_{\text{out},h}^{(3)})^2 \tag{3.9}$$

式中，$\boldsymbol{d}_q$ 表示第 q 个输入模式的理想输出，$\boldsymbol{x}_{\text{out}}^{(3)} = \boldsymbol{y}_q$ 是实际的网络输出。

最速下降法中每层网络权值的调整如下：

$$\Delta w_{ji}^{(s)} = -\mu^{(s)} \frac{\partial E_q}{\partial w_{ji}^{(s)}} \tag{3.10}$$

式中，$s=1,2,3$ 代表相应的网络层，$\mu^{(s)}>0$ 是相应的算法参数。在不同的层中可以使用不同算法。

对于输出层，权值可以写为

$$\Delta w_{ji}^{(3)}=-\mu^{(3)}\frac{\partial E_q\partial v_j^{(3)}}{\partial v_j^{(3)}\partial w_{ji}^{(3)}} \tag{3.11}$$

式中，

$$\frac{\partial v_j^{(3)}}{\partial w_{ji}^{(3)}}=\frac{\partial}{\partial w_{ji}^{(3)}}\Big(\sum_{h=1}^{n_2}w_{jh}^{(3)}x_{\text{out},h}^{(2)}\Big)=x_{\text{out},i}^{(2)} \tag{3.12}$$

$$\frac{\partial E_q}{\partial v_j^{(3)}}=\frac{\partial}{\partial v_j^{(3)}}\left\{\frac{1}{2}\sum_{h=1}^{n_3}\left[d_{qh}-f(v_h^{(3)})\right]^2\right\}=-\left[d_{qj}-f(v_j^{(3)})\right]g(v_j^{(3)}) \tag{3.13}$$

或

$$\frac{\partial E_q}{\partial v_j^{(3)}}=-\left[d_{qj}-f(v_j^{(3)})\right]g(v_j^{(3)})\overset{\text{def}}{=\!=}-\delta_j^{(3)}$$

式中，$g(\ )$ 是非线性激活函数 $f(\ )$ 的导数，最后式中定义了局部误差。

由式(3.11)～式(3.13)可以得出输出层权值的学习算法如下：

$$\Delta w_{ji}^{(3)}=\mu^{(3)}\delta_j^{(3)}x_{\text{out},i}^{(2)} \tag{3.14}$$

隐层的权值学习算法也可以类似写出：

$$\Delta w_{ji}^{(2)}=-\mu^{(2)}\frac{\partial E_q}{\partial w_{ji}^{(2)}}=-\mu^{(2)}\frac{\partial E_q}{\partial v_j^{(2)}}\frac{\partial v_j^{(2)}}{\partial w_{ji}^{(2)}}$$

式中，

$$\frac{\partial v_j^{(2)}}{\partial w_{ji}^{(2)}}=\frac{\partial}{\partial w_{ji}^{(2)}}\Big(\sum_{h=1}^{n_1}w_{jh}^{(2)}x_{\text{out},h}^{(1)}\Big)=x_{\text{out},i}^{(1)} \tag{3.15}$$

而

$$\frac{\partial E_q}{\partial v_j^{(2)}}=\frac{\partial}{\partial x_{\text{out},j}^{(2)}}\left\{\frac{1}{2}\sum_{h=1}^{n_3}\left[d_{qh}-f\Big(\sum_{p=1}^{n_2}w_{hp}^{(3)}x_{\text{out},p}^{(2)}\Big)\right]^2\right\}\frac{\partial x_{\text{out},j}^{(2)}}{\partial v_j^{(2)}} \tag{3.16}$$

$\dfrac{\partial E_q}{\partial v_j^{(2)}}$ 比 $\dfrac{\partial v_j^{(2)}}{\partial w_{ji}^{(2)}}$ 复杂得多，这是因为 $v_j^{(2)}$ 的变化传到网络输出层并影响每一个网络输出，它也可以写为

$$\frac{\partial E_q}{\partial v_j^{(2)}}=-\left[\sum_{h=1}^{n_3}(d_{ph}-x_{\text{out},h}^{(3)})g(v_h^{(3)})w_{hj}^{(3)}\right]g(v_j^{(2)})=$$

$$-\Big(\sum_{h=1}^{n_3}\delta_h^{(3)}w_{hj}^{(3)}\Big)g(v_j^{(2)})\overset{\text{def}}{=\!=}-\delta_j^{(2)} \tag{3.17}$$

结合以上几式可得

$$\Delta w_{ji}^{(2)}=\mu^{(2)}\delta_j^{(2)}x_{\text{out},i}^{(2)} \tag{3.18}$$

可见隐层与输出层的权值变化方程形式一致，不同之处在于局部误差的计算。综合以上

式子，任意多层网络可以表示为

$$w_{ji}^{(s)}(k+1)=w_{ji}^{(s)}(k)+\mu^{(s)}\delta_j^{(s)}x_{\mathrm{out},i}^{(s)} \tag{3.19}$$

其中，输出层为

$$\delta_j^{(s)}=(d_{qh}-x_{\mathrm{out},j}^{(s)})g(v_j^{(s)}) \tag{3.20}$$

隐层为

$$\delta_j^{(s)}=\left(\sum_{h=1}^{n_s+1}\delta_h^{(s+1)}w_{hj}^{(s+1)}\right)g(v_j^{(s)}) \tag{3.21}$$

经过以上分析可知，BP 网络的训练过程如下：

① 网络赋初始随机权值。

② 输入模式提交并计算网络响应。

③ 比较响应与输入模式对应的输出，及时计算局部误差。

④ 更新网络权值。

⑤ 重复 ② ～ ④ 步，直到达到精度停止训练网络。

2. BP 算法改进

最速下降法有许多缺陷，算法的改进有利于学习有效性和学习效率的提高。研究者对算法作了很多的改进，主要采用两个方面的措施：其一为附加动量项，其二为调整学习速率。

所谓的附加动量项相当于在网络权值修正时加入一个低通滤波器，允许网络上微小的变化特性，即考虑误差在梯度上作用的同时考虑曲面变化趋势。附加动量项的主要作用是避免网络陷入一些局部极小值。

加入动量项的连接权迭代关系如下：

$$\Delta w_{ji}^{(s)}(k+1)=\mu^{(s)}\delta_j^{(s)}(k)x_{\mathrm{out},i}^{(s)}(k)+\alpha\Delta w_{ji}^{(s)}(k-1) \tag{3.22}$$

式(3.22)中等号右边第二项即为动量项。动量项的主要作用是记忆前一时刻连接权的变化方向以便获得较大的学习速率，而且动量项的增加抑制了可能产生的振荡且有利于网络连接权加快脱离误差曲面的平坦区。

网络学习中学习速率的确定至关重要。训练时往往希望初始的学习步长较大以加快收敛速度。当学习接近最优点时，必须缩小步长，否则会使连接权值发生振荡以导致网络不收敛。在误差曲面的不同区域学习速率也要有变化，在平坦区需要大的学习步长以便加快网络收敛，在误差曲面的急剧变化区域又需要小的学习步长以便获得较好的极小值或最小值。学习速率并没有特定的调整规则，只能针对具体问题具体分析，或者依赖实验结果，或者依赖经验。其原则是保证网络总是以可接受的最大学习速率进行学习。其基本做法是在迭代过程中若后几步的误差小于前一些误差，则增大学习步长；反之则减小学习步长。

3.2.5 提高 BP 网络泛化能力

神经网络训练后，往往存在网络的泛化能力不强的问题，即网络对训练集的样本具有很小的误差，而对新的样本其误差就会增大的现象。所谓泛化能力是指神经网络对新样本的适应能力。通常期望经训练样本训练好的网络具有较强的泛化能力，即对新输入给出合理响应的能力。我们讨论基于递归最小二乘方法如何提高网络泛化能力。

下列方程：

$$\begin{aligned} w_i^{(s)}(k) &= w_i^{(s)}(k-1) - K(k)X^{(s-1)T}w_i^{(s)}(k-1) + i^{(s)}(k)K(k) = \\ & w_i^{(s)}(k-1) - K(k)[i^{(s)}(k) - X^{(s-1)T}w_i^{(s)}(k-1)] = \\ & w_i^{(s)}(k-1) - K(k)[i^{(s)}(k) - v_i^{(s)}(k)] \end{aligned} \tag{3.23}$$

是网络第 s 层第 i 个线性组合器的权值更新方程。更新和线性组合器的期望输出与实际输出之间的差异成比例。

该方法的关键是动态地改变网络中每个神经元和网络训练的每一步的学习速率。该方法对初始的权值选择不灵敏，并且学习速率的自适应特性使得在训练中易陷入局部极小点。

选择激活函数，BP 网络中神经元的激活函数要求是连续可微、单调上升的有界函数。如图 3.19 所示，在网络训练期间，线性组合器的输出可能落入激活函数的饱和区域内。在该区域的激活函数的导数非常小，而由于权值更新直接依赖导数的大小，因此学习速率变得非常慢。阻止这种饱和的直接方法就是通过降低激活函数的斜度来增加非饱和部分的大小。激活函数斜度有一个最优值，以平衡网络训练速度和它的映射能力。对任何网络神经元该值可以不相同。激活函数表达式如下：

$$f(v,\gamma) = \frac{1-\exp(-\gamma v)}{1+\exp(-\gamma v)} \tag{3.24}$$

式中，v 是非线性的输入(线性组合器的输出)，而 γ 是校正的倾斜参数。

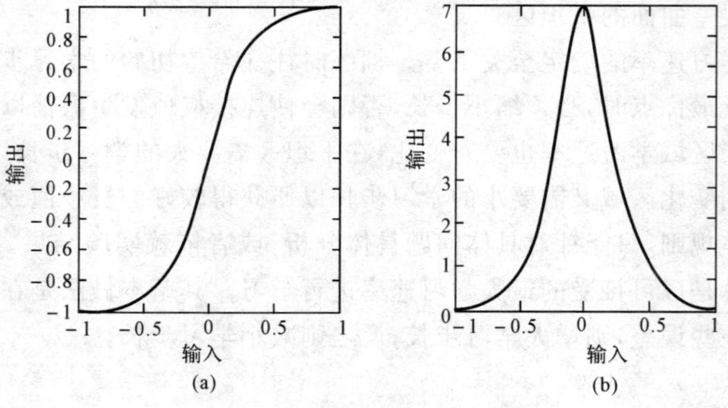

图 3.19 激活函数

激活函数斜度的更新方程如下：

$$\gamma_i^{(s)}(k+1)=\gamma_i^{(s)}(k)+\beta\delta_i^{(s)} \tag{3.25}$$

3.2.6　BP 网络局限

BP 网络是人工神经网络的精华，也是目前应用最广泛的网络。BP 神经网络虽然经过了很多改进，但仍然存在局限性，主要有以下几个方面：

① 学习速率与稳定性的矛盾。对于常用的梯度算法，进行稳定学习的前提是学习速率较小，学习过程收敛慢。附加动量法虽然较前者快，但应用中仍效率不高。目前常用的算法都存在无法方便地选择学习速率来兼顾效率与稳定的问题。

② 易陷入局部极小点。多层 BP 网络从理论上解决了感知器存在的问题，能够实现线性和非线性函数映射。但实际运用中往往易在训练中陷入局部极小点，必须调整初始值来避免陷入局部极小点而达到全局最小。

③ 隐层神经元数量确定的模糊性。在确定隐层神经元数量时往往找不到行之有效的方法。往往会因隐层神经元数少而导致网络欠适配或隐层神经元数多而导致过适配。

3.3　神经网络技术与其他智能方法的结合应用

神经网络的应用范围很广，其分布存储、并行计算、自学习、自组织以及非线性映射的能力，使其与其他技术结合来解决问题成为研究的热点。常见的与神经网络结合的其他智能方法有专家系统、遗传算法、灰色系统、模糊逻辑、粗糙集、分形理论、小波分析、浑沌以及证据理论等。本书针对材料加工研究中常用的专家系统以及遗传算法与神经网络结合应用进行探讨。

3.3.1　神经网络与专家系统结合

专家系统就是一个具有智能特点的计算机程序，它的智能化主要表现为能够在特定的领域内模仿人类专家思维来求解复杂问题。因此，专家系统必须包含领域专家的大量知识，拥有类似人类专家思维的推理能力，并能用这些知识来解决实际问题。专家系统通常由人-机交互界面、知识库、推理机、解释器、综合数据库、知识获取等 6 个部分构成。专家系统的基本结构如图 3.20 所示。

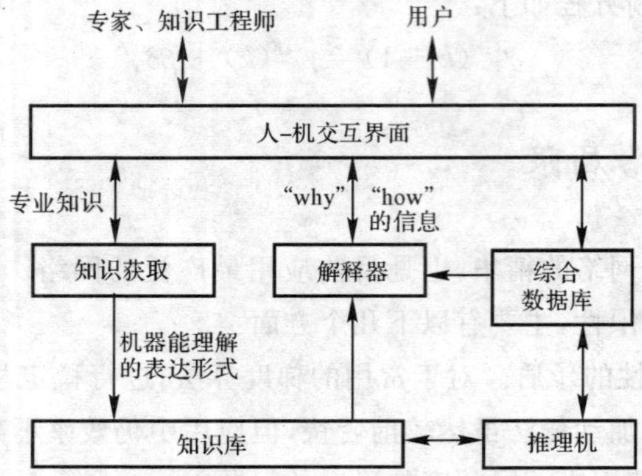

图 3.20 专家系统基本结构

专家系统与神经网络都是对人的思维的仿真，从二者的结构定义以及工作原理来看它们是两种完全不同的技术，但仅就它们的输入 / 输出间的关系来看，它们有着共同的起点与目标，二者结合应用能够解决许多问题。

专家系统与神经网络的差异主要表现在：

① 知识表达方式不同：专家系统以符号形式显式地、描述性地表达知识；数据网络以其拓扑结构及节点互连强度隐式地表达知识。

② 获取知识的方法不同：专家系统通过机械式学习以及讲授式学习由系统外获得知识，以代码存入知识库；神经网络通过实际问题数字化后训练获得知识，并分布式存储知识。

③ 专家系统建立在符号推理机制上，其功能实现基于离散逻辑；神经网络是人脑智能的仿真，由连续的数值计算实现。

④ 专家系统应用演绎方式获取知识，知识获取属于"白箱"操作；神经网络采用归纳方法获取知识，知识获取属于"黑箱"操作。

专家系统与神经网络都是对知识进行获取、表示、推理以及创新，神经网络更加接近于形象思维，专家系统更加接近于逻辑思维，专家系统的特色是符号推理而神经网络的特点在于数值计算。可见二者的结合更能接近于人脑的功能。应用神经网络的专家系统可以解决许多专家系统无法解决的问题：

① 利用神经网络的自学习功能为专家系统解决知识库无法扩充未曾解决问题的脆弱性。

② 利用神经网络的自学习功能突破专家系统知识获取瓶颈。

③ 利用神经网络分布式、并行性来突破专家系统推理中的速度瓶颈。

建立在二者混合的混合专家系统有三种方式：基于神经网络的专家系统、基于知识的神经网络系统及基于神经网络与专家系统的混合系统。这里仅介绍最常用的基于神经网络的专家系统。

基于神经网络的专家系统又称为连接专家系统，该系统的大部或全部功能由神经网络实现。不同于基于符号的专家系统，连接专家系统的知识获取不需要知识工程师来整理领会专家的知识，而是由专家解决问题的范例中提取的数学表示来训练网络，该方法使专家系统的知识获取更高效且减少了人为因素，可以获得高质量的知识。知识获取过程即是神经网络的构建以及训练过程，知识表示由神经网络的权值矩阵以及阈值向量构成，知识推理过程是通过学习算法对网络参数训练以及适应性调整进行的并行性计算。建立连接专家系统需要五个步骤：

① 确定神经网络结构。

② 搜集知识训练与测试样本集。

③ 以训练样本集训练神经网络。

④ 以测试样本集测试网络性能。

⑤ 当网络性能不达标时，重复进行训练。

这种形式的专家系统优点我们已经谈论很多，其缺陷即是推理过程透明性差以及神经网络各种参数选择时缺乏系统的制定原则。

3.3.2 神经网络与遗传算法结合

遗传算法模拟达尔文的遗传选择和自然淘汰的生物进化过程，是 1975 年由美国 Holland 教授率先提出的。

遗传算法将问题的每一个可能看做是群体中的一个个体（又称为染色体），将每一个个体编码成串的形式，再根据预定的目标（某一设计主要约束条件）函数对每个个体进行评价，给出一个适应度数值。算法根据适应度进行它的寻优过程。遗传算法的寻优过程通过选择、杂交、变异三种遗传操作来实现，它的搜索能力由选择算子和杂交算子决定，变异算子保证算法能搜索到全局最优解，而不是局部最优解。

神经网络正在走向大型化以及复杂化，而摆在人们面前的是网络设计参数的不确定以及不可设计性。即使对于简单的网络，只要需解决的问题比较复杂，人工方式设计网络都是一个不小的困难。Kosmogorov 定理阐述了三层前馈网络在具有合理结构及合适的权值情况下可以逼近任意的连续函数，但是如何获得合理的结构和合适的权值，就没有人能够阐述清楚了。遗传算法则为网络设计及优化提供了方法。一般用遗传算法来学习神经网络的权值，以便加快神经网络的形成，而随着硬件的能力提高，神经结构优化与权值学习合并由遗传算法求解成为可能。遗传算法已经从传统的串表达方式向树形结构以及网络结构发展，应用多层前馈网络表达遗传算法的搜索问题也就成为可能。图 3.21 所示是遗传算法与神经网络结合的示意图。

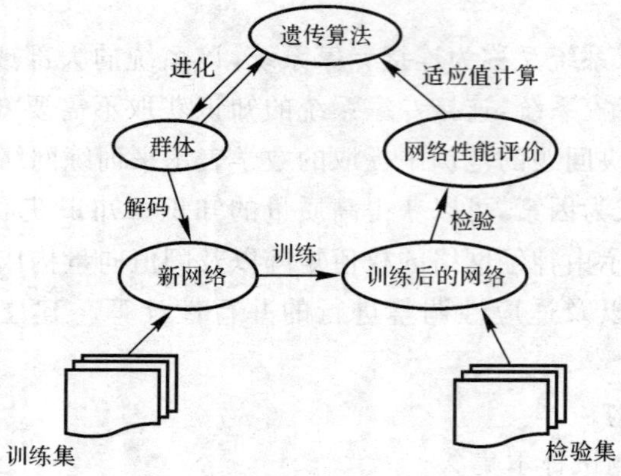

图 3.21 遗传算法与神经网络结合

下面以面向神经网络权值和阈值学习的压缩映射遗传算法（CMGA）来说明二者的结合。我们知道 BP 网络是映射网络，它实现的一个非线性映射 $\Omega:\mathbf{R}^{n\times1}\rightarrow\mathbf{R}^{m\times1}$，设$(x_i,\bar{y}_{jk})(i=1,2,\cdots,N)$是网络学习样本，隐含元个数为 N，激励函数为 f，则网络定义的映射如下式：

$$y=\sum_{i=1}^{N}c_if(\omega_ix-\theta_i) \tag{3.26}$$

式中，$\omega=(\omega_1,\omega_2,\cdots,\omega_N)$是连接输入层与隐层的权值；$c=(c_1,c_2,\cdots,c_N)$是连接隐层与输出层的权值；$\theta=(\theta_1,\theta_2,\cdots,\theta_N)$是隐含元阈值。

那么网络的训练目标如下式：

$$\min E(\omega)=\sum_{j=1}^{M}\left|\bar{y}_j-\sum_{i=1}^{M}c_if\ (\omega_ix_j-\theta_i)^2\right| \tag{3.27}$$

式中，$\omega=(\omega,c,\theta)$。

CMGA 中每个个体由神经网络的权值以及阈值组成，将神经网络训练问题变为极值求解问题 $\min E(p_i)$，CMGA 中的群体由 $P=\{p_1,p_2,\cdots,p_N\}$组成，在 P 中构造度量空间。染色体的编码方式采用实数编码，神经网络权值及阈值按顺序构成长串，串上每个位置对应网络的一个权值或阈值。

1. 初始化过程

初始群体表示如下：

$$S_i(p)=\{V_1,V_2,\cdots,V_j,\cdots,V_m\} \tag{3.28}$$

式中，$i=1,2,\cdots,M$，M 是群体中潜在解的个数，此处取 20；$j=1,2,\cdots,m$，m 为个体中元素位个数，即待求参数组个数。

在已知其可行解范围时，可以从可行解区域随机选取初始染色体。

2. 设计评价函数

设计评价函数的目的是对染色体进行排序，排序在前的染色体最有可能得到繁衍，因此用染色体的目标函数值优劣标准作为排序的依据。评价函数可基于排序给予定义。网络以训练集样本为输入、输出，运行后返回 $E(p_i)$ 作为个体评价函数：

$$\mathrm{Eval}(p_i)=E(p_i) \tag{3.29}$$

误差越小则 $\mathrm{Eval}(p_i)$ 值越小，p_i 越好。群体评价函数如下：

$$\mathrm{Eval}(P)=\frac{1}{n}\sum_{i=1}^{n}\mathrm{Eval}(p_i) \tag{3.30}$$

3. 选择过程

选择的目的即适者生存，对每个染色体采用亲代度量 S 决定群体中每个个体被选中的概率：

$$\left.\begin{aligned}P_2&=P_1S\\P_3&=P_2S\end{aligned}\right\} \tag{3.31}$$

式中，$P_1,P_2,\cdots$ 分别是评价函数最优、次优等个体的概率。

4. 交叉过程

交叉即两个父代个体部分结构替代重组形成新个体的过程。交叉需要保证的是父代的优良品质在子代得到继承。交叉操作有离散交叉与算术交叉。

其中整体算术交叉操作：

两个父代解向量：$\boldsymbol{q}_1=[v_1\quad v_2\quad\cdots\quad v_m]$，

$\boldsymbol{q}_2=[u_1\quad u_2\quad\cdots\quad u_m]$

交叉获得两个后代：$\boldsymbol{q}_z=[z_1\quad z_2\quad\cdots\quad z_m]$，

$\boldsymbol{q}_w=[w_1\quad w_2\quad\cdots\quad w_m]$

在(0,1)区间生成随机数 $a_1,a_2,\cdots,a_m$，两个后代的分量如下：

$$\left.\begin{aligned}z_i&=a_iv_i+(1-a_i)u_i=u_i+a_i(v_i-u_i)\\w_i&=a_iu_i+(1-a_i)v_i=v_i+a_i(u_i-v_i)\end{aligned}\right\} \tag{3.32}$$

通过在父代向量周围插值生成子代向量，扩大了寻求最优中的搜索范围。

5. 变异过程

变异过程即对群体中某些基因值作出变动，其目的是使遗传算法具备局部随机搜索能力。当遗传算法接近最优邻域时，变异加速向最优解收敛；还可以通过维持群体多样性来防止出现未成熟收敛。变异操作有均匀性变异、非一致性变异、多级变异以及自适应变异等。变异过程如下：

定义变异因子 $0 < p_m < 1$，从 $k=1$ 到 $k=n$ 重复以下过程：从[0,1]中产生随机数 r，如果 $r < p_m$，则选择 X_k 作为变异的父代，随机选择一个方向 $d=(d_1,d_2,\cdots,d_n)$，如果 X_k+Md 满足约束条件，则将其作为一个变异染色体替代 X_k，否则，在 $(0,M)$ 之间选择一个随机数，直到 X_k+Md 可行为止。根据变异概率，共有期望值为 np_m 个染色体产生变异。

6. 终止条件

经过选择、交叉和变异操作，从初始染色体繁衍出一个新的染色体种群，新的染色体种群继续进行下一代进化(选择、交叉和变异)，经过若干代后，算法终止。每次进化开始，保留最好的染色体(最接近最优解)，标记为 X_0，如果在新的种群中发现了更好的染色体，则用它替代原来的 X_0，以算法终止时的 X_0 作为最优解。

3.4 人工神经网络在材料加工中的应用

在材料加工工程领域中，影响材料的性能和使用的因素多而复杂。特别是新材料，其组分、工艺、性能和使用之间的关系、内在规律尚不清楚。人工神经网络能从已有的实验数据中自动归纳出规律，并可以利用经训练后的人工神经网络直接进行推理，可以将材料加工中神经网络的应用归纳为以下几个方面：① 加工基础理论及数据形成，这方面最有代表性的是热处理中转变曲线的预测；② 加工参数优化，此方面的典型为流变应力预测；③ 加工检测中应用，如脆性材料临界断裂的声发射预测；④ 加工后性能预测，如热处理后力学性能预测；⑤ 加工过程及质量控制；⑥ 材料与加工过程设计。

3.4.1 加工基础理论及数据形成

(1)TTT 和 CCT 曲线的预测

过冷奥氏体等温转变曲线(TTT 曲线)一般通过实验测定，对于给定的合金，预测 TTT 图的位置和形状几乎是不可能的。Reddy 采用多层 BP 网络实现了 TTT 曲线的预测(4 层 BP 网络)。王建军等人用人工神经网络方法建立了奥氏体连续冷却转变曲线(CCT 曲线)。

(2)Ms 点的预测

马氏体转变开始点 Ms 是热处理中的重要相变点。Vermeulen 等建立了预测含钒钢 Ms 点的人工神经网络。

(3)淬透性曲线的预测

波兰的 L. A. Dobrzanski 在这方面进行了较多的工作。W. G. Vermeulen 也进行了神经网络预测淬透性曲线的工作。

(4)奥氏体形成

采用神经网络可以方便地研究单个元素变化对相变的影响，这一点是非常有用的。

3.4.2　加工参数优化

(1)板材冲压成形的控制

为了实现实时控制冲压成形的加工精度，首先必须建立简单的数学模型，采取大量的假设条件，使各种影响因素简化。这种数学模型适用范围窄，所能顾及的影响因素不完全。在实际弯曲的过程中，像回弹量等反映加工精度的量与板胚尺寸、材料性能、模具形状、润滑条件及环境温度等因素之间的关系是非线性的。为了描述这种复杂的非线性关系，需采用神经网络系统。

(2)建立变形合金的本构关系

为了提高航空发动机的性能，国内外广泛采用铁基、镍基和钴基变形高温合金制造各类环形件，它们都是难变形而昂贵的材料。为了缩短环轧工艺的研究和开发周期，以降低生产成本，国内外广泛应用有限元方法对环轧过程进行数值模拟。材料的流动应力与宏观热力参数之间的关系，即本构关系是联系塑性加工过程中材料的动态响应与热力参数的媒介。丰建朋等应用人工神经网络建立变形高温合金本构关系，结果表明能客观地反映材料在塑性加工过程中的动态行为。

(3)水泥生产配料

生料配料是水泥生产过程中的关键环节，传统的误差尝试法进行生料配料计算，这对技巧和经验要求高，计算烦琐，对于由均化和测量、干扰等因素造成的矿物含量变动更是无能为力。李瑞莲等通过实验表明利用神经网络建模，能跟踪模型的变化，这就说明了当原料的成分有变化时，所建立的模型仍能反映出对象的变化。

3.4.3　加工检测中应用

(1)脆性材料临界断裂的声发射预测

岩石、混凝土类脆性材料在整个断裂过程中都伴有声发射产生，并且在断裂的临界状态下，不同的声发射特征都表现出相应的异常“模式”。纪洪广等以混凝土为研究对象建立了用于实现材料临界断裂声发射识别的多层前馈反向传播神经网络模型，为神经网络在声发射领域的应用和材料断裂的声发射诊断技术探索了一条新的途径。

(2)光纤智能复合材料自诊断系统

现有的各种无损检测方法在研究复合材料结构时不能实现实时监测，而在光纤智能材料与结构中，光纤阵列的选择及阵列输出信号的分析处理是非常重要且困难的。杨建良等根据模体积失配效应与微弯原理，提出城墙形式光纤应变传感器阵列，并结合人工神经网络处理阵列输出的传感信号，研制出适用于复合材料结构状态监测与损伤估计的光纤智能复合材料自诊断系统。

(3)结构缺损的识别

在工程中正确、快速地识别结构缺损，对保证结构的安全运行，预防事故的发生都有着重要的意义。张悦华等用小波分析与人工神经网络相结合的方法，对结构缺损进行了识别：敲击缺损试件后产生的振动信号由传感器获取，经数据采集系统采集、适当处理后进行小波变换，形成人工神经网络的训练样本，并对所建网络进行训练，利用在训练样本中加入随机噪声的方法对网络的识别精度进行了讨论，证明以小波分析为基础的人工神经网络方法是结构缺损识别的一种很有前途的方法。

3.4.4 加工后性能预测

(1)材料疲劳的预测

Y. AI－Assaf 等利用人工神经网络研究了在张力和压力下单取向的玻璃纤维复合物薄片的疲劳行为。他们利用前馈网络，建立了输入数据和至疲劳时的循环数之间的模型，虽然仅使用了很少的实验数据进行学习，但效果与当前使用的其他材料疲劳寿命的预测方法相当。Pidaparti 等用人工神经网络的方法研究在不同加载频率下材料的疲劳裂纹发展与加载周期之间的关系。他们用所得到的实验数据对人工神经网络进行培训，经过培训后的神经网络可以预测具有裂纹的 7075 铝合金样品板的加载周期和裂纹发展之间的关系。神经网络可以概括不同加载频率下裂纹发展和加载周期之间的关系，而且此模型可以预言任意负载下材料的裂纹发展行为。

(2)力学性能的预测

力学性能受材料组织结构和加工过程的影响，是一个影响因素较多的量。神经网络模型具有较好的学习精度和概括性，能够较好地预测热轧钢带的力学性能。

3.4.5 加工过程及质量控制

(1)质量预测

质量预测多用于优化计算量大、收敛不稳定的情况，此时难以满足现场及时操作的要求。可以用一定组的操作数据作为训练样本，得到误差符合生产要求的质量预测模型，从而抛开了烦琐的计算。

(2)质量监控

在加工过程中，各影响因素是互相关联的，存在着极强的非线性关系。在一定时间内的生产记录数据中选取一定组的数据作为训练样本，选取生产条件作为输入量，产品质量作为输出量建立产品质量模型，可以减少废品率。

(3)过程预测

加工过程中各影响因素的相互关联性和非线性也是很强的。生产中材料的变化过程模拟是个实际而复杂的问题。通常可以通过遗传算法与神经网络相结合进行模拟。

3.4.6　材料与加工过程设计

蔡煜东等采用人工神经网络 BP 模型对过渡金属元素选取有代表性的 54 个样本，构成模式空间，并选取两类样本：具有氧心结构的三核簇合物及不具有氧心结构的三核簇合物，选取其中 46 个样本作为神经网络的学习教材。经过学习，网络能完全正确地识别这些样本，建立了化合物、金属元素参数与氧心结构(非氧心结构)之间的复杂对应关系。让网络对 8 个未知样本进行识别，实际输出和期望输出完全一样，并且具有容错能力强、识别速度快的特点。

刘信安等利用神经网络 BP 算法、变步长学习函数和多线程技术构造了聚丙烯酸酯-环氧树脂互穿聚合物胶黏层保护材料和聚丙烯酸-聚有机硅氧烷互穿聚合物表面涂层材料的摩岩石刻复合保护材料的合成最佳配比专家系统。结果表明，由此专家系统指导合成的两套复合保护材料(一套按最佳预测性能指标合成，另一套按最差预测性能指标合成)在透水气性、吸水率和拉伸强度这 3 个关键技术指标上，预测性能值基本上达到定量化程度。

复习思考题

3-1　请描述 BP 网络的建模与训练过程，试说明是否层数多、每层神经元个数多的复杂神经网络能够更加精确地描述问题。

3-2　利用第 1 章复习思考题 1-4 的数据进行神经网络建模并预测，比较采用不同建模与学习方式的效率，体会神经网络效率和规模与建模的关系。

3-3　神经网络的泛化能力指预测训练样本以外的样本的能力，体会一下不同方式建模如何提高网络泛化能力。

第4章　基于试验设计的建模与分析

4.1　试验设计概述

4.1.1　试验设计的概念及意义

在产品研发和工程系统中，试验通常是最消耗时间、财力、物力而且非常困难的工作。它不只是一个工程问题，也是一个管理问题。

试验设计是以概率论和数理统计为理论基础，经济、快速、科学地制定试验方案以便对试验数据进行有效的统计分析的数学理论和方法。它是数理统计学的一个重要分支，是关于试验与分析的统计理论。

试验设计的应用能够更加有效地解决很多问题，包括：

①科学地安排试验，减少试验量，缩短周期，当试验的因素水平较多时，效果更加显著。

②通过试验设计和结果分析分清产品设计制造中大量因素的主次，找出影响指标的主要因素。

③分析因素间影响的大小。

④利用方差分析试验误差影响的大小，提高试验精度。

⑤优化设计参数及工艺。

⑥预测最优化指标值。

当然，做好试验设计，设计出一个科学合理的试验方案，不仅要具备概率论和数理统计知识，还应具有坚实宽广的专业技术知识和丰富的工程实践经验，只有这样才能达到良好的预期结果。

4.1.2　发展概况

试验设计的基本思想是英国统计学家费歇尔(R. A. Fisher)在进行农业田间试验时提出的。他发现在田间试验中，由于试验的环境很不容易控制，试验的次数必然大大地增加。引起试验结果差异的主要因素有两个：第一，田间试验中土质、光照等客观条件的不同；第二，田间试验中所使用方法的不同。由于两者经常同时起作用,因此如何从总的差异中分析出这两种因素各自的影响以及如何测定它们,就是面临的问题,否则就无法进行试验分析。所以费歇尔提出对试验方案必须作合理的安排,使试验数据有合适的数学模型,以减轻随机误差的影响,从而提高试验结论的精度和可靠度。费歇尔在 1923 年与麦肯齐(W. A. Mackenzie)合作第一次发表了一个试验设计的实例,1926 年公布了试验设计的基本思想,1935 年出版了《试验设计》(*The Design of Experiment*),从此开创了一门新的应用技术学科。

试验设计的发展大致经历了四个阶段,即传统的方差分析,正交试验设计,信噪比试验设计与产品的三次设计,电脑仿真实验。试验设计虽然有许多种,但其基本思想都是在某一数学模型下达到最优。本书将就几个典型的试验设计加以讨论。

我国试验设计始于 20 世纪 50 年代后期,60 年代初,许宝禄教授领导了一个试验设计讨论班,为国家培养了一批试验设计工作者。60 年代末,中国科学院数学研究所统计组、北京大学数学系等单位的研究人员在正交设计的观点、理论和方法上都有新的见解,编制了一套较为适用的正交表,简化了试验程序和试验结果分析方法,创立了简单易懂的正交试验设计方法。70 年代,国内在研究和推广正交试验设计方面有了很大的发展,成果日渐增多,取得了上万项的好成果。然而,在我国大多数企业中试验设计的技术应用还不是很普遍,设计、制造高质量、低价格和高可靠性的产品,是对工程技术人员的挑战。面对这一挑战,一个行之有效的方法就是在产品的设计、制造过程中运用试验设计技术。

4.1.3　试验设计的常用术语

为了掌握试验设计的具体原理和方法,首先就要了解几个最基本的概念。

①指标。在试验设计中,把判断试验结果好坏所采用的标准称为试验指标,简称为指标。例如,当试验目的在于了解某杂交水稻品种的丰产性质时,可用每亩产量作为试验指标。

②因素及其水平。在一项试验中,凡欲考察的变量称为因素,如原料配比、加热温度和保温时间等。若因素的取值可以在某一区间内连续变化,则称其为定量因素,如加热温度、保温时间等;若因素只能取有限个类别,则称之为定性因素,如原材料产地、原材料品种等。我们常用 A,B,C,…或 $x_1,x_2,x_3,\cdots$表示因素。在试验范围内,因素所处的不同状态称之为因素的水平,如将反应温度作为因素 A,若假定其取值范围为 100～200℃,则试验所选取的不同温度如 130℃,160℃,190℃等,称为因素 A 的水平,并记做 $T_{A_1}=130℃$,$T_{A_2}=160℃$,$T_{A_3}=190℃$。

③试验范围。因素被考察的范围称为试验范围。

④响应(或输出)。试验的结果称为响应(response)或输出(output),用 y 表示。试验设计的目的是研究因素及因素间交互作用对响应的影响和它们之间的关系。一个好的试验设计,是用最少的试验来获取响应和因素之间关系的最多信息。

⑤随机误差。在试验中总存在一些不可控制的因素,如气温、湿度、原材料不够均匀、操作

人员的差异等，它们的综合作用称为随机误差。由于随机误差的存在，在相同的条件下做的试验，其响应也不尽相同，它们的波动大小反映了随机误差的大小。一个好的试验设计，可以大大降低随机误差的干扰，充分体现统计试验设计的优势。数理统计提供的各种数据分析方法，可帮助试验者从错综复杂的数据中，从随机误差的干扰中去伪存真，找到客观规律。

4.2 正交设计

正交试验设计是多因素分析的有力工具，也是目前研究中应用最广泛的试验设计方法。它是从全面试验中挑选出有代表性的点进行试验，这些点具有“均匀”和“整齐”的特点。通过正交试验不仅可以弄清每个因素对试验结果的影响情况，还可以分清因素的主次以及它们之间交互作用的关系，选出最佳组合。正交试验形成方案十分简便，可以用较少的试验次数得到较多的信息，具有很高的效率，应用广泛。正交试验设计是利用正交表来安排试验，进行数据分析的。我们先来介绍正交表。

4.2.1 正交表

正交表是正交试验设计的基本工具，其指导思想是均衡分散。它是运用组合数学理论在拉丁方和正交拉丁方的基础上构造的一种表格。下面先通过 $L_8(2^7)$ 为例来说明正交表及其用法，见表 4.1。

表 4.1 正交表 $L_8(2^7)$

试验号 \ 列号	1	2	3	4	5	6	7
1	1	1	1	1	1	1	1
2	1	1	1	2	2	2	2
3	1	2	2	1	1	2	2
4	1	2	2	2	2	1	1
5	2	1	2	1	2	1	2
6	2	1	2	2	1	2	1
7	2	2	1	1	2	2	1
8	2	2	1	2	1	1	2

在表 4.1 中，$L_8(2^7)$是表的标记，字母 L 表示正交表；数字 8 表示共有 8 行，代表着安排 8 次试验；数字 7 表示共有 7 列，说明这张表可以安排 7 个因素；数字 2 表示在表中主体部分只出现 1,2 两个数字，它们分别代表 1 个水平，即各因素都是 2 个水平。这样我们就可以理解正

交表记为 $L_n(m^k)$ 的意义了。

正交表必须满足两个条件:

①每列中不同数字出现的次数必须相等。

②在任意两列中,将同一行的两个数字看成有序对时,每种数对出现的次数是相同的,例如 $L_8(2^7)$,有序对数共有 8 对:(1,1),(1,2),(2,1),(2,2)各出现两次。

凡满足上述两条件的表称为正交表。正是由于正交表的两个条件,用它来安排试验时,有着各因素的各种水平搭配均衡的优点。

正交表有多种形式,主要有:

①等水平正交表:各列水平数相同的正交表称为等水平正交表。如 $L_4(2^3)$,$L_8(2^7)$,$L_{12}(2^{11})$ 等各列中的水平为 2,称为 2 水平正交表;$L_9(3^4)$,$L_{27}(3^{13})$ 等各列水平为 3,称为 3 水平正交表。

②混合水平正交表:各列水平数不完全相同的正交表称为混合水平正交表。如 $L_8(4\times 2^4)$ 表中有一列的水平数为 4,有 4 列水平数为 2。也就是说该表可以安排 1 个 4 水平因素和 4 个 2 水平因素。再如 $L_{16}(4^4\times 2^3)$,$L_{16}(4\times 2^{12})$ 等都是混合水平正交表。

4.2.2　多因素试验

产品的指标受诸多因素的影响,各因素又有不同的水平,它们交织在一起影响生产的质量。要考虑影响产品的某个指标的因素与这些因素在不同状态下的综合效果,就要进行试验设计,当水平组合不是很大时,有可能对所有水平组合都做同样次数的试验,这种试验方法称为全面试验。当全部水平组合数太大时,可以从中抽取出部分有代表性的水平组合来做试验,即部分因子设计。正交设计是一种高效的部分因子设计。

下面通过炼铁过程铁水温度的例子来说明多因素试验设计及正交表的应用。

某炼铁厂为了提高铁水温度,需要通过试验选择最好的生产方案,经初步分析,主要有 3 个因素影响铁水温度,它们分别是焦比、风压和底焦高度,每个因素都考虑 3 个水平,具体情况如表 4.2 所示。问对这 3 个因素的 3 个水平如何安排,才能获得最高的铁水温度?

表 4.2　铁水温度因素水平表

因素 水平	A 焦比	B 风压/(133Pa)	C 底焦高度/m
1	1∶16	170	1.2
2	1∶18	230	1.5
3	1∶14	200	1.3

在这个问题中，试验指标是铁水温度。如何安排试验才能获得最好的铁水温度，这里有3个因素，每个因素有3个水平，是一个3因素3水平的问题。如果每个因素的每个水平都互相搭配着进行全面试验，必须做 $3^3=27$ 次试验，现在把所有可能的搭配试验编号写出，如表4.2所示。

对于这一问题，可以采用不同的试验设计方法。

1. 全面试验

表4.2所示是3个3水平因素的试验，所有可能搭配情况共27种，即

$$3\times3\times3=3^3=27$$

全面试验要求至少做27次试验。全面试验对剖析因素和响应之间的关系比较彻底。当因素数和水平数不是很大，且响应和因素之间的关系比较复杂时，经常使用全面试验。但当因素数比较多且每个因素又取较多水平时，全面试验要求的试验次数多会导致试验不能完成。上例的全面试验方案如表4.3所示。

表4.3 全面试验方案

序号	A	B	C	序号	A	B	C
1	1	1	1	15	2	2	3
2	1	1	2	16	2	3	1
3	1	1	3	17	2	3	2
4	1	2	1	18	2	3	3
5	1	2	2	19	3	1	1
6	1	2	3	20	3	1	2
7	1	3	1	21	3	1	3
8	1	3	2	22	3	2	1
9	1	3	3	23	3	2	2
10	2	1	1	24	3	2	3
11	2	1	2	25	3	3	1
12	2	1	3	26	3	3	2
13	2	2	1	27	3	3	3
14	2	2	2				

2. 单因素试验轮换法

这种方法就是将一个多因素试验化为多个单因素试验。例如上个例子，先固定 $B=B_1$，$C=C_1$，考察A的3个水平。对 $A_1B_1C_1$，$A_2B_1C_1$，$A_3B_3C_3$ 做重复试验确定3个组合中的最优组合，这里假设 $A_2B_1C_1$ 为最优组合，然后固定 $A=A_2$，$C=C_1$，考察B的3个水平。道理同上，

假设 $A_2B_3C_1$ 为最好，然后固定 $A=A_2$，$B=B_3$，再考察 C 的 3 个水平。假定以 $A_2B_3C_1$ 为最好，即得到结论：$A_2B_3C_1$ 为最佳的水平组合。

单因素试验轮换法一般也能达到一定的效果，但当因素间有交互作用时，这种方法往往不能找到最佳参数组合。

3. 部分因子设计

当全面试验要求太多的试验时，一个自然的想法是从全面试验的水平组合中，选出一部分有代表性的试验点（水平组合）做试验，按照正交设计要求：

①任一因素的诸水平做相同数目的试验。

②任两个因素的水平组合做相同数目的试验。

根据这两个要求，可在上例的全面试验的 27 个水平组合中选出 9 个组合：$A_1B_1C_1$，$A_1B_2C_2$，$A_1B_3C_3$，$A_2B_1C_2$，$A_2B_2C_3$，$A_2B_3C_1$，$A_3B_1C_3$，$A_3B_2C_1$ 和 $A_3B_3C_2$。这 9 个试验组合符合上述两个条件。在文献中，用 3^{3-1} 表示从 3^3 个试验中只实施其中 $3^{-1}=1/3$ 的水平组合。将正交设计选择的水平组合列成表格，即为正交表。

按选定的这 9 个试验进行试验，表 4.4 就成了具体的试验方案表，将每次试验测得的铁水温度记录下来，得数值见表 4.5。

进行 27 次试验要花很多时间，耗费不少的人力、物力，我们希望减少试验次数，但又不能影响试验效果，因此，不能随便地减少试验，应当把有代表性的搭配保留下来，为此，我们按 $L_9(3^4)$ 中前 3 列的情况从 27 个试验中选出 9 个，它们的序号分别为 1，5，9，11，15，16，21，22，26，将这 9 个试验按新的编号 1～9 写出来，正好是正交表 $L_9(3^4)$ 的前 3 列，如表 4.4 所示。

表 4.4　铁水温度试验方案

编号＼因素	A	B	C
1	1	1	1
2	1	2	2
3	1	3	3
4	2	1	2
5	2	2	3
6	2	3	1
7	3	1	3
8	3	2	1
9	3	3	2

表 4.5　铁水温度

试验号	1	2	3	4	5	6	7	8	9
铁水温度/℃	1 365	1 395	1 385	1 390	1 395	1 380	1 390	1 390	1 410

为了便于分析计算,把这些温度值列在表 4.4 的右边,作为一个新的表 4.6,这张表便于对试验结果进行分析计算。由于铁水温度数值较大,为简化计算,把每一个铁水温度的值都减去 1 350,得到 9 个较小的数。表 4.6 底部的 8 行是分析计算过程中需要分析的内容。

表 4.6　试验数据分析计算表

试验号＼因素	1	2	3	铁水温度/℃	铁水温度值减去 1 350 的差/℃
	A	B	C		
1	1	1	1	1 365	15
2	1	2	2	1 395	45
3	1	3	3	1 385	35
4	2	1	2	1 390	40
5	2	2	3	1 395	45
6	2	3	1	1 380	30
7	3	1	3	1 390	40
8	3	2	1	1 390	40
9	3	3	2	1 410	60
K_1	95	95	85		
K_2	115	130	145		
K_3	140	125	120		
K_1'	31.7	31.7	28.3		
K_2'	38.3	43.3	48.3		
K_3'	46.7	41.7	40.0		
极差	15.0	11.6	20.0		
优方案	A_3	B_2	C_2		

K_1 行的 3 个数分别是因素 A,B,C 的第 1 水平所在的试验中对应的铁水温度(减去 1 350 之后)之和。比如对因素 A(第 1 列),它的第 1 水平安排在第 1,2,3 号试验中,对应的铁水温度值(减去 1 350 之后)分别为 15,45,35,其和为 95,记在 K_1 这一行的第 1 列中,K_2 与 K_3 行的 3 个数依此类推。

K_1',K_2',K_3' 3 行的 3 个数分别是 K_1,K_2,K_3 这 3 行中的 3 个水平的平均值。

同一列中，K_1',K_2',K_3' 这 3 个数中的最大者减去最小者所得的差叫做极差。各列的极差说明各因素的水平改变时对试验指标的影响。极差越大，说明这个因素的水平改变时对试验指标的影响越大。极差最大的那一列的因素就是我们要考虑的主要因素。

显然，本例中第 3 列即因素 C 的极差最大，因此因素 C 是我们要考虑的主要因素。它的 3 个水平所对应的铁水温度(减去 1 350 之后)平均值分别为 28.3，48.3，40.0。第 2 水平所对应的数值 48.3 最大，所以取它的第 2 水平最好。因素 A 的极差仅次于因素 C 为 15.0，它的第 3 水平所对应的数值最大，所以取它的第 3 水平最好。因素 B 的极差是 3 个因素中最小的，说明它的水平改变时对试验指标的影响最小，它的第 2 水平最大，所以取它的第 2 水平。

从以上分析可以得出结论：各因素对试验指标(铁水温度)的影响按大小次序来说应当是 C(底焦高度)，A(焦比)，B(风压)；最好的方案应当是 $C_2A_3B_2$，即

C_2：底焦高度，第 2 水平，1.5

A_3：焦比，第 3 水平，1∶14

B_2：风压，第 2 水平，230

可以看出，这里分析出来的最好方案在已经做过的 9 次试验中没有出现，与它比较接近的是第 9 号试验，在第 9 号试验中只有风压 B 不是处于最好水平，而且风压对铁水温度的影响是 3 个因素中最小的。从试验结果看出，第 9 号试验中的铁水温度是 1 410℃，是 9 次试验中最高的，这也说明我们找出的最好方案是符合实际的。

为了最终确定上面找出的试验方案 $C_2A_3B_2$ 是否为最好方案，可以按这个方案再试验一次，看是否会得出比第 9 号试验更好的结果。若比第 9 号试验的效果好，就确定上述方案为最好方案，取第 9 号试验为最后方案。如果出现后一种情况，说明我们的理论分析与实践有一些差距，最终还是要接受实践的检验。

现将利用正交表安排试验并分析试验结果的步骤归纳如下：

①确定试验目的，即确定要考核的试验指标。

②根据试验目的，确定要考察的因素和各因素的水平。

③选出合适的正交表，安排试验计划。

④根据安排的计划进行试验，测定各试验指标。

⑤对试验结果进行计算分析，得出合理的结论。

因素及水平的确定要通过对实际问题的具体分析选出主要因素，忽略次要因素，这样可使因素个数少些；当问题不熟悉时，因素个数可以适当多取一些，经过对试验结果的初步分析，再选出主要因素。因素被确定后，随之确定各因素的水平数。首先根据各因素的水平选择相应水平的正交表。同水平的正交表有好几个，究竟选哪一个要看因素的个数。一般只要正交表中因素的个数比试验要考察的因素个数稍多或相等就行了，这样既能保证达到试验目的，又使试验次数减少。而这些选择主要决定于实践经验，不是数学方法所能完全解决的。

4.2.3 有交互作用的试验

上一个例子中各因素是独立的，但在多因素试验中，各因素不仅各自独立地起作用，而且各因素还经常联系起来起作用。也就是说，不仅各个因素的水平改变对试验指标有影响，而且各因素的联合搭配对试验指标也有影响。将因素 A 和因素 B 的交互作用记为 A×B。仍以实例的形式来说明这一问题：

某材料去应力热处理，为达到去应力效果，根据实际经验，在其他因素固定的情况下选了 3 因素 2 水平且因素间可能有交互作用的情况进行正交设计。

A 热处理温度：$A_1=570℃$，$A_2=610℃$

B 保温时间：$B_1=20h$，$B_2=15h$

C 冷却速度：$C_1=50℃/h$，$C_2=30℃/h$

这是一个 2 水平 3 因素的试验，用正交表 $L_8(2^7)$ 来安排。将 $L_8(2^7)$ 表中的水平用"-1"和"1"来表示，如表 4.7 所示。

表 4.7 正交表 $L_8(2^7)$

行号 \ 列号	1	2	3	4	5	6	7
1	1	1	1	1	1	1	1
2	1	1	1	−1	−1	−1	−1
3	1	−1	−1	1	1	−1	−1
4	1	−1	−1	−1	−1	1	1
5	−1	1	−1	1	−1	1	−1
6	−1	1	−1	−1	1	−1	1
7	−1	−1	1	1	−1	−1	1
8	−1	−1	1	−1	1	1	−1

表中 7 个 8 维向量相互正交，将第 1 和第 2 列的对应元素相乘，其结果正好是第 3 列的元素，如将某列的两水平"-1"和"1"互换，互换后的表与原表本质上一致，在理论上不加区分。上述事实可以简述为第 1 列和第 2 列点乘得第 3 列，类似地，将第 6 列和第 7 列点乘得第 1 列。表 4.8 给出了列与列之间相互作用即点乘的关系。

表 4.8　$L_8(2^7)$两列的交互作用

行号 \ 列号	1	2	3	4	5	6	7
1		3	2	5	4	7	6
2			1	6	7	4	5
3				7	6	5	4
4					1	2	3
5						3	2
6							1

从试验设计的角度，若将因素 A 和因素 B 分别放在第 1 和第 2 列，则它们的交互作用 A×B反映在第 3 列，即第 1 列和第 2 列的点乘的结果。试验设计的原则是主效应与交互效应不能混在一起，所以该列不能再排其他因素。试验的一个设计方案如表 4.9 所示。

表 4.9　试验的一个设计方案

列号	1	2	3	4	5	6	7
因素	A	B	A×B	C	A×C	B×C	

试验方案中每个主效应和交互效应各占一列，但在试验安排时，只需要 A,B,C 所在的第 1、第 2、第 4 列，将该 3 列的 2 个水平换算成实际的水平，得表 4.10 的试验方案。

表 4.10　试 验 方 案

试验号	A/℃	B/h	C/(℃·h^{-1})	试验号	A/℃	B/h	C/(℃·h^{-1})
	(1)	(2)	(4)		(1)	(2)	(4)
1	570	20	50	5	610	20	50
2	570	20	50	6	610	20	30
3	570	15	50	7	610	20	50
4	570	15	50	8	610	20	30

该试验以最大应力值为其相应指标，越小表示质量越好。8 次试验结果列于表 4.11 中。

表 4.11　实验结果

试验号	A (1)	B (2)	A×B (3)	C (4)	A×C (5)	B×C (6)	最大应力值 MPa
1	1	1	1	1	1	1	300
2	1	1	1	2	2	2	350
3	1	2	2	1	1	2	200
4	1	2	2	2	2	1	300
5	2	1	2	1	2	1	150
6	2	1	2	2	1	2	500
7	2	2	1	1	2	2	150
8	2	2	1	2	1	1	400
m_1	287.5	325	300	200	350	287.5	
m_2	300	262.5	287.5	387.5	237.5	300	
R	12.5	62.5	12.5	187.5	112.5	12.5	

需要说明的是 m_1 和 m_2 的值只对 A,B,C 所在的 3 列反映了 3 个因素在两个水平下的均值,而 A×B,A×C,B×C 所在 3 列的 m_1 和 m_2 是没有统计意义的,但由它们计算的极差 R 是有统计意义的,因而仍可用 R 的值来衡量 3 个因素和它们交互作用的主次关系如下:

主 ——————→ 次

A
C　A×C　B　A×B
B×C

直观上看,主效应 A,交互作用 A×B 和 B×C 对降低应力不起显著作用。

因为 A×C 对应力影响较大,A 和 C 共有 4 种搭配方式,即 A_1C_1,A_1C_2,A_2C_1,A_2C_2。从表 4.11 看出每种搭配有两次试验,相应都有两个数据,如对应 A_1C_1 的试验是第一号和第三号试验,相应的应力值是 300 和 200,将它们加在一起就代表了 A_1C_1 的搭配效果,用这样的方法得到表 4.12,从中可以看出以 A_2C_1 为最优。

表 4.12　A×C 交互作用

C \ A	A_1	A_2
C_1	500	300
C_2	650	900

由因素 C 和 B 的水平平均响应值(m_1和 m_2)可知,冷却速度以 $C_1=50℃/h$ 为好,保温时间以 $B_2=15h$ 为佳,综上所述得到的最好组合是 $A_2B_2C_1$,这正好是第 7 号试验,从表 4.11 看出它的确是好的。但第 5 号试验和第 7 号试验一样好,因此最好将两个试验再重复一次来比较它们的效果。

4.2.4　正交试验的方差分析法

前面介绍的多因素正交试验的分析方法叫做直观分析法,这种方法简单直观,只要对试验结果作少量计算,通过综合分析比较,便能知道因素的主次,得出优化条件。但它也有明显的缺陷,即不能区分因素各水平所对应结果间的差异究竟是真正由于因素水平不同所引起的,还是由于试验误差所造成的,因而不能知道分析的精度,也就是不能估计试验误差的大小。采用方差分析法可以弥补直观分析法的不足。采用方差分析法在多因素正交试验中,各因素、因素间交互作用和误差对试验指标影响的大小仍通过其相应的离差二次方和来表示,各离差二次方和中独立数据的个数仍用相应的自由度表示,也有二次方和与自由度的分解公式。

1. 正交试验方差分析的步骤与格式

设用正交表安排 m 个因素的试验,试验总次数为 n,试验结果分别为 $x_1,x_2,\cdots,x_n$,假定每个因素有 n_a 个水平,每个水平做 a 次试验,则 $n=an_a$。现分析下面几个问题:

(1) 计算离差的二次方和。

① 总离差的二次方和 S_T。

记
$$\bar{x}=\frac{1}{n}\sum_{k=1}^{n}x_k$$

则
$$S_T=\sum_{k=1}^{n}(x_k-\bar{x})=\sum_{k=1}^{n}x_k^2-\frac{1}{n}(\sum_{k=1}^{n}x_k)^2 \tag{4.1}$$

将式(4.1) 记为
$$S_T=Q_T-P \tag{4.2}$$

其中,
$$Q_T=\sum_{k=1}^{n}x_k^2 \tag{4.3}$$

$$P=\frac{1}{n}(\sum_{k=1}^{n}x_k)^2 \tag{4.4}$$

S_T 反映了试验结果的总差异,其值越大,说明各次试验结果之间的差异越大。试验的结果之所以会有差异,一是由因素水平的变化所引起的,二是因为有试验误差。因此差异是不可避免的。

② 各因素离差的二次方和。

下面以计算因素A的离差的二次方和S_A为例加以说明。设因素A安排在正交表某列，可看做单因素试验。用x_{ij}表示因素A的第i个水平的第j个试验的结果($i=1,2,\cdots,n_a$；$j=1,2,\cdots,a$)，则有

$$\sum_{i=1}^{n_a}\sum_{j=1}^{a}x_{ij}=\sum_{k=1}^{n}x_k \tag{4.5}$$

由单因素的方差分析，知

$$S_A=\frac{1}{a}\sum_{i=1}^{n_a}\Big(\sum_{j=1}^{a}x_{ij}\Big)^2-\frac{1}{n}\Big(\sum_{i=1}^{n_a}\sum_{j=1}^{a}x_{ij}\Big)^2$$

即

$$S_A=\frac{1}{a}\sum_{i=1}^{n_a}k_i^2-\frac{1}{n}\Big(\sum_{k=1}^{n}x_k\Big)^2 \tag{4.6}$$

记为

$$S_A=Q_A-P \tag{4.7}$$

其中，

$$Q_A=\frac{1}{a}\sum_{i=1}^{n_a}k_i^2 \tag{4.8}$$

$$k_i=\sum_{j=1}^{a}x_{ij} \tag{4.9}$$

k_i表示因素的第i个水平的a次试验结果的和。S_A反映了因素A的水平变化时所引起的试验结果的差异，即因素A对试验结果的影响。用相同的方法可以计算其他因素的离差的二次方和。需要指出的是，对于两因素的交互作用，我们把它当成一个新的因素看待，如果交互作用占两列，则交互作用的离差的二次方和等于这两列的离差的二次方和之和，比如

$$S_{A\times B}=S_{(A\times B)_1}+S_{(A\times B)_2} \tag{4.10}$$

③ 试验误差的离差二次方和S_E。

设$S_{因+交}$为所有因素以及要考虑的交互作用的离差的二次方和，因为

$$S_T=S_{因+交}+S_E \tag{4.11}$$

所以

$$S_E=S_T-S_{因+交} \tag{4.12}$$

(2) 计算自由度

根据自由度的概念，可按下面公式计算试验的总自由度：

$$f_{总}=\text{试验总次数}-1=n-1 \tag{4.13}$$

各因素的自由度：

$$f_{因}=\text{因素的水平数}-1=n_a-1 \tag{4.14}$$

两因素交互作用的自由度等于两因素的自由度之积，比如

$$f_{A\times B}=f_A\times f_B \tag{4.15}$$

记f_E为试验误差的自由度，因为

$$f_{总}=f_{因+交}+f_E \tag{4.16}$$

所以

$$f_E=f_{总}-f_{因+交} \tag{4.17}$$

(3) 计算平均离差二次方和(均方)

在计算各因素的二次方和时,我们知道,它们都是若干项二次方的和,它们的大小与项数有关,因此不能确切地反映各因素的情况,为了消除项数的影响,我们计算它们的平均离差的二次方和。平均离差的二次方和定义如下:

$$\text{因素的平均离差二次方和}=\frac{\text{因素的离差二次方和}}{\text{因素的自由度}}=\frac{S_{\text{因}}}{F_{\text{因}}}$$

$$\text{试验误差的平均离差二次方和}=\frac{\text{试验误差的离差二次方和}}{\text{试验误差的自由度}}=\frac{S_{\text{E}}}{F_{\text{E}}}$$

(4) 求 F 比

将各因素的平均离差的二次方和与误差的平均离差二次方和相比,得出 F 值,这个比值的大小反映了各因素对试验影响程度的大小。

(5) 对因素进行显著性检验

给出检验水平 a,从 F 分布表中查出临界值 $F_{a}(f_{\text{因}},f_{\text{E}})$,将在步骤(4) 中算出 F 值与该临界值进行比较,若 $F>F_{a}(f_{\text{因}},f_{\text{E}})$,说明该因素对试验结果的影响显著,两数差别越大,说明该因素的显著性越大。

举例说明如下:某部件上的 O 形密封圈部分漏油,查明原因是由于橡胶的压缩永久变形。为此,希望掌握影响因素的显著性,并选取最佳条件。本例的因素水平表如表 4.13 所示,试验指标为塑性变形与压溃量之比 x(%),该值越小越好。

表 4.13　因素水平表

水平	因素					
	A 制造厂	B 橡胶硬度	C 直径 /mm	D 压缩比 /(%)	F 油温 /℃	G 油的种类
1	N公司	Hs70	3.5	15	80	Ⅰ
2	S公司	Hs90	5.7	25	100	Ⅱ

本例方差分析步骤如下:

① 选取正交表头、表头设计及确定试验方案。首先,计算各因素的自由度

$$f_{\text{总}}=f_{\text{A}}+f_{\text{B}}+f_{\text{C}}+f_{\text{D}}+f_{\text{F}}+f_{\text{G}}=1+1+1+1+1+1=6$$

要求试验的次数 $n>1+f_{\text{总}}=7$,因此,先取 $L_{8}(2^{7})$ 正交表来安排试验,表头设计如表 4.14 所示。

表 4.14　表头设计

列号	1	2	3	4	5	6	7
因素	C	B	A	D	F	e	G

② 求总和 T 及各水平数据之和 K_1, K_2。

③ 计算各列的自由度：

$$S=\frac{(K_1-K_2)^2}{n} \quad (\text{表 4.15 中 } n=8)$$

$$S_1=\frac{(265.9-219.7)^2}{8}=266.81$$

$$S_2=\frac{(225.6-260.0)^2}{8}=147.92$$

…………

将各列的 S 求得的数据填入表 4.15 中。

$$f_A=f_B=f_C=f_D=f_F=f_G=2-1=1$$

$$f_e=f_G=2-1=1$$

$$f_{总}=n-1=8-1=7$$

表 4.15 试验方案与计算分析

试验号	因素							测量值 $x/(\%)$
	C	B	A	D	F	e	G	
	列号							
	1	2	3	4	5	6	7	
1	1(ϕ3.5)	1(Hs70)	1(N公司)	1(15%)	1(80℃)	1	1(Ⅰ)	40.2
2	1	1	1	2(25%)	2	2	2(Ⅱ)	82.5
3	1	2(Hs90)	2(S公司)	1	1	2	2	−53.2
4	1	1	2	2	2(100℃)	1	1	90.0
5	2(ϕ5.7)	1	2	1	2	1	2	71.1
6	2	1	2	2	1	2	1	31.8
7	2	2	1	1	2	2	1	77.2
8	2	2	1	2	1	1	2	39.6
K_1	265.9	225.6	239.5	241.7	164.8	240.9	239.2	
K_2	219.7	260.0	246.1	243.9	320.8	244.7	246.4	$T=485.6$
S	266.81	147.92	5.45	0.61	3042.00	1.81	6.48	

④ 列方差分析表 4.16，进行因素显著性分析。

表 4.16　方差分析表

方差来源	S	f	V	F	F_α	显著性	贡献率 $\rho/(\%)$
C	266.81	1	266.81	74.3	$F_{0.05}(1,4)=7.71$		7.58
B	147.92	1	147.92	41.2	$F_{0.01}(1,4)=21.2$		4.16
A	5.45	1	5.45				
D	0.61	1	0.61				
F	3 042.00	1	3 042.00	847.5			87.50
G	6.48	1	6.48				
e	1.81	1	1.81				
e'\{A,D,G,e\}	14.35	4	3.59				0.76
T	3 471.08	7					100

由表 4.16 知，因素 C,B,F 均为高度显著。表中第 8 列为贡献率，计算如下：

F 因素(油温)：

$$\rho_{\mathrm{F}}=\frac{S_{\mathrm{F}}-f_{\mathrm{F}}V'_{\mathrm{e}}}{S_T}=\frac{3\ 042.00-1\times 3.59}{3\ 471.08}=87.50\%$$

C 因素(直径)：

$$\rho_{\mathrm{C}}=\frac{S_{\mathrm{C}}-f_{\mathrm{C}}V'_{\mathrm{C}}}{S_T}=7.58\%$$

B 因素(硬度)：

$$\rho_{\mathrm{B}}=\frac{S_{\mathrm{B}}-f_{\mathrm{B}}V'_{\mathrm{e}}}{S_T}=4.16\%$$

误差 e'：

$$\rho_{e'}=100\%-(87.50\%+7.58\%+4.16\%)=0.76\%$$

方差分析结论：油温取 80℃，直径取 ϕ5.7，硬度取 Hs70，其余因素视情况而定。

4.3　参数设计

4.3.1　概述

整个产品的质量由三部分组成：设计质量、制造质量和使用质量，其中设计质量是最关键的一步。根据实践经验,50%以上的质量问题是由于设计不当造成的,而高质量的标准是至少应满足两个条件:① 整机性能稳定,可靠性高;② 整机成本低。两个条件相辅相成又互相制约,要同时满足这两个条件,必须要综合考虑,进行合理的设计。田口玄一提出的三阶段设计法是解决该问题的最有效方法。

所谓三阶段设计就是在专业设计的基础上,用正交设计方法选择最佳参数组合和最合理的容差范围,尽量用价格低廉、低等级的零部件来组装整机的优化设计方法。

三阶段设计由3个阶段组成:

① 系统设计。

② 参数设计。

③ 容差设计。

1. 系统设计

系统设计是三阶段设计的第一步,就是专业技术人员利用专业知识与技术,对产品的结构、性能、寿命、传动、材料等进行整个系统结构的设计,以设计出具有事先所要求的某种性能的产品。系统设计是三阶段设计的基础,若可能,设计人员应在这一阶段尽力寻找性能指标与系统中各参数(即因素)间的函数关系。有了这种函数关系后,给定一组参数值,就可以计算出产品的性能指标,这对以后的参数设计会带来很大方便,也可节约试验费用。

2. 参数设计

参数设计是在系统设计的基础上,对影响产品输出特性值的各项参数及其水平,运用试验设计的技术方法,找出使输出特性值波动最小的最佳参数水平组合的一种优化设计方法。

整机质量不仅与元器件、零部件本身的质量有关,而且更主要的是取决于参数水平的组合。这就要进行设计,若设计得当,低等级和高等级的元器件、零部件合理搭配使用,就能得出优质的整机产品,这正是参数设计所要承担的任务。参数设计就是要找出参数水平的最佳组合,参数设计是质量的优化设计,是设计的核心阶段,稳健设计主要用于这个阶段。

参数设计是一种非线性设计,它主要利用非线性性质减少输出特性值的波动,减少质量损失,所用的方法主要就是正交设计法。具体步骤如下:

① 分析、明确问题的要求,选择出因素及水平。

② 选择正交表,按表头设计确定试验方案。

③ 进行试验,测出需要的特性值。

④ 进行数据分析。

⑤ 确定最佳方案。

田口玄一博士认为"产品的质量就是该产品给社会带来的损失"。若设产品的性能指标是Y,其目标值是m,则Y偏离m就会给用户带来损失,偏离越大,损失也越大。田口玄一建议用

二次方损失函数 $L=(Y-m)^2$ 去度量此种损失，由于 Y 带来随机性，因此产品质量应以平均损失 EL 来衡量其大小，即

$$EL=E(Y-m)^2=E(Y-EY)^2+(EY-m)^2=\sigma^2+\delta^2$$

其中，$\sigma^2=E(Y-EY)^2$ 是指标的方差，用来度量指标波动的大小；$\delta^2=(EY-m)^2$ 是指标均值对目标值的绝对偏差。据此，田口玄一认为要使产品质量高(即平均；损失小)，就既要使偏差 δ 减小，又要使波动 σ^2 减小。

3. 容差设计

在参数设计中只是决定了各元器件的参数值(中心值)，但各元器件的参数都有一个公差(公差的一半叫容差)。当元器件的参数在公差范围内变化时，产品的性能也会随之变化，在容差设计中，要对产品的质量、成本、市场等问题综合考虑，作出规划。

4.3.2　稳健设计

要使产品或工艺设计达到最优，就是要确定最好的结构、控制因子最佳的水平组合和最合适的容限。稳健设计的主要目的是致力于减少波动，寻找使得质量波动达到最小的可控因素的水平组合，即最佳的水平组合。

下面举例说明稳健设计的步骤。

要设计一个电源电路把交流电 110 V 变为直流电 115 V。工程中已有成熟的电路可使用，但其中有两个电子元器件的参数有待确定，一个是电阻(记为因素 A) 的值，另一个是晶体管的电流放大倍数(记为因素B)，为了寻找合适的参数搭配，对因素 A 与 B 各选 5 个水平，并安排了 11 次试验，其因素水平与试验结果列于表 4.17 中。

表 4.17　因素 A 与 B 的试验结果

A/Ω ＼ 输出电压/V ＼ B	100	260	500	800	900
200			100	115	
250	95	105	115	130	135
300			125		
350		115	127		
400			128		

从表 4.17 可见，有 3 组参数搭配可使输出直流电压为 115 V，这 3 组参数搭配是

Ⅰ:A＝200,B＝800

Ⅱ:A＝250,B＝500

Ⅲ:A＝350,B＝260

按参数设计思想,应该选这样一组参数搭配,它使得偏差 $\delta=|Ey-115|$ 和波动 σ^2 都较小。如今 δ 已为零或近似为零,那就要看 3 组搭配的波动大小,以下分几步讨论。

1. 寻找波动源

首先要寻找引起输出电压 y 波动的原因,市场买到的标以 200 Ω 的电阻,其实际值在 200 Ω±10% 区间波动。类似地,晶体管的放大倍数围绕标称值有更大的波动,常有 ±50% 的波动。由于元器件参数的此种波动人们难以控制,又与元器件的标称不是一回事,故称此种元器件参数的波动为噪声因素,分别记为 A′ 和 B′,即

A′:电阻标称值有 ±10% 的波动;

B′:晶体管电流放大倍数的标称值有 ±50% 的波动。

2. 直观分析

噪声因素 A′ 和 B′ 是如何引起输出电压 y 的波动呢?从表 4.17 可以看出,当电阻 A 固定在 250Ω 时,输出电压 y 是 B 的线性函数(见图 4.1),即 B 的变化引起 y 的"线性效应"。

从表 4.17 还可以看出,当电流放大倍数 B 固定在 500 时,输出电压 y 是 A 的非线性函数(见图 4.2),这表明 A 变化引起 y 的"非线性效应",要使输出电压 y 波动小,电阻 A 选得大一些较为有利。

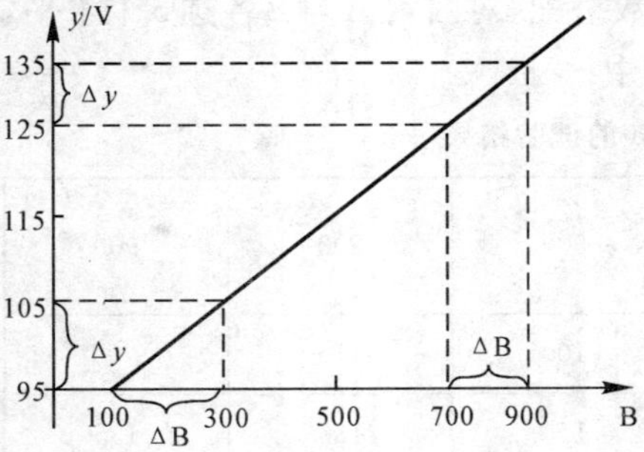

图 4.1 A 固定,y 是 B 的线性函数

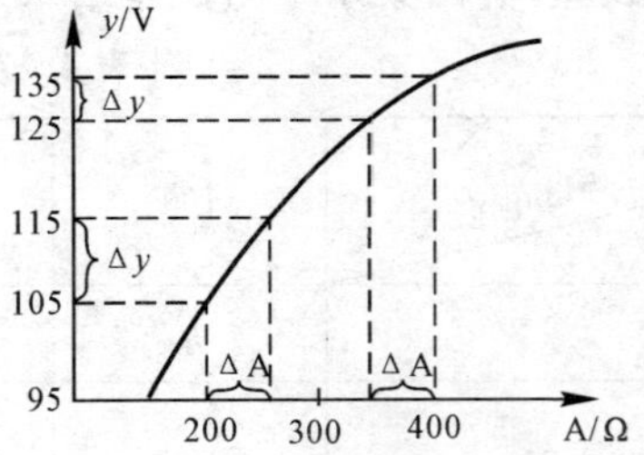

图 4.2 B 固定,y 是 A 的非线性函数

一般来说,线性效应有助于将平均值移至目标值,非线性效应有助于降低噪声因素的影响。

综上所述,应选参数组合Ⅲ(A=350,B=260),它可以使输出电压的波动最小,因为在这 3 个参数组合中,Ⅲ 的电阻最大。

3. 一般方案

上述的直观分析不是在一切参数设计问题中都是可行的，特别在含有多个因素的复杂问题中，噪声因素又是多种多样时，要进行上述直观分析是不可能的，但上述思想是很好的，因此有必要寻找一个一般方案，使得上述思想得以很好的实现。

以参数组合 Ⅰ 为例，在噪声因素 A′ 和 B′ 的干扰下，取其最大的干扰形成如表 4.18 所示的噪声因素水平表。

表 4.18　Ⅰ 的噪声因素水平表

水平	A′	B′
1	180	400
2	200	800
3	220	1 200

表 4.18 中水平 2 就是参数组合 Ⅰ 的两个参数值，而水平 1 和水平 3 分别是 ±10% 和 ±50% 的波动。表 4.19 上的正交设计是大家熟悉的，其中输出电压 y_{1i} 值可通过试验获得。实际上，当 B=500 时，可通过表 4.19 读得如表 4.20 的值。

表 4.19　Ⅰ 的正交设计 $L_9(3^4)$

水平	A′	B′	y_{1i}/V	水平	A′	B′	y_{1i}/V
1	1	1′	84	6	2′	3′	135
2	1	2	104	7	3′	1′	101.7
3	1	3	124	8	3′	2	121.7
4	2	1	95	9	3	3	14.7
5	2	2	115				

表 4.20　当 B = 500 时，输出电压值

A/Ω	180	200	220	225	250	275	315	350	385
y_A/V	89.0	100.0	106.7	108.5	115.0	120.5	126.5	127.0	127.4

当 B 取其他值时，可从图 4.1 获得公式

$$y = y_A + (B - 500)/20 \tag{4.18}$$

来求得输出电压 y 的值，譬如表 4.19 中的 2 号试验，A′=180，从表 4.20 查得 y_A=89，把它和

B′＝800 代入公式(4.18)就可算得 $y=89+(800-500)/20=104$，这就是第 2 号试验的输出电压值，其他输出电压值亦可类似算出。由表 4.19 上 9 个输出电压 $y_{11}, y_{12}, \cdots, y_{19}$ 容易得其算术平均值 $\bar{y}$、方差的无偏差估计值 V_e 和信噪比 η_{I}：

$$\bar{y}=\frac{1}{9}\sum_{i=1}^{9} y_i=113.57$$

$$V_e=\frac{1}{9-1}\sum_{i=1}^{9}(y_i-\bar{y})^2=359.90$$

$$\eta_{\text{I}}=101\times\lg\frac{\bar{y}^2-V_e/9}{V_e}=15.33$$

类似地，可对参数组合 Ⅱ 和 Ⅲ 分别安排其因素水平表(见表 4.21、表 4.22)和两个正交设计(见表 4.23、表 4.24)，即可获得各输出电压及相应的信噪比 $\eta_{\text{II}}=19.59$，$\eta_{\text{III}}=26.18$。比较这 3 个信噪比，仍以 η_{III} 最大，故参数组合 Ⅲ 可使输出电压波动最小。

表 4.21 Ⅱ 的噪声因素水平表

水平	A′	B′
1	225	250
2	250	500
3	275	750

表 4.22 Ⅲ 的噪声因素水平表

水平	A′	B′
1	315	130
2	350	260
3	385	390

表 4.23 Ⅱ 的正交设计 $L_9(3^4)$

水平	A′	B′	y_{2i}/V
1	1	1	96.0
2	1	2	108.5
3	1	3	121.0
4	2	1	102.5
5	2	2	115.0
6	2	3	127.5
7	3	1	108.0
8	3	2	120.5
9	3	3	133.0

表 4.24 Ⅲ 的正交设计 $L_9(3^4)$

水平	A′	B′	y_{2i}/V
1	1	1	108.0
2	1	2	114.5
3	1	3	121.0
4	2	1	108.5
5	2	2	115.0
6	2	3	121.5
7	3	1	108.9
8	3	2	115.4
9	3	3	121.9

从上例可以得到稳健设计的基本步骤：

第 1 阶段：

① 规划试验，确定主要功能、边缘效果和失效的样式。

② 识别噪声因子，确定估算质量损失的试验条件，并做到对噪声因子的灵敏度最小化。噪声因素可以分为 3 种：外部噪声、内部噪声和产品间噪声。

③ 根据具体问题确定质量特征数和优化的目标函数。

④ 确定控制因子和它们的可选择水平，控制因子可能很多，但只能选主要的。根据问题的情况，决定选多少，因子定下后，因子的水平数值和水平个数也要确定。选水平数值时，各水平数值对试验要有差别性(大些好)。水平之间不能离得太近，水平个数要适当。

⑤ 设计试验和数据分析计划，用正交表安排试验是有效的方法。

第 2 阶段：进行正交试验。

第 3 阶段：分析和检验试验结果。

① 分析数据，确定控制因子的最适当水平，并在这些水平下预测性能。

② 进行核实试验，并计划进一步的工作。

4.3.3　灵敏度分析

在望目特性下，要提高产品质量就要使偏差 $\delta = | EY - m |$ 和波动 $\sigma^2 = \mathrm{Var}\, Y$ 都很小。田口玄一原想把方差与均值集中于一个内表指标(SN 比)之内，用极大化 SN 比来达到目的。可是在实践中不是每次都能如愿以偿，常常是极大化 SN 比只能使波动减少，而指标均值 $\bar{Y}$ 离目标值 m 还有一点不可忽视的距离。假如可控因素的水平选得好，那用 SN 比作为内表指标，可使波动与偏差同时减小。假如可控因素水平不在最佳区域内，那用 SN 比只能减小波动，减小偏差总有一定限度。而在实际操作中，可控因素水平的最佳区域很难一眼看出，因此灵敏度设计在望目特性下常常是需要进行的。

灵敏度设计的基本宗旨是在不增加波动的场合下设法把均值调节到目标值。

灵敏度分析的要点如下：

① 为内表确定第二个指标——灵敏度。田口玄一建议用指标均值($EY=\mu$)二次方 μ^2 的无偏差估计(即 SN 比的分子部分)作为灵敏度，即内表第 i 号试验的灵敏度为

$$\hat{\mu}_i^2 = \bar{y}_i^2 - \hat{\sigma}_i^2 / n \tag{4.19}$$

其中，

$$\bar{y}_i = \frac{1}{n}\sum_{j=1}^{n} y_{ij}, \quad \hat{\sigma}_i^2 = \frac{1}{n-1}(y_{ij} - \bar{y}_i)$$

实际使用时，为了与 SN 比配套，常将此估计值取常用对数后再乘以 10，化为分贝(dB)值，并记为 S，即

$$S = 10\lg\,(\bar{y}_i^2 - \hat{\sigma}_i^2 / n) \quad (\mathrm{dB}) \tag{4.20}$$

但这个定义把问题复杂化了。若用指标均值 $\bar{y}$ 作为灵敏度，不仅直观，计算简便，而且 $\bar{y}$

的正态性更好一些，从而对 $\bar{y}$ 作统计分析时，其结论更为可信。本章将用 $\bar{y}$ 作为灵敏度。

② 对灵敏度作统计分析。类似于对内表上的 SN 比的统计分析，先计算内表上各列各水平的灵敏度之和，然后计算各列二次方和及总二次方和，最后进行方差分析，确定显著性的因子。

③ 可控因子分类，选出调节因子。根据诸可控因子在两个内表指标 SN 比和灵敏度下的显著性把可控因子分为四类，如表 4.25 所示，其中第 Ⅲ 类因子就是我们要寻找的调节因子。

表 4.25 可控因子分类表

类别	SN 比分类	灵敏度分析	因子名称
Ⅰ 类	*	*	重要因子
Ⅱ 类	*		稳健因子
Ⅲ 类		*	调节因子
Ⅳ 类			次要因子

注：* 表示显著性。

④ 改变调节因子或互补因子（假如有的话）的水平使其均值 $\bar{y}$ 接近目标 m，如果这种调节对 SN 比（或其他波动指标）影响较大，那么用 Ⅱ 类因子把 SN 比提高。这样调节几次后，可使波动与偏差减小到允许的范围之内。假如几次调节还达不到目的，就需要改变可控因子的水平范围，进入第二轮试验，而新的水平范围可从第 Ⅰ，Ⅱ，Ⅲ 类因子的性质中确定。

4.4 均匀设计

正交设计是目前应用最广的方法。但它的局限性是只适用于水平数不多的试验中，若在一项试验中有 s 个因素，每个因素各有 q 个水平，如用正交试验来安排试验，则至少要做 q^2 次试验，当 q 较大时，q^2 将大到难以承受。均匀试验设计是部分因素设计的主要方法之一，与正交试验设计相比，均匀设计给试验者更多的选择，从而有可能用较少的试验次数获得所期望的结果。

均匀设计是只考虑试验点在试验范围内均匀散布的一种试验设计方法，"均匀散布"性使试验点均衡地分布在试验范围内，让每个试验点有充分的代表性。这种单纯从均匀性出发的设计称之为均匀设计。首先介绍其工具：均匀设计表。

均匀设计表依据均匀设计的思想，类似于正交表。均匀设计表的代号为 $U_n(q^s)$，其中"U"表示均匀设计表；"n"代表表的行数，即表示做 n 次试验；"q"代表表内不同数字的个数，即表示每个因子有 q 个水平；"s"表示该表的列数，表示最多只能安排 s 个因素。表 4.26 便是一张均匀设计表。

表 4.26　$U_6(6^6)$ 均匀设计表

试验号 \ 列号	1	2	3	4	5	6
1	1	2	3	4	5	6
2	2	4	6	1	3	5
3	3	6	2	5	1	4
4	4	1	5	2	6	3
5	5	3	1	6	4	2
6	6	5	4	3	2	1

对均匀设计表说明如下：

① 各行、各列中每个数字只出现一次。

② 任意两列同行数字构成的数对各不相同。

③ 均匀设计表任两列之间不一定是平等的。

④ 试验表之间的关系。如何利用奇数次试验的表（简称奇数表）得到偶数次试验的表（简称偶数表）呢？很简单，将奇数表划去最后一行就得到了比它次数少 1 的偶数表，而使用表不变。例如，将 $U_7(7^6)$ 划去最后一行得 $U_6(6^6)$，使用表不变。

⑤ 当试验次数增加时试验数按水平数的增加而增加，如当水平数从 9 水平增加到 10 水平时，试验数也从 9 增加到 10；而正交表当水平数增加时，试验数按二次方的比例增加，如当水平数从 9 增加到 10 时，试验数一般将从 81 增加到 100。因此，在正交试验中增加水平将使试验量有较大的增加，而均匀设计只有微小的增加，这是均匀设计的很大优点。

用均匀设计表安排试验，通常有如下步骤：

① 根据试验目的，选择合适的因素和相应的水平。

② 选择适合该试验的均匀设计表，然后根据该表的使用表从中选出列号，将因素分别安排到这些列号上，并将这些因素的水平按所在列的指示分别对号即可。

4.5　试验设计在材料加工中的应用实例

在焊接、铸造、塑性成形和热处理等材料加工工程领域中，过去大多是在车间或实验室里进行大量的试验或凭经验进行工件的结构设计以及加工工艺的制定，结果导致产品设计及生产的周期长，成本提高。特别是在新材料开发及新产品设计过程中，没有多少经验可以凭借。如果只依靠试验方法积累数据，要花很长时间和很多经费，而且任何尝试和失败，都有可能造成重大经济损失。而采用正交设计、均匀设计等试验设计方法，就可以大大地节约人力、物力和时间，缩短新材料及新产品开发的周期，创造更大的经济效益。在材料加工的多个领域，试验设计都有很多应用实例。

4.5.1 试验设计在焊接中的应用

(1)正交试验设计在电阻焊焊接参数选择上的应用

合理的焊接参数是实现高质量焊接的重要条件，对于电阻焊中的点焊、凸焊等，在焊接材料指标、设备参数、电极头的形式确定后，焊接质量主要取决于电极压力、焊接电流和焊接时间3个参数。孟凡杰通过正交试验设计分析，并通过实验验证，证明电极压力在厚2.0 mm的15MnTi钢板和6凸点M8螺母的电阻焊过程中是一个重要的参数，影响程度最明显，焊接电流和焊接时间较之稍差。因此，在电极压力一定的情况下，焊接电流和焊接时间可以适当调整。增大焊接电流、缩短焊接时间可节约电能和延长电极使用寿命；减小焊接电流、延长焊接时间，可降低对焊机的随动性要求，并可减少焊接系统不稳定的影响。李张银等采用有交互作用的正交试验设计，优化出轿车车身镀锌钢板点焊工艺参数，为工艺人员进行工艺编制提供了可靠的依据，很大程度上提高了焊点质量，减少了焊接缺陷的发生。阎俊霞等通过正交试验法，采用$L_9(3^4)$正交表对厚0.8 mm的08Al钢板在点焊机上进行点焊工艺参数的优化试验，通过极差分析和方差分析，得出焊接电流对点焊接头的力学性能影响最为显著，其次是焊接时间，电极压力的影响最弱，从而优化出一组最佳点焊工艺参数。经工艺试验证明，拉伸试件断裂于钢板基体。

(2)正交试验在摩擦焊工艺参数优化中的应用

张学良等通过正交试验得出摩擦焊工艺参数中对接头抗拉强度的影响的顺序是摩擦压力、顶锻压力、摩擦时间，为在生产实际中制定摩擦焊接工艺规范提供了重要的参考依据。

(3)基于正交试验设计的核电设备不锈钢Ω密封焊缝焊接工艺参数的确定

应杏娟等为了确定CRDM焊接机焊接工艺参数，应用正交试验设计法进行了核电设备不锈钢Ω焊缝焊接工艺评定试验，用数理统计方法分析了对焊缝质量产生影响的各焊接参数的主次顺序，通过有代表性的18个试验，得到了最优生产条件，大大缩短了试验周期。

(4)固相焊接工艺参数正交试验优化设计

赵宁等采用$L_9(3^3)$正交表对基于表面激光淬火预处理的40Cr和T10A钢的固相焊接工艺参数进行优化试验，通过极差分析和方差分析，得出在正交试验中所考虑的3个因素(焊接温度、保温时间、预压应力)对焊接接头的力学性能均有影响,其中焊接温度对接头的力学性能影响最为显著,而保温时间和预压应力无显著影响,并优化出一组最佳工艺参数。工艺验证实验表明,在此工艺参数下,焊后接头强度可达母材强度。

(5)正交试验设计与有限元数值模拟相结合优化焊接工艺参数

张国栋等采用正交试验设计方法,以焊接残余应力为评价指标,对广泛用于电厂管道的P91耐热钢管道焊接的工艺参数进行优化设计,然后采用大型有限元分析软件ABAQUS对最优焊接工艺的焊接残余应力进行数值模拟,获得了P91厚壁管道焊接接头的残余应力分布状况。结果表明,焊接速度对焊接残余应力的影响最为显著,其次是电弧电压、焊接电流和坡口间隙等。研究结果为优化高温管道焊接工艺,有效控制焊接残余应力提供了可能。

4.5.2　试验设计在铸造中的应用

正交试验设计在汽缸盖铸造中的应用:

某厂在接到抢修某舰载柴油主机汽缸下盖任务后,因铸造试验费用和生产周期的限制,经研究,选取影响铸钢力学性能的少数几个关键因素即C,Mn两种元素含量及退火热处理温度为正交试验因素,进行正交试验设计铸造汽缸下盖。极差分析结果表明,退火热处理温度对延伸率δ的影响最大,含碳量和含锰量次之,从而优化出一组最佳工艺参数进行汽缸下盖铸造,装船试验一次成功。

4.5.3　试验设计在塑性成形中的应用

(1)应用正交试验设计提高拉深件的成形质量

破裂和起皱是拉深成形的主要缺陷,严重影响零件的表面成形质量。合理布置拉深筋是减少破裂和起皱的有效方法之一。王涛等将正交试验设计方法和有限元数值模拟相结合,以拉深筋阻力为设计变量,以板料厚度的分布为质量目标函数,对拉深筋进行优化设计。将这种方法应用到Numisheet'93的前翼子板拉深件成形中,经过优化设计的成形结果,无论是在防止破裂,还是在减少起皱方面上都得到了较好的效果,并且这种方法可以明显地减少计算次数,提高优化效率。

(2)基于Moldflow与正交试验结合的注射模工艺参数优化设计

李金国等以汽车发动机油缸密封盖作为研究对象,综合评价了多个工艺参数对注射翘曲变形的影响。通过正交试验法,并基于Moldflow注射模流动分析软件,分析最佳浇口位置,获取试验数据,研究试验范围内各工艺参数对翘曲的影响,从而获得最优工艺参数组合。成形制品翘曲量得到控制,满足了客户要求。

(3)正交试验设计的注塑成形工艺参数多目标优化设计

卫炜等结合正交试验设计和注塑成形模拟软件 Moldflow,对不同工艺条件下的注塑成形过程进行模拟分析,并运用模糊数学中的综合评判法,对塑件成形后的体积收缩率变化、表面缩痕指数和最大翘曲变形量三个目标值进行综合评判,得到综合评分。通过对综合评分的极差分析,确定模具温度、熔体温度、注塑时间、保压参数、冷却时间等工艺参数对综合评分的影响程度,并绘制因素水平影响趋势图,分析得出最优的注塑工艺参数组合方案,并对该工艺组合方案进行模拟验证。试验证明,采用注塑成形分析软件 Moldflow,结合正交试验设计以及运用综合评判法,对注塑成形工艺参数进行多目标优化设计,能够得到一组综合评分最高的工艺参数组合,这种方法是切实可行的。

4.5.4 试验设计在热处理中的应用

(1)正交试验设计在退火工艺中的应用

5CrMnMo 锻造后硬度很高,为改善切削加工性能、降低硬度、消除内应力、细化晶粒并为淬火做充分准备,需安排一道退火工艺。按照原退火工艺,退火后硬度偏高,车削加工困难,且易使刀头崩裂,每炉大约有 18%需重新退火。赵昕等对 5CrMnMo 退火工艺进行试验设计,结合实际生产条件,选出最优工艺参数,并进行推广运用,获得了可观的经济效益。

(2)正交试验设计实现 TD 覆层处理工艺参数的优化

周隽等利用正交试验优化设计与方差分析法,优化出 $Cr_{12}MoV$ 的 TD 覆层处理工艺参数,即在硼砂含量为 32%,反应温度为 985℃,反应时间为 2.5h 的工艺条件下,可以获得最大的覆层厚度。

4.5.5 试验设计在火焰喷涂中的应用

纪岗昌等基于正交试验设计方法,系统试验研究了氧气流量、燃气流量和喷涂距离对超声速火焰喷涂 Cr_3C_2-NiCr 涂层磨粒磨损性能的影响,获得了喷涂工艺条件与涂层磨粒磨损失质量的定量关系和最佳的喷涂工艺参数。实验验证结果表明:氧气流量、燃气流量和喷涂距离对涂层磨粒磨损性能具有交互影响,其中燃气流量和氧气流量的影响较为显著。适中的燃气流量和氧气流量有利于获得耐磨性较好的涂层。

4.5.6 均匀设计方法在 304H 钢力学性能试验中的应用

马小明等采用均匀设计方法模拟操作工况开停机过程,以加热温度、反复加热冷却次数、冷却方式以及高温停留时间为指标，通过对比钢材的屈服强度、伸长率、抗拉强度、冲击韧性和硬度，分析了不同工艺因素对 304H 钢力学性能的影响。结果表明：在 620～750℃范围内，材料晶界上析出大量的 σ 相及二次碳化物，冲击韧性及屈服强度分别下降 8 %和 12 %，此结果对材料的设计与应用均具有参考意义。

复习思考题

4-1　为提高烧结矿的质量，按下表中各因素及其水平做配料试验。评价质量好坏的试验指标为含铁量，含铁量越高越好。用正交表 $L_8(2^7)$ 安排试验。各因素依次放在正交表的 1～6列上，8 次试验所得含铁量(质量百分数，%)依次为 50.9，47.1，51.4，51.8，54.3，49.8，51.5，51.3。试对结果进行分析，找出最优配料方案。

水平 \ 因素	A 精矿	B 生矿	C 焦粉	D 石灰	E 白云石	F 铁屑
1	8.0	5.0	0.8	2.0	1.0	0.5
2	9.5	4.0	0.9	3.0	0.5	1.0

4-2　设有 4 个因素 A，B，C，D 均为 2 水平，需考察交互作用 A×B 和 C×D，试思考可否选用正交表 $L_8(2^7)$，请选用合适正交表并排出试验方案。

4-3　钛合金磨削工艺参数的优化设计。钛合金耐蚀性好，耐热性高，比刚度、比强度高。但它的磨削性能差，即使采用特制的砂轮磨削钛合金，其表面粗糙度也只能达到 $R_a \geqslant 0.6\ \mu$m，为进一步降低表面粗糙度，特选下表中 4 个 3 水平可控因素。

水平 \ 可控因素	工件转速 A r/min	砂轮的走刀量 B r/min	工件纵向进给量 C r/min	磨削深度 D mm
1	112	0.03	0.82	0.000 5
2	160	0.06	3.30	0.002 5
3	80	0.09	1.65	0.001 25

选用 $L_9(3^4)$ 作为内表，并把 A，B，C，D 4 个因素依次放在 $L_9(3^4)$ 的第 1，2，3，4 列上，由于本例的目标特性 Y(表面粗糙度)不可计算，因此只能通过试验。为减少试验次数，外表采用综合噪声因素的 2 个水平 N_1 和 N_2，试验结果如下表：

试验号＼因素	A	B	C	D	y_{i1}	y_{i2}
1	1	1	1	1	0.162	0.148
2	1	2	2	2	0.259	0.313
3	1	3	3	3	0.178	0.206
4	2	1	2	3	0.204	0.211
5	2	2	3	1	0.226	0.244
6	2	3	1	2	0.167	0.178
7	3	1	3	2	0.213	0.228
8	3	2	1	3	0.157	0.188
9	3	3	2	1	0.238	0.271

试按望小特性参数设计方法选出最佳参数设计方案。

4-4　在某化工产品的合成工艺中，为了提高产量，试验者选了 3 个因素：原料配比 A、某有机物的吡啶量 B 和反应时间 C，每个因素均取了 7 个水平，试验选用均匀设计表 $U_7(7^3)$，试验结果见下表：

化工试验方案和相应收率

试验号＼因素	原料配比 A / %	吡啶量 B / ml	反应时间 C / h	收率 y
1	1.0	23	2.0	0.614 6
2	1.4	13	1.0	0.350 6
3	1.8	28	3.0	0.753 7
4	2.2	16	3.5	0.819 5
5	2.6	25	0.5	0.097 0
6	3.0	10	2.5	0.711 4
7	3.4	19	1.5	0.418 6

试对试验结果进行建模与分析。

第 5 章　相似理论及建模

相似理论是将实验与研究结合起来的桥梁，是模拟实验的理论基础。一方面，当相似理论用于理论分析时，是将描述物理现象的微分方程无量纲化，进而确定某些相似变量的数学结构，利用所得的相似变量，可以将有量纲的偏微分方程变换为无量纲的常微分方程，使之易于求解。另一方面，当没有所研究现象的方程式时，根据相似理论，可将影响该现象发展的全部物理量适当地组合成几个无量纲的相似准则，然后把这些相似准则作为一个整体，来研究各个物理量之间的函数关系。这样，不仅会大大减少实验工作量和费用，而且扩大了实验结果的使用范围，通过模型实验可为实际设备的设计提供最佳方案。把个别实验结果推广到相似现象群中去，是相似理论在实践方面和理论方面最重要的贡献。也就是说相似理论解决了实验中应测量哪些物理量，应如何整理实验数据，实验结果可以推广到哪些现象中去等实验过程中应该解决的问题。

5.1　相似概念及基本定理

相似的概念最早出现于几何学中，即假如两个几何图形的对应边成一定的比例，那么这两个图形便是几何相似的。可以把这一概念推广到某个物理化学过程的所有物理量上。相似理论是一门完整的学科，是处理实验数据的理论基础。对于以实验为基础的一些学科，如传热学、传质学、流体力学、材料学等，相似理论有着特别重大的意义。

相似理论综合了理论研究和实验研究两种方法的优点。它从描述过程的微分方程中导出所研究现象规律的相似准则一般关系式，并将它作为实验和整理数据的依据，使一般性的关系式具体化，从而得到解决具体问题的准则方程。这样得到的结果，不但避免了求解微分方程时所遇到的困难，而且使实验结果具有普遍指导意义。

5.1.1　量纲理论

量纲理论是证明相似理论基本三定理的出发点，我们有必要先了解量纲理论的基本内容。

物理量单位的种类叫量纲，是物理量的质的特征。例如，小时、分、秒是时间的不同单位，但这些单位属于同一种类，即皆为时间单位，它们的量纲都为 T。在度量物理量数值大小的单位确定之后，一个具体的物理量就对应于一个数值，有了比较意义上的大小，这是物理量的量的特征。量纲可分为基本量纲和导出量纲两类。基本量纲具有独立性,例如与温度无关的动力学问题取长度L、时间T和质量M为基本量纲。导出量纲可由量纲公式通过基本量纲导出,如 $\dim x = L^{\alpha}T^{\beta}M^{\gamma}$,$\alpha,\beta,\gamma$ 称为量纲指数。若 $\alpha \neq 0,\beta = 0,\gamma = 0$,则 x 为几何学的量;若 $\alpha \neq 0$,$\beta \neq 0,\gamma = 0$,则 x 为运动学的量,如速度 $\dim v = L^1T^{-1}$;若 $\alpha \neq 0,\beta \neq 0,\gamma \neq 0$,则 x 为动力学的量,如力 $\dim F = L^1T^{-2}M^1$。如果一个物理量的所有量纲指数都为零,那么就称其为无量纲量。无量纲量可以是相同量纲量的比值,也可以是几个有量纲量通过乘除组合而成的。

物理方程的量纲和谐性原理指出:正确反映客观物理规律的函数关系式,其各项的量纲指数都分别相同,任何表示客观物理规律的数学关系式,其数学形式不随单位制变换而改变形式,客观物理规律必定可以通过无量纲量之间的关系式来表达。

量纲分析法中的 π 定理是由美国学者柏金汉在1914年提出的。π 定理指出:如果物理过程涉及 n 个物理量,其中有 m 个物理量的量纲是互相独立的,选这些量纲为基本量纲,就可组成 $n-m$ 个无量纲量,此物理过程则可由这 $n-m$ 个无量纲量的关系式描述,否则就违反了量纲和谐性原理。

物理过程的有量纲表达形式可写为 $f(x_1,x_2,\cdots,x_n)=0$,其中 m 个物理量的量纲被选为基本量纲,余下 $n-m$ 个物理量可各自与这 m 个物理量组合成无量纲量 $\pi_1,\pi_2,\cdots,\pi_{n-m}$。$\pi$ 定理的结论是:此物理过程的无量纲表达形式为 $F(\pi_1,\pi_2,\cdots,\pi_{n-m})=0$。从无量纲表达看,似乎物理过程涉及的因素减少了,其实涉及的物理量并未减少,只是这些物理量组合成了若干无量纲量相互关联。与有量纲表达相比,无量纲表达更接近于相关物理量之间规律性联系的实质,也更具普遍性。

应用 π 定理的要点和难点在于:确定物理过程涉及的物理量时,既不能遗漏,也不能多列。必须是物理过程所包含的全部物理量,否则,会得到不全面的甚至是错误的结果,这就需要以大量实验作依据,否则就不可能得出正确的结果。

5.1.2 相似的概念

在几何学中我们知道,两个三角形相似时,其对应边成比例;反之若两个三角形的对应边成比例,则这两个三角形相似。可以把这一几何相似的概念推广到某个物理现象的所有物理量上。以流体力学的相似为例,它指的是两个流场的力学相似,即若两个流动相似,则在流动空间的各对应点上和各对应时刻,表征流动过程的所有物理量(如线性长度、速度、压强、各种力、温度、密度和黏度等)各自互成一定的比例关系。分类说明的话,就是应满足两个流动的几何相似、运动相似、动力相似、热力相似和物性相似以及初始条件和边界条件的相似。下面分别进行讨论,并以上标"′"表示模型的物理量。

1. 几何相似

几何相似是指模型与原型的全部对应线性长度的比例相等,即

$$\frac{l'}{l}=K_l \tag{5.1}$$

线性长度也称特征长度，可以是圆柱的直径 d、管道的长度 l、管壁绝对粗糙度 ε 等。式(5.1)中 K_l 为长度比例常数，也称几何相似常数。

只要模型与原型的全部对应特征长度的比例相等，则它们的夹角一定相等。由此可推得其他有关几何量的比例尺，如面积 A 和体积 V，其比例尺分别为

$$\frac{A'}{A}=\frac{l'^2}{l^2}=K_l^2 \tag{5.2}$$

$$\frac{V'}{V}=\frac{l'^3}{l^3}=K_l^3 \tag{5.3}$$

几何相似是力学相似的前提，是基本条件。有了几何相似，才有可能在模型流动和原型流动之间，存在着相应点、相应线段、相应断面和相应体积这一系列互相对应的几何要素；才有可能去讨论运动相似、动力相似及在两流动之间存在的相应速度、相应加速度、相应作用力等一系列互相对应的力学量的相似问题；才有可能根据在模型流动的给定点，给定断面上测定的参数，来预测原型流动中相应点和断面上相应的参数。

2. 运动相似

运动相似是指满足几何相似的模型与原型的流场所有对应点上，对应时刻的流速方向相同而流速大小的比例相等，即它们的速度场相似，有

$$\frac{v'}{v}=K_v \tag{5.4}$$

其中，K_v 为速度比例常数。

有了长度比例常数和速度比例常数，显然可以根据关系式 $t=\frac{l}{v}$ 得出时间比例常数

$$K_t=\frac{t'}{t}=\frac{l'/v'}{l/v}=\frac{K_l}{K_v} \tag{5.5}$$

即时间比例常数是长度比例常数和速度比例常数之比。

在运动相似的条件下，流场中对应点处流体质点的加速度比例常数

$$K_a=\frac{a'}{a}=\frac{K_v}{K_t}=\frac{K_v^2}{K_l} \tag{5.6}$$

同理，还可得出体积流量比例常数、运动黏度比例常数和角速度比例常数等，只要确定了模型与原型的长度比例常数和速度比例常数，便可由它们确定所有运动学量的比例常数。

3. 动力相似

动力相似是指两个运动相似的流动中，模型与原型的流场所有对应点所受同名力的方向相同，其大小之比均成一固定的比例常数，即它们的动力场相似。所谓同名力是指具有同一物

理性质的力，例如重力 G、黏性力 F_μ、弹性力 F_k 和压力 F_p 等。如果作用在流体质点上的合力不等于零，流体质点就会产生加速度，根据达朗贝尔原理，引进流体质点的惯性力 F_g，那么两个流场中对应点所受的惯性力也是成比例的。这样，动力相似又可表示为两相似流动对应点上的封闭力多边形相似，即有

$$\frac{G'}{G}=\frac{F'_\mu}{F_\mu}=\frac{F'_k}{F_k}=\frac{F'_p}{F_p}=\frac{F'_g}{F_g}=K_f \tag{5.7}$$

其中，K_f 为力比例常数。

几何相似、运动相似、动力相似三者的关系为：几何相似是前提条件。几何相似如不能满足，其他相似无从谈起；运动相似通常是模型实验的目的；动力相似是运动相似的保证。

4. 热力相似

热力相似是指流动过程内部的热功转变过程和热量传递过程相似，即温度场相似和热流相似。

5. 物性相似

物性相似是指两个流动的对应点上介质的物性参数如密度、黏性系数、质量热容等成比例。

6. 初始条件和边界条件相似

初始条件和边界条件的相似是保证相似的充分条件。边界条件相似是指两个流动相应边界性质相同，在一般情况下边界条件可分为几何学的、运动学的和动力学的几方面。

上述相似条件，反映了相似现象普遍的共同的性质，对于某具体的特定的物理现象，还需要一些反映特殊个性的物理量相似，并且注意各物理量的比例常数不是相互独立的，必须确定它们相互的关系，才能进行换算。

5.1.3 相似基本定理

相似理论的基本内容包括在相似三定理中。

1. 相似第一定理

1848 年，法国科学院院士伯特朗确定了相似第一定理。相似第一定理指出：两相似现象应该具有相同的相似条件，用同一方程描述，又称相似不变量存在定理。

例如，甲、乙两相似现象用同一方程式描述：

$$\frac{\mathrm{d}\boldsymbol{p}}{\mathrm{d}t}=\boldsymbol{F} \tag{5.8}$$

其中，$\boldsymbol{F}$ 为作用于质点的力，$\boldsymbol{p}$ 为质点的动量，t 为时间。

对于甲现象

$$\frac{\mathrm{d}\boldsymbol{p}_1}{\mathrm{d}t}=\boldsymbol{F}_1 \tag{5.9}$$

对于乙现象

$$\frac{\mathrm{d}\boldsymbol{p}_2}{\mathrm{d}t}=\boldsymbol{F}_2 \tag{5.10}$$

由于甲、乙两现象相似，因此各对应物理量间存在着相似关系，即

$$\boldsymbol{F}_1=K_f\boldsymbol{F}_2,\quad \boldsymbol{p}_1=K_p\boldsymbol{p}_2 \tag{5.11}$$

其中，K_f，K_p 表示相似常数。

将式(5.11) 代入到式(5.9)，可得

$$\frac{\mathrm{d}(K_p\boldsymbol{p}_2)}{\mathrm{d}t}=\frac{K_p\mathrm{d}\boldsymbol{p}_2}{\mathrm{d}t}=K_f\boldsymbol{F}_2$$

即

$$\frac{\mathrm{d}\boldsymbol{p}_2}{\mathrm{d}t}=\frac{K_f}{K_p}\boldsymbol{F}_2 \tag{5.12}$$

式(5.12) 中，只有当$\frac{K_f}{K_p}=1$ 时甲、乙两个现象才相似。

$\frac{K_f}{K_p}=1$ 表示各相似常数间的关系，即其制约条件，称为相似条件或相似准则，两现象相似，其相似条件等于 1。

2. 相似第二定理

1911 年，俄国学者费德尔曼提出了相似第二定理，它确定了微分方程的积分结果可以用相似准则之间的函数关系来表示，这种由相似准则组成的准则方程对于所有相似的现象完全相同，而相似准则是从描述过程特征的微分方程中推导出来的。相似第二定理指出：若系统的单值条件相似，则系统为相似。所谓单值条件是指将某个现象从同类现象中区别出来的条件，即将现象群的通解转变为特解的具体条件：

① 系统的几何特性。

② 对所研究的现象有重大影响的介质特性。

③ 系统的初始条件和边界条件。

相似第二定理也称相似逆定理。它解决了对于两互相对应的现象，根据什么样的特征才能判断其是互相相似的这个问题；确定了在模型实验时必须遵守的准则，以保证实验模型中出现的现象能和原型中的现象相似。在实际模拟实验中，常忽略一些次要因素，以保证模型实验的可行性，同时必须保证足够的准确度。

3. 相似第三定理

1914 年，美国学者柏金汉在特定条件下证明了量纲分析的 π 定理，在此基础上，1931 年苏联著名学者基尔皮乔夫和古赫曼提出了相似第三定理，并在 1933 年由基尔皮乔夫给出了证明。相似第三定理指出：两个现象相似的充分和必要条件是其单值性条件相似，而且由单值性条件包含的物理量所组成的相似准则相等。

由相似第三定理可知：当一现象由 n 个物理量的函数关系来表示，且这些物理量中含有 m 种基本量纲时，则能得$(n-m)$个相似准则；描述这现象的函数关系可表示成$(n-m)$个相似准则间的函数关系式。

简单地说，它是以量纲分析为基础，把参与现象的各物理量参数，通过量纲分析组成无量纲量组，这些无量纲量就是该物理现象的相似准则。

相似第三定理也称 π 定理，它告诉我们如何整理模型实验结果，将模型实验中所得到的结果推用到原型中去。根据相似第三定理，对所研究的物理现象，首先要知道影响该现象的物理量，列出 n 个物理量的函数关系式，然后从这些物理量中选定 m 个彼此独立的物理量单位作为基本单位，以$(n-m)$个相似准则间的函数式去描述该现象的函数关系式。一般的力学现象中，基本单位最多有 3 个。例如，在古典力学中，常用长度、时间和质量 3 个彼此独立的单位作为基本单位，其量纲分别用 L，T 和 M 表示；在结构模型实验分析中则用力、长度和时间三个彼此独立的单位作为基本单位，其量纲分别用 P，L 和 T 表示。

综合相似理论的全部内容可知，相似定理描述了相似现象的一般规律。所谓相似，包括模型与实物之间应保持几何相似(形状与尺寸)、时间相似、运动相似、动力相似、应力场相似和边界条件相似等，也就是说，用于表征现象的快慢、位置、轨迹、尺寸等和相应的时间等物理量各自互成一定的比例。

5.2 相似准则导出方法

既然相似原理是运用模型实验研究工程中复杂的实际问题的重要依据，那么如何确定相似准则就是应用相似理论解决实际问题的重要环节。确定相似准则的方法一般有方程分析法和量纲分析法两种。

1. 方程分析法

如果已经有描述所研究的现象的微分方程式，则可以用方程分析法来确定实验模型与原型的相似准则。方程分析法的一般步骤：

① 写出所研究现象的基本微分方程组和全部单值条件。

② 写出原型与实验模型之间的相似常数表达式。

③ 将相似常数表达式代入相似指标式,经整理后便可得到相似准则。

以流动相似为例,要实现模型和原型的流动相似,两者应具有几何相似、运动相似、动力相似、热力相似、物性相似以及初始条件和边界条件相似等要求,其长度比例常数、速度比例常数和力比例常数等相似常数应遵循一定的相似准则。根据相似三定理,彼此相似的流动现象,必定具有数值相同的相似准则,因此可用相似准则来判别两流动是否相似。

一般说来,几何相似是运动相似和动力相似的前提和依据,动力相似是决定两流动相似的主导因素,运动相似是几何相似和动力相似的表现。因此,在几何相似的前提下,要保证流动相似,主要看动力相似,而相似准则即为动力相似的条件下,各种力的比例常数之间的约束关系,即应满足式(5.7)。由于惯性力相似与运动相似直接相关,因此式(5.7)可写为

$$\frac{F'_g}{G'}=\frac{F_g}{G},\quad \frac{F'_g}{F'_\mu}=\frac{F_g}{F_\mu},\quad \frac{F'_g}{F'_p}=\frac{F_g}{F_p},\quad \frac{F'_g}{F'_k}=\frac{F_g}{F_k} \tag{5.13}$$

式(5.13)给出了两流动相似时,重力 G、黏性力 F_μ、压力 F_p、弹性力 F_k 应满足的关系。分别对上式进行分析,可得出各个相似准则。

(1) 重力相似准则

如果模型和原型任意对应点的流体重力相似,则根据动力相似要求式(5.13)中的第一个等式有

$$\frac{F'_g}{G'}=\frac{F_g}{G}$$

其中,惯性力和重力可以表达为

$$F'_g=m'a'=\rho'V'a'\propto\rho'l'^3\ \frac{l'}{t'^2}=\rho'l'^2v'^2$$

$$F_g=ma=\rho Va\propto\rho l^3\ \frac{l}{t^2}=\rho l^2v^2 \tag{5.14}$$

$$G'=m'g'=\rho'V'g'=\rho'g'l'^3$$

$$G=mg=\rho Vg=\rho gl^3 \tag{5.15}$$

代入上式得

$$\frac{\rho'l'^2v'^2}{\rho'g'l'^3}=\frac{\rho l^2v^2}{\rho gl^3}$$

整理后得

$$\frac{v'}{\sqrt{g'l'}}=\frac{v}{\sqrt{gl}} \tag{5.16}$$

式(5.16)等号两边均为无量纲量,称为弗劳德相似准数,简称弗劳德数,为惯性力与重力之比。令

$$Fr = \frac{v}{\sqrt{gl}} \tag{5.17}$$

当模型与原型流动满足重力相似时，有

$$Fr' = Fr$$

即模型流动和原型流动的弗劳德数相等，意味着两流动的重力和惯性力相似，反之亦然。这就是重力相似准则，又称做弗劳德准则。

(2) 黏滞力相似准则

如果模型和原型任意对应点的流体黏滞力相似，根据动力相似要求式(5.13)中的第二个等式有

$$\frac{F'_g}{F'_\mu} = \frac{F_g}{F_\mu}$$

其中，惯性力如式(5.14)所示，黏滞力可以表达为

$$F'_\mu = \tau' A' = \mu' \frac{\mathrm{d}u'}{\mathrm{d}y'} A' \propto \mu' l'^2 \frac{v'}{l'} = \mu' v' l'$$

$$F_\mu = \tau A = \mu \frac{\mathrm{d}u}{\mathrm{d}y} A \propto \mu l^2 \frac{v}{l} = \mu v l \tag{5.18}$$

代入上式得

$$\frac{\rho' l'^2 v'^2}{\mu' v' l'} = \frac{\rho l^2 v^2}{\mu v l}$$

整理后得

$$\frac{\rho' v' l'}{\mu'} = \frac{\rho v l}{\mu} \tag{5.19}$$

式(5.19)等号两边均为无量纲量，称为雷诺数，为惯性力与黏滞力之比。令

$$Re = \frac{\rho v l}{\mu} = \frac{v l}{\nu} \tag{5.20}$$

其中，ν 为流体的运动黏度。

当模型与原型流动满足黏滞力相似时，有

$$Re' = Re$$

即模型流动和原型流动的雷诺数相等，意味着两流动的黏滞力和惯性力相似，反之亦然。这就是黏滞力相似准则，又称做雷诺准则。

(3) 压力相似准则

如果模型和原型任意对应点的流体压力相似，根据动力相似要求式(5.13)中的第三个等式有

$$\frac{F'_g}{F'_p} = \frac{F_g}{F_p}$$

其中，惯性力如式(5.14)所示，流体压力可以表达为

$$F_p' = p'A' \propto p'l'^2 = p'l'^2$$

$$F_p = pA \propto pl^2 = pl^2 \tag{5.21}$$

代入上式得

$$\frac{\rho' l'^2 v'^2}{p' l'^2} = \frac{\rho l^2 v^2}{p l^2}$$

整理后得

$$\frac{\rho' v'^2}{p'} = \frac{\rho v^2}{p} \tag{5.22}$$

式(5.22)等号两边均为无量纲量，取其倒数，称为欧拉数，欧拉数为流动压力与惯性力之比。令

$$Eu = \frac{p}{\rho v^2} \tag{5.23}$$

在实际工程中，大多数情况对流动起作用的是压强差 Δp，而不是压强的绝对值，所以欧拉数中常以压强差代替压强，则欧拉数为

$$Eu = \frac{\Delta p}{\rho v^2} \tag{5.24}$$

当模型与原型流动满足压力相似时，有

$$Eu' = Eu$$

即模型流动和原型流动的欧拉数相等，意味着两流动的压力和惯性力相似，反之亦然。这就是压力相似准则，又称做欧拉准则。

(4) 弹性力相似准则

对于可压缩流体的模型实验，如果模型和原型任意对应点的由压缩引起的弹性力相似，根据动力相似要求式(5.13)中的第四个等式有

$$\frac{F_g'}{F_k'} = \frac{F_g}{F_k}$$

其中，惯性力如式(5.14)所示，弹性力可以表达为

$$F_k' = K'A' \propto K'l'^2 = K'l'^2$$

$$F_k = KA \propto Kl^2 = Kl^2 \tag{5.25}$$

其中，K' 和 K 分别为模型和原型流体的体积模量。

代入上式得

$$\frac{\rho' l'^2 v'^2}{K' l'^2} = \frac{\rho l^2 v^2}{K l^2}$$

整理后得

$$\frac{\rho' v'^2}{K'} = \frac{\rho v^2}{K} \tag{5.26}$$

式(5.26)等号两边均为无量纲量，称为柯西数，柯西数为当流动受弹性力作用时，流体所受惯

性力与弹性力之比。令

$$Ca=\frac{\rho v^2}{K} \tag{5.27}$$

当模型与原型流动满足弹性力相似时，有

$$Ca'=Ca$$

即模型流动和原型流动的柯西数相等，意味着两流动的弹性力和惯性力相似，反之亦然。这就是弹性力相似准则，又称做柯西准则。

对于气体，宜将柯西准则转换为马赫准则。由于$\frac{K}{\rho}=c^2$（c 为声速），代入柯西数得

$$\sqrt{Ca}=\frac{v}{c}=Ma \tag{5.28}$$

Ma 称为马赫数，它仍是惯性力与弹性力的比值，在气流速度接近或超过声速时，要保证流动相似，还需保证马赫数相等，即

$$Ma'=Ma$$

反之亦然。这仍是弹性力相似准则，又称做马赫准则。

以上的一系列数 Fr，Re，Eu，Ca，Ma 都是反映动力相似的相似准则。需要注意的是，两流动相似应当在两流动相对应点上各相似准则的数值都相等，而不是在每一流动中的各点上相似准则都有同一个数值。

这一节主要分析了工程流体力学中流体常见的几种受力及对应的相似准则，对于不同的物理现象和研究内容，还有其他不可忽视的作用力，则须根据相似要求，按本节的方法，另外推导与这些力相应的相似准则。

前面根据达朗贝尔原理，由动力相似推导了各种相似准则，抛开利用惯性力这种方法，还可以直接由运动微分方程推导相似准则。以不可压缩黏性流体的相似流动为例（z 方向分量）：

对模型流动有

$$\rho'\frac{\partial u_z'}{\partial t'}+\rho'\left(u_x'\frac{\partial u_z'}{\partial x'}+u_y'\frac{\partial u_z'}{\partial y'}+u_z'\frac{\partial u_z'}{\partial z'}\right)=\rho'Z'-\frac{\partial p'}{\partial z'}+\mu'\left(\frac{\partial^2 u_z'}{\partial x'^2}+\frac{\partial^2 u_z'}{\partial y'^2}+\frac{\partial^2 u_z'}{\partial z'^2}\right) \tag{5.29}$$

对原型流动同样有

$$\rho\frac{\partial u_z}{\partial t}+\rho\left(u_x\frac{\partial u_z}{\partial x}+u_y\frac{\partial u_z}{\partial y}+u_z\frac{\partial u_z}{\partial z}\right)=\rho Z-\frac{\partial p}{\partial z}+\mu\left(\frac{\partial^2 u_z}{\partial x^2}+\frac{\partial^2 u_z}{\partial y^2}+\frac{\partial^2 u_z}{\partial z^2}\right) \tag{5.30}$$

两个流动的流体密度和黏度可以不相同也可以相同，质量力只有重力。则有

$$\frac{\rho'}{\rho}=K_\rho,\quad \frac{\mu'}{\mu}=K_\mu,\quad \frac{Z'}{Z}=\frac{g'}{g}=K_g \tag{5.31}$$

因为模型流动和原型流动是力学相似的，将式(5.1)、式(5.4)、式(5.5)、式(5.7) 和式(5.31) 代入式(5.29) 后，得

$$\frac{K_\rho K_v}{K_t}\rho\frac{\partial u_z}{\partial t}+\frac{K_\rho K_v}{K_l}\rho\left(u_x\frac{\partial u_z}{\partial x}+u_y\frac{\partial u_z}{\partial y}+u_z\frac{\partial u_z}{\partial z}\right)=$$
$$K_\rho K_g\rho Z-\frac{K_f}{K_l}\frac{\partial p}{\partial z}+\frac{K_\mu K_v}{K_l}\mu\left(\frac{\partial^2 u_z}{\partial x^2}+\frac{\partial^2 u_z}{\partial y^2}+\frac{\partial^2 u_z}{\partial z^2}\right) \tag{5.32}$$

将式(5.32) 与式(5.30) 比较，则有

$$\frac{K_\rho K_v}{K_t}=\frac{K_\rho K_v^{\ 2}}{K_l}=K_\rho K_g=\frac{K_f}{K_l}=\frac{K_\mu K_v}{K_l} \tag{5.33}$$

式(5.33) 是模型流动与原型流动有相同解所必需满足的条件，也就是这两个流动力学相似的充要条件。

再把式(5.1)、式(5.4)、式(5.5)、式(5.7) 和式(5.31) 代回到式(5.33)，即得

$$\frac{v'}{\sqrt{g'l'}}=\frac{v}{\sqrt{gl}},\quad \frac{\rho'v'l'}{\mu'}=\frac{\rho vl}{\mu},\quad \frac{p'}{\rho'v'^2}=\frac{p}{\rho v^2} \tag{5.34}$$

式(5.34) 中的各等式分别就是前面推导出的两流动相似的弗劳德准则、雷诺准则和欧拉准则。

2. 量纲分析法

量纲分析法是与相似理论密切相关的另一通过实验去探索物理规律的重要方法，特别是对那些很难从理论上进行分析的复杂现象，更能显示出该方法的优越性。当还没有描述所研究的现象的方程式，而只知道对该现象有影响的物理量时，可根据相似理论，用量纲分析法来确定相似现象的相似准则。

自然界中的一切物理过程都可以用物理方程来表示。任何一个物理方程中各项的量纲必定相同，用量纲表示的物理方程必定是齐次性的，这便是物理方程的量纲和谐性原理。既然物理方程中各项的量纲相同，那么，用物理方程中的任何一项去通除整个方程，便可将该方程化为无量纲方程。量纲分析法正是依据物理方程量纲和谐性原理，从量纲分析入手，找出物理过程的相似准则数，并借助实验找出这些相似准则数之间的函数关系，即准则方程式。准则方程式就是无量纲的物理方程，是用相似准则数表示的物理方程。根据相似原理，可以将准则方程式直接应用到原型及其他相似的物理现象中去。π 定理是最常用的量纲分析法。

量纲分析法的一般步骤：

① 考察所研究的现象，决定影响该现象的所有物理量，写出一般函数关系式。

② 将得到的一般函数式展开成幂级数，用幂级数中的任一项除各项，便可形成若干无量纲的项，称为 π 项，写出 π 项的一般形式。

③ 写出 π 项中各物理量的量纲。

④ 把各物理量的量纲代入 π 项的一般表达式中，列出量纲等价式。

⑤ 根据量纲齐次原则，列出无量纲量间的联立方程组。

⑥ 解出方程组的解，得到独立的 π 项。由于相似准则的主要属性是无量纲，而 π 项是无量纲的，因此，所得 π 项就是相似准则。

应用量纲分析法探索物理规律时，还要注意以下几点：

① 必须知道物理过程所包含的全部物理量，不应缺少其中的任何一个，否则，会得到不全面的甚至是错误的结果。

② 在表征物理过程的函数关系式中存在无量纲常数时，量纲分析法不能给出它们的具体数值，只能由实验来确定。

③ 量纲分析法不能区别量纲相同而意义不同的物理量，遇到这类问题，应加倍小心。

5.3 模型相似条件

模型的相似条件是指保证模型和原型两现象相似的充分和必要条件。这些条件是进行模型实验时必须遵守的。

① 相似的两现象都属于同一类的物理过程，它们都应由相同的微分方程组所描述，这是模型相似的第一个条件。

② 符合相同微分方程组的同类物理过程有无数个，能从这无数的同类微分方程组中单一地筛选出某一具体现象的依据是它的单值条件。单值条件包括几何条件（形状与尺寸）、边界条件、物性条件（密度、黏性、泊松比等）；对于与时间有关的物理现象，还有初始条件等。若两现象的单值条件相同，则由相同微分方程组得到的特解是一样的；若两现象的单值条件相似，则由相同微分方程组得到的特解是相似的；单值条件相似是模型与原型相似的第二个条件。

③ 由单值条件中的各个条件所包含的物理量组成的各相似准则数相等是模型与原型相似的第三个条件。

综合起来，模型的相似条件就是：对于同一类的物理现象，当单值条件相似而且由单值条件中的物理量所组成的各相似准则数相等时，这些物理现象必定相似，反之亦然。这是保证模型相似的充分和必要条件，是两现象几何相似、运动相似、动力相似等的概括和总结，是进行模型实验的理论依据。对于不同的物理现象和研究领域，会有与其相应的不同的相似准则和相似条件。例如在金属材料加工方面，在塑性模拟实验的模型与原型两个系统中，有关描述塑性变形现象的方程式，诸如平衡方程、几何方程、屈服条件、硬化条件和流动理论等单值条件应该相似。还要保证时间相似，对于通常遇到的可以作为等方向性材料处理的等温条件，准静载变

形,除考虑几何相似和边界条件相似以外,还应该考虑以下塑性模拟准则:

① 模型材料和原型材料的泊松比必须相等。

② 模型材料和原型材料的屈服强度和弹性模量之比或剪切屈服强度和剪切弹性模量之比必须相等,即屈服时的应变相等。

③ 模型与原型的应力应变关系相似,即两者的硬化指数值相等。

④ 模型与原型的应力、应变速率关系相似,即两者的应变速率敏感指数值相等。

⑤ 模型与工具之间的摩擦因数必须和原型与工具之间的摩擦因数相等。对于非等温条件和动载塑性变形的模拟研究,除上述等温和准静载塑性变形中应考虑的问题外,还有热传导、温度场分布、惯性力、振动等方面的模拟条件要考虑。至于非连续体和各向异性材料的塑性变形模拟所要考虑的问题则更复杂。

单值条件中的各物理量称为定性量,指决定所研究介质物理属性的参数,如密度 ρ,动力黏度 μ,速度 v,特征长度 l,重力加速度 g 等;被决定的量称为非定性量,如流场的压强 p,压强 p 与流速 v 总是以一定的关系式互相联系着,知道了速度分布,便确定了压强分布,因此压强是非定性量。由定性量组成的相似准则称为定性准则,如弗劳德准则、雷诺准则和马赫准则等;包含有被决定量的相似准则称为非定性准则,如欧拉准则。应当注意的是,在分析同一问题时,定性量一经选用,不能中途变更。

相似条件为模型实验中必须解决的问题提供了指导:

① 应根据单值条件相似和由单值条件中的物理量所组成的相似准则数相等的原则去设计模型,选择模型中的介质。

② 实验过程中应测定各相似准则中所包含的一切物理量,并把它们整理成相似准则数。

③ 物理现象的相似准则数相等。按相似准则数去整理实验结果,找出规律,即找出准则方程式,便可推广应用到原型及其他相似现象中去,有关物理量可按各自的比例常数进行换算。

相似准则指出了满足相似条件下实验设计应遵循的准则,但保证所有的相似准则数都相等,常常是非常困难的,相似准则数越多,同时保证各准则数相似越困难。以流动相似为例,如果两个流动中的流体相同,当雷诺数 Re 相等时,由式(5.20)有

$$\frac{v'l'}{\nu'}=\frac{vl}{\nu}$$

因为 $\nu'=\nu$,则有

$$\frac{v}{v'}=\frac{l'}{l} \tag{5.35}$$

当弗劳德数 Fr 相等时,由式(5.17)有

$$\frac{v'}{\sqrt{g'l'}}=\frac{v}{\sqrt{gl}}$$

因为 $g'=g$,则有

$$\frac{v}{v'}=\sqrt{\frac{l}{l'}} \tag{5.36}$$

比较式(5.35)和式(5.36)可见,两式只在 $l'=l$ 时成立,但模型尺寸与原型尺寸若一致,则失去了模型实验的意义,而当 $l'\neq l$ 时,两式是不可能同时满足的。

不仅同时满足所有的相似准则是困难的,有时即使仅满足一个相似准则也是困难的。如长江三峡工程的水轮机转轮直径约为10 m,水头约为100 m,如果在实验室中用直径0.5 m的转轮进行实验,为保证两者的雷诺数相等,模型的流速应为原型的20倍。由于水头与流速二次方成正比,故模型水头必须达到40 000 m才能使速度满足要求。显然,这个要求在技术上是不能实现的。幸好在工程实际中并不需要严格满足所有的相似准则。由这些相似准则的物理意义可以知道,它们基本上都表示某一性质的力与惯性力之比,如果这种力所起的作用不大,也就不必满足相应的准则。

从上述分析可见,一般情况下同时满足两个或两个以上作用力相似是很难实现的。实际运用中,常常要对所研究的问题作深入的分析,找出影响该问题的主导作用力,满足这一起主导作用的动力相似准则相等,而忽略其他次要力的相似准则。这种近似相似是目前实验条件限制的结果,而并不是相似原理本身的问题。

另外,以上介绍的相似概念是同类现象中的相似问题,称为同类相似。相似也可以存在于不同类现象之间,如力和电的相似,这种相似称为异类相似。

5.4 相似理论在材料加工中的应用

相似理论可以使描述现象的微分方程用实验方法来求解,它是一种用得很成功的求解微分方程和整理实验数据的特殊的物理数学方法。目前,这种方法已在各学科得到广泛的应用,例如飞机、船舶制造、桥梁与风洞等。

材料加工的实验研究是研究材料塑性变形的一个重要方面。在塑性成形的研究中,由于塑性加工条件相当严酷(如高温、高压、重型等),加工周期长、耗资大,除对于尺寸较小的工件可以用实物进行实验外,通常都必须选择适当的模型来进行实验,一般称为模拟实验,然后将实验结果推广到实际零件的成形过程。用实验的方法来进行物理模拟不仅可以检验理论计算结果的正确与否,而且其本身又是定性分析塑性成形应力应变状态的有效方法,还能够达到节约实验费用的目的。利用模型进行实验,条件比较简单,容易实现。金属材料塑性成形模拟实验一般包括两个方面:一是模拟研究金属的化学成分,原始组织状态,变形的温度、速度条件等对变形后金属的组织和性能的影响;二是主要模拟研究塑性成形过程中不同的约束条件、加载方式或不同工艺方法下，变形金属内部的应力应变特征和金属流动规律等。要使模拟实验结果与实际零件的成形过程相一致或比较接近，就必须遵循相似性准则，相似理论在材料加工中的作用就是告诉人们如何用简化的方法研究复杂的实际工艺问题。

通过三个相似定理，在研究材料加工问题时，在实验模型和原型两个系统中，有关描述塑性变形现象的方程式，诸如平衡方程、几何方程、屈服条件、硬化条件和流动理论等单值条件应该相似；实验模型与原型保持物理方面的相似，就模型材料与原型材料来说，由于模拟研究的内容不同，在选用模拟材料时所考虑的依据也不同：一般对于塑性过程的物理化学模拟研究，应选用和实物材料的化学成分和原始组织相同的模拟材料，其泊松比应相等，屈服时应变应相等，硬化指数应相等，应变速率敏感指数值应相等。而对于塑性成形过程的力学数学模拟研究，则可以选用不同于实物材料的模拟材料。实验模型与工具之间的摩擦因数和原型与工具之间的摩擦因数相等。对于非等温条件和动载塑性变形的模拟研究，除上述等温和准静载塑性变形中应考虑的问题外，还有热传导、温度场分布、惯性力、振动等方面的模拟条件要考虑。至于非连续体和各向异性材料的塑性变形模拟所要考虑的问题则更复杂。

最后说明一点，选择合适的模拟材料时还应注意，除了满足塑性模拟准则所要求的条件外，还应考虑如下要求：使进行模拟实验时所需载荷小；模拟材料易于得到，成本低；试件和工模具加工方便；实验时试件性能稳定；实验数据的测量计算方便可靠；能在常温下模拟高温变形等。常见的塑性成形模拟材料有五类：软金属材料、黏土类材料、蜡、高分子材料和同种实物材料。应根据具体的实际模拟要求选用合适的模拟材料。

以材料加工中常用的焊接手段为例，其模拟件和实际结构之间满足焊接温度场相似是推导焊接相似准则、应力与应变关系的基础。在相同材料、相同初始温度和环境温度、相同力边界条件、位移边界条件满足几何比例关系的条件下，保证焊接温度场相似的相似准则为：对模拟件不仅仅要求形状相似，而且要求较实际构件而言，焊接速度、表面换热系数与比例系数成反比，热输入功率与比例系数成正比等。若将实际构件按比例缩小尺寸制成模型，那么焊接时应减小热输入功率，同时增加焊接速度和表面的换热系数，才能保证焊接过程中温度场相似。

按这样设计的模型所进行的模拟实验，其实验结果可以应用到实际工件上去。

复习思考题

5-1　运动相似、动力相似、相似准则等基本概念及举例。

5-2　如图 5.1 所示，一桥墩长 $l_p=32$ m，墩宽 $b_p=4.6$ m，水深 $h_p=8.2$ m，河中水流平均流速 $v_p=2.5$ m/s，两桥台间的距离 $B_p=100$ m。取 $\lambda_l=45$ 来设计水工模型试验，试确定模型的几何尺寸和模型试验流速。

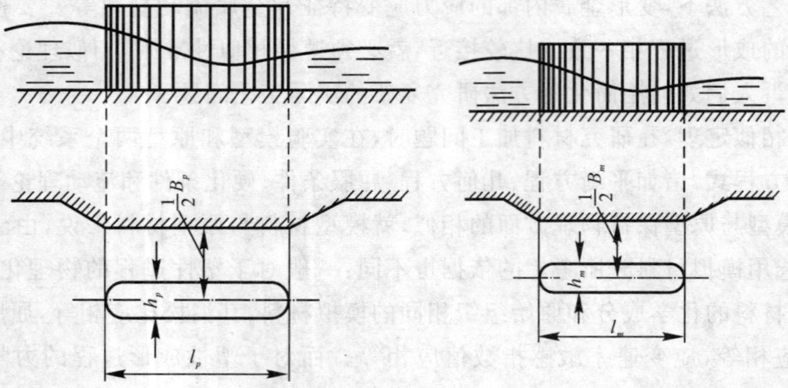

图 5.1　题 5-2 图

5-3　用方程分析法从塑性加工力学的平衡方程中推导相似准则。

5-4　用量纲分析法推导自由落体运动的相似准则。

5-5　用量纲分析法推导塑性加工的主要相似准则。

5-6　用方程分析法从焊接温度场的热传导方程推导主要相似准则。

第 6 章 有限差分法

随着社会经济和其他相关支柱产业的发展，材料加工工业得到了迅速的发展，新工艺、新技术、新设备和新产品层出不穷。根据传统的成形工艺，采用基于经验的试错设计方法已不能满足实际需要，引入以计算机为工具的现代设计分析手段已成为人们的共识。计算机数值模拟技术受到世界各国尤其是发达国家的高度重视。数值模拟方法的基本特点是将微分方程边值问题的求解域进行离散化，将原来欲求得在求解域内处处满足场方程、在边界上处处满足边界条件的解析解的要求降低为求得在给定的离散点(节点)上满足由场方程和边界条件所导出的一组代数方程的数值解。这样，就使一个连续的、无限自由度问题变成离散的、有限自由度问题。已经发展的数值模拟方法可以分为两大类：一类以有限元法为代表，另一类以有限差分法为代表。有限差分法与有限元法都是近似解法，但近似的本质是不同的。微分方程式能正确反映所需分析的连续体的规律，有限差分法是在数学上将微分方程用差分方程代替，而后进行数值运算，因此有限差分法可看成是数学上的近似。有限元法则是在物理上作了近似，它得到的结果是模型化了的结构的数值精确解。

6.1 差 分 原 理

最早用来描述物体运动的方程就是有限差分方程，伽利略从著名的斜面实验中得到的自由落体定律是最早用来描述自由落体运动的差分方程。20 世纪 40 年代后半期出现了电子计算机，使有限差分法得到迅速的发展，并在传热分析、流动分析、扩散分析等很多领域取得了显著的成就。有限差分法在材料成形领域的应用较为普遍，与有限元法一起成为材料成形计算机模拟技术的两种主要的数值分析方法。特别是在流动场分析方面，与有限元相比，有限差分法有独特的优势，因此目前进行流体力学数值分析，绝大多数都是基于有限差分法。计算流体力学把描述流体运动的连续微分方程变成了有限离散的代数方程，在计算机上求解。随着计算机技术的飞速发展，有限差分法必将有更为广泛的应用。

有限差分法以差分代替微分，将求解对象在时间与空间上进行离散，对每个离散单元进行各种物理场(如温度场、流动场及应力场等)分析，然后将所有单元的求解结果汇总，得到整个求解对象在不同时刻的行为变化，并对分析对象的可能变化(发展)趋势作出预测。有限差分法具有求解过程简单、速度快、前后处理易于实现等优点。例如有限差分法在流体力学数值解法中应用时就是在离散的网格点上把各偏导数项化为差商来求数值解：选择合适的基本方程，确定相应的定解条件，然后将微分方程离散到差分网格上求解。

差分方法的基本要求是差分方程能准确地代表微分方程。有限差分法的近似处理会引进误差，包括差分方程的截断误差、差分方程解的离散误差，以及计算过程中引入的舍入误差。这些误差对计算过程和计算结果的影响，反映在差分方程的数学特性上。与此相应的是差分方程的相容性、收敛性和稳定性。

从微分学知道，函数 $y=f(x)$ 对自变量 x 的导数为

$$\frac{\mathrm{d}y}{\mathrm{d}x}=\lim_{\Delta x\to 0}\frac{\Delta y}{\Delta x}=\lim_{\Delta x\to 0}\frac{f(x+\Delta x)-f(x)}{\Delta x} \tag{6.1}$$

其中，$\mathrm{d}y$，$\mathrm{d}x$ 分别是函数及自变量的微分，$\dfrac{\mathrm{d}y}{\mathrm{d}x}$ 称为微商；Δy，Δx 分别是函数及自变量的差分，$\dfrac{\Delta y}{\Delta x}$ 称为差商。在差分方法中，Δx 总是正的微小量。差分有 3 种形式：

向前差分 $$\Delta y=f(x+\Delta x)-f(x)$$

向后差分 $$\Delta y=f(x)-f(x-\Delta x)$$

中心差分 $$\Delta y=f\left(x+\frac{1}{2}\Delta x\right)-f\left(x-\frac{1}{2}\Delta x\right)$$

对应于一阶导数的差分称为一阶差分。其他任意阶差分都由其低一阶的差分再作一阶差分得到。

由定义可知，当自变量的差分趋近于零时，就可由差商得到导数。在数值计算中常用差商近似代替导数。差商与导数之间的误差表明差商逼近导数的程度，称为逼近误差。

6.2 差分方程与相容性

6.2.1 基本的有限差分格式

有多种方法构造有限差分格式，这里介绍构造差分格式的泰勒级数展开法、多项式拟合法和积分法。

1. 泰勒级数展开法

以均匀网格为例，x 方向的空间步长为常数 Δx，用 f 表示任意函数，则偏导数的有限差分（差商）可以从泰勒级数展开得到。由函数的泰勒展开，可以得到逼近误差相对于自变量差分的量级，称为差商的精度。

将函数 $f(x+\Delta x)$ 在 x 的 Δx 邻域泰勒展开：

$$f(x+\Delta x)=f(x)+\Delta x f'(x)+\frac{(\Delta x)^2}{2!}f''(x)+\frac{(\Delta x)^3}{3!}f'''(x)+$$
$$\frac{(\Delta x)^4}{4!}f^{(4)}(x)+O[(\Delta x)^5] \tag{6.2}$$

所以

$$\frac{f(x+\Delta x)-f(x)}{\Delta x}=f'(x)+\frac{f''(x)}{2!}\Delta x+\frac{f'''(x)}{3!}(\Delta x)^2+$$
$$\frac{f^{(4)}(x)}{4!}(\Delta x)^3+O[(\Delta x)^4]=$$
$$f'(x)+O(\Delta x) \tag{6.3}$$

式中,符号 $O(\ )$ 表示与( )中的量有相同量级的量。式(6.3)表明一阶向前差商的逼近误差与自变量的增量同量级。我们把 $O[(\Delta x)^n]$ 中 Δx 的指数 n 作为精度的阶数。这里一阶向前差商具有一阶精度。

差分相应于微分,差商相应于导数。差分和差商是用有限形式表示的,而微分和导数则是以极限形式表示的。如果将微分方程中的导数用相应的差商近似代替,就可得到有限形式的差分方程。

用有限差分法对基本方程组积分时,以差商代替微商,把微分方程组写成差分方程组。同时,有限差分的“网格”覆盖连续区域,在网格的交点,即“节点”上定义有限差分解。写出差分方程组之前,首先把连续空间转换为离散的空间网格。偏微分方程记述了函数的各项偏导数之间的关系。偏微分方程离散为差分方程时,各项偏导数离散为差商。差商的形式称为偏导数的差分格式。由各差商项组成的差分方程的形式,称为偏微分方程的差分格式。

以一维对流扩散方程为例。用函数的形式可写为

$$\frac{\partial f}{\partial t}+a\frac{\partial f}{\partial x}=\alpha\frac{\partial^2 f}{\partial x^2} \tag{6.4}$$

用差商近似代替导数时,首先要选定步长 Δx 和 Δt,然后在 x-t 坐标平面上用平行于坐标的两族直线:

$$x_i=x_0+i\Delta x,\quad i=0,1,2,\cdots$$
$$t_n=n\Delta t,\quad n=0,1,2,\cdots$$

划分出矩形网格,如图 6.1 所示。

选定图 6.1 中的节点 (x_i,t_n),用差商近似代替导数,则对流方程(6.4)在 (x_i,t_n) 点满足

$$\left.\frac{\partial f}{\partial t}\right|_{n,i}+a\left.\frac{\partial f}{\partial x}\right|_{n,i}=\alpha\left.\frac{\partial^2 f}{\partial x^2}\right|_{n,i} \tag{6.5}$$

用一阶向前差商近似代替时间导数,得

$$\left.\frac{\partial f}{\partial t}\right|_{n,i}\approx\frac{f_i^{n+1}-f_i^n}{\Delta t} \tag{6.6}$$

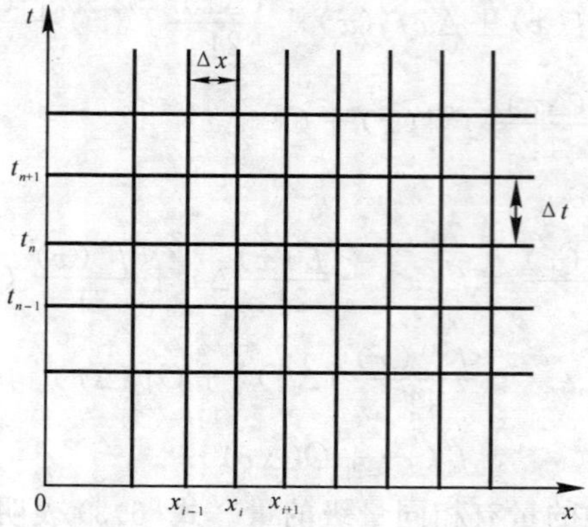

图 6.1　差分网格

分别用一阶中心差商和二阶中心差商近似代替空间导数，得

$$a\left.\frac{\partial f}{\partial x}\right|_{n,i} \approx \frac{af_{i+1}^{n} - af_{i-1}^{n}}{2\Delta x} \tag{6.7}$$

$$\alpha\left.\frac{\partial^2 f}{\partial x^2}\right|_{n,i} \approx \alpha\,\frac{f_{i+1}^{n} - 2f_i^n + f_{i-1}^{n}}{\Delta x^2} \tag{6.8}$$

则在节点(x_i, t_n)的对流扩散方程的差分格式是(称为 FTCS 格式)

$$\frac{f_i^{n+1} - f_i^n}{\Delta t} = -\frac{af_{i+1}^{n} - af_{i-1}^{n}}{2\Delta x} + \alpha\,\frac{f_{i+1}^{n} - 2f_i^n + f_{i-1}^{n}}{\Delta x^2} \tag{6.9}$$

根据前面的分析可知，用时间向前差商代替时间导数时的误差为$O(\Delta t)$，用空间中心差商代替空间导数时的误差为$O[(\Delta x)^2]$，因此对流扩散方程与对应的差分方程之间也存在一个误差，它是

$$O(\Delta t) + O[(\Delta x)^2] = O[\Delta t, (\Delta x)^2] \tag{6.10}$$

用差分方程近似代替微分方程所引起的误差，称为截断误差。

一个与时间相关的物理问题，应用微分方程表示时，还必须给定初始条件，从而形成一个完整的初值问题。一维对流扩散方程的初值问题为

$$\left.\begin{aligned} \frac{\partial f}{\partial t} + a\,\frac{\partial f}{\partial x} &= \alpha\,\frac{\partial^2 f}{\partial x^2} \\ f(x,0) &= g(x) \end{aligned}\right\} \tag{6.11}$$

其中，$g(x)$是已知函数。同时，差分方程的初始条件为

$$\left.\begin{aligned} \frac{f_i^{n+1} - f_i^n}{\Delta t} &= -\frac{af_{i+1}^{n} - af_{i-1}^{n}}{2\Delta x} + \alpha\,\frac{f_{i+1}^{n} - 2f_i^n + f_{i-1}^{n}}{\Delta x^2} \\ f_i^0 &= g(x_i) \end{aligned}\right\} \tag{6.12}$$

初始条件是一种定解条件，如果是初边值问题，定解条件中还应有适当的边界条件。差分方程

和其定解条件一起，称为相应微分方程定解问题的差分格式。

2. 多项式拟合法

多项式拟合法是一种用离散试验数据求导数的方法。设某函数 $f(x)$ 可表示为二次多项式

$$f(x)=a+bx+cx^2 \tag{6.13}$$

若原点在第 i 点处，则有

$$f_{i-1}=a-b\Delta x+c\Delta x^2,\quad f_i=a,\quad f_{i+1}=a+b\Delta x+c\Delta x^2 \tag{6.14}$$

a 等于节点 i 处函数值，b,c 亦可用节点函数值给出：

$$b=\frac{f_{i+1}-f_{i-1}}{2\Delta x},\quad c=\frac{f_{i+1}-2f_i+f_{i-1}}{2\Delta x^2} \tag{6.15}$$

$f(x)$ 在第 i 点的微分

$$\left.\frac{\partial f}{\partial x}\right|_{x=0}=(b+2cx)_{x=0}=b,\quad \left.\frac{\partial^2 f}{\partial x^2}\right|_{x=0}=2c \tag{6.16}$$

这就得到了类似一维对流扩散方程用泰勒级数法得到的二阶精度的中心差分式(6.7)和式(6.8)。如果函数 $f(x)$ 设为一阶多项式，那么得到的是一阶精度的向前差分和向后差分。

3. 积分法

同样以一维对流扩散方程为例

$$\frac{\partial f}{\partial t}+\frac{\partial(uf)}{\partial x}=\alpha\frac{\partial^2 f}{\partial x^2} \tag{6.17}$$

这里对流速度 u 是 f 的函数或是常数。在$(t,t+\Delta t)$和$(x-\Delta x/2,x+\Delta x/2)$区域积分上述方程，积分次序经调换得

$$\int_{x-\frac{\Delta x}{2}}^{x+\frac{\Delta x}{2}}\int_t^{t+\Delta t}\frac{\partial f}{\partial t}\mathrm{d}x\mathrm{d}t=-\int_t^{t+\Delta t}\int_{x-\frac{\Delta x}{2}}^{x+\frac{\Delta x}{2}}\frac{\partial(uf)}{\partial x}\mathrm{d}x\mathrm{d}t+\alpha\int_t^{t+\Delta t}\int_{x-\frac{\Delta x}{2}}^{x+\frac{\Delta x}{2}}\frac{\partial^2 f}{\partial x^2}\mathrm{d}x\mathrm{d}t \tag{6.18}$$

积出内层

$$\int_{x-\frac{\Delta x}{2}}^{x+\frac{\Delta x}{2}}(f^{t+\Delta t}-f^t)\,\mathrm{d}x=-\int_t^{t+\Delta t}\left[(uf)_{x+\frac{\Delta x}{2}}-(uf)_{x-\frac{\Delta x}{2}}\right]\mathrm{d}t+\alpha\int_t^{t+\Delta t}\left(\left.\frac{\partial f}{\partial x}\right|_{x+\frac{\Delta x}{2}}-\left.\frac{\partial f}{\partial x}\right|_{x-\frac{\Delta x}{2}}\right)\mathrm{d}t \tag{6.19}$$

根据中值定理，当 $\Delta t\to 0$ 和 $\Delta x\to 0$ 时收敛性得到保证。式(6.19)左边在中点取值，右边在下限取值：

$$(f_x^{t+\Delta t}-f_x^t)\,\Delta x=-\left[(uf)_{x+\frac{\Delta x}{2}}^t-(uf)_{x-\frac{\Delta x}{2}}^t\right]\Delta t+\alpha\left(\left.\frac{\partial f}{\partial x}\right|_{x+\frac{\Delta x}{2}}^t-\left.\frac{\partial f}{\partial x}\right|_{x-\frac{\Delta x}{2}}^t\right)\Delta t \tag{6.20}$$

式(6.19)右边的一阶导数求解如下：

因为

$$f^t_{x+\Delta x}=f^t_x+\int_x^{x\pm\Delta x}\frac{\partial f}{\partial x}\mathrm{d}x \tag{6.21}$$

使用中点法，则

$$f^t_{x\pm\Delta x}=f^t_x\pm\frac{\partial f}{\partial x}\bigg|^t_{x\pm\frac{\Delta x}{2}}\Delta x \quad \text{或} \quad \frac{\partial f}{\partial x}\bigg|^t_{x\pm\frac{\Delta x}{2}}=\frac{f^t_{x\pm\Delta x}-f^t_x}{\pm\Delta x} \tag{6.22}$$

式(6.19)右边的$(uf)_{x\pm\frac{\Delta x}{2}}$在中点取值，可用简单平均表示为

$$(uf)^t_{x\pm\frac{\Delta x}{2}}=\frac{1}{2}\left[(uf)^t_x+(uf)^t_{x\pm\Delta x}\right] \tag{6.23}$$

于是

$$\frac{f^{t+\Delta t}_x-f^t_x}{\Delta t}=-\frac{(uf)^t_{x+\Delta x}-(uf)^t_{x-\Delta x}}{2\Delta x}+\alpha\frac{f^t_{x+\Delta x}-2f^t_x+f^t_{x-\Delta x}}{\Delta x^2} \tag{6.24}$$

这就是一维对流扩散方程的差分格式。

用上述三种方法可推导出相似的差分格式，事实上用任何一种方法都有不同的选择，可得到多种形式的差分格式，其中微小的差别可能产生性质的改变。

6.2.2 有限差分方程的相容性

一般说来，若微分方程为

$$Lu=0 \tag{6.25}$$

其中，L表示某种算子，u为定义在求解域上的函数，而对应的差分方程为

$$L\Delta u_i^n=0 \tag{6.26}$$

其中，u_i^n是u在网格点(i,n)上的值。对于固定点(x_i,t_n)，则截断误差为

$$R=L\Delta u_i^n-(Lu)_i^n \tag{6.27}$$

这里u是定义域上某一足够光滑的函数，当然也可以取微分方程的解。

当$\Delta x\to 0,\Delta t\to 0$时，差分方程的截断误差对于每一点$(i,n)$都趋于零，则称此差分方程$L\Delta u_i^n=0$逼近微分方程$Lu=0$，称这样的差分方程和相应的微分方程相容(一致)。相容性反映差分方程趋近于微分方程的精确程度。

以上考虑了方程的相容性，下面考虑定解条件的相容性。若微分问题的定解条件为

$$B\varphi=0 \tag{6.28}$$

其中，B是微分算子，φ是已知函数。而对应的差分问题的定解条件为

$$B\Delta\varphi=0 \tag{6.29}$$

则截断误差为

$$r=B\Delta\varphi-B\varphi \tag{6.30}$$

当 $\Delta x \to 0, \Delta t \to 0$ 时，只有方程相容，定解条件也相容，整个问题才相容。$\Delta x \to 0, \Delta t \to 0$ 的情况有两种：一种是各自独立地趋于零，这是无条件相容；另一种是 Δx 与 Δt 之间在某种关系下同时趋于零，这种情况下的相容为条件相容。

下面举例说明差分方程的相容性。一维对流扩散方程（a, α 为常数）为

$$\frac{\partial f}{\partial t} + a\frac{\partial f}{\partial x} = \alpha\frac{\partial^2 f}{\partial x^2}$$

它的差分方程为

$$\frac{f_i^{n+1} - f_i^n}{\Delta t} = -\frac{af_{i+1}^n - af_{i-1}^n}{2\Delta x} + \alpha\frac{f_{i+1}^n - 2f_i^n + f_{i-1}^n}{\Delta x^2} \tag{6.31}$$

式中时间差分是一阶精度的向前差分，空间差分为二阶精度的中心差分。为方便分析，差分方程又可写为

$$f_i^{n+1} = \left(\sigma - \frac{s}{2}\right)f_{i+1}^n + (1-2\sigma)f_i^n + \left(\sigma + \frac{s}{2}\right)f_{i-1}^n$$

其中，

$$\sigma = \frac{\alpha\Delta t}{\Delta x^2}, \quad s = \frac{a\Delta t}{\Delta x}$$

用差分格式代替偏导数时必然产生误差，它的误差可以从泰勒级数分析得到。把 $f_{i\pm1}^n$ 作为 Δx 的函数在 x_i 邻域展开成泰勒级数：

$$f_{i+1}^n = f_i^n + \Delta x\, f'(x)\big|_i^n + \frac{(\Delta x)^2}{2!}f''(x)\big|_i^n + \frac{(\Delta x)^3}{3!}f'''(x)\big|_i^n + \frac{(\Delta x)^4}{4!}f^4(x)\big|_i^n + HOT \tag{6.32}$$

$$f_{i-1}^n = f_i^n - \Delta x\, f'(x)\big|_i^n + \frac{(\Delta x)^2}{2!}f''(x)\big|_i^n - \frac{(\Delta x)^3}{3!}f'''(x)\big|_i^n + \frac{(\Delta x)^4}{4!}f^4(x)\big|_i^n + HOT \tag{6.33}$$

把 f_i^{n+1} 作为 Δt 的函数在 t_n 邻域展开成泰勒级数为

$$f_i^{n+1} = f_i^n + \frac{\partial f}{\partial t}\bigg|_i^n \Delta t + \frac{\partial^2 f}{\partial t^2}\bigg|_i^n \frac{(\Delta t)^2}{2!} + HOT \tag{6.34}$$

将式(6.32)，式(6.33)，式(6.34)代入差分方程式(6.31)，得

$$\frac{\partial f}{\partial t}\bigg|_i^n + \frac{\partial^2 f}{\partial t^2}\bigg|_i^n \frac{\Delta t}{2!} + O[(\Delta t)^2] = -a\left\{f'(x)\big|_i^n + f'''(x)\big|_i^n\frac{(\Delta x)^2}{6} + O[(\Delta x)^4]\right\} + \alpha\left\{f''(x)\big|_i^n + f^4(x)\big|_i^n\frac{(\Delta x)^2}{12} + O[(\Delta x)^4]\right\} \tag{6.35}$$

当 $\Delta x \to 0, \Delta t \to 0$ 时，差分方程趋于原微分方程，即差分方程与原微分方程相容。因此，差分方程必须满足相容性，不满足相容性的差分方程不能采用。

6.3 收敛性与稳定性

6.3.1 有限差分方程的收敛性

相容性、收敛性和稳定性是关系到一个数值算法能否成功的很重要的概念。相容性反映了差分方程趋近于微分方程的精确程度，从而可看出是否能用此差分格式来逼近微分问题，相容性包括方程的相容性和定解条件的相容性。在此基础上，差分格式的解与微分方程定解问题的解还应是一致的，即当步长趋于零时，要求差分格式的解趋于微分方程定解问题的解，我们称这种是否趋于微分方程定解问题的解的情况为差分格式的收敛性。收敛性将反映差分法产生的解随着网格间距减小到零而逼近微分方程解的速度。

在差分网格的任意节点(x_i, t_n)，差分格式$L\Delta u_i^n = 0$的解u_i^n对于微分方程$Lu = 0$的解$(u)_i^n$的误差记做$e = u_i^n - (u)_i^n$。如果对于相当广泛的一类定解函数的初值和边值问题都有

$$e \xrightarrow[\forall\, i, n]{\Delta x, \Delta t \to 0} 0$$

则称该差分格式的解是收敛的，否则是不收敛的。其中 $\forall$ 表示对所有的 i 和 n。收敛性也分为条件收敛和无条件收敛。

相容性能否保证收敛性呢？在分析截断误差时，是以差分方程与微分问题有同一个解 f 为基础（或以定义域上某一足够光滑的函数 u 为基础）的，并对此函数分别在(x_i, t_n)点的邻域作泰勒展开，最后得到的截断误差式(6.27)和式(6.30)实质上是当差分问题与微分问题有同一解时两种方程、两种定解条件之间的误差，而不是离开同一解这个基础，真正表示两种方程、两种定解条件之间的误差，所以，相容性并不能保证收敛性。但若没有相容性就更不能得到收敛性了，因此相容性是收敛性的必要条件，另外还有可能要求其他条件，对某给定差分格式的解是有可能收敛于微分问题的解的。

以一维扩散方程为例，讨论差分方程解的收敛性。取网格点上差分方程的解为 f_i^n，微分方程的解为$(f)_i^n$，则差分方程为

$$f_i^{n+1} = \sigma f_{i+1}^n + (1 - 2\sigma) f_i^n + \sigma f_{i-1}^n \tag{6.36}$$

其中，符号 σ 同前。

把微分方程的解用泰勒级数展开得

$$(f)_i^{n+1} = \sigma (f)_{i+1}^n + (1 - 2\sigma)(f)_i^n + \sigma (f)_{i-1}^n + O(\Delta t, \Delta x^2)\Delta t \tag{6.37}$$

用式(6.36)减去式(6.37)得

$$e_i^{n+1} = \sigma e_{i+1}^n + (1 - 2\sigma) e_i^n + \sigma e_{i-1}^n + O(\Delta t, \Delta x^2)\Delta t \tag{6.38}$$

将式(6.38)各项取绝对值可得

$$|e_i^{n+1}| \leqslant \sigma |e_{i+1}^n| + |(1-2\sigma)e_i^n| + \sigma |e_{i-1}^n| + O(\Delta t, \Delta x^2)\Delta t \tag{6.39}$$

令

$$E^{(n)} = \max_{\forall i}\{|e_i^n|\} \tag{6.40}$$

若 $\sigma = \dfrac{\alpha \Delta t}{\Delta x^2} \leqslant \dfrac{1}{2}$,则有

$$|e_i^{n+1}| \leqslant E^{(n)} + O(\Delta t, \Delta x^2)\Delta t$$

$$E^{(n+1)} \leqslant E^{(n)} + O(\Delta t, \Delta x^2)\Delta t$$

对各个时刻依次写出

$$E^{(n)} \leqslant E^{(n-1)} + O(\Delta t, \Delta x^2)\Delta t$$

$$E^{(n-1)} \leqslant E^{(n-2)} + O(\Delta t, \Delta x^2)\Delta t$$

$$E^{(n-2)} \leqslant E^{(n-3)} + O(\Delta t, \Delta x^2)\Delta t$$

$$E^{(n-3)} \leqslant E^{(n-4)} + O(\Delta t, \Delta x^2)\Delta t$$

$$\cdots$$

$$E^{(1)} \leqslant E^{(0)} + O(\Delta t, \Delta x^2)\Delta t$$

将以上各式相加得

$$E^{(n)} \leqslant E^{(0)} + O(\Delta t, \Delta x^2)n\Delta t \tag{6.41}$$

如果起始时刻无误差或至少误差有界,则当 $\Delta t \to 0$,$\Delta x \to 0$ 时,在给定时刻 $T = n\Delta t$,有 $E^{(n)} \to 0$ 或 $E^{(n)}$ 有界。可见在 $\sigma = \dfrac{\alpha \Delta t}{\Delta x^2} \leqslant \dfrac{1}{2}$ 这个条件下,一维扩散方程的差分格式解收敛到微分方程的解。

注意,大部分的差分格式都是相容的,但不总是收敛的。相容性只能保证当 $\Delta t \to 0$,$\Delta x \to 0$ 时,方程的截断误差趋于零,而不能保证运算时的舍入误差也趋于零,因此收敛性比相容性有更严格的要求。

6.3.2 有限差分方程的稳定性

在有限差分法的具体运算中,在用计算机做数值计算时,计算误差总是不可避免的,如舍入误差等。然而同一问题的各种差分格式在某一定条件下,对误差的敏感程度不一样,差分法的稳定性反映了舍入误差对于解是衰减的还是增长的,若数值算法不稳定,即使是初始数据的舍入误差也能引起剧烈振荡或发散。有时随着计算时间的延续,舍入误差能控制在一定的有限范围内,甚至逐渐消失;有时随计算时间的推延,舍入误差不断增长,这就关系到所求得的数值解是否有意义,这就是差分方程的稳定性问题。如果计算中某处产生的误差对以后的影响越来越小,或是这个影响保持在某个限度某种情况内,那么就称这个差分格式在给定的条件下

稳定,这个条件就是它的稳定准则。如果误差的影响随着时间的增加越来越大,使计算的结果随着时间的增加越来越偏离差分格式的精确解,而毫无实用价值,那么这种情况就是不稳定的。实际表明,有些差分格式在一定条件下稳定,有些差分格式在任何条件下都不稳定,称为完全不稳定,有些差分格式是无条件稳定的,称为完全稳定。

注意稳定性并不涉及差分方程和偏微分方程解之间的差异。这种差异是离散误差,是属于收敛性所研究的问题。而稳定性只考虑有限差分方程解的计算问题。

差分方程稳定性的定义:设 t_0 时刻差分方程在 i 点的真解为 $(u)_i^0$,有误差解为 u_i^0,两者之差为 $\delta u_i^0=|(u)_i^0-u_i^0|$;在一定时间间隔的另一时刻 $t_0+n\Delta t$,差分方程的真解 $(u)_i^n$ 与近似解 u_i^n 的差是 $\delta u_i^n=|(u)_i^n-u_i^n|$。若存在与 n 无关的有限值 K,使下式成立:

$$\sup_{\forall i}|\delta u_i^n|\leqslant K\sup_{\forall i}|\delta u_i^0| \tag{6.42}$$

则称差分方程是稳定的,否则称差分方程是不稳定的。$\sup\limits_{\forall i}$ 指对所有 i 存在的上确界。

分析差分方程稳定性的方法有很多种,有离散干扰稳定性分析、矩阵稳定性分析和 Von Neumann 稳定性分析等。其大部分是应用于线性方程的。这里主要介绍常用的 Von Neumann 的傅氏级数分析法,是 Von Neumann 于 1944 年提出的,以后很快推广并应用于差分稳定性分析中。这种方法是将某一时刻分布在网格点上的误差按傅里叶级数展开,然后考察下一时刻各网格点上误差的傅里叶分量是衰减还是增加,以判断差分方程稳定与否。下面以一维扩散方程 $\dfrac{\partial f}{\partial t}=\alpha\dfrac{\partial^2 f}{\partial x^2}$ 为例来说明这种方法。具体步骤是:首先设一维扩散方程有数值近似解,即

$$\begin{aligned}\bar{f}_i^{n+1}&=f_i^{n+1}-\varepsilon_i^{n+1}\\ \bar{f}_{i-1}^{n}&=f_{i-1}^{n}-\varepsilon_{i-1}^{n}\\ \bar{f}_i^{n}&=f_i^{n}-\varepsilon_i^{n}\\ \bar{f}_{i+1}^{n}&=f_{i+1}^{n}-\varepsilon_{i+1}^{n}\end{aligned}$$

容易证明,对于线性有限差分方程 $f_i^{n+1}=\sigma f_{i+1}^n+(1-2\sigma)f_i^n+\sigma f_{i-1}^n$ 的解 f,相应的误差项亦满足齐次有限差分方程。所以

$$\varepsilon_i^{n+1}=\sigma\varepsilon_{i-1}^n+(1-2\sigma)\varepsilon_i^n+\sigma\varepsilon_{i+1}^n \tag{6.43}$$

然后将初始误差向量 $\boldsymbol{\varepsilon}^0$ 表示为有限傅里叶级数复数形式,即在 $x=j\Delta x$ 处可表示为

$$\varepsilon_j^0=\sum_{m=1}^{J-1}\rho_m \mathrm{e}^{\mathrm{i}(m\pi j\Delta x)}$$

其中,$\mathrm{i}=\sqrt{-1}$。令 $\beta_m=m\pi\Delta x$,则上式又可写成

$$\varepsilon_j^0=\sum_{m=1}^{J-1}\rho_m \mathrm{e}^{\mathrm{i}\beta_m j},\quad j=1,2,\cdots,J \tag{6.44}$$

由于所研究的有限差分方程是线性的,因此方程(6.43)可作为误差传播的控制方程,并且只须通过傅里叶级数表达式(6.44)中的单项 $\mathrm{e}^{\mathrm{i}\beta_m j}$ 就可以对误差传播作出充分研究。这里可以

假设 ρ_m 和 β_m 为常量，而省去下标。把误差方程(6.43)的解表示成变量分离形式，即

$$\varepsilon_j^n = \rho^n e^{i\beta j}$$

其中，ρ^n 是仅依赖于时间的傅里叶量，是 ρ 的 n 次幂。

将 n 时刻的第 m 个误差的傅里叶分量代入误差方程(6.43)，从而得到第 $n+1$ 时刻的傅里叶分量：

$$\rho^{n+1} e^{i\beta j} = \sigma\rho^n e^{i\beta(j-1)} + (1-2\sigma)\rho^n e^{i\beta j} + \sigma\rho^n e^{i\beta(j+1)}$$

将上式两边除以 $\rho^n e^{i\beta j}$，得到

$$G = \frac{\rho^{n+1}}{\rho^n} = \sigma e^{-i\beta} + (1-2\sigma) + \sigma e^{i\beta} \tag{6.45}$$

由于 $G = \frac{\varepsilon_j^{n+1}}{\varepsilon_j^n}$，因此称 G 为第 m 个傅里叶误差分布量的放大因子，利用 $e^{i\beta} = \cos\beta + i\sin\beta$，式(6.45)又可表示为

$$G = \sigma\cos\beta - i\sin\beta + 1 - 2\sigma\cos\beta + i\sigma\sin\beta =$$
$$1 - 2\sigma + 2\sigma\cos\beta = 1 - 4\sigma\sin^2\left(\frac{\beta}{2}\right) \tag{6.46}$$

根据式(6.46)可知，G 的绝对值对于所有傅里叶量不大于 1，即 $|G| \leqslant 1$，此即稳定性的条件。

由式(6.46)知，对于每个 β，放大因子的值是不同的。所以此稳定性条件可表示为

$$-1 \leqslant 1 - 4\sigma\sin^2\left(\frac{\beta}{2}\right) \leqslant 1$$

右边不等式对于任意 σ 和 β 都成立，而左边不等式要求

$$\sigma\sin^2\left(\frac{\beta}{2}\right) \leqslant \frac{1}{2}$$

亦即要求

$$\sigma \leqslant \frac{1}{2}$$

总结起来，Von Neumann 分析法的具体做法是：首先把原差分格式中的变量项 f_i^n 换为误差项 ε_i^n，并略去非齐次项(如果有的话)得误差方程。然后将 ε_i^n 的傅里叶展开式代入误差方程，找出放大因子，使其在任意波数下都满足模小于 1 的条件，这个条件就是差分方程的稳定性条件。

Von Neumann 分析法是判断稳定性的一个极其通用的方法，它不仅应用简单，而且非常直观、可靠。但它只能用于建立关于常系数的线性初始问题的稳定充要条件，而在实际问题中，凡属于变系数、非线性以及复杂边界的情况只能局部应用。

6.3.3　线性差分格式的 Lax 等价定理

稳定性、收敛性和相容性三者之间是有一定联系的，描述它们关系的定理称之为 Lax 等价

定理。它指出:对于线性微分方程(常微分方程或偏微分方程)组来说,与它相容的有限差分格式的解收敛的充分和必要条件是:该差分格式是稳定的。

这里要强调定理应用的条件:

① 初始问题必须是适定的,此条件即要求偏微分方程的解应当连续依赖于给定的初始条件。

② 定理仅仅适用于线性微分方程,因为只有线性方程的误差才能按已给的偏微分方程的齐次形式传播(注意,对非线性问题至今尚未得到与此定理相当的定理)。

③ 定理虽然仅仅指初值问题,但在某些附加假设条件下可以推广应用到初边值混合问题。根据此定理,在线性适定和格式相容的条件下,只要证明了格式是稳定的,则一定收敛;若不稳定,则不收敛。

因此Lax的等价定理极为重要,对于一个适定的线性微分方程的初值问题,以及它的一个相容的差分近似来说,稳定性是收敛性的充要条件,这就是说问题适定,格式相容,稳定性等价于收敛性。关于差分方程的解趋近于微分方程精确解的收敛性问题相对于差分格式的稳定性问题要复杂得多,收敛性的证明往往比稳定性更难,而稳定性比收敛性的研究和证明容易些,所以人们就可以把注意力集中在稳定性的研究上,可通过此定理用稳定性来判定解的收敛性。

6.4 有限差分法在材料加工中的应用

有限差分法在材料加工领域应用十分普遍,主要包括铸件成形过程的温度场,塑性成形中的传热,焊接成形中的热量传递等材料加工中的传热分析;铸件充型过程、连铸过程、焊接熔池的产生与移动过程等材料加工中的流动场分析;铸件凝固应力和焊接热应力等材料加工中的应力分析;电磁冶金过程等材料加工中的电磁分析等领域。

描述材料加工各个过程,最科学的方式是建立各相应物理量间相关的数学物理方程,并在相应的边界条件下求解这些方程。对于实际的复杂物理现象如铸件的充型与凝固过程,其边界条件十分复杂,无法求得方程的解析解,而只能通过计算机求得其数值解。铸造过程数值模拟就是在给定的初始条件和边界条件下,求解液态金属流动、凝固及温度变化的问题,铸件充型过程的数值模拟可以分析在给定工艺条件下,金属液在浇铸系统中以及在型内的流动情况,包括流量的分布、流速的分布以及由此引起的铸件温度场分布。用有限差分法模拟铸件充型过程能充分体现有限差分法在流动场数值模拟技术方面的优势。

材料加工过程数值模拟技术,首先需要将值域离散化,将方程差分化,这通常被称为前处理,经前处理后,任何复杂的几何形状和物理结构都会在有序的代数迭代计算中变得非常规则和简洁。前处理、数值求解再加上结果数据的整理分析，就是材料加工数值模拟的三大基本模块。

下面以铸件温度场数值模拟为例，讲述有限差分法在实际中的应用。

① 根据傅里叶公式和能量守恒定律可得到热传导微分方程，这是温度场数值模拟的数学模型。

② 分析热传导微分方程的单值性条件，即热传导问题的初始条件和边界条件。初始条件是指物体开始热传导瞬间物体的温度分布，边界条件是指物体表面与周围介质能量交换的情况。

③ 区域离散化和差分化。区域离散化就是把所研究对象的区域进行网格剖分，形成节点和控制单元。确定节点的方式分两种：一种是将节点取在剖分网格的交点上，称为外节点法，另一种是将节点取在剖分网格的中心，称为内节点法。以节点为核心形成的子区域称为控制单元。如何对物体的几何形状进行准确描述是保证计算精度的关键，对标准差分格式多采用正交网格剖分。用差商代替微商，可使微分方程转化为差分方程，从而利用数值计算方法求解微分方程。在建立差分方程时，对于内部节点或内部单元，要由热传导微分方程来决定；对于边界节点或边界单元，要由边界条件来决定。

④ 考虑算法的收敛性和稳定性。差分方程的收敛性是指当空间步长和时间步长趋于零时，差分方程的解是否逼近微分方程的解。差分方程的稳定性是指差分方程在计算过程中所产生的误差是不断增大的，还是可以控制的。因为稳定性是收敛性的充要条件，所以可以只讨论稳定性。

⑤ 在利用差分方程对铸件温度场进行数值计算时，要合理选择方程中的热物性参数、换热系数等热物理量，正确处理好相变潜热问题，确定合适的空间剖分步长和时间步长，这样才能求解出符合实际情况的温度场。

复习思考题

6-1 用有限差商代替微商，写出一阶和二阶差商的各种格式，并估计其误差的大小。

6-2 用泰勒级数展开法构造热传导微分方程在节点 (x_i, t_n) 的差分格式。

$$\frac{\partial T}{\partial t}=\frac{\lambda}{c\rho}\left(\frac{\partial^2 T}{\partial x^2}+\frac{\partial^2 T}{\partial y^2}+\frac{\partial^2 T}{\partial z^2}\right)+\frac{1}{c\rho}\frac{\partial Q_v}{\partial t}$$

6-3 以辐射换热边界条件为例，推导一维温度场边界节点温度计算的差分方程。

6-4 写出一维热传导方程的差分方程，用傅里叶级数分析法判断该差分方程是否稳定，并找出稳定性条件。

$$\frac{\partial T}{\partial t}=\frac{\lambda}{c\rho}\frac{\partial^2 T}{\partial x^2}$$

6-5 比较分析差分方程的显示格式和隐式格式的特点。

6-6 在铸件充型过程N-S方程的数值模拟中，依据什么来建立内部节点和边界节点的差分方程?

第7章 有限元法

在工业发达国家，材料成形计算机模拟技术在各工业部门中得到越来越广泛的应用，有限元法是数值模拟方法的典型代表，大容量的电子计算机是运用和发展有限元法所必备的工具。有限元法的特点是将求解域离散为一组有限个形状简单且仅在节点处相互连接的单元的集合体，在每个单元内用一个满足一定要求的插值函数描述基本未知量在其中的分布。随着单元尺寸的缩小，近似的数值解将越来越逼近精确解。有限元法适应任意复杂的和变动的边界。因此，有限元法广泛应用于科学与工程的许多领域，其中包括结构、热传导、流体、电磁场及其相互耦合的分析。由于有限单元的分割和节点的配置比较灵活，即使边界较复杂，也可使边界节点落在实际边界上，因而可给出边界的较好的逼近，且可以在应力集中区域配置较多的节点，以提高解的精度。这都是有限差分法所不能做到的。

7.1 弹性有限元法

7.1.1 有限元法的概念

有限元法用数学术语来说，就是从变分原理出发，通过分区插值，把二次泛函(能量积分)的极值问题化为一组多元线性代数方程来求解。

1. 有限元法的基本原理

最简单的有限元模型之一就是位移模型，其有限元法的基本思想是在力学模型上将一个原来连续的物体离散成为有限个具有一定大小的单元，这些单元仅在有限个节点上相连接，并在节点上引进等效力以代替实际作用于单元上的外力。对于每个单元，根据分块近似的思想，选择一种简单的函数来表示单元内位移的分布规律，并按变分原理(或用能量原理)建立单元节点力和节点位移之间的关系。最后把所有单元的这种关系式集合起来，就得到一组以节点位移为未知量的代数方程组，解这些方程组就可以求出物体上有限个离散节点上的位移，这种方法称为有限元位移法。当有限元法中的未知量为节点内力时，称为有限元力法；把节点位移和节点内力一起作为未知量时，称为有限元混合法。由于位移法的通用性较强，计算机程序处理简单、方便，因此目前广泛采用位移法。

有限元法的基本前提是每一个单元要尽可能小，以使其边界值在整个边界上的变化也是小的。这样，边界条件就能由一组在边界节点上的广义坐标值和边界上节点之间作插值的某一光滑函数来近似。因而，有限元法是应用局部的近似解来建立整个定义域的解的一种方法。局部近似地表征一个函数最重要的方面之一就在于它也能被用来建立这个函数完整的描述。在有限元法中我们把注意力集中在单个单元上。这个单元的局部近似的解将由有限个广义坐标及载荷量值等来建立公式和构成，然后将这个解用于整个定义域中的其他单元。甚至对同一类型的各种问题，同样的或相类似的单元都能加以利用。在构成这局部近似的解时，我们注意到在一个小的区域内，所有光滑函数看起来都像是多项式。所以我们总是能用具有未知系数的多项式来表示单元的边界条件，或者等价地由以多项式作为插值函数的节点广义坐标来表示。任意外载荷都能由具有已知系数的多项式来表示，在单元内部，同样也能把解由多项式来近似，或者简单地将单元内的边界值用多项式插值近似。

怎样才能很好地在一个单元上用多项式去逼近一个函数呢？用多项式来逼近等价于在整个单元上应用不完全的泰勒级数展开来表示一个函数。这样，对一个函数是非常光滑的区域，或者泰勒级数展开收敛得很快的和有大的收敛半径的区域来说，就能应用大的单元，并且每个单元有较少自由度（这就等价于泰勒级数只取其中低次项）而仍具有良好的近似程度。另一方面，对一个函数急剧变化的区域，或它的泰勒级数只有较小收敛半径的区域，我们必须使用较小的单元，并且每个单元有多个自由度。

2. 有限元法简例

为了对有限元处理问题的方法有一个明确的概念，我们举一个简单的例子来说明如何确定单元的力学特性以及怎样从单元特性集合得到结构特性（力－位移关系）。图 7.1 所示是一个简单桁架结构。杆件的横截面面积都为 A，弹性模量为 E，长度分别为 l_1,l_2。设取每根杆件作为一个单元，各杆端部的铰链作为节点，桁架共有两个单元，3 个节点。节点和单元的编号如图 7.1(a) 所示。

图 7.1(a) 所示的作用在节点上的外力（节点载荷）分量为 X_1,Y_1,X_2,Y_2,X_3,Y_3，桁架的节点位移分量为 u_1,v_1,u_2,v_2,u_3,v_3。节点与单元之间的作用力称为节点力。注意，不要混淆节点力和节点载荷，节点力是内力，节点载荷是外力。

下面来确定单元 ① 的节点力与节点位移的关系。

图 7.1(b) 中的 U_1^1,V_1^1,U_2^1,V_2^1 分别为节点 1 和节点 2 施于单元 ① 的节点力沿坐标轴 x 和 y 方向的分量，u_1^1,v_1^1,u_2^1,v_2^1 分别为节点 1 和节点 2 的位移沿坐标轴 x 和 y 方向的分量。这里上标表示单元的号码，下标表示节点的号码。节点载荷、节点力和节点位移均设与坐标轴正方

向一致为正。

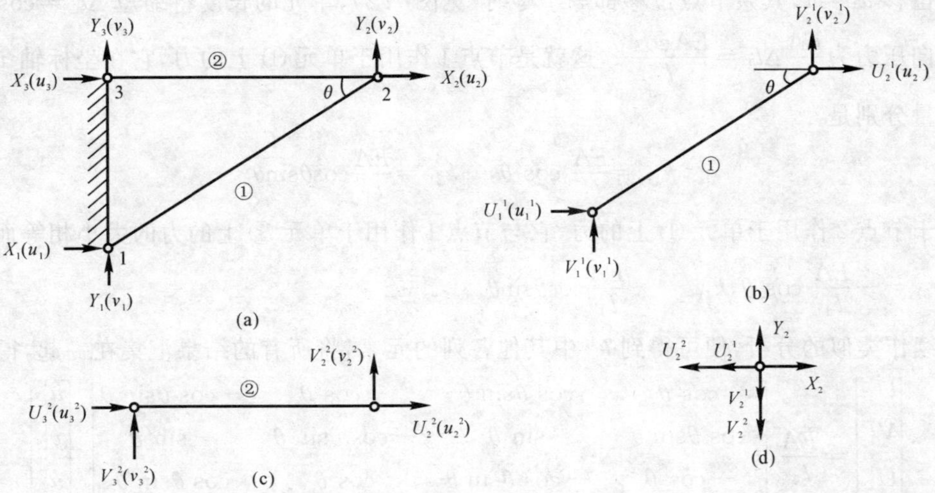

图　7.1

每个节点的力和位移各有两个分量，即每个节点具有两个自由度，整个单元共有 4 个自由度，因此需要用以下 4 个方程来描述它的力－位移关系：

$$\left.\begin{aligned} U_1^1 &= k_{11}u_1^1 + k_{12}v_1^1 + k_{13}u_2^1 + k_{14}v_2^1 \\ V_1^1 &= k_{21}u_1^1 + k_{22}v_1^1 + k_{23}u_2^1 + k_{24}v_2^1 \\ U_2^1 &= k_{31}u_1^1 + k_{32}v_1^1 + k_{33}u_2^1 + k_{34}v_2^1 \\ V_2^1 &= k_{41}u_1^1 + k_{42}v_1^1 + k_{43}u_2^1 + k_{44}v_2^1 \end{aligned}\right\} \tag{7.1}$$

采用矩阵记号写成

$$\boldsymbol{R}^1 = \boldsymbol{k}^1 \boldsymbol{\delta}^1 \tag{7.2}$$

式中，

$$\boldsymbol{R}^1 = [U_1^1 \quad V_1^1 \quad U_2^1 \quad V_2^1]^{\mathrm{T}}$$

$$\boldsymbol{\delta}^1 = [u_1^1 \quad v_1^1 \quad u_2^1 \quad v_2^1]^{\mathrm{T}}$$

$$\boldsymbol{k}^1 = \begin{bmatrix} k_{11} & k_{12} & k_{13} & k_{14} \\ k_{21} & k_{22} & k_{23} & k_{24} \\ k_{31} & k_{32} & k_{33} & k_{34} \\ k_{41} & k_{42} & k_{43} & k_{44} \end{bmatrix}$$

$\boldsymbol{R}^1$ 称为单元 ① 的节点力列阵；$\boldsymbol{\delta}^1$ 称为单元 ① 的节点位移列阵；$\boldsymbol{k}^1$ 称为单元 ① 的刚度矩阵，它的元素 $k_{ij}(i,j=1,2,3,4)$ 称为刚度系数。

k_{ij} 的物理意义表示由于 j 自由度方向产生单位位移，其余自由度方向的位移全为零时 i 自由度方向所需施加的力。

当位移 $u_1^1=1$,其余节点位移都等于零时(见图 7.2),单元的长度将缩短 $\Delta l_1=\cos\theta$,于是需要轴向压力为$\frac{EA}{l_1}\Delta l_1=\frac{EA\cos\theta}{l_1}$,这就是节点 1 作用于单元 ① 上的力,它在坐标轴 x 和 y 方向的分量分别是

$$k_{11}=\frac{EA}{l_1}\cos^2\theta,\quad k_{21}=\frac{EA}{l_1}\cos\theta\sin\theta$$

对于节点 2 作用于单元 ① 上的力,它与节点 1 作用于单元 ① 上的力的大小相等而方向相反,即 $k_{31}=-\frac{EA}{l_1}\cos^2\theta,k_{41}=-\frac{EA}{l_1}\cos\theta\sin\theta$。

继续作类似的分析,便可得到 $\boldsymbol{k}^1$ 中其他各列的元素,将所有的结果汇集在一起,得到

$$\begin{bmatrix}U_1^1\\V_1^1\\U_2^1\\V_2^1\end{bmatrix}=\frac{EA}{l_1}\begin{bmatrix}\cos^2\theta & \cos\theta\sin\theta & -\cos^2\theta & -\cos\theta\sin\theta\\ \cos\theta\sin\theta & \sin^2\theta & -\cos\theta\sin\theta & -\sin^2\theta\\ -\cos^2\theta & -\cos\theta\sin\theta & \cos^2\theta & \cos\theta\sin\theta\\ -\cos\theta\sin\theta & -\sin^2\theta & \cos\theta\sin\theta & \sin^2\theta\end{bmatrix}\begin{bmatrix}u_1^1\\v_1^1\\u_2^1\\v_2^1\end{bmatrix}\tag{7.3}$$

单元 ① 的刚度矩阵是

$$\boldsymbol{k}^1=\frac{EA}{l_1}\begin{bmatrix}\cos^2\theta & \cos\theta\sin\theta & -\cos^2\theta & -\cos\theta\sin\theta\\ \cos\theta\sin\theta & \sin^2\theta & -\cos\theta\sin\theta & -\sin^2\theta\\ -\cos^2\theta & -\cos\theta\sin\theta & \cos^2\theta & \cos\theta\sin\theta\\ -\cos\theta\sin\theta & -\sin^2\theta & \cos\theta\sin\theta & \sin^2\theta\end{bmatrix}\tag{7.4}$$

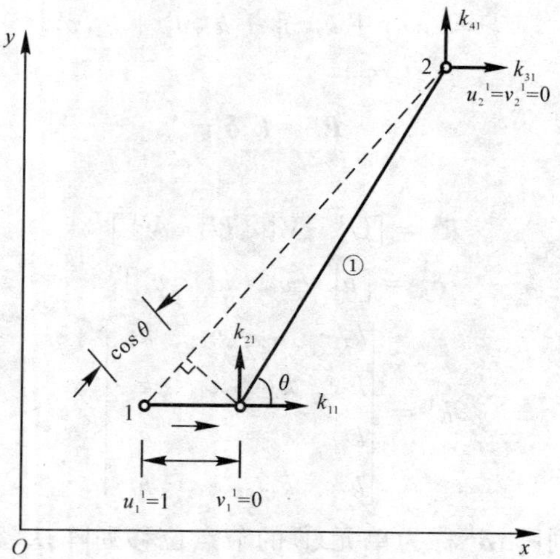

图 7.2

同理可求得作用于单元 ② 的节点力和节点位移的关系如下：

$$\begin{bmatrix} U_2^2 \\ V_2^2 \\ U_3^2 \\ V_3^2 \end{bmatrix} = \frac{EA}{l_2}\begin{bmatrix} 1 & 0 & -1 & 0 \\ 0 & 0 & 0 & 0 \\ -1 & 0 & 1 & 0 \\ 0 & 0 & 0 & 0 \end{bmatrix}\begin{bmatrix} u_2^2 \\ v_2^2 \\ u_3^2 \\ v_3^2 \end{bmatrix} \tag{7.5}$$

在单元分析的基础上，由单元的力 — 位移关系，加以集合便可得到结构的节点载荷与节点位移间的关系。方程组(7.3) 和(7.5) 是桁架被离散后的两个单元的节点力－位移方程，虽然它们在形式上并无直接的联系，但是在杆件单元重新组合成整体桁架后，在载荷作用下，桁架是平衡的，位移也是协调的。这两个条件反映在单元的连接点上，作用于节点上的节点载荷和节点力应满足平衡条件，同时，在单元连接点处的节点位移，也应满足位移的协调条件。

图 7.1 中结构的节点位移分量 $u_1, v_1, u_2, v_2, u_3, v_3$ 和单元节点位移分量 $u_1^1, v_1^1, u_2^1, v_2^1, u_2^2, v_2^2, u_3^2, v_3^2$ 之间的协调关系为

$$\left.\begin{aligned} &u_1 = u_1^1, &&v_1 = v_1^1 \\ &u_2 = u_2^1 = u_2^2, &&v_2 = v_2^1 = v_2^2 \\ &u_3 = u_3^2, &&v_3 = v_3^2 \end{aligned}\right\} \tag{7.6}$$

又根据各节点的平衡条件，如图 7.1(d) 表示节点 2 在节点载荷 X_2, Y_2 和节点力分量 U_2^1，V_2^1, U_2^2 及 V_2^2 作用下处于平衡状态。

由平衡条件得

$$X_2 = U_2^1 + U_2^2,\quad Y_2 = V_2^1 + V_2^2 \tag{7.7}$$

根据式(7.3)，式(7.5)，式(7.6) 及式(7.7)，得到节点 2 的两个平衡方程：

$$X_2 = U_2^1 + U_2^2 = \frac{EA}{l_1}(-\cos^2\theta u_1 - \cos\theta\sin\theta v_1 + \cos^2\theta u_2 + \cos\theta\sin\theta v_2) + \frac{EA}{l_2}(u_2 - u_3)$$

$$Y_2 = V_2^1 + V_2^2 = \frac{EA}{l_1}(-\cos\theta\sin\theta u_1 - \sin^2\theta v_1 + \cos\theta\sin\theta u_2 + \sin^2\theta v_2)$$

类似地，可得到其他节点的方程，也就是结构的力－位移关系，写成矩阵形式，有

$$\begin{bmatrix} X_1 \\ Y_1 \\ X_2 \\ Y_2 \\ X_3 \\ Y_3 \end{bmatrix} = EA \begin{bmatrix} \frac{\cos^2\theta}{l_1} & \frac{\cos\theta\sin\theta}{l_1} & \frac{-\cos^2\theta}{l_1} & \frac{-\cos\theta\sin\theta}{l_1} & 0 & 0 \\ \frac{\cos\theta\sin\theta}{l_1} & \frac{\sin^2\theta}{l_1} & \frac{-\cos\theta\sin\theta}{l_1} & \frac{-\sin^2\theta}{l_1} & 0 & 0 \\ \frac{-\cos^2\theta}{l_1} & \frac{-\cos\theta\sin\theta}{l_1} & \frac{\cos^2\theta}{(l_1+\frac{1}{l_2})} & \frac{\cos\theta\sin\theta}{l_1} & -\frac{1}{l_2} & 0 \\ \frac{-\cos\theta\sin\theta}{l_1} & \frac{-\sin^2\theta}{l_1} & \frac{\cos\theta\sin\theta}{l_1} & \frac{\sin^2\theta}{l_1} & 0 & 0 \\ 0 & 0 & \frac{-1}{l_2} & 0 & \frac{1}{l_2} & 0 \\ 0 & 0 & 0 & 0 & 0 & 0 \end{bmatrix} \begin{bmatrix} u_1 \\ v_1 \\ u_2 \\ v_2 \\ u_3 \\ v_3 \end{bmatrix} \tag{7.8}$$

这就是有限元法所要建立的基本方程,也称整体刚度方程。简写为

$$\boldsymbol{R} = \boldsymbol{K\delta} \tag{7.9}$$

其中,$\boldsymbol{R}$ 为载荷列阵,$\boldsymbol{\delta}$ 为位移列阵,$\boldsymbol{K}$ 为结构的整体刚度矩阵。

建立整体刚度矩阵是运用有限元法解题的核心内容,一旦建立了整体刚度矩阵 $\boldsymbol{K}$ 和载荷列阵 $\boldsymbol{R}$,就等于列出了有限元法的基本方程。

结构的整体刚度矩阵具有许多特性:

① 它是一个对称矩阵,且主对角线上的元素 K_{ii} 总是正的。

② 它是一个奇异矩阵,即矩阵 $\boldsymbol{K}$ 的对应行列式 $\det\boldsymbol{K}$ 的值等于零。其物理原因是结构的几何约束尚未设置,可能产生刚体位移。只有加上位移边界条件,对刚度矩阵加以修改,排除刚体位移后,才能解出唯一的全部位移分量。

3. 有限元分析的计算模型

用有限元法计算一个连续体的问题时,必须先把这个连续体简化为一个计算模型。有限元法分析的过程可以归纳为如下几个部分:

① 对于所计算的工程问题,应对它是属于平面问题、空间问题或轴对称问题等分析清楚予以归类,根据计算结构的受力及其相应的变形情况来考虑是否具有对称性,并充分利用对称性,建立分析对象的几何模型。否则,就可能把复杂的问题看得太简单,使许多应当考虑的因素没有考虑到,或者把简单的问题弄得太复杂,把可以不考虑的次要因素也没有略去,这两种情况,都会影响到计算方案的选择,计算方案不当,又会直接影响到计算工作量的大小和计算精度的高低。

② 用假想的线或面将物体分成若干个有限单元,这些单元具有简单的几何形状,如三角形、矩形和曲边形等。

③ 假设这些单元在且仅在其边界上的若干离散点(节点)处互相连接。在位移法中,将这些节点的位移作为问题的基本未知量。

④ 选择适当的插值函数(形函数),以便由每个有限单元的节点位移唯一地确定该单元中的位移分布。

⑤ 利用位移函数对坐标的偏导数可根据节点位移唯一地确定一个单元中的应变分布。由单元的应变以及材料的本构关系,可确定单元的应力分布。

⑥ 根据虚功原理可建立每个单元中节点位移和节点力之间的关系,即单元刚度方程。

⑦ 将每个单元所受外载荷根据作用力等效的原则移置到该单元的节点上,形成等效节点力。

⑧ 按照各节点整体编号及节点自由度的顺序,将各单元的刚度方程叠加,组装成整体刚度方程。

⑨ 根据边界节点必须满足的位移条件,修改整体刚度方程,消除刚体位移。不考虑约束条件,就得不到问题的定解。约束条件来自两个方面:问题本身具有的边界约束和利用对称性而转化出来的约束。

⑩ 求解整体刚度方程,得到节点位移。

⑪将求得的节点位移代回到各单元计算单元的应变和应力,根据需要计算主应力和主方向。

4. 有限元法的注意事项

单元的形状、节点和自由度的类型及数量都可自由选择,单元的选择必须建立在精度和方便性之间的协调上。在选择单元形状时的注意事项之一就是单元要恰好适应原来的定义域,单元一般为多边形。至于节点的选择,第一条标准就是要使得用节点位置来描述单元的几何形状很容易;第二条标准就是易于构成近似解,并且能较好地表征用节点广义坐标表示的局部近似解。例如,在划分成很多三角形单元的二维域中,三角形的三个顶点和三条边的中点通常取为节点,此外,也可在三角形中或三角形边上选择一些节点。每一节点上的自由度的类型和数量的选取,主要是要很好地表示和容易构成每一单元的近似解;当应用插值函数作为近似解时,这一点是至关紧要的。

在一个良好的表达式中,最重要的注意事项之一就是保证相邻单元在沿着它们公共边界上的边界值的相容性。例如,当我们要用单元的边界位移来获得单元的解时,就要弄清楚广义坐标和插值函数表示的边界位移是否和单元间边界上的相同;如果要用平衡边界力来获得单元的解时,就要使力在相邻单元的整个公共边界上是完全相配合的。

5. 收敛性

一般常用如下方法来考察有限单元解向精确解的收敛性:把定义域划分成越来越小的单

元，而当每个单元的自由度数（也是局部近似解的形式）固定不变时，每个单元的尺度是否能允许收缩至零。前面已经指出，有限元法是由局部的近似解构成整个定义域解的过程。在单元内部和单元边界上的连续条件都得到满足的情况下，所取单元尺寸逐步减小时，有限元解就可收敛于问题的精确解。这两个连续性条件结合起来，就构成了收敛的充分条件。单元内部的连续性是收敛的必要条件，也是比较容易满足的条件。

为了便于检查收敛性，将上述两个连续性条件转化为如下的三点判别准则：

① 单元的位移函数在单元内部连续，在两相邻单元的公共边界上必须协调。后者表示两相邻单元在变形时既不重叠也不分离。对于梁单元和板、壳单元，还要求通过公共边界时，斜率不能发生突变。

② 单元的位移函数应包括常应变状态。

③ 单元的位移函数能反映刚体运动，当单元作刚体运动时，单元应变必须为零，因而节点力也为零。

引入判别准则 ② 的物理背景是，在单元尺寸足够小时，单元内部应处于常应变状态，如果把这些常应变元（微小元）连接在一起，可得到一个令人满意的实际结构的近似。因此，用有限元分析问题时，如果使划分的网格不断变细，可以逼近各单元应变的精确值，所以，单元的位移函数应包括常应变项。如果不满足判别准则 ③，就会出现由单元刚体运动而产生的多余的节点力，从而破坏节点的平衡。因此，在单元的位移函数内应含有常数项，它反映单元内所有各点都具有相同位移的刚体平移运动。

在论述有限元法的许多文献中，把满足准则 ① 的单元叫做协调元，满足准则 ② 和 ③ 的单元叫做完备元。为了对具体问题能应用变分原理建立有限元法的计算公式，所选取的位移函数应能使势能泛函中出现的最高阶导数具有连续的非零值，这也是关于完备性要求的更一般的叙述。

7.1.2 弹性有限元法

当分析线弹性静力问题时，我们假设：① 位移梯度是小量，因此应变与位移之间的关系是线性的；② 物体始终保持为弹性状态，应力与应变之间的关系是线性的；③ 边界条件中不包含接触边界条件。

有限元法的实质是把连续的求解域离散为有限个子区域（单元），在单元内假设位移场，这些单元只在求解区域的节点处和单元的边界上互相连接。位移法的试探函数是假定的位移函数，从而使一个连续的无限自由度问题变成离散的有限自由度问题。

1. 有限元列式的建立

有限元位移法解题要先将拟分析的结构分割成有限个部分，结构离散化以后，用位移形状函数表示单元的位移。单元内任一点的位移与节点位移的关系由下式给出：

$$\boldsymbol{u}=\begin{bmatrix} N_1 & 0 & 0 & N_2 & 0 & 0 & L \\ 0 & N_1 & 0 & 0 & N_2 & 0 & L \\ 0 & 0 & N_1 & 0 & 0 & N_2 & L \end{bmatrix}\begin{bmatrix} u_1 \\ v_1 \\ w_1 \\ u_2 \\ v_2 \\ w_2 \\ M \end{bmatrix}$$

简写成

$$\boldsymbol{u}=\boldsymbol{N}\boldsymbol{q}^e \tag{7.10}$$

其中，$\boldsymbol{u}=[u \quad v \quad w]^{\mathrm{T}}$ 为单元内任意点的位移列向量；$\boldsymbol{q}^e=[u_1 \quad v_1 \quad w_1 \quad u_2 \quad v_2 \quad w_2 \quad M]^{\mathrm{T}}$ 为单元节点的位移列向量；N 为位移形状函数。

根据弹性理论，三维问题位移与应变的关系式为

$$\begin{bmatrix} \varepsilon_x \\ \varepsilon_y \\ \varepsilon_z \\ \gamma_{xy} \\ \gamma_{yz} \\ \gamma_{zx} \end{bmatrix}=\begin{bmatrix} \frac{\partial}{\partial x} & 0 & 0 \\ 0 & \frac{\partial}{\partial y} & 0 \\ 0 & 0 & \frac{\partial}{\partial z} \\ \frac{\partial}{\partial y} & \frac{\partial}{\partial x} & 0 \\ 0 & \frac{\partial}{\partial z} & \frac{\partial}{\partial y} \\ \frac{\partial}{\partial z} & 0 & \frac{\partial}{\partial x} \end{bmatrix}\begin{bmatrix} u \\ v \\ w \end{bmatrix} \tag{7.11}$$

将式(7.10)代入式(7.11)，得

$$\boldsymbol{\varepsilon}=\boldsymbol{B}\boldsymbol{q}^e \tag{7.12}$$

式中，$\boldsymbol{\varepsilon}=[\varepsilon_x \quad \varepsilon_y \quad \varepsilon_z \quad \gamma_{xy} \quad \gamma_{yz} \quad \gamma_{zx}]^{\mathrm{T}}$ 为单元内任一点的应变向量；$\boldsymbol{B}$ 为应变－位移映射阵或称为几何矩阵，又称为应变形状函数阵，由下式确定：

$$\boldsymbol{B}=\begin{bmatrix}\frac{\partial}{\partial x} & 0 & 0\\ 0 & \frac{\partial}{\partial y} & 0\\ 0 & 0 & \frac{\partial}{\partial z}\\ \frac{\partial}{\partial y} & \frac{\partial}{\partial x} & 0\\ 0 & \frac{\partial}{\partial z} & \frac{\partial}{\partial y}\\ \frac{\partial}{\partial z} & 0 & \frac{\partial}{\partial x}\end{bmatrix}\begin{bmatrix}N_1 & 0 & 0 & N_2 & 0 & 0 & L\\ 0 & N_1 & 0 & 0 & N_2 & 0 & L\\ 0 & 0 & N_1 & 0 & 0 & N_2 & L\end{bmatrix} \tag{7.13}$$

应力与应变的关系可写成

$$\boldsymbol{\sigma}=\boldsymbol{D\varepsilon}+\boldsymbol{\sigma}_0 \tag{7.14}$$

式中，$\boldsymbol{\sigma}=[\sigma_x\ \ \sigma_y\ \ \sigma_z\ \ \tau_{xy}\ \ \tau_{yz}\ \ \tau_{zx}]^{\mathrm{T}}$ 为应力向量；$\boldsymbol{D}$ 为材料的弹性矩阵；$\boldsymbol{\sigma}_0$ 为初应力向量。

单位体积应变能为

$$U_0=\frac{1}{2}\boldsymbol{\varepsilon}^{\mathrm{T}}\boldsymbol{D\varepsilon}+\boldsymbol{\varepsilon\sigma}_0 \tag{7.15}$$

单元上作用的力为体积力 $\boldsymbol{F}=[F_x\ \ F_y\ \ F_z]^{\mathrm{T}}$ 和表面力 $\boldsymbol{P}=[P_x\ \ P_y\ \ P_z]^{\mathrm{T}}$，规定 $\boldsymbol{F}$ 和 $\boldsymbol{P}$ 的分量沿坐标轴的正方向为正。

整个单元总势能 Π_{pe} 由单元的应变能与体积力和表面力所做的功组成，即

$$\Pi_{pe}=\iiint_V\left(\frac{1}{2}\boldsymbol{\varepsilon}^{\mathrm{T}}\boldsymbol{D\varepsilon}+\boldsymbol{\varepsilon}^{\mathrm{T}}\boldsymbol{\sigma}_0\right)\mathrm{d}V-\iiint_V\boldsymbol{u}^{\mathrm{T}}\boldsymbol{F}\mathrm{d}V-\iint_S\boldsymbol{u}^{\mathrm{T}}\boldsymbol{P}\mathrm{d}S \tag{7.16}$$

把式(7.10)，式(7.12) 代入式(7.16) 得

$$\Pi_{pe}=\frac{1}{2}\boldsymbol{q}^{e^{\mathrm{T}}}\left(\iiint_V\boldsymbol{B}^{\mathrm{T}}\boldsymbol{DB}\,\mathrm{d}V\right)\boldsymbol{q}^e+\boldsymbol{q}^{e^{\mathrm{T}}}\iiint_V\boldsymbol{B}^{\mathrm{T}}\boldsymbol{\sigma}_0\,\mathrm{d}V-\boldsymbol{q}^{e^{\mathrm{T}}}\iiint_V\boldsymbol{N}^{\mathrm{T}}\boldsymbol{F}\mathrm{d}V-\boldsymbol{q}^{e^{\mathrm{T}}}\iint_S\boldsymbol{N}^{\mathrm{T}}\boldsymbol{P}\mathrm{d}S \tag{7.17}$$

结构总势能等于各单元势能之和。假定集中力 $\boldsymbol{R}_0$ 以某种外加方式作用在结构的节点上，对有 m 个单元的结构，包含节点集中力 $\boldsymbol{R}_0$ 在内的整体结构总势能式为

$$\Pi_p=\sum_m\Pi_{pe}-\boldsymbol{q}^{\mathrm{T}}\boldsymbol{R}_0 \tag{7.18}$$

式中，$\boldsymbol{q}$ 为整体结构位移向量，它由单元的节点位移 $\boldsymbol{q}^e$ 按一定次序排列而成。根据式(7.17)，式(7.18) 变为

$$\Pi_p=\frac{1}{2}\boldsymbol{q}^{\mathrm{T}}\sum_m\left(\iiint_V\boldsymbol{B}^{\mathrm{T}}\boldsymbol{DB}\,\mathrm{d}V\right)\boldsymbol{q}+$$

$$\boldsymbol{q}^{\mathrm{T}}\sum_{m}\left(\iiint_{V}\boldsymbol{B}^{\mathrm{T}}\boldsymbol{\sigma}_{0}\mathrm{d}V-\iiint_{V}\boldsymbol{N}^{\mathrm{T}}\boldsymbol{F}\mathrm{d}V-\iint_{S}\boldsymbol{N}^{\mathrm{T}}\boldsymbol{P}\mathrm{d}S\right)-\boldsymbol{q}^{\mathrm{T}}\boldsymbol{R}_{0} \tag{7.19}$$

因此，结构总势能泛函式 Π_p 由节点位移向量 $\boldsymbol{q}$ 来决定。根据变分原理，总势能泛函式的一阶变分等于零，即 $\delta\Pi_p(\boldsymbol{q})=0$，亦即

$$\frac{\partial\Pi_p}{\partial\boldsymbol{q}_i}=0 \tag{7.20}$$

得到下列线性代数方程组

$$\sum_{m}\left(\iiint_{V}\boldsymbol{B}^{\mathrm{T}}\boldsymbol{D}\boldsymbol{B}\mathrm{d}V\right)\boldsymbol{q}=\sum_{m}\left(-\iiint_{V}\boldsymbol{B}^{\mathrm{T}}\boldsymbol{\sigma}_{0}\mathrm{d}V+\iiint_{V}\boldsymbol{N}^{\mathrm{T}}\boldsymbol{F}\mathrm{d}V+\iint_{S}\boldsymbol{N}^{\mathrm{T}}\boldsymbol{P}\mathrm{d}S\right)+\boldsymbol{R}_{0} \tag{7.21}$$

记

$$\boldsymbol{K}^{e}=\iiint_{V}\boldsymbol{B}^{\mathrm{T}}\boldsymbol{D}\boldsymbol{B}\mathrm{d}V \tag{7.22a}$$

$$\boldsymbol{R}^{e}=-\iiint_{V}\boldsymbol{B}^{\mathrm{T}}\boldsymbol{\sigma}_{0}\mathrm{d}V+\iiint_{V}\boldsymbol{N}^{\mathrm{T}}\boldsymbol{F}\mathrm{d}V+\iint_{S}\boldsymbol{N}^{\mathrm{T}}\boldsymbol{P}\mathrm{d}S \tag{7.22b}$$

式中，$\boldsymbol{K}^e$ 为单元刚度矩阵；$\boldsymbol{R}^e$ 为单元初应力、体积力、表面力引起的等效节点力向量。则式(7.21)可简写为

$$\sum_{m}\boldsymbol{K}^{e}\boldsymbol{q}=\sum_{m}\boldsymbol{R}^{e}+\boldsymbol{R}_{0}\quad\text{或}\quad\boldsymbol{K}\boldsymbol{q}=\boldsymbol{R} \tag{7.23}$$

式中，$\boldsymbol{K}$ 为总刚度矩阵；$\boldsymbol{R}$ 为结构节点载荷向量。此式称为结构刚度方程式。

若单元节点位置和材料的物理性质已知，则刚度阵 $\boldsymbol{K}$ 是确定的，如果外力给定，则节点载荷向量 $\boldsymbol{R}$ 也是确定的。因此式(7.23)是以节点位移向量 $\boldsymbol{q}$ 为未知数的线性代数方程组。形成结构刚度方程式(7.23)之后，必须引入适当的边界条件，以消除结构刚体位移，使得刚度方程组有唯一解。

用高斯消元法、二次方根法、迭代法等方法解式(7.23)，得节点位移向量 $\boldsymbol{q}$，然后由式(7.14)可求得单元应力向量 $\boldsymbol{\sigma}$：

$$\boldsymbol{\sigma}=\boldsymbol{D}\boldsymbol{B}\boldsymbol{q}^{e}+\boldsymbol{\sigma}_{0}$$

2. 轴对称问题有限元列式

以轴对称问题为例，进一步说明单元刚度阵方程的建立过程。

许多机械零件和结构的几何形状、约束条件以及作用的载荷都对称于某一对称轴，在这种条件下的物体中的位移、应变和应力也对称于此轴。这种问题称为轴对称问题。例如受内压作用的厚壁圆筒，以及轴对称工件成形过程中模具的受力和变形等，都可作为轴对称问题进行分析。

解轴对称问题，通常采用圆柱坐标(r,θ,z)。以对称轴作为 z 轴，所有的应力、应变、位移都将与 θ 无关，而只是 r 和 z 的函数。任一点的位移只有两个方向的分量，即沿 r 轴方向的径向位移 u 和沿 z 轴方向的轴向位移 v。由于轴对称，沿 θ 轴方向的位移等于零，因此该问题转化为

二维问题。

离散轴对称物体时，采用的单元是一些圆环。这些圆环和 rOz 平面正交的截面可取三角形、矩形或其他形状（见图 7.3）。各单元在 rOz 平面内形成网格，因此圆环单元实际上是 rOz 平面内形成网格的各多边形环绕对称轴 z 回转一周而成的。

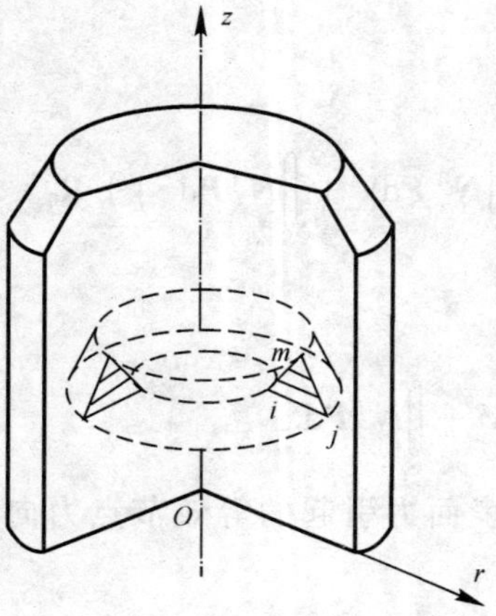

图 7.3 三角形截面环单元

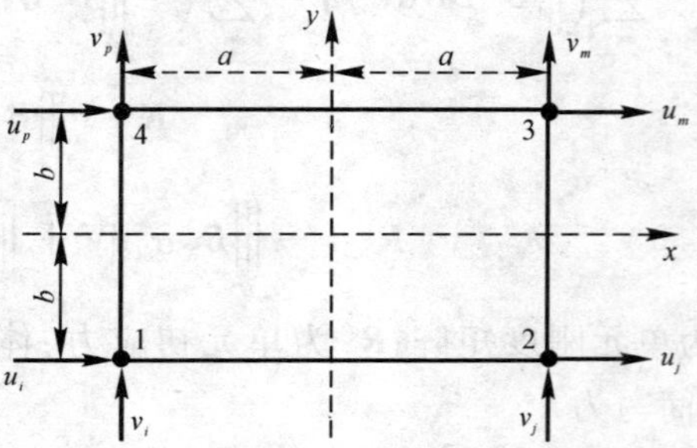

图 7.4

由于问题只与坐标 r，z 有关，与 θ 无关，因此只需考虑坐标平面 rOz 上的截面部分，但应注意到单元是圆环状的，所有的节点载荷都应理解为均匀地分布在单元节点所代表的整个圆周上。

本节以 4 节点矩形截面轴对称圆环单元为例进行讨论，如图 7.4 所示。由于每个节点有 2 个自由度，因此 4 个节点共有 8 个自由度，单元节点位移列向量为

$$\boldsymbol{q}^e = [u_1 \quad v_1 \quad u_2 \quad v_2 \quad u_3 \quad v_3 \quad u_4 \quad v_4]^{\mathrm{T}} \tag{7.24}$$

设单元内任一点的位移为亚线性函数

$$\left.\begin{aligned} u &= a_1 + a_2 r + a_3 z + a_4 rz \\ v &= a_5 + a_6 r + a_7 z + a_8 rz \end{aligned}\right\} \tag{7.25}$$

如图 7.4 所示，坐标原点取在单元中心，用各节点处坐标位置代入上式，得节点位移函数

$$
\begin{bmatrix} u_1 \\ v_1 \\ u_2 \\ v_2 \\ u_3 \\ v_3 \\ u_4 \\ v_4 \end{bmatrix} = \begin{bmatrix} 1 & -a & -b & ab & 0 & 0 & 0 & 0 \\ 0 & 0 & 0 & 0 & 1 & -a & -b & ab \\ 1 & a & -b & -ab & 0 & 0 & 0 & 0 \\ 0 & 0 & 0 & 0 & 1 & a & -b & -ab \\ 1 & a & b & ab & 0 & 0 & 0 & 0 \\ 0 & 0 & 0 & 0 & 1 & a & b & ab \\ 1 & -a & b & -ab & 0 & 0 & 0 & 0 \\ 0 & 0 & 0 & 0 & 1 & -a & b & -ab \end{bmatrix} \begin{bmatrix} a_1 \\ a_2 \\ a_3 \\ a_4 \\ a_5 \\ a_6 \\ a_7 \\ a_8 \end{bmatrix} \tag{7.26}
$$

由式(7.26)解得 a_i,代入式(7.25),得

$$
\boldsymbol{u} = \begin{bmatrix} u \\ v \end{bmatrix} = \boldsymbol{N}\boldsymbol{q}^e \tag{7.27}
$$

式中,$\boldsymbol{N}$ 为位移形状函数:

$$
\boldsymbol{N} = \begin{bmatrix} N_1 & 0 & N_2 & 0 & N_3 & 0 & N_4 & 0 \\ 0 & N_1 & 0 & N_2 & 0 & N_3 & 0 & N_4 \end{bmatrix} \tag{7.28}
$$

其中,

$$
N_1 = \frac{1}{4ab}(a-r)(b-z)
$$

$$
N_2 = \frac{1}{4ab}(a+r)(b-z)
$$

$$
N_3 = \frac{1}{4ab}(a+r)(b+z)
$$

$$
N_4 = \frac{1}{4ab}(a-r)(b+z)
$$

圆环单元的应变与位移关系为

$$
\varepsilon_r = \frac{\partial u}{\partial r}, \quad \varepsilon_z = \frac{\partial v}{\partial z}, \quad \varepsilon_\theta = \frac{2\pi(r+u)-2\pi r}{2\pi r} = \frac{u}{r}, \quad \gamma_{rz} = \frac{\partial u}{\partial z} + \frac{\partial v}{\partial r} \tag{7.29}
$$

将式(7.27)和式(7.28)代入式(7.29)得

$$
\boldsymbol{\varepsilon} = \begin{bmatrix} \varepsilon_r \\ \varepsilon_z \\ \varepsilon_\theta \\ \varepsilon_{rz} \end{bmatrix} = \begin{bmatrix} \dfrac{\partial u}{\partial r} \\ \dfrac{\partial v}{\partial z} \\ \dfrac{u}{r} \\ \dfrac{\partial u}{\partial z} + \dfrac{\partial v}{\partial r} \end{bmatrix} = \begin{bmatrix} \dfrac{\partial N_1}{\partial r} & 0 & \dfrac{\partial N_2}{\partial r} & 0 & \dfrac{\partial N_3}{\partial r} & 0 & \dfrac{\partial N_4}{\partial r} & 0 \\ 0 & \dfrac{\partial N_1}{\partial z} & 0 & \dfrac{\partial N_2}{\partial z} & 0 & \dfrac{\partial N_3}{\partial z} & 0 & \dfrac{\partial N_4}{\partial z} \\ \dfrac{N_1}{r} & 0 & \dfrac{N_2}{r} & 0 & \dfrac{N_3}{r} & 0 & \dfrac{N_4}{r} & 0 \\ \dfrac{\partial N_1}{\partial z} & \dfrac{\partial N_1}{\partial r} & \dfrac{\partial N_2}{\partial z} & \dfrac{\partial N_2}{\partial r} & \dfrac{\partial N_3}{\partial z} & \dfrac{\partial N_3}{\partial r} & \dfrac{\partial N_4}{\partial z} & \dfrac{\partial N_4}{\partial r} \end{bmatrix} \begin{bmatrix} u_1 \\ v_1 \\ u_2 \\ v_2 \\ u_3 \\ v_3 \\ u_4 \\ v_4 \end{bmatrix} =
$$

$$\frac{1}{4ab}\begin{bmatrix} -(b-z) & 0 & b-z & 0 & b+z & 0 & -(b+z) & 0 \\ 0 & -(a-r) & 0 & -(a+r) & 0 & a+r & 0 & a-r \\ \frac{N_1}{r} & 0 & \frac{N_2}{r} & 0 & \frac{N_3}{r} & 0 & \frac{N_4}{r} & 0 \\ -(a-r) & -(b-z) & -(a+r) & b-z & a+r & b+z & a-r & -(b+z) \end{bmatrix}\begin{bmatrix} u_1 \\ v_1 \\ u_2 \\ v_2 \\ u_3 \\ v_3 \\ u_4 \\ v_4 \end{bmatrix} \tag{7.30}$$

或简写成

$$\boldsymbol{\varepsilon} = \boldsymbol{B}\boldsymbol{q}^e \tag{7.31}$$

式中，$\boldsymbol{B}$ 称为应变形状函数，或称几何矩阵，它与单元的几何坐标有关，由下式表示：

$$\boldsymbol{B} = \frac{1}{4ab}\begin{bmatrix} -(b-z) & 0 & b-z & 0 & b+z & 0 & -(b+z) & 0 \\ 0 & -(a-r) & 0 & -(a+r) & 0 & a+r & 0 & a-r \\ \frac{N_1}{r} & 0 & \frac{N_2}{r} & 0 & \frac{N_3}{r} & 0 & \frac{N_4}{r} & 0 \\ -(a-r) & -(b-z) & -(a+r) & b-z & a+r & b+z & a-r & -(b+z) \end{bmatrix} \tag{7.32}$$

单元内任一点的应力为

$$\boldsymbol{\sigma} = \begin{bmatrix} \sigma_r \\ \sigma_z \\ \sigma_\theta \\ \tau_{rz} \end{bmatrix} = \boldsymbol{D}\boldsymbol{\varepsilon} = \boldsymbol{D}\boldsymbol{B}\boldsymbol{q}^e$$

其中，$\boldsymbol{D}$ 为材料弹性矩阵，

$$\boldsymbol{D} = \frac{E}{(1+\mu)(1-2\mu)}\begin{bmatrix} 1-\mu & \mu & \mu & 0 \\ \mu & 1-\mu & \mu & 0 \\ \mu & \mu & 1-\mu & 0 \\ 0 & 0 & 0 & \frac{1}{2}(1-2\mu) \end{bmatrix}$$

式中，E，μ 为材料弹性模量和泊松比。

单元刚度矩阵为

$$\boldsymbol{K}^e = \iiint_V \boldsymbol{B}^{\mathrm{T}}\boldsymbol{D}\boldsymbol{B} r\,\mathrm{d}\theta\mathrm{d}r\mathrm{d}z = \iint_{ab} \boldsymbol{B}^{\mathrm{T}}\boldsymbol{D}\boldsymbol{B} r\,\mathrm{d}r\mathrm{d}z$$

根据式(7.22b)，节点力向量为

$$\boldsymbol{R}^e = -\iint_{ab} \boldsymbol{B}^{\mathrm{T}} \boldsymbol{\sigma}_0 r \mathrm{d}r \mathrm{d}z + \iint_{ab} \boldsymbol{N}^{\mathrm{T}} \boldsymbol{F} r \mathrm{d}r \mathrm{d}z + \int_b \boldsymbol{N}^{\mathrm{T}} \boldsymbol{P} r \mathrm{d}z$$

3. 引入边界条件

求解位移场问题时至少要约束系统的刚体位移,以消除整体刚度矩阵的奇异性。可以采用以下方法引入位移边界条件:

① 对角元素改 1 法。当给定位移值是零位移时,可以在刚度矩阵 $\boldsymbol{K}$ 中将与零节点位移相对应的行和列中的主对角元素改为 1,其他元素改为 0;在载荷列阵中将与零节点位移相对应的元素改为 0 即可。

② 对角元素乘大数法。当有节点位移为给定值 $u_j = \bar{u}_j$ 时,将第 j 个方程作如下修改:刚度矩阵的对角元素 k_{jj} 乘以大数 a(a 可取10^{10} 左右量级),并将 P_j 用 $ak_{jj}\bar{u}_j$ 取代,即

$$\begin{bmatrix} k_{11} & k_{12} & \cdots & & k_{1n} \\ k_{21} & k_{22} & \cdots & & k_{2n} \\ M & & \cdots & & M \\ k_{j1} & k_{j2} & \cdots & ak_{jj} & \cdots & k_{jn} \\ M & & \cdots & & M \\ k_{n1} & k_{n2} & \cdots & & k_{nn} \end{bmatrix} \begin{bmatrix} u_1 \\ u_2 \\ M \\ u_j \\ M \\ u_n \end{bmatrix} = \begin{bmatrix} P_1 \\ P_2 \\ M \\ ak_{jj}\bar{u}_j \\ M \\ P_n \end{bmatrix} \tag{7.33}$$

经过修改后的第 j 个方程为

$$k_{j1}u_1 + k_{j2}u_2 + L + ak_{jj}u_j + L + k_{jn}u_{n1} = ak_{jj}\bar{u}_j$$

由于 $ak_{jj} >> k_{ji}$,方程左端的 $ak_{jj}u_j$ 项较其他项要大得多,因此近似得到

$$u_j = \bar{u}_j$$

当有多个给定位移时,则按顺序将每个给定位移都作上述修正,得到全部进行修正后的 $\boldsymbol{K}$ 和 $\boldsymbol{P}$,然后解方程,就可得到包括给定位移在内的全部节点位移值。这种方法对任何给定位移(零值或非零值)都适用。采用这种方法引入位移边界条件时方程阶数不变,节点位移顺序不变,编制程序十分方便,因此在有限元法中经常采用。

4. 位移形状函数

如前面所述,位移形状函数是定义于单元内部的、坐标的连续函数,简称形函数。它的作用十分重要。必须指出,形函数 $\boldsymbol{N}$ 不能任意选择,它应当满足如下条件:

① 连续性条件。单元内要求形状函数连续,并且求 r 阶导数有可能,其中 r 表示建立刚度阵方程的泛函式中所含有的最高导数阶次。例如,梁和板的弯曲问题要求二阶导数有可能,这是域内连续性要求。除此之外,要求在两个单元之间的交接线上必须使位移连续,单元之间不重叠,也不分离,即要求 $r-1$ 阶导数连续,这种连续性条件称为 C^{r-1} 阶连续性条件。

② 完整性条件。对于 C^0 连续性问题,当单元尺寸很小时,形状函数应当表示常位移项和

常应变项,即其一阶导数应当有常值。对于 C^1 连续性问题要求二阶导数值为常值。每个单元必须能表示常位移和常应变状态。

③ 几何各向同性。单元位移场的多项式从一个坐标系转换到另一个坐标系,其解要保持不变。另一方面单元的离散工作是任意的,无方向性。

许多类型的函数都可以作为形函数,如三角函数、幂级数函数、赫密特插值函数等。对于二维和三维弹性理论,采用完整的多项式,一般都能满足如上提到的 3 个条件。

形函数 N_i 具有如下的特性:

① $\sum_i N_i = N_1 + N_2 + N_3 + \cdots + N_n = 1$。

② 在节点 i 处,$N_i = 1, N_j = 0, j \neq i$。

7.2 弹塑性有限元法

弹塑性有限元法比线弹性有限元法复杂得多,具体表现在:

① 弹塑性问题的本构方程必须用增量形式表示,在塑性区应力和应变之间为非线性关系,求解的是非线性问题。为了求解的方便,一般采用逐步加载法(又称增量法)将问题线性化,即将物体屈服后所需加的载荷分成若干步施加,在每个加载步的每个迭代计算步中,把问题看做是线性的。

② 弹塑性问题的应力与应变的关系不一定是一一对应的,塑性应变的大小,不仅决定于当时的应力状态,还决定于加载历史。卸载时,塑性区内的应变和应力呈线性关系。由于在加载和卸载时,塑性区内的应力 — 应变关系是不一样的,因此,在每一步加载计算时,一般应检查塑性区内各单元是处于加载状态,还是卸载状态。

③ 塑性理论中关于塑性应力 — 应变关系和硬化假设有多种理论,采用不同的理论就会得到不同的弹塑性矩阵表达式,由此会得到不同的有限元计算公式。

④ 对于大变形有限元弹塑性问题,含有物理和几何两个方面的非线性性质,即在发生塑性变形的同时,物体质点的空间位置及形状尺寸要发生很大的变化,且应变、应力与位移呈非线性关系。

本节介绍小变形弹塑性有限元法。

假设材料为各向同性硬化材料,服从 Mises 屈服条件,以材料物理性质不依赖时间的弹塑性变形问题为对象,简要介绍小变形弹塑性有限元的基本方程,基本求解方法。

在弹塑性小变形情况下,弹性力学中的平衡方程和几何关系仍然成立,但描述应力 — 应变关系的物理方程却是非线性的。

1. 材料的塑性性质

对于大多数金属材料，单向拉伸试验的应力 — 应变曲线如图 7.5 所示，当应力小于屈服极限 σ_T 时，应力和应变呈线弹性关系(一般假定比例极限与屈服极限重合)；而应力达到屈服极限后，应力 — 应变显示出非线性关系。对于硬化材料，应力超过屈服极限 σ_T 时，要增加应变，应力也需增加。而对于理想塑性材料，应力达到 σ_T 时，材料则发生流动变形。应力达到 σ_T 后，卸载都是弹性的，卸载路径沿直线 BC，其斜率大致与加载路径 OA 相同。完全卸去载荷后，试件中会留下残余变形 OC。因此，弹塑性材料当应力达到或超出 σ_T 时，应力 — 应变之间并无一一对应关系，即应变不仅决定于当时的应力，而且与整个加载的历史有关。

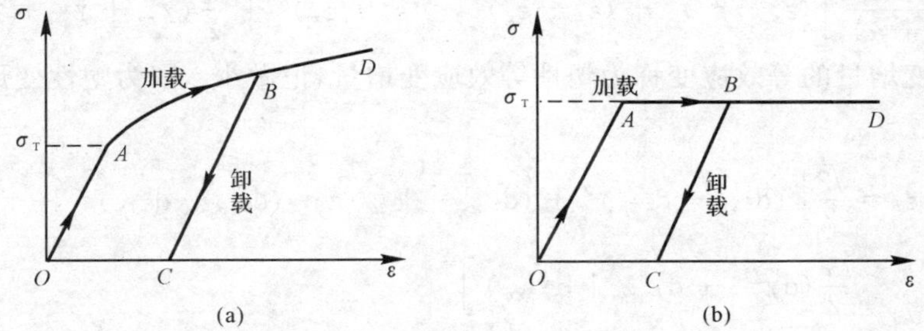

图 7.5 塑性材料应力 — 应变曲线

(a) 应变硬化材料； (b) 理想塑性材料

2. Mises 屈服准则

Mises 屈服准则假定，材料在复杂应力状态下的形状改变能达到单向拉伸屈服时的形状改变能，材料就开始屈服，即

$$\left\{\frac{1}{2}\left[(\sigma_1-\sigma_2)^2+(\sigma_2-\sigma_3)^2+(\sigma_3-\sigma_1)^2\right]\right\}^{\frac{1}{2}}=\sigma_T \tag{7.34}$$

式中，$\sigma_1,\sigma_2,\sigma_3$ 为主应力，σ_T 是单向拉伸屈服极限。

如果定义等效应力

$$\bar{\sigma}=\left\{\frac{1}{2}\left[(\sigma_1-\sigma_2)^2+(\sigma_2-\sigma_3)^2+(\sigma_3-\sigma_1)^2\right]\right\}^{\frac{1}{2}}$$

则 Mises 屈服条件为

$$\bar{\sigma}=\sigma_T \tag{7.35}$$

在一般应力状态下，等效应力可表示成

$$\bar{\sigma}=\frac{\sqrt{2}}{2}\left\{(\sigma_x-\sigma_y)^2+(\sigma_y-\sigma_z)^2+(\sigma_z-\sigma_x)^2+6(\tau_{xy}^2+\tau_{yz}^2+\tau_{zx}^2)\right\}^{\frac{1}{2}} \tag{7.36}$$

引入应力偏量

$$\left.\begin{array}{ll}\sigma'_x=\sigma_x-\sigma_{cp} & \tau'_{xy}=\tau_{xy}\\ \sigma'_y=\sigma_y-\sigma_{cp} & \tau'_{yz}=\tau_{yz}\\ \sigma'_z=\sigma_z-\sigma_{cp} & \tau'_{zx}=\tau_{zx}\end{array}\right\} \tag{7.37}$$

式中，$\sigma_{cp}=\dfrac{(\sigma_x+\sigma_y+\sigma_z)}{3}$ 是平均应力，则等效应力可用应力偏量表示为

$$\bar{\sigma}=\left\{\frac{3}{2}\left[\sigma'^2_x+\sigma'^2_y+\sigma'^2_z+2(\tau'^2_{xy}+\tau'^2_{yz}+\tau'^2_{zx})\right]\right\}^{\frac{1}{2}} \tag{7.38}$$

对应于等效应力，定义等效应变为

$$\bar{\varepsilon}=\frac{\sqrt{2}}{2(1+\mu)}\left[(\varepsilon_x-\varepsilon_y)^2+(\varepsilon_y-\varepsilon_z)^2+(\varepsilon_z-\varepsilon_x)^2+\frac{3}{2}(\gamma^2_{xy}+\gamma^2_{yz}+\gamma^2_{zx})\right]^{\frac{1}{2}}$$

对应于塑性应变增量的等效应变称为塑性等效应变增量，记做 $d\bar{\varepsilon}_p$，因为塑性变形的泊松比 $\mu=0.5$，于是有

$$d\bar{\varepsilon}_p=\frac{\sqrt{2}}{2}\left[(d\varepsilon_{xp}-d\varepsilon_{yp})^2+(d\varepsilon_{yp}-d\varepsilon_{zp})^2+(d\varepsilon_{zp}-d\varepsilon_{xp})^2+\frac{3}{2}(d\gamma^2_{xyp}+d\gamma^2_{yzp}+d\gamma^2_{zxp})\right]^{\frac{1}{2}}$$

3. 应力—应变关系

当应力产生一无限小增量时，总应变增量可分解成弹性的和塑性的两部分，即

$$d\boldsymbol{\varepsilon}=d\boldsymbol{\varepsilon}_e+d\boldsymbol{\varepsilon}_p$$

弹性应变增量与应力增量是线性关系，可写成

$$d\boldsymbol{\sigma}=\boldsymbol{D}_e(d\{\varepsilon\}-d\{\varepsilon\}_p) \tag{7.39}$$

式中 $\boldsymbol{D}_e$ 是弹性矩阵，由下式计算：

$$\boldsymbol{D}_e=\frac{E(1-\mu)}{(1+\mu)(1-2\mu)}\begin{bmatrix}1 & \frac{\mu}{1-\mu} & \frac{\mu}{1-\mu} & 0 & 0 & 0\\ \frac{\mu}{1-\mu} & 1 & \frac{\mu}{1-\mu} & 0 & 0 & 0\\ \frac{\mu}{1-\mu} & \frac{\mu}{1-\mu} & 1 & 0 & 0 & 0\\ 0 & 0 & 0 & \frac{1-2\mu}{2(1-\mu)} & 0 & 0\\ 0 & 0 & 0 & 0 & \frac{1-2\mu}{2(1-\mu)} & 0\\ 0 & 0 & 0 & 0 & 0 & \frac{1-2\mu}{2(1-\mu)}\end{bmatrix} \tag{7.40}$$

进入弹塑性状态后，应力 — 应变关系为非线性曲线，对于应力 — 塑性应变曲线的斜率 H'，可以用包含弹性应变在内的弹塑性应力 — 应变曲线的斜率 H 与弹性模量 E 计算。

$$\frac{1}{H'}=\frac{1}{H}-\frac{1}{E}$$

对于一般应力状态，实验资料证明了如下的应变强化规律：材料进入屈服后，进行卸载或部分卸载然后再加载，其新的屈服应力值仅与卸载前的等效塑性应变总量有关。如下式所示：

$$\bar{\sigma}=H'\left(\int \mathrm{d}\bar{\varepsilon}_p\right) \tag{7.41}$$

将强化材料的 Mises 准则式(7.41)写成微分形式为

$$\mathrm{d}\bar{\sigma}=\left[\frac{\partial\bar{\sigma}}{\partial\boldsymbol{\sigma}}\right]^{\mathrm{T}}\mathrm{d}\boldsymbol{\sigma}=H'\mathrm{d}\bar{\varepsilon}_p \tag{7.42}$$

利用法向流动法则公式，则式(7.42)可化为

$$H'\mathrm{d}\bar{\varepsilon}_p=\left[\frac{\partial\bar{\sigma}}{\partial\boldsymbol{\sigma}}\right]^{\mathrm{T}}\boldsymbol{D}_e\mathrm{d}\boldsymbol{\varepsilon}-\left[\frac{\partial\bar{\sigma}}{\partial\boldsymbol{\sigma}}\right]^{\mathrm{T}}\boldsymbol{D}_e\frac{\partial\bar{\sigma}}{\partial\boldsymbol{\sigma}}\mathrm{d}\bar{\varepsilon}_p \tag{7.43}$$

因此

$$\mathrm{d}\bar{\varepsilon}_p=\frac{\left[\dfrac{\partial\bar{\sigma}}{\partial\boldsymbol{\sigma}}\right]^{\mathrm{T}}\boldsymbol{D}_e}{H'+\left[\dfrac{\partial\bar{\sigma}}{\partial\boldsymbol{\sigma}}\right]^{\mathrm{T}}\boldsymbol{D}_e\dfrac{\partial\bar{\sigma}}{\partial\boldsymbol{\sigma}}}\mathrm{d}\boldsymbol{\varepsilon} \tag{7.44}$$

将法向流动法则公式代入式(7.39)，并应用上式，得到

$$\mathrm{d}\boldsymbol{\sigma}=\left[\boldsymbol{D}_e-\frac{\boldsymbol{D}_e\dfrac{\partial\bar{\sigma}}{\partial\boldsymbol{\sigma}}\left(\dfrac{\partial\bar{\sigma}}{\partial\boldsymbol{\sigma}}\right)^{\mathrm{T}}\boldsymbol{D}_e}{H'+\left(\dfrac{\partial\bar{\sigma}}{\partial\boldsymbol{\sigma}}\right)^{\mathrm{T}}\boldsymbol{D}_e\dfrac{\partial\bar{\sigma}}{\partial\boldsymbol{\sigma}}}\right]\mathrm{d}\boldsymbol{\varepsilon} \tag{7.45}$$

记

$$\boldsymbol{D}_p=\frac{\boldsymbol{D}_e\dfrac{\partial\bar{\sigma}}{\partial\boldsymbol{\sigma}}\left(\dfrac{\partial\bar{\sigma}}{\partial\boldsymbol{\sigma}}\right)^{\mathrm{T}}\boldsymbol{D}_e}{H'+\left(\dfrac{\partial\bar{\sigma}}{\partial\boldsymbol{\sigma}}\right)^{\mathrm{T}}\boldsymbol{D}_e\dfrac{\partial\bar{\sigma}}{\partial\boldsymbol{\sigma}}}$$

用 $\boldsymbol{D}_{ep}$ 表示弹塑性矩阵，当变形体中的某质点尚未屈服或处于卸载状态时，

$$\boldsymbol{D}_{ep}=\boldsymbol{D}_e$$

当质点处于弹塑性状态时，

$$\boldsymbol{D}_{ep}=\boldsymbol{D}_e-\boldsymbol{D}_p \tag{7.46}$$

于是得到增量形式的弹性应力 — 应变关系

$$\mathrm{d}\boldsymbol{\sigma}=\boldsymbol{D}_{ep}\mathrm{d}\boldsymbol{\varepsilon} \tag{7.47}$$

由于弹塑性变形条件下应力与变形间的非线性关系，弹塑性体形状的累积变化一般不能像弹性问题一样能一次算出，通常将载荷分解为若干个增量逐步加上去，即按增量法求解。

设对于 t 时刻至 $t+\Delta t$ 时刻增量步计算，在 t 时刻的载荷为：单位体积的体积力为${}^t b_i$，作用在面积力边界面 S_p 上的单位面积表面力为${}^t p_i$，位移为${}^t u_i$，应变为${}^t \varepsilon_{ij}$，应力为${}^t \sigma_{ij}$。在此基础上，于 Δt 时间增量步内外载荷增加一个增量，体积力增量为 Δb_i，面积力增量为 Δp_i，在位移边界面 S_u 上有给定位移增量 $\Delta \bar{u}_i$，从而在变形体内任一点产生位移增量 Δu_i，应变增量 $\Delta \varepsilon_{ij}$，应力增量 $\Delta \sigma_{ij}$。

在 $t+\Delta t$ 时刻，增量形式的虚功方程为

$$\int_V ({}^t\sigma_{ij} + \Delta\sigma_{ij})\delta(\Delta\varepsilon_{ij})\,\mathrm{d}V = \int_{S_p} ({}^t p_i + \Delta p_i)\delta(\Delta u_i)\,\mathrm{d}S + \int_V ({}^t b_i + \Delta b_i)\delta(\Delta u_i)\,\mathrm{d}V \tag{7.48}$$

将增量形式的本构方程代入式(7.48)，忽略二阶微量，得

$$\int_V D_{ijkl}^{ep}\Delta\varepsilon_{kl}\delta(\Delta\varepsilon_{ij})\,\mathrm{d}V = \int_{S_p}^{t+\Delta t} p_i\delta(\Delta u_i)\,\mathrm{d}S + \int_V^{t+\Delta t} b_i\delta(\Delta u_i)\,\mathrm{d}V - \int_V^{t} \sigma_{ij}\delta(\Delta\varepsilon_{ij})\,\mathrm{d}V \tag{7.49}$$

下面对式(7.49)作离散化处理。设对单元 e 选取的形函数矩阵为 $\boldsymbol{N}$，单元内任一点的位移增量是单元节点位移增量的函数。

$$\Delta\boldsymbol{u} = \boldsymbol{N}\Delta\boldsymbol{u}^e \tag{7.50}$$

式中，$\Delta\boldsymbol{u}^e$ 是单元节点位移增量列阵。

应变增量为

$$\Delta\boldsymbol{\varepsilon} = \boldsymbol{B}\Delta\boldsymbol{u}^e \tag{7.51}$$

式中，$\Delta\boldsymbol{\varepsilon} = [\Delta\varepsilon_x \quad \Delta\varepsilon_y \quad \Delta\varepsilon_z \quad 2\Delta\varepsilon_{xy} \quad 2\Delta\varepsilon_{yz} \quad 2\Delta\varepsilon_{zx}]^{\mathrm{T}}$。

增量型本构方程可以表示为

$$\Delta\boldsymbol{\sigma} = \boldsymbol{D}_{ep}\boldsymbol{B}\Delta\boldsymbol{u}^e \tag{7.52}$$

式中，$\Delta\boldsymbol{\sigma} = [\Delta\sigma_x \quad \Delta\sigma_y \quad \Delta\sigma_z \quad \Delta\tau_{xy} \quad \Delta\tau_{yz} \quad \Delta\tau_{zx}]^{\mathrm{T}}$。

将式(7.50) ~ 式(7.52)代入式(7.49)，得

$$\left(\int_{V^e} \boldsymbol{B}^{\mathrm{T}}\boldsymbol{D}_{ep}\boldsymbol{B}\,\mathrm{d}V\right)\Delta\boldsymbol{u}^e = \int_{S^e} \boldsymbol{N}^{\mathrm{T}}\,{}^{t+\Delta t}p\,\mathrm{d}S + \int_{V^e} \boldsymbol{N}^{\mathrm{T}}\,{}^{t+\Delta t}b\,\mathrm{d}V - \int_{V^e} \boldsymbol{B}^{\mathrm{T}}\sigma\,\mathrm{d}V \tag{7.53}$$

记为

$$\left.\begin{aligned}
\boldsymbol{K}^e &= \int_{V^e} \boldsymbol{B}^{\mathrm{T}}\boldsymbol{D}_{ep}\boldsymbol{B}\,\mathrm{d}V \\
\boldsymbol{P}^e &= \int_{S^e} \boldsymbol{N}^{\mathrm{T}}\,{}^{t+\Delta t}p\,\mathrm{d}S + \int_{V^e} \boldsymbol{N}^{\mathrm{T}}\,{}^{t+\Delta t}b\,\mathrm{d}V \\
{}^t\boldsymbol{F}^e &= \int_{V^e} \boldsymbol{B}^{\mathrm{T}}\,{}^t\sigma\,\mathrm{d}V \\
\Delta\boldsymbol{P}^e &= \boldsymbol{P}^e - {}^t\boldsymbol{F}^e
\end{aligned}\right\} \tag{7.54}$$

式(7.53)可写成

$$\boldsymbol{K}^e\Delta\boldsymbol{u}^e = \Delta\boldsymbol{P}^e \tag{7.55}$$

式(7.55) 称为单元刚度方程。其中,$\boldsymbol{K}^e$ 称为单元刚度矩阵,$\Delta\boldsymbol{P}^e$ 称为单元节点载荷增量列阵。

把所有单元刚度方程进行集合,即可获得整体有限元方程

$$\boldsymbol{K}\Delta\boldsymbol{U}=\Delta\boldsymbol{P} \tag{7.56}$$

式中,$\boldsymbol{K}$ 为整体刚度矩阵;$\Delta\boldsymbol{U}$ 为整体位移增量列阵;$\Delta\boldsymbol{P}$ 为整体节点载荷增量列阵。

注意,式(7.56) 的形式虽然与弹性问题的相同,但其中刚度矩阵为变形历史与应力状态的函数,所以,弹塑性有限元刚度方程为非线性方程。

对于非线性问题的弹塑性分析,要计算变形体的最终状态,一般用增量法即沿加载路径进行逐步加载将非线性方程线性化来求解,而每个加载步的计算都涉及若干次迭代计算。

弹塑性有限元方程组的求解方法很多,常见的基本方法有:

① 变刚度法。弹塑性变形过程中,随着加载过程的进行,各单元的状态是变化的,因而与应力应变矩阵 $\boldsymbol{D}_{ep}$ 相关的刚度矩阵是变化的。在计算过程中,每增加一个载荷增量,就需根据对应加载阶段的应力应变状态的初始值重新计算刚度矩阵,而将有限元方程式(7.56) 视为刚度矩阵为分段常数的线性方程组,故该方法称为变刚度法(又称切线刚度法)。

利用 Newton-Raphson 非线性方程的算法,进行迭代计算直至收敛,就完成一个增量步的计算。

② 初载荷法。初载荷法是将塑性变形部分视为初应力或初应变来处理,将塑性变形问题转化为弹性问题的求解方法。

在小位移变形的弹塑性问题中

$$\mathrm{d}\boldsymbol{\sigma}=(\boldsymbol{D}_e-\boldsymbol{D}_p)\,\mathrm{d}\boldsymbol{\varepsilon}=\boldsymbol{D}_e\mathrm{d}\boldsymbol{\varepsilon}+\boldsymbol{\sigma}_0 \tag{7.57}$$

我们把 $-\boldsymbol{D}_p\mathrm{d}\boldsymbol{\varepsilon}$ 视为初应力$\boldsymbol{\sigma}_0$。这样,它与弹性有限元法一样,在基本方程中,增加了一个 $\boldsymbol{D}_p\mathrm{d}\boldsymbol{\varepsilon}$ 引起的初载荷向量。这样一来,联系应力增量和应变增量的仅是弹性矩阵 $\boldsymbol{D}_e$,所以相应的刚度矩阵计算与弹性问题时的相同。这种方法称为初应力法。

另外,应力 — 应变关系还可以改写成另一种形式:

$$\mathrm{d}\boldsymbol{\sigma}=\boldsymbol{D}_e\mathrm{d}\boldsymbol{\varepsilon}_e=\boldsymbol{D}_e(\mathrm{d}\boldsymbol{\varepsilon}-\mathrm{d}\boldsymbol{\varepsilon}_p)=\boldsymbol{D}_e(\mathrm{d}\boldsymbol{\varepsilon}-\boldsymbol{\varepsilon}_0) \tag{7.58}$$

我们把 $\mathrm{d}\boldsymbol{\varepsilon}_p$ 视为初应变 $\boldsymbol{\varepsilon}_0$,则与弹性问题中存在初应变的情况相似,只要在基本方程上加上一个由 $\mathrm{d}\boldsymbol{\varepsilon}_p$ 引起的初载荷向量。由于使用的只是弹性矩阵 $\boldsymbol{D}_e$,因此其相应的刚度矩阵计算与弹性时的相同。这种方法称为初应变法。

无论初应力法还是初应变法,它们都是在基本方程中,加上一个由初应力(或初应变) 引起的初载荷向量,从而来求得弹塑性体中节点的位移,单元的应变、应力等。所以把它们统称为初载荷法。

比较变刚度法和初载荷法后可以发现:变刚度法在每次加载时,必须重新计算刚度矩阵,因此计算工作量较大,但它是本构方程和平衡方程级的迭代,精度较高,一般不存在收敛与否的问题。变刚度法的最大缺陷是不能应用于软化材料的塑性问题,它会造成不收敛。初载荷

法中，由于刚度矩阵是由弹性矩阵计算而得的，因此每次加载时其刚度矩阵不变，这样使计算工作量大大减少。但在每个加载步内，都必须进行初应力或初载荷的迭代计算，于是就存在迭代是否收敛的问题。可以证明，对于一般硬化材料，初应力法的迭代过程一定收敛，而对初应变法，一般来说收敛的充分条件是$\frac{3G}{H'}<1$。

7.3 刚塑性有限元法

金属塑性加工是材料成形的一种主要工艺方法，属大变形问题，其中的体积成形工艺中，金属材料产生较大的塑性变形，而弹性变形相对极小，可忽略不计，故针对这种刚塑性材料建立的有限元法称为刚塑性有限元法。目前它已广泛地用来解决各种塑性成形的实际问题。

刚塑性有限元法不但可以用来比较精确地求解变形体内部的各种场变量，如速度(位移)场、应变场和应力场等，还可以对整个成形过程进行数值模拟，定量地描述变形体内部质点的流动规律和应力、应变分布，从而为合理选择加工设备、优化工艺和模具参数，以及分析产品质量、预测产品缺陷等提供科学依据。

7.3.1 刚塑性变形的边界值问题

刚塑性变形的边界值问题可以描述如图 7.6 所示。

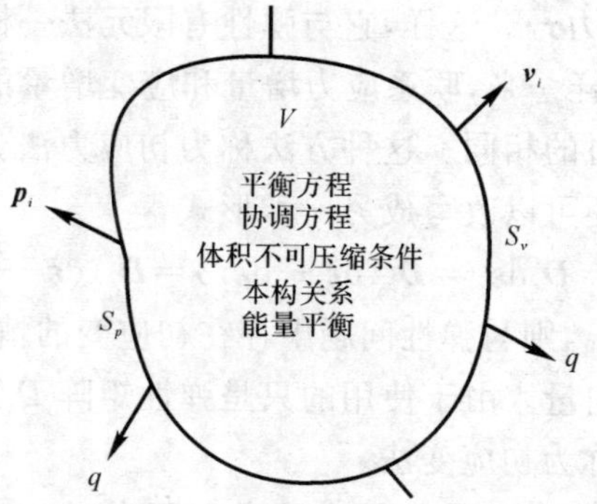

图 7.6 刚塑性变形边界值问题

一块刚塑性材料，其边界 S 围成的体积为 V。在体积 V 内满足平衡方程、协调方程、体积不可压缩条件和本构关系。在边界 S 上，一部分表面 S_v 上给定位移速度 $\boldsymbol{v}_i$，另一部分表面 S_p 上给定表面力 $\boldsymbol{p}_i$。

根据 Levy-Mises 方程可知刚塑性材料的本构关系为

$$\dot{\varepsilon}_{ij}=\frac{3}{2}\frac{\dot{\bar{\varepsilon}}}{\bar{\sigma}}\sigma'_{ij} \tag{7.59}$$

它表示塑性应变速率和应力偏量成正比，式中，$\bar{\sigma}$ 为等效应力，$\dot{\bar{\varepsilon}}$ 为等效应变速率。

$$\bar{\sigma}=\sqrt{\frac{3}{2}\sigma'_{ij}\sigma'_{ij}},\quad \dot{\bar{\varepsilon}}=\sqrt{\frac{2}{3}\dot{\varepsilon}_{ij}\dot{\varepsilon}_{ij}}$$

处于变形区的材料满足 von Mises 屈服准则式

$$F=\sqrt{J'_2}-K=0 \tag{7.60}$$

式中 F 是材料的屈服准则函数，J'_2 是偏应力张量的第二不变量，K 是与材料加工硬化性质有关的参数(屈服剪应力)。

处于刚性区的材料 $\dot{\varepsilon}_{ij}=0$，则不能使用本构关系式(7.59)。

另外，变形区须满足平衡方程

$$\sigma_{ij,j}=0 \tag{7.61}$$

此处忽略了体积力和惯性力。

变形区质点的位移速度 v_i 须满足几何方程(协调方程)

$$\dot{\varepsilon}_{ij}=\frac{1}{2}(v_{i,j}+v_{j,i}) \tag{7.62}$$

应变率要满足体积不可压缩条件

$$\dot{\varepsilon}_V=\dot{\varepsilon}_{ii}=\dot{\varepsilon}_{11}+\dot{\varepsilon}_{22}+\dot{\varepsilon}_{33}=0 \tag{7.63}$$

式(7.59)、式(7.61)和式(7.62)即刚塑性变形边界值问题的基本方程，亦称控制方程。它们应在给定的边界条件下求解。在 S_p 表面上的应力边界条件是

$$p_i=\sigma_{ji}\boldsymbol{n}_j=\bar{p}_i \tag{7.64}$$

式中，$\boldsymbol{n}_j$ 是表面的单位法向量。在 S_v 表面上的速度边界条件是

$$v_i=\bar{v}_i \tag{7.65}$$

7.3.2 刚塑性变形的广义变分原理

理想刚塑性材料的变分原理也称为马尔可夫变分原理：对于刚塑性变形边界值问题(如图7.6所示)，在满足几何方程式(7.62)、体积不可压缩条件式(7.63)和速度边界条件式(7.65)的一切运动容许速度场 v_i^* 中，使泛函

$$\Pi=\int_V\bar{\sigma}\dot{\bar{\varepsilon}}\mathrm{d}V-\int_{S_p}p_iv_i\mathrm{d}S \tag{7.66}$$

取绝对极小值(即条件 $\mathrm{d}\Pi=0$)所得到的速度场 v_i 必为问题的真解。这里，将物体 V 和给定表面力 p_i 作为一个系统，不计体积力，泛函 Π 就代表在静力平衡状态下系统位能对时间的变化

率。式(7.66)右端第一项代表物体塑性变形的应变能变化率，第二项代表由于 p_i 对其作用点的位移(速度)做功而造成的系统位能(变化率)的改变。当 p_i 是物体表面的摩擦力时，因为它与位移速度方向相反，做功为负，所以泛函式(7.66)右端的负号将变为正号，说明摩擦功使系统位能增加。

在构造运动容许速度场时，速度场应满足事先附加的体积不可压缩条件，所以问题可以表示为

$$\left.\begin{aligned}\Pi &= \int_V \bar{\sigma}\dot{\bar{\varepsilon}}\,\mathrm{d}V - \int_{S_p} p_i v_i \,\mathrm{d}S \\ \dot{\varepsilon}_V &= \delta_{ij}\dot{\varepsilon}_{ij} = 0\end{aligned}\right\} \tag{7.67}$$

这是场变量须满足一定约束条件的“自然变分原理”。由于体积不可压缩条件较难满足，这就需要将能量泛函进行改造，建立新的泛函，将式(7.67)的条件极值问题转化成对新泛函求无约束条件的驻值问题，这就是“广义变分原理”。

这样，刚塑性有限元法在求解过程中，针对体积不可压缩条件的不同处理方法，提出不同的解决办法，主要有拉格朗日乘子法、体积可压缩法和罚函数法。本书仅讨论拉格朗日乘子法。

7.3.3　拉格朗日乘子法

用拉格朗日乘子 λ 将式(7.67)中的体积不可压缩条件引入泛函 Π，得一修正的泛函 Π^*：

$$\Pi^* = \int_V \bar{\sigma}\dot{\bar{\varepsilon}}\,\mathrm{d}V + \int_V \lambda\dot{\varepsilon}_V\,\mathrm{d}V - \int_{S_p} p_i v_i\,\mathrm{d}S \tag{7.68}$$

泛函 Π^* 中互相独立的场函数是速度场 v_i 和拉格朗日乘子 λ。引入体积不可压缩条件后，原泛函 Π 的有附加条件驻值问题转化为修正泛函 Π^* 的无附加条件驻值问题。现在要在满足协调方程和速度边界条件的容许速度场中寻找真解。Π^* 的驻值条件是它的一阶变分等于零，即

$$\delta\Pi^* = \int_V \bar{\sigma}\delta\dot{\bar{\varepsilon}}\,\mathrm{d}V + \int_V \lambda\delta\dot{\varepsilon}_V\,\mathrm{d}V + \int_V \delta\lambda\dot{\varepsilon}_V\,\mathrm{d}V - \int_{S_p} p_i\delta v_i\,\mathrm{d}S = 0 \tag{7.69}$$

由此可见，通过拉格朗日乘子引入体积不可压缩条件，建立修正的泛函 Π^* 的驻值条件，即可求得速度场 v_i 的真解。一旦解出速度场，则再利用各塑性方程求出应变速率场、应力场，并通过积分求得应变场、位移场等，最终可获得塑性加工问题的全解。

但是，到目前为止，所讨论的速度场 v_i 和拉格朗日乘子 λ 在变形体的全域 V 上都是连续的场函数，所以这是一个连续变分问题。这样的场函数将是非常复杂的，求解将很困难。而有限元法的离散化概念却可将全域求解化为对单元节点速度和单元内平均应力(即各单元的拉格朗日乘子)求解，最后得到的是数值解，这才是将变分原理用于塑性加工数值模拟的核心所在。

7.3.4 刚塑性有限元基本分析步骤

用刚塑性有限元法求解塑性加工问题时，首先要将塑性求解区域和基本未知量（速度）离散化，然后通过单元分析获得单元有限元方程，最后组装各单元方程形成整体有限元方程。

① 建立有限元模拟初始模型，包括工件网格划分、材料模型、模具型腔几何信息及其运动以及边界条件等各方面的信息。

② 构造或生成初始速度场。

③ 计算各单元刚度矩阵和残余力向量，并进行斜面约束处理。

④ 形成整体切线刚度矩阵和残余力向量。

⑤ 引进边界约束条件，修正总刚度方程后，就可求得节点位移。

求解大型联立代数方程组的方法有很多，求解的时间占据了整个有限元计算时间的大部分。在刚塑性有限元中，这些方程组是非线性的，因此求解时需进行线性化。通常可以采用摄动法对方程组进行线性化。摄动法是：首先假定节点速度的初值为 v_0，然后引入节点速度的摄动量 Δv_0，由于假定 Δv 比节点速度 v 小得多，因而可以省略 Δv 二次以上的微小项，于是方程组就变成关于 Δv 的线性方程组。把解此方程组得到的 Δv 乘上一个减速因子 β，再加到初值 v_0 上，再用这个值求解下一个解，如此迭代下去，就可以得 v 的收敛解。

⑥ 根据求得的位移或速度，利用几何方程和塑性本构关系，求整个变形体的应变场或应变速率场、应力场，并根据问题的需要，进一步计算各种参数。

7.4 大型有限元软件的结构

7.4.1 常见的大型有限元软件

随着计算机技术的飞速发展，利用有限元软件对所研究的对象进行数值分析得到了广泛的应用，从自行车到航天飞机，所有的设计制造都离不开有限元分析（FEA）计算，FEA 为解决复杂的工程分析计算问题提供了有效的途径。在增加设计功能，减少设计成本；缩短设计和分析的循环周期；增加产品和工程可靠性；采用优化设计，降低材料的消耗或成本；在产品制造或工程施工前预先发现潜在的问题；模拟各种试验方案，减少试验时间和经费；进行机械事故分析，查找事故原因等方面使工程设计水平发生了质的飞跃。

国际上早在 20 世纪 50 年代末、60 年代初就投入大量的人力和物力开发具有强大功能的有限元分析程序。其中最为著名的是由美国国家宇航局（NASA）在 1965 年委托美国计算科学公司和贝尔航空系统公司开发的 NASTRAN 有限元分析系统。该系统发展至今已有几十个版本，是目前世界上规模最大、功能最强的有限元分析系统。从那时到现在，世界各地的研究机构和大学也发展了一批规模较小但使用灵活、价格较低的专用或通用有限元分析软件，主要有德国的 ASKA，英国的 PAFEC，法国的 SYSTUS，美国的 ABQUS，ADINA，ANSYS，BERSAFE，BOSOR，COSMOS，ELAS，MARC 和 STARDYNE 等公司的产品。

纵观当今国际上 CAE 软件的发展情况，可以看出有限元分析方法的一些发展趋势：

① 与 CAD 软件的无缝集成。

② 更为强大的网格处理能力。

③ 由求解线性问题发展到求解非线性问题。

④ 由单一结构场求解发展到耦合场问题的求解。

⑤ 程序面向用户的开放性。

7.4.2 有限元软件的结构

有限元分析软件主要包括三个部分：预处理模块、分析计算模块和后处理模块。

① 预处理模块，提供了强大的实体建模及网格划分工具，用户可以方便地构造有限元模型，提供材料性能与参数的输入功能。

② 分析计算模块，包括结构分析（可进行线性分析、非线性分析和高度非线性分析）、流体动力学分析、电磁场分析、热分析、声场分析、压电分析以及多物理场的耦合分析，可模拟多种物理介质的相互作用，具有灵敏度分析及优化分析能力。

③ 后处理模块，可将计算结果以彩色等值线显示、梯度显示、矢量显示、粒子流迹显示等图形方式显示出来，也可以将计算结果以图表、曲线形式显示或输出。

一个典型的有限元分析过程可以分成三个步骤：首先建立模型，其次加载并求解，最后查看分析结果。目前几乎所有的商业化数值模拟程序系统都有功能很强的前置建模和后置数据处理模块。在强调“可视化”的今天，很多程序都建立了对用户非常友好的图形用户界面，使用户能以可视图形方式直观快速地进行网格自动划分，生成有限元分析所需数据，并按要求将大量的计算结果整理成变形图、等值分布图，便于极值搜索和所需数据的列表输出。

1. 前处理模块

前处理是整个分析过程的开始阶段，其目的在于建立一个符合实际情况的结构有限单元分析模型，一般分为如下的几个操作环节：

① 分析环境设置。进入软件分析环境界面后，指定分析的工作名称以及图形显示的标题，开始一个新的结构分析。

② 定义单元以及材料类型。定义在分析过程中需要用到的单元类型及其相关参数，指定

分析中所用的材料模型以及相应的材料参数(如线性弹性材料的弹性模量、泊松比、密度等)。

③ 建立几何模型。建立几何模型就是建立一个与实际结构外形大致相同的几何图形元素的组合体。例如在 ANSYS 中,就有自底向上或者自顶而下两种建立几何模型的途径。

④ 进行网格剖分。在几何模型上进行单元剖分,形成有限单元网格。一般情况下,在 ANSYS 中划分有限元网格分为定义要划分形成的单元属性(属于何种单元类型、实参数类型以及材料类型)、指定网格划分的密度、执行网格划分等三个步骤。

⑤ 定义边界及约束条件。在上述有限单元模型上,引入实际结构的边界条件、自由度之间的耦合关系以及其他的一些条件。

2. 分析计算模块

这一步骤的目的在于为分析定义载荷,指定分析类型以及各种求解控制参数。一般分为以下几个环节:

① 定义载荷信息。一般结构分析的载荷包括位移约束、集中力、表面载荷、体积载荷、惯性力以及耦合场载荷(如热应力)等。可以将结构分析的载荷施加到几何模型上(关键点、线、面)或者有限元模型上(节点、单元)。

② 指定分析类型和分析选项。有限元软件包括很多的分析类型,实际分析中可以根据问题的性质选择不同的分析类型。例如结构静力分析、结构动力分析、结构非线性分析、热分析、电磁场分析、流体动力学分析、声场分析、压电分析等。

对于各种分析,需要设置相应的参数,比如分析所用的求解器类型、非线性分析选项和迭代次数设置、模态分析的模态提取方法和模态提取数等各种分析选项。

③ 执行求解计算。在施加了载荷并设置了相关的分析选项后,即可调用求解程序开始求解。在求解过程中,可通过屏幕输出窗口获取计算过程的一些实时信息。

3. 后处理模块

这一步骤对计算的结果数据进行可视化处理和相关的分析。一般的后处理包括如下的操作环节:

① 进入后处理器并读入计算结果。进行结果的后处理之前,需要先进入相应的后处理器。进入通用后处理器之后,第一步就是把计算结果文件读入数据库。

② 进行后处理操作。利用通用后处理器程序可以显示结构变形情况、各种物理量的等值线分布图形等,对各种数据信息进行列表操作,并可动态显示各种量的变化过程。可以绘制各种变量的时间历程变化曲线,或者一个变量相对于另一个变量的变化曲线。

③ 输出后处理操作的结果。后处理操作得到的一些图形或动画结果可以输出到文件,也可被组织成多媒体形式的分析报告。

7.5 有限元法在材料加工中的应用

有限元法等数值模拟方法在材料加工中的众多领域得到越来越广泛的应用，如热处理过程的技术组织内部应力分布的模拟，铸造和焊接凝固过程的数值模拟，金属成形加工过程的模拟等，这些仿真模拟是构成虚拟制造最主要的部分，其目的是在产品设计阶段，借助建模与仿真技术及时地模拟预测、评价结构性能与可制造性，从而有效缩短产品的研制周期，降低成本，提高质量和生产效率。

7.5.1 热处理

在热处理过程中，通过外加磁场来改善被处理金属材料的力学性能是国际材料研究的一个重要方向，一些学者利用在淬火过程中外加磁场来达到改变金属组织和性能的目的。

刘美红等从变分原理出发，推导了磁场淬火温度场的有限元方程，其得到的温度场计算结果与实验测试结果基本符合。

许雪峰等利用有限元模拟方法，分析了圆柱工件的感应淬火过程，得到了工件的温度分布状况以及温度随时间的变化规律，并分析了感应加热中温度场与电磁场耦合、工件材料物理参数温度依赖性等关键技术问题。

周跃庆等从麦克斯韦方程组和导热微分方程出发，导出了轴对称感应加热工件的电磁场、感生涡流和温度场分布的基本方程，并以电磁场和温度场有限元分析为基础，对实际工件感应淬火过程进行了仿真。其仿真结果形象地描述了感应加热中明显的邻近效应和集肤效应，仿真温度分布曲线与试验曲线相吻合，为进一步研究感应淬火热处理加工过程提供了很好的依据。

7.5.2 铸造成形

铸造过程数值模拟的研究始于 20 世纪 40 年代，包括铸件温度场数值模拟，铸造凝固过程模拟，铸件充型过程模拟及流动与传热耦合计算等。近年来，作为计算机辅助铸造过程设计和生产的一部分，铸造过程数值模拟技术的应用范围不断扩大，已开始应用于半固态铸造。采用计算机模拟技术模拟半固态成形流变铸造过程、触变铸造过程和二次加热过程对于成形工艺参数的确定、模具设计周期的缩短以及铸造工艺优化等都具有重要的指导意义。

杨保生等采用非线性有限元算法对凝固过程中铸件的尺寸精度进行数值模拟，且详细给出了直接制模铸造工艺机理及流程，对解决当前我国模具制造业中成本高、周期长、性能差等问题具有一定的现实意义。

于彦东等对镁合金壳形件进行多组正交试验真空压铸过程的数值模拟，找出了最佳的压铸工艺参数。在优化的工艺参数下，通过对液态合金充型及凝固过程的可视化观察，有效地预测了铸造缺陷产生的部位及原因，从而在实际生产中采取相应的措施避免缺陷的产生，优化铸造过程。

张海渠等以型腔模铸造和热锻造拔长问题为例，阐述有限元在复杂三维非稳定热成形模拟计算中的应用方法。其针对铸造冷凝问题，以当量温度来控制结晶时的温度下降过程并反映液固转变的程度；对锻造拔长问题，则进行温度场和变形力能的交替遗传计算来模拟变形与传热之间的互相影响。

7.5.3 焊接

焊接过程是个局部快速加热到高温，并随后冷却的过程，随着热源的移动，整个焊件的温度随时间和空间急剧变化，材料的热物理性能也随温度剧烈变化。因此，焊接过程模拟包括焊接热过程，焊接应力与变形，焊接冶金过程等内容，焊接温度场分析以及引起的应力场和变形场分析都属于高度的非线性瞬态分析过程。

邓德安等采用热弹塑性有限元方法预测了低碳钢钢管多层焊接时的温度场、焊接残余应力和焊接变形，其计算得到的焊接变形与试验结果十分吻合。

鹿安理等在厚板焊接过程温度场、应力场的三维有限元数值模拟中，开发了专业化接口，使网络自适应技术能够应用于焊接过程的数值模拟，为大幅度缩短复杂结构焊接过程数值模拟的时间创造了条件。

赵海燕等论述了焊接移动热源，动态可逆的自适应加密网格技术，焊缝熔敷金属填充的处理，并行计算和网络技术，材料性能在高温时的处理，降阶积分等几个关键性的技术问题和解决方法。

7.5.4 塑性成形

材料的塑性成形包括冲压成形过程和体积成形过程，其数值模拟实质上就是在已知工件坯料几何形状、边界条件、初始条件和工件材料等参数的条件下用有限元法求解这一组微分方程，通常以变形体的节点速度和温度为求解变量。如果在计算中加入材料的破坏准则，则在计算时可以判断出工件是否出现成形缺陷，是否达到了破坏的程度以及发生何种破坏。模拟软件中使用的材料本构关系与实际模拟的材料的真实性能的差别大小是影响模拟精度的关键因素。适当简化之后，可以用拉格朗日乘子法模拟材料的正挤压变形。正挤压成形过程属于金属稳态流动的情况，当考虑到加工硬化时，因变形区各点的等效应力不同，则其流动应力不是常数，为此，可借助流线，利用速度场及应变速率分布，通过积分求出若干流线上诸点的等效应变，然后利用插值关系将其赋值给各个单元，在此基础上重新计算速度场，并迭代直至收敛，这样就能模拟出变形体受力后的整个变化过程。可以包括各瞬时的速度场、应变场、应力场、单元网格的变化及工件的外轮廓等。

张少明等采用双螺旋流变铸造工艺制备了镁合金的棒坯，并研究了流变铸造和普通连铸棒坯在特定变形温度、变形速率和最大变形量时的热压缩变形行为。分析了材料流变应力与变形量、变形温度和应变速率之间的关系，比较了两种不同铸造工艺对热塑性变形行为的影响。

中国三江航天集团王华侨等进行了铝合金薄壁半球壳产品功能设计、塑性成形制造工艺过程仿真，通过对仿真结果与成熟经验的综合分析，制定了合理的产品设计与制造工艺方案。

有限元法模拟材料加工过程精度高，可解决形状复杂构件的问题，在具体实施上，它主要包括数值模拟的前处理、模拟过程分析计算和数值模拟的后处理三部分内容。

① 数值模拟的前处理，这一步骤主要包括三维造型和网格划分两个方面。

② 模拟分析计算，这一步骤是数值模拟的关键技术，主要包括以下内容：

a. 宏观模拟，就是模拟成形加工过程中的材料形状、尺寸和宏观缺陷的演化过程及最终结果，需要建立并求解温度场，应力／应变场-位移场及流动场-压力场、速度场。

b. 微观组织及缺陷模拟，就是模拟成形加工过程中材料微观组织、微观尺度的缺陷的演变过程及结果。

c. 多种物理场的耦合计算，首先是宏观模拟中各物理场的耦合，其次是把描述成形加工过程宏观现象的连续方程与描述微观组织演变的模型进行耦合。

③ 数值模拟的后处理，就是将模拟计算取得的数据以图表、曲线和动画的形式总结分析。

下面以焊接过程温度场的模拟分析为例说明有限元法在材料加工中的应用。

1. 温度场前处理

首先定义单元类型。焊接过程是个热力耦合的过程，选择温度场分析的单元必须满足以下条件：

① 自由度为温度的热单元。

② 具有热传导、对流能力。

③ 必须能够进行热力耦合分析。

其次定义材料属性。材料属性是与几何模型无关的本构关系，在热分析中材料属性主要包括导热系数、比热、热焓、换热系数等。

第三建立几何模型。几何模型的形状不仅由焊件的形状、尺寸大小决定，还取决于载荷施加的方式及热源在焊件内的传导方式。

第四划分网格。在焊接过程中，由于高度集中的热源输入，必须将焊缝处的网格划分得极为细密，以提高计算精度，而远离焊缝的地方网格应划分得比较稀疏用以减少整个模型的节点数，进而缩短计算时间。

2. 温度场加载求解

首先确定分析选项。焊接温度场的分析是典型的非线性瞬态热传导问题，如果分析选项设置不当，通常会导致计算难收敛。时间步长的设置通常对计算精度产生很大的影响，在瞬态分析中，施加的载荷是随时间变化的。对于每一个载荷步，必须定义载荷值和时间值，以及载荷的增加方式(渐变或阶跃)。

其次施加载荷。热分析的载荷主要有温度、对流、热流密度和生热率。

第三处理边界条件。焊接温度场的计算属于瞬态热分析，须设定初始温度。研究结果显示，焊接过程中热源给焊件的传热方式，除电阻焊、摩擦焊等以外，主要是以热辐射和热对流为主，而焊件和焊条在获得热量之后，热的传播主要是以热传导为主。

3. 温度场后处理

通用有限元软件都提供可视化的后处理功能。后处理就是查询计算结果并对计算结果进行处理，用以判断网格是否精确、分析结果是否正确。若要查看整个焊件在整个焊接过程中温度的动态变化，可用软件中的动画显示技术。

注意，有限元法应用在材料加工的各领域时，其具体计算往往都不是单一场的计算，而会涉及多种物理场的耦合运算。其各分析过程也往往都是高度非线性的瞬态分析过程。

复习思考题

7-1　比较有限元法和有限差分法这两种主要数值模拟方法的差异。

7-2　图 7.7 所示为一个平面应力状态的直角三角形单元，设 E 为常量，$\mu=\dfrac{1}{6}$，$t=1$，试求：

① 形函数矩阵 $\boldsymbol{N}$。

② 应力矩阵 $\boldsymbol{S}$。

③ 单元刚度矩阵 $\boldsymbol{K}$。

④ 当 $v_j=-1, u_i=v_i=u_j=u_m=v_m=0$ 时单元的应力分量。

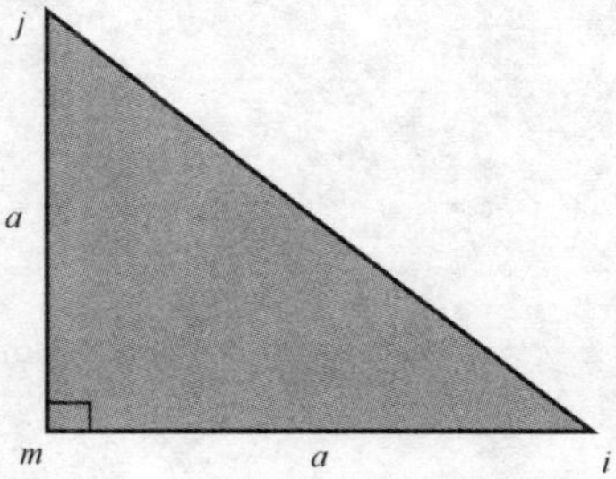

图 7.7　题 7-2 图

7-3　图 7.8 所示为一固定端梁受集中力 P 作用，试用图示单元划分求出节点位移(按平面应力问题计算,取 E 为常量,$\mu=\frac{1}{6},t=1$)。

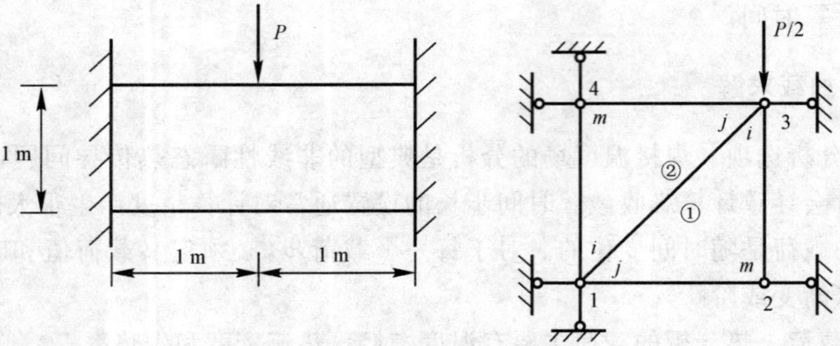

图 7.8　题 7-3 图

7-4　求解弹塑性有限元方程组有哪几种主要方法？各自的特点及收敛性如何？

第8章 热力学计算

8.1 材料热力学基本概念

热力学事实上是研究能量转移及其效果的科学。热力学的基本概念包括体系、环境、状态、状态变量、状态函数、容量性质、强度性质、内能、定容热容、焓、定压热容、可逆过程、熵、Gibbs 自由能、Helmholtz 自由能等。下面对其进行简要介绍。

8.1.1 通用热力学基本概念

①体系：热力学上，我们具体的研究对象称为体系。

②环境：与体系有能量交换的部分。

③平衡状态：在体系与外界不存在能量交换的情况下，热力学体系所处状态。

④状态变量：能够引起体系能量发生变化的可控变量，如温度、压力、成分等。

⑤状态函数：以状态变量为自变量，用来描述体系热力学状态的一些量，如焓、熵、自由能等。状态一定，描述体系的状态变量与状态函数值一定。

⑥容量性质：在状态函数与状态变量中，随体系所含物质多少变化而变化的性质，称为容量性质，如内能、焓、熵、自由能等。1摩尔物质所对应的容量性质称为摩尔量，如摩尔分数、摩尔内能、摩尔焓、摩尔熵、摩尔自由能等。摩尔量仍然是容量性质。平衡状态下，体系的每一部分，容量性质可以不相同，如在处于平衡状态的某一材料中，不同的相有不同的成分、自由能、焓、熵等。

⑦强度性质：在状态函数与状态变量中，不随体系所含物质多少变化而变化的性质，称为强度性质。平衡状态下，体系的每一部分，强度性质必需相等，如在处于平衡状态的某一材料中，不同的相有相同的温度、压力、化学位等。

8.1.2 热力学第一定律及其相关基本概念

①内能：某一热力学平衡状态下，体系所包含的能量总和。内能没有绝对值。内能与体系吸收的热量和所做的功之间存在以下关系：

$$dU = dQ - dW \tag{8.1}$$

这就是热力学第一定律：体系内能的增量等于体系从环境中吸收的热量 Q 与体系对环境所做功 W 之差。

在恒压、不做非体积功的情况下，上式可简化为

$$dU = dQ - p dV \tag{8.2}$$

在恒容、不做非体积功的情况下：

$$dU = dQ \tag{8.3}$$

② 定容热容：在不发生相变与化学变化、恒容、不做非体积功的情况下体系每升高 1 度体系所需吸收的热量：

$$C_V = \left(\frac{dQ}{dT}\right)_V = \left(\frac{\partial U}{\partial T}\right)_V \tag{8.4}$$

在不发生相变与化学变化的情况下，温度由 T_1 升高至 T_2 所引起的内能变化为

$$\Delta U = \int_{T1}^{T2} C_V dT \tag{8.5}$$

在发生相变与化学变化的情况下，内能的变化必须加上由于相变与化学变化引起的内能增量。

③ 焓：$H = U + PV$。由于我们常见的状态转变都是在 1 大气压的情况下发生的，因此用包含压力的状态函数对我们解决问题更有利，为此我们定义了焓。焓是热力学中常用的热力学函数，与内能一样，焓没有绝对值。在恒压、不做非体积功的情况下：

$$dH = d(U + pV) = dU + p dV = dQ \tag{8.6}$$

④ 定压热容：在不发生相变与化学变化、恒压、不做非体积功的情况下体系每升高 1 度体系所需吸收的热量：

$$C_p = \left(\frac{dQ}{dT}\right)_p = \left(\frac{\partial H}{\partial T}\right)_p \tag{8.7}$$

在不发生相变与化学变化的情况下，温度由 T_1 升高至 T_2 所引起的焓变为

$$\Delta H = \int_{T1}^{T2} C_p dT \tag{8.8}$$

在发生相变与化学变化的情况下，焓的变化必须加上由于相变与化学变化引起的内能增量。

常见的焓变有：化合物的生成热（焓变）、溶液的混合热（焓变）、相变热（焓变）、化学反应热（焓变）、燃烧热（焓变）等。相变与化学变化过程中的焓变遵循 Hess 定律：相变与化学反应无论是一步还是几步完成，只要起始状态与终止状态相同，其变化引起的焓变相等。

8.1.3 热力学第二定律及其相关基本概念

① 可逆过程：经过一个循环后体系与环境都不产生变化的过程称为热力学可逆过程，反

之为热力学不可逆过程。

② 熵:可逆过程中,体系吸收的热量与温度之商,即

$$dS=\frac{dQ_{rev}}{T} \tag{8.9}$$

从统计热力学的角度,熵是体系混乱度的量度,即

$$S=k\ln\omega \tag{8.10}$$

该式称为 Boltzman 关系式,k 为波耳兹曼常数,ω 为混乱度,即体系可能的微观状态数。体系可能的微观状态数越多,混乱度越大,熵越大。

化学反应过程中生成物的熵的总和减去反应物熵的总和即化学反应的熵变。

恒压可逆情况下,体系由温度 T_1 上升到 T_2 的熵变为

$$\Delta S=\int_{T_1}^{T_2}\frac{\delta Q_{rev}}{T}=\int_{T_1}^{T_2}\frac{dH}{T}=\int_{T_1}^{T_2}\frac{C_p}{T}dT \tag{8.11}$$

热力学第二定律:孤立体系的自发不可逆过程总是向熵增加的方向进行。

换句话说,对于某一过程体系与环境的熵变和为零,则该过程可逆,体系与环境处于平衡状态;体系与环境的熵变和大于零,体系与环境不平衡,该过程能自发进行,直至达到平衡状态;体系与环境的熵变和小于零,体系与环境不平衡,该过程能自发沿反方向进行,直至达到平衡状态。

③Gibbs 自由能:$G=H-TS$;Helmholtz 自由能:$F=U-TS$。与内能和焓一样,Gibbs 自由能与 Helmholtz 自由能也没有绝对值,Gibbs 自由能与 Helmholtz 自由能的变化可以由焓变、熵变、内能的变化求出来,一定温度下:

$$\left.\begin{aligned}\Delta G&=\Delta H-T\Delta S\\ \Delta F&=\Delta U-T\Delta S\\ \frac{\Delta G}{T}&=\frac{\Delta H}{T}-\Delta S\\ \frac{\Delta F}{T}&=\frac{\Delta U}{T}-\Delta S\end{aligned}\right\} \tag{8.12}$$

在恒温、恒容、不做非体积功的情况下:

$$\frac{\Delta U}{T}=\frac{Q}{T} \tag{8.13}$$

为体系热力学过程所引起的环境熵变。

当$\dfrac{\Delta U}{T}-\Delta S>0$,即 $\Delta F>0$ 时,体系与环境熵变的总和大于零,过程能自发进行。

当$\dfrac{\Delta U}{T}-\Delta S=0$,即 $\Delta F=0$ 时,体系与环境熵变的总和等于零,体系处于平衡状态。

当$\dfrac{\Delta U}{T}-\Delta S<0$,即 $\Delta F<0$ 时,体系与环境熵变的总和小于零,过程自发向反方向进行。

同理,在恒温、恒压、不做非体积功的情况下:

$$\frac{\Delta H}{T}=\frac{Q}{T} \tag{8.14}$$

为体系热力学过程所引起的环境熵变。

当$\frac{\Delta H}{T}-\Delta S>0$,即 $\Delta G>0$ 时,体系与环境熵变的总和大于零,过程能自发进行。

当$\frac{\Delta H}{T}-\Delta S=0$,即 $\Delta G=0$ 时,体系与环境熵变的总和等于零,体系处于平衡状态。

当$\frac{\Delta H}{T}-\Delta S<0$,即 $\Delta G<0$ 时,体系与环境熵变的总和小于零,过程自发向反方向进行。

由于通常情况下,相变与化学变化都是在恒压的情况下进行,因此我们常用 Gibbs 自由能来判断热力学过程进行的方向与限度。平衡状态下,Gibbs 自由能最小。

在任意温度下,热力学过程所引起的 Gibbs 自由能变化可以用下式求出:

$$\Delta G=\Delta H-T\Delta S=\Delta H_{298}^{0}-T\Delta S_{298}^{0}+\int_{298}^{T}\Delta C_{p}dT-T\int_{298}^{T}\frac{\Delta C_{p}}{T}\mathrm{d}T \tag{8.15}$$

其中,ΔH_{298}^{0},ΔS_{298}^{0} 分别为 298 K,1 大气压下,该过程的焓变与熵变。ΔC_p 为该过程的热容变化。

8.1.4 热力学第三定律

绝对零度下,纯的完整晶体的熵为零,这就是热力学第三定律,从统计热力学的角度,在绝对零度下,纯的完整晶体只有一种组态。

8.1.5 热力学定律综合

根据热力学第一定律,在可逆不做非体积功的情况下:

$$\mathrm{d}U=\mathrm{d}Q_{\mathrm{rev}}-p\mathrm{d}V \tag{8.16}$$

根据热力学第二定律,对于可逆过程

$$\mathrm{d}Q_{\mathrm{rev}}=T\mathrm{d}S \tag{8.17}$$

综合热力学第一定律与热力学第二定律,我们可以得到以下关系式:

$$\left.\begin{aligned}
&\mathrm{d}U=\mathrm{d}Q_{\mathrm{rev}}-p\mathrm{d}V=T\mathrm{d}S-p\mathrm{d}V\\
&\mathrm{d}H=\mathrm{d}(U+PV)=T\mathrm{d}S+p\mathrm{d}V+V\mathrm{d}p-p\mathrm{d}V=T\mathrm{d}S+V\mathrm{d}p\\
&\mathrm{d}F=\mathrm{d}(U-TS)=T\mathrm{d}S-p\mathrm{d}V-T\mathrm{d}S-S\mathrm{d}T=-S\mathrm{d}T-p\mathrm{d}V\\
&\mathrm{d}G=\mathrm{d}(H-TS)=T\mathrm{d}S+V\mathrm{d}p-T\mathrm{d}S-S\mathrm{d}T=-S\mathrm{d}T+V\mathrm{d}p
\end{aligned}\right\} \tag{8.18}$$

利用上式与前面所学的热力学关系式,在可逆不做非体积功的情况下,Gibbs 自由能与

其他热力学量的关系为

$$
\left.
\begin{aligned}
&S=-\left(\frac{\partial G}{\partial T}\right)_p \\
&H=G+TS=G-T\left(\frac{\partial G}{\partial T}\right)_p \\
&V=\left(\frac{\partial G}{\partial p}\right)_T \\
&F=G-PV=G-p\left(\frac{\partial G}{\partial p}\right)_T \\
&U=G+TS-pV=G-T\left(\frac{\partial G}{\partial T}\right)_p-p\left(\frac{\partial G}{\partial p}\right)_T \\
&C_P=-T\left(\frac{\partial^2 G}{\partial T^2}\right)_p \\
&\alpha=-\frac{1}{3V}\left(\frac{\partial V}{\partial T}\right)_p=-\frac{1}{3V}\left(\frac{\partial^2 G}{\partial T\partial p}\right) \\
&\beta=-\frac{1}{V}\left(\frac{\partial V}{\partial p}\right)_T=-\frac{1}{V}\left(\frac{\partial^2 G}{\partial p^2}\right)_T \\
&\mu_i=-\left(\frac{\partial G}{\partial n_i}\right)_{p,T,n_j} \\
&a_i=\exp\left(\frac{\mu_i-\mu_i^0}{RT}\right)
\end{aligned}
\right\}
\tag{8.19}
$$

其中，除了上面介绍过的热力学变量与热力学函数外，α 为材料的恒压热膨胀系数，表示恒压下，温度每升高 1℃ 所引起的材料伸长率；β 为恒温压缩系数，表示恒温下，压力每增高 1 Pa 所对应的体积变化率；μ_i 为化学位，表示恒温恒压下无限大的体系中增加 1 mol i 所产生的 Gibbs 自由能增量；a_i 为活度，i 的活度等于多组分溶液中，i 的蒸气压除以纯 i 在同一温度下的蒸气压。

为了进行相图计算，必须选取一个热力学状态函数作为热力学模型的模型函数。由于实际相图与热力学测量数据恒温恒压数据比较多，因此一般选 Gibbs 自由能作为模型函数。如果我们知道了 Gibbs 自由能，根据以上的关系式便可以求出其他热力学量。

而根据 Gibbs 法则：对于物质一定但与外界有能量交换的体系（封闭体系），恒温恒压过程总是朝 Gibbs 自由能降低的方向进行，平衡状态下体系总的 Gibbs 自由能最低，每一组元在各相中的化学位相等。如果我们知道在所有温度下自由能 — 成分曲线，通过求自由能最小或解化学位相等方程我们就可以计算出相图（见图 8.1）。

这样 Gibbs 自由能成为了联系相图与各种热力学数据的桥梁。在相图计算软件中，为了数值计算的需要，程序设计者又对这两种法则进行了一些变形处理[2][3]。为了利用某一些温度与成分下的实测值来确定所有温度下的自由能——Gibbs 自由能模型就是 Gibbs 自由能随温度、压力与成分变化的规律。为合理地描述体系中各种不同类型的相的 Gibbs 自由能与温度、压力与成分的关系，经过许多学者的摸索与总结提出了一系列热力学模型。

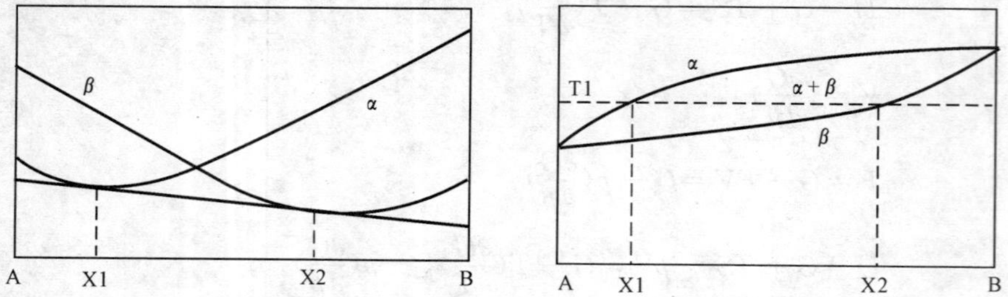

图 8.1　由自由能曲线求相图

8.2　Gibbs 自由能模型

在实验条件下不可能得到整个成分、温度与压力范围内的自由能，因此需要根据相内部原子排列及其相互之间的作用方式确定适当的自由能模型，描述自由能随成分、温度与压力变化的变化规律，并根据物理计算或实验测量的相图与热力学数据确定自由能模型参数，以便获得整个成分、温度与压力范围内的自由能曲线。本节介绍常用的 Gibbs 自由能模型。

8.2.1　纯物质的自由能——点阵稳定性常数

纯物质的自由能只与温度、压力有关，与成分无关。点阵稳定性常数就是纯物质两可能组态的自由能差。自由能没有绝对值，影响两相平衡相图形状的是两组态的自由能差，而不是它的绝对值。之所以讲可能组态，是因为在相图计算时，我们不仅要计算稳定平衡，而且要计算亚稳平衡。

1. 温度关系模型

根据描述热容的幂级数表达式：

$$C_p = a + bT + cT^{-2} + dT^2 \tag{8.20}$$

描述 Gibbs 自由能与温度的关系最简便的方法是用幂级数组合：

$$G = A + BT + CT\ln T + DT^2 + ET^3 + FT^{-1} \tag{8.21}$$

其中，温度为模型变量，A,B,C,D,E,F 为模型参数。事实上，上式往往只能适应于一个有限的温度区间，为了避免在 Gibbs 自由能的温度表达式中不得不增加参数的个数，通常我们采用划分温度区间的办法，即对各个温度区间，热容与 Gibbs 自由能表达式的形式相同但是值不同。温度区间的划分必须有理论依据，如相变点等，不能随意划分。通常我们只对298 K以上的温度感兴趣，因此将此时稳定元素 1 大气压下的焓假定为零，用做各种能量数据的参考态。利用这一参考态，欧洲热力学研究组(Scientific Group of Thermal Europe)Dinsdale 等优化计算了所有纯元素的自由能—温度表达式，建立了相应的点阵稳定性数据库[4]。

2. 压力关系模型

压力的影响像体积、热膨胀等性质的影响一样，在热力学模型中常常被忽略，仅在压力极高的情况下才予以考虑，对气相，除接近临界点如沸点，一般用 $RT\ln p/p^{\circ}$ 一项就足以描述压力的贡献了，其中 p° 为纯物质在 298 K 的蒸气压，一般凝聚态材料体系通常不考虑压力对 Gibbs 自由能的贡献。

3. 纯组元相图的计算

有些纯元素或化学计量比的化合物，在不同的温度与压力下能以不同的形式存在，如果我们可以找到其高温高压的实测相图与热力学数据，就可以用 $p-T$ 图来确定其晶格稳定性的温度与压力表达式，反过来我们也可以晶格稳定性常数的温度与压力表达式来计算 $p-T$ 图。

以钛、锆为例，常温常压下，钛和锆都是密排六方结构(ε)，高温下钛与锆都是体心立方结构(β)，高压下钛与锆是一种密度比密排六方结构更密的复杂立方结构(ω)。根据钛、锆的 $p-T$ 图以及

$$\Delta G = \Delta H - T\Delta S = \Delta U + p\Delta V - T\Delta S$$

并假定 $\Delta U, \Delta V, \Delta S$ 为常数，我们可以求得

$$\left.\begin{aligned}
\Delta G_{\mathrm{Ti}}^{\varepsilon\to\beta} &\approx 4\,393.2 - 3.81T - 115.68p(0.060)\\
\Delta G_{\mathrm{Ti}}^{\omega\to\varepsilon} &\approx -1506.24 - 0.33T + 115.68p(0.190)\\
\Delta G_{\mathrm{Ti}}^{\omega\to\beta} &\approx 2\,886.96 - 4.14T + 115.68p(0.130)\\
\Delta G_{\mathrm{Zr}}^{\varepsilon\to\beta} &\approx 4\,393.2 - 3.81T - 115.68p(0.096)\\
\Delta G_{\mathrm{Zr}}^{\omega\to\varepsilon} &\approx -1506.24 - 0.33T + 115.68p(0.320)\\
\Delta G_{\mathrm{Zr}}^{\omega\to\beta} &\approx 2\,845.12 - 4.14T + 115.68p(0.224)
\end{aligned}\right\} \tag{8.22}$$

其中，ΔG 的单位为 J/mol，ΔS 的单位为 cal*/(mol·K)，温度的单位为 K，ΔV 的单位为 cm^3/mol，p 的单位为 kPa。图 8.2 所示为利用上式计算相图与实测相图的比较。

* 1 cal = 4.181 6 J。

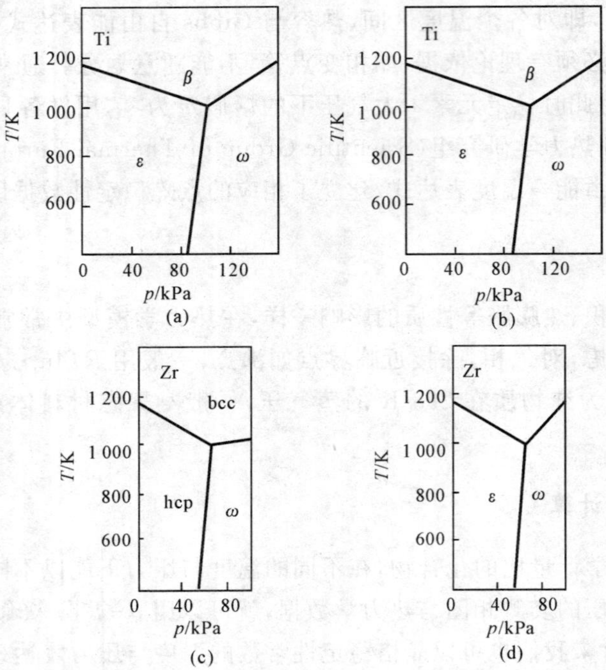

图 8.2 钛与锆计算相图与实测相图的比较

(a) 钛的测量相图； (b) 钛的计算相图；

(c) 锆的测量相图； (d) 锆的计算相图

8.2.2 溶体相模型

1. 理想溶液模型

对于由 X_A 摩尔 α 态的 A 物质与 X_B 摩尔 α 态的 B 物质在微米尺度上混合所组成的体系，其自由能可以近似表示为是两种物质自由能的机械加和，即

$$G_m^\alpha = X_A^0 G_A^\alpha + X_B^0 G_B^\alpha \tag{8.23}$$

混和过程中既不发生焓变(产生热量)，也不产生熵变。

对于 A，B 原子形成的溶液，由于 A，B 原子在原子层次上混合，因此会因键能不同而引起混和过程中产生焓变(热量变化) 与振动熵变，也会由于原子之间混合组态的变化而产生混合熵。

在理想溶液中 $A-A$ 键的键能等于 $B-B$ 键的键能，也等于 $A-B$ 键的键能，A 原子与 B 原

子随机混合，混合时焓变为零，振动熵变为零。形成理想溶液的自由能变化只来源于混合熵。

用 N_A，N_B 代表 A 及 B 的原子数。

混合前：原子组态数为 $N_A!\ N_B!$。

混合后：原子组态数为 $(N_A+N_B)!$。

由 Boltzman 关系式，混合引起的熵变为

$$\Delta S = k\ln\frac{(N_A+N_B)!}{N_A!\ N_B!} \tag{8.24}$$

应用 Stirling 近似计算法：

$$\Delta S = k[(N_A+N_B)\ln(N_A+N_B)-(N_A+N_B)- N_A\ln N_A+N_A-N_B\ln N_B+N_B] \tag{8.25}$$

因为

$$X_A=\frac{N_A}{N_A+N_B}$$

$$X_B=\frac{N_B}{N_A+N_B}$$

总原子数为

$$N=N_A+N_B$$

所以混合熵可以表示为

$$\Delta S=-kN[X_A\ln(X_A)+X_B\ln(X_B)] \tag{8.26}$$

对 1 mol 原子

$$kN=R$$

$$\Delta S=-R[X_A\ln(X_A)+X_B\ln(X_B)] \tag{8.27}$$

由此导致的自由能变化为

$$\Delta G=RT[X_A\ln(X_A)+X_B\ln(X_B)] \tag{8.28}$$

这样 1 mol α 态理想溶液的总自由能可以表示为

$$G_m^\alpha=X_A^0G_A^\alpha+X_B^0G_B^\alpha+RT(X_A\ln X_A+X_B\ln X_B) \tag{8.29}$$

这就是理想溶液模型。

2. 替换溶液模型

替换溶体（如：液相与置换固溶体相）的自由能一般通过对理想溶液进行修正来实现，其自由能表达式可以写为

$$G_m^\alpha=X_A^0G_A^\alpha+X_B^0G_B^\alpha+RT[X_A\ln(X_A)+X_B\ln(X_B)]+G^{ex} \tag{8.30}$$

其中，$X_A^0G_A^\alpha+X_B^0$，即 X_A 摩尔 α 态的 A 与 X_B 摩尔 α 态的 B 的机械混合的自由能（注意与化合物不同，对于溶液相纯物质必须用同一个参考态），$RT[X_A\ln(X_A)+X_B\ln(X_B)]$ 为理想混合熵引起的自由能增量，两者之和为理想溶液的自由能。在理想溶液中 $A-A$ 键的键能等于 $B-B$ 键的键能，也等于 $A-B$ 键的键能，A 原子与 B 原子随机混合，混合热为零。G^{ex} 为超额自由能，表示溶液偏离理想溶液的程度。对于替换溶液，超额自由能与成分的关系一般可以用多项式

来表示，如 Redlish-Kister 多项式[6]：

$$G^{ex}=X_AX_B\sum I_i(X_A-X_B)^i \tag{8.31}$$

其中，I_i 称为为相互作用参数。当 $i=0$ 时上式变为

$$G^{ex}=X_AX_BI_0$$

称为规则溶液模型[7]。

在规则溶液中，A-A 键、B-B 键、A-B 键的键能不相等，溶液中原子仍然是随机混合。设 v 为打烂 A-A 键、B-B 键形成一个 A-B 键或 B-A 键的键能（即 $2v=2u_{A-B}-u_{A-A}-u_{B-B}$，$u_{A-B}$，$u_{A-A}$，$u_{B-B}$ 分别为 A-B，A-A，B-B 键的键能），N 为总原子数，当物质量为 1 mol 时，N 即阿伏加德罗常数，Z 为配位数，在随机混合的条件下，形成 A-B 键与 B-A 键的总数为 NZX_AX_B，因此，由于键能不同而引起的自由能增量为 $vNZX_AX_B$。

当 $v>0$，$I_0>0$ 时，$G^{ex}>0$，自由能—成分曲线为马鞍形，有两个最低点，溶体相将产生溶解度间隙，溶体相内有偏聚（见图 8.3）。可以证明溶解度间隙的顶点温度 $T_C=vZ/2k$，其中 k 为波耳兹曼常数。

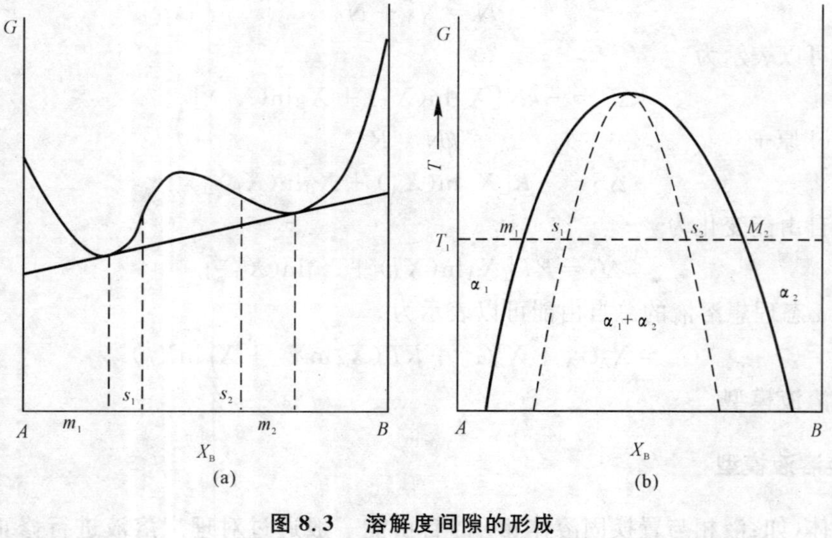

图 8.3　溶解度间隙的形成

(a) 自由能曲线；(b) 溶解度间隙（虚线为拐点曲线）

当 $v<0$，$I_0<0$ 时，$G^{ex}<0$，自由能—成分曲线只有一个最低点，溶体相内出现短程有序。

当 $v=0$，$I_0=0$ 时，$G^{ex}=0$，即理想溶液。

二元系中，符合规则溶液模型的固液两相相互作用参数的变化对相图的影响如图 8.4 所示。

由图 8.4 可见，随相互作用参数的变化，相图可以产生巨大的变化。

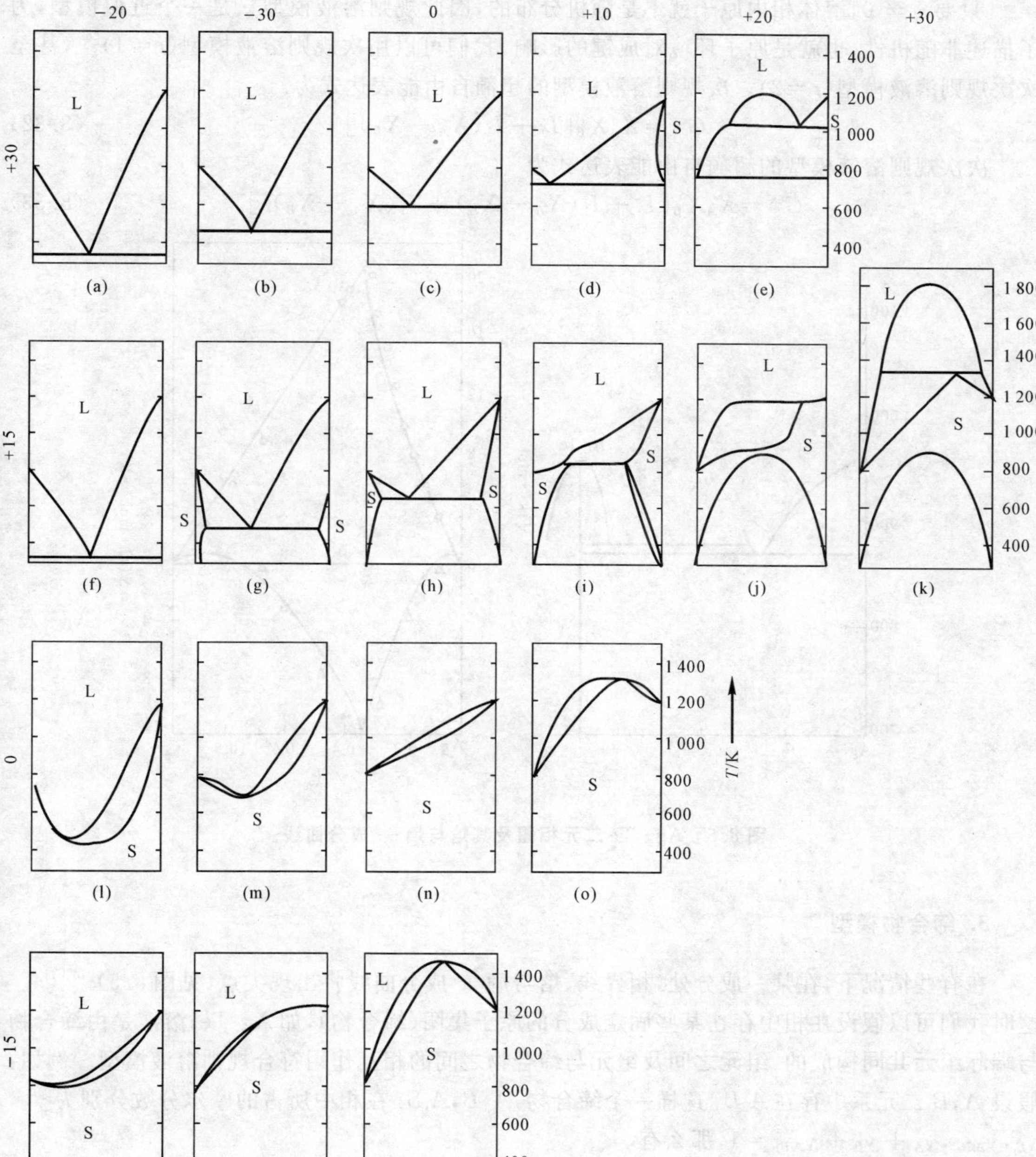

图 8.4　两规则溶液相互作用参数对相图的影响[6]

只要 $v \neq 0$,溶体相内原子就不是随机分布的,因此规则溶液模型只是一个近似模型,为了描述非随机性,也就是原子环境对成键的影响,我们可以用次规则溶液模型($i=1$)[9],甚至次次规则溶液模型($i=2$)。次规则溶液模型的超额自由能表达式为

$$G^{\mathrm{ex}} = X_A X_B [I_0 + I_1 (X_A - X_B)] \tag{8.32}$$

次次规则溶液模型的超额自由能表达式为

$$G^{\mathrm{ex}} = X_A X_B [I_0 + I_1 (X_A - X_B) + I_1 (X_A - X_B)^2] \tag{8.33}$$

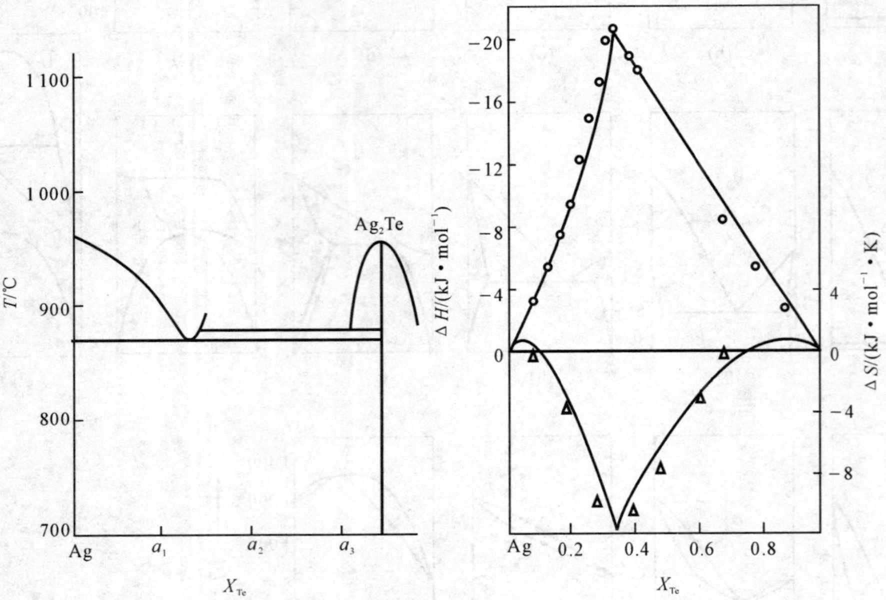

图 8.5 Ag－Te 二元相图及其焓与熵 — 成分曲线

3. 缔合物模型

在有些情况下,在某一成分处,相界线、焓与熵 — 成分曲线将出现尖点(见图 8.5)[10][11]。这时我们可以假设在相中存在某些固定成分的原子集团(缔合物),如 Ag_2Te,溶液是由缔合物与端际组元共同构成的,组元之间及组元与缔合物之间的相互作用符合规则溶液模型。例如:假设 A,B 二元系中存在 A_iB_j 这样一个缔合物,A,B,A_iB_j 在相中所占的摩尔分数分别为 y_A,y_B,y_{AiBj},$y_A + y_B + y_{AiBj} = 1$,那么有

$$\left.\begin{aligned} X_A &= (y_A + i y_{A_I B_J}) / [1 + (i + j - 1) y_{A_I B_J}] \\ X_B &= (y_B + j y_{A_I B_J}) / [1 + (i + j - 1) y_{A_I B_J}] \end{aligned}\right\} \tag{8.34}$$

该相的自由能可以表示成

$$G_m^\alpha = y_A^0 G_A^\alpha + y_B^0 G_B^\alpha + y_{A_iB_j}{}^0 G_{A_iB_j}^\alpha + RT[y_A \ln(y_A) + y_B \ln(y_B) + y_{A_iB_j} \ln(y_{A_iB_j})] + I_{A:A_ib_j} y_A y_{A_iB_j} + I_{B:A_iB_j} y_B y_{A_iB_j} + I_{A:B} y_A y_B \tag{8.35}$$

其中，${}^0G_{A_iB_j}^\alpha = i^0 G_A^\alpha + j^0 G_B^\alpha + \Delta G_{A_iB_j}$ 为 1 mol 分子缔合物的自由能；$I_{A:A_iB_j}$，$I_{B:A_iB_j} y_B y_{A_iB_j}$，$I_{A:B} y_A y_B$ 分别为溶液中 A 组元与 A_iB_j、B 组元与 A_iB_j 及 A 组元与 B 组元的相互作用参数。

这就是缔合物模型，当然一个溶液相中可能不止一种缔合物，缔合物与端际组元及端际组元之间的相互作用可以假设成次规则溶液模型甚至次次规则溶液模型，但是总的思路不变。

4. 亚点阵模型[12]

对于有一定成分范围的化合物相，我们既可以认为是在化学计量比处存在缔合物，这些相的溶解度是由端际组元与缔合物相互混合而形成的；也可以认为在化合物相中 A，B 原子本来各自占据某一固定的位置（亚点阵），形成化学计量比相，但是由于 A，B 原子互相串位而且 A 原子串到 B 原子位置的量不一定等于 B 原子串到 A 原子位置的量，因而形成了溶解度。实际晶体结构中也确实存在以某一种原子或某几种原子所占据的亚点阵。另外在间隙固溶体中，大原子占据点阵位置而间隙位置由小原子所占据，从而形成了点阵位置与间隙位置两种不同的位置，我们也认为是两个亚点阵。

如果我们假设：

① 每一亚点阵内的原子只与其他亚点阵内的原子相邻（这一点可以通过亚点阵的选取来保证）。

② 最近邻相互作用是常数。

③ 各亚点阵之间的相互作用忽略不计，过剩自由能只与同一亚点阵内原子相互作用有关，与另一亚点阵内原子种类有关，与亚点阵之间的相互作用无关。

④ 亚点阵内原子遵循规则溶液模型。

则我们就可以根据实际相中亚点阵的形式，写出亚点阵模型的自由能表达式。

例如，如果我们假设亚点阵的形式为 $(A,B)_P(B,A)_Q$，在第一个亚点阵中以 A 原子为主，在第二个亚点阵中以 B 原子为主。A 在第一个亚点阵中的点阵分数为 y_A^1，B 在第一个亚点阵中的点阵分数为 y_B^1，A 在第二个亚点阵中的点阵分数为 y_A^2，B 在第一个亚点阵中的点阵分数为 y_B^2，$y_A^1 + y_B^1 = 1$，$y_A^2 + y_B^2 = 1$，那么

$$\left.\begin{aligned} X_A &= \frac{y_A^1 P + y_A^2 Q}{P + Q} \\ X_B &= \frac{y_B^1 P + y_B^2 Q}{P + Q} \end{aligned}\right\} \tag{8.36}$$

根据第一项与第二项假设，最近邻相互作用为

$$y_A^1 y_A^2 {}^0G_{A_PA_Q} + y_A^1 y_B^2 {}^0G_{A_PB_Q} + y_B^1 y_A^2 {}^0G_{B_PA_Q} + y_B^1 y_B^2 {}^0G_{B_PB_Q} \tag{8.37}$$

根据第二项与第三项假设，混合熵与次近邻相互作用为

$$PRT[y_A^1\ln(y_A^1)+y_B^1\ln(y_B^1)]+QRT[y_A^2\ln(y_A^2)+y_B^2\ln(y_B^2)]+$$
$$P(I_A^1y_A^1y_B^1y_A^2+I_B^1y_A^1y_B^1y_B^2)+Q(I_A^2y_A^2y_B^2y_A^1+I_B^2y_A^2y_B^2y_B^1) \tag{8.38}$$

$(A,B)_P(B,A)_Q$ 的 Gibbs 自由能就等于这两项自由能之和。其中，${}^0G_{A_PA_Q}$，${}^0G_{A_PB_Q}$，${}^0G_{B_PA_Q}$，${}^0G_{B_PB_Q}$ 为每一个亚点阵只含一个原子的情况下，四个假想化合物的自由能；I_A^1，I_B^1 为第二个亚点阵分别为 A 或 B 的情况下，第一个亚点阵中 A，B 的相互作用参数；I_A^2，I_B^2 为第一个亚点阵分别为 A 或 B 的情况下，第二个亚点阵中 A，B 的相互作用参数。

亚点阵模型可以广泛用于不同类型的相。

(1) 固定成分的化合物

对于固定成分的化合物，我们可以认为每一个亚点阵只包含一种原子，没有原子串位。

$$y_A^1=1,\quad y_A^2=0,\quad y_B^1=0,\quad y_B^2=1$$
$$G_{A_PB_Q}=y_A^1y_B^2\,{}^0G_{A_PB_Q}={}^0G_{A_PB_Q}=P^0G_A+Q^0G_B+\Delta G_{A_PB_Q} \tag{8.39}$$

其中，$\Delta G_{A_PB_Q}$ 为 A_PB_Q 相的形成自由能。

(2) 规则溶液

对于规则溶液，原子随机混合，两亚点阵完全相等，$(A,B)_P(B,A)_Q$ 相当于 $(A,B)_{(P+Q)}$ $y_A^1=y_A^2=X_A$，$y_B^1=y_B^2=X_B$，而且只考虑最近邻相互作用，

$$\begin{aligned}G_{(A,B)_{(p+Q)}}=&X_AX_A{}^0G_{A_PA_Q}+X_AX_B{}^0G_{A_PB_Q}+X_BX_A{}^0G_{B_PA_Q}+X_BX_B{}^0G_{B_PB_Q}+\\&(P+Q)RT[X_A\ln(X_A)+X_B\ln(X_B)]=\\&(P+Q)[X_AX_A{}^0G_A+X_A{}^0G_A+X_B{}^0G_B+X_BX_B{}^0G_B+\\&X_AX_B(\Delta G_{A_PB_Q}+\Delta G_{B_PA_Q})]+(P+Q)RT[X_A\ln(X_A)+X_B\ln(X_B)]=\\&(P+Q)(X_A{}^0G_A+X_B{}^0G_B)+(\Delta G_{A_PB_Q}+\Delta G_{B_PA_Q})X_AX_B+\\&(P+Q)RT[X_A\ln(X_A)+X_B\ln(X_B)]\end{aligned} \tag{8.40}$$

其中，$\Delta G_{A_PB_Q}+\Delta G_{B_PA_Q}$ 即形成 $A-B$ 键引起的自由能增量，即相互作用参数。这样亚点阵模型就回到了规则溶液模型。当 $\Delta G_{A_PB_Q}+\Delta G_{B_PA_Q}=0$ 时，即理想溶液模型。

(3) 间隙固溶体[13]

常见的间隙固溶体的例子是钢铁。在钢铁中，铁与合金元素占据点阵位置，碳、氮与其他小原子占据间隙位置。我们可以假设铁与合金元素占据的点阵位置为一个亚点阵，而碳、氮与其他小原子占据间隙位置为另一个亚点阵，间隙位置不可能全部填满，我们可以认为亚点阵的其他部分由空位所占据，这样奥氏体的模型的形式为(Fe,Cr,Mn,Ni,…)(C,N,Va,…)，其中 Va 即空位。根据前面的假设，我们就可以写出其 Gibbs 自由能表达式。在自由能模型中 ${}^0G_{\mathrm{FeVa}}$ 即纯铁的奥氏体态的自由能。

(4) 金属间化合物[14]

常见的金属间化合物相 σ 相是由体心立方 A 元素(Cr, Mo, V) 和面心立方 B 元素(Fe, Ni, Co) 构成，根据 σ 相的晶体结构，每个元胞有 30 个原子分布在 5 个亚点阵上，第一个亚点阵有两个原子位置，第二个亚点阵有 4 个原子位置，其余 3 个有 8 个原子位置，第一个亚点阵与第

三个亚点阵几乎只由 B 原子占据，第二个亚点阵几乎由 A 原子所占据，剩余的两个亚点阵由 A，B 原子共同占据，因此亚点阵的形式为$(B)_2(A)_4(B)_8(A,B)_8(A,B)_8$。在实际计算中，为了减少参数的个数一般简化为$(B)_{10}(A)_4(A,B)_{16}$，根据前面的假设，我们就可以写出其Gibbs自由能表达式。注意一旦选定了某一相，如 σ 相的亚点阵的形式，那么在所有系统中必须使用同一亚点阵形式，以保证数据库的整体性。

(5) 非计量离子化合物[15]

对离子化合物一般阳离子周围总是阴离子，阴离子周围总是阳离子，形成密堆结构，因此我们通常假设阳离子为一个点阵，阴离子为一个点阵，与间隙固溶体一样，在亚点阵中可以引入空位来描述阴阳离子缺位引起的成分变化。例如：CeO_{2-x} 的亚点阵形式为$(Ce^{4+}, Ce^{3+})(O^{2-}, Va)_2$。为了满足电中性条件，必须保证 $y_{Ce3+}=4y_{Va}$ 亚点阵模型中，最近邻相互作用能保持一定的关系。用于化合物的亚点阵模型又称为化合物能量模型(compound energy model)。

(6) 离子溶液[16]

液相中没有固定的点阵位置，故一般情况下，不能用亚点阵模型，但是对于熔盐 —— 离子溶液，由于阳离子总是被阴离子包围，阴离子总是被阳离子包围，我们可以假设阳离子为一个亚点阵，阴离子为一个亚点阵，使用亚点阵模型描述其自由能。为了使模型能描述从金属熔体到非金属熔体的整个成分范围，在阴离子亚点阵中引入带电的空位与中性原子。由于液相不存在固定的点阵结构，不存在固定的 P，Q 值，一般假设 P，Q 等于阴离子的平均电荷数与阳离子的平均电荷数，空位的价数等于 Q。如：阴阳离子都是一价的 $A-B$ 二元熔体相的亚点阵形式可写为$(A^+)_P(B^-, B^0, Va^-)_Q$。$P=y_B+y_{Va}$；$Q=1$。用于离子溶液的亚点阵模型又称为双亚点阵离子溶液模型(two sublattice ionic solution model)。

5. 特殊物理现象的热力学模型

对于特殊的物理现象，我们通常单独模拟其热力学性质的变化，也就是说，将包含这种现象的相的自由能分成两部分，一部分是特殊的物理现象引起的自由能变化，另一部分为这个相没有这种物理现象的假想态的自由能。铁磁材料的磁有序化就是其中一个典型例子。

图 8.6 所示为 α-Fe 磁性对热容的贡献与磁熵，热容曲线的顶点或磁熵曲线的拐点即 α-Fe 由高温的顺磁状态转变为低温铁磁状态的居里点 T_C，在顺磁状态下只存在短程磁有序，在铁磁状态下存在长程磁有序。

1977 年，Inden 率先推导出了磁性自由能与温度的关系的对数表达式[17]，在此基础上，Hillert 等将对数表达式展开成幂级数并只取前三项推导出了磁性自由能随温度变化的表达式[18]：

在居里温度以上

$$G_m^{mo}=-RT\ln(\beta+1)\left(\frac{\tau^{-5}}{10}+\frac{\tau^{-15}}{315}+\frac{\tau^{-25}}{1\,500}\right)\Big/\left[\frac{518}{1\,125}+\frac{11\,692}{15\,975}\left(\frac{1}{p}-1\right)\right] \quad (8.41)$$

在居里温度以下

$$G_m^{mo}=RT\ln(\beta+1)\left\{1-\left[\frac{79\tau^{-1}}{140p}-\frac{474}{497}\left(\frac{1}{p}-1\right)\left(\frac{\tau^3}{6}+\frac{\tau^9}{135}+\frac{\tau^{15}}{600}\right)\right]\right\}\Big/\left[\frac{518}{1\,125}+\frac{11\,692}{15\,975}\left(\frac{1}{p}-1\right)\right] \quad (8.42)$$

其中，τ 等于 T/T_C；p 为一个与晶体结构有关的常数，其物理意义为临界温度以上的磁焓占总磁焓的分数，对面心立方金属为 0.28，对体心立方金属为 0.4；β 为波耳磁子数。

T_C 与 β 都是成分的函数，对于 A，B 二元合金：

$$V=X_A{}^0V_A+X_B{}^0V_B+\sum_{i=0}^{n}W_{A,B}^{i}(X_A-X_B) \quad (8.43)$$

这里，V 即为 T_C 或 β，W 为待优化参数。

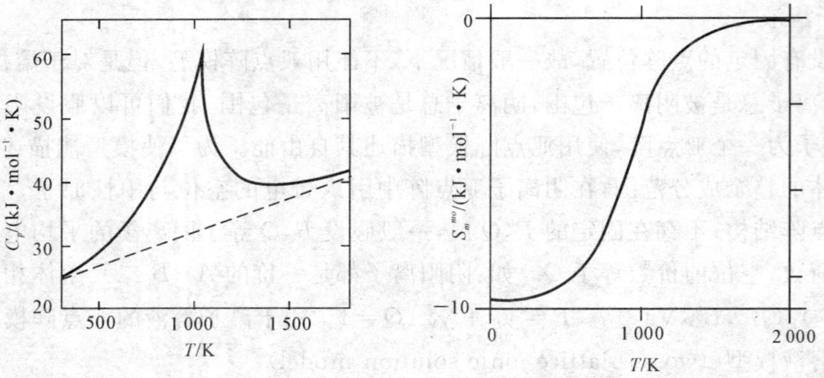

图 8.6　α-Fe 磁性对热容的贡献与磁熵 [17]

6. 多元外推模型

实测的相图一般为二元相图或三元相图的一些截面，而实际材料通常由四、五种以上的主要元素构成，因此，用低元系的相图与热力学数据外推计算多元相平衡对实际材料设计与工艺条件的优化很重要。与二元系相似，多元系的机械混合自由能为：$X_A{}^0G_A+X_B{}^0G_B+X_C{}^0G_C+X_D{}^0G_D+\cdots$ 理想混合引起的自由能增量为

$$RT[X_A\ln(X_A)+X_B\ln(X_B)+X_C\ln(X_C)+\cdots] \quad (8.44)$$

关键是要确定超额自由能。多元系的超额自由能可以由低元系的超额自由能外推而得到，这样的外推公式有：

(1) 科勒外推公式[19]

只考虑二元超额自由能对多元超额自由能的贡献，科勒外推公式的通式为

$$G^{ex} = \sum_{i=1}^{N} \sum_{j=i+1}^{N} (X_i + X_j)^2 G_{ij}^{ex}\left(\frac{X_i}{X_i + X_j}, \frac{X_j}{X_i + X_j}\right) \tag{8.45}$$

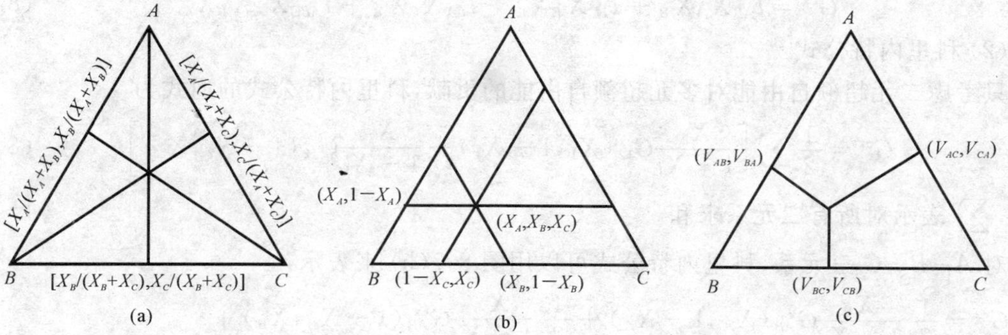

图 8.7　对称外推法示意图

(a) 科勒外推法；(b) 科里内特外推法；(c) 姆加努外推法

应用于 $A-B-C$ 三元系，科勒外推公式可用图 8.7(a) 来表示。

$$\begin{aligned} G^{ex} = &(X_A + X_B)^2 G_{AB}^{ex}\left(\frac{X_A}{X_A + X_B}, \frac{X_B}{X_A + X_B}\right) + \\ &(X_B + X_C)^2 G_{BC}^{ex}\left(\frac{X_B}{X_B + X_C}, \frac{X_C}{X_B + X_C}\right) + \\ &(X_C + X_A)^2 G_{CA}^{ex}\left(\frac{X_C}{X_C + X_A}, \frac{X_A}{X_C + X_A}\right) \end{aligned} \tag{8.46}$$

即三元系的过剩自由能等于二元边界上图示 3 个点的过剩自由能的加权平均值，权重为 $(X_i + X_j)^2$。对于规则溶液：

$$\begin{aligned} G^{ex} = &(X_A + X_B)^2 I_{AB}\left(\frac{X_A}{X_A + X_B}, \frac{X_B}{X_A + X_B}\right) + \\ &(X_B + X_C)^2 I_{BC}\left(\frac{X_B}{X_B + X_C}, \frac{X_C}{X_B + X_C}\right) + \\ &(X_C + X_A)^2 I_{CA}\left(\frac{X_C}{X_C + X_A}, \frac{X_A}{X_C + X_A}\right) = \\ &I_{AB} X_A X_B + I_{BC} X_B X_C + I_{CA} X_C X_A \end{aligned} \tag{8.47}$$

如果考虑三元超额自由能的贡献，可以加入三元项，科勒外推公式三元项的通式为

$$\begin{aligned} G^{ex} = &\sum_{i=1}^{N} \sum_{j=i+1}^{N} (X_i + X_j)^2 G_{ji}^{ex}\left(\frac{X_i}{X_i + X_j}, \frac{X_j}{X_i + X_j}\right) + \\ &\sum_{i=1}^{N} \sum_{j=i+1}^{N} \sum_{k=i+2}^{N} (X_i + X_j + X_k)^2 G_{ijk}^{ex}\left(\frac{X_i}{X_i + X_j + X_k}, \right. \end{aligned}$$

$$\left.\frac{X_j}{X_i+X_j+X_k},\frac{X_k}{X_i+X_j+X_k}\right) \tag{8.48}$$

应用于 $A-B-C$ 三元规则溶液：

$$G^{ex}=I_{AB}X_AX_B+I_{BC}X_BX_C+I_{CA}X_CX_A+I_{ABC}X_AX_BX_C \tag{8.49}$$

(2) 科里内特公式[20]

只考虑二元超额自由能对多元超额自由能的贡献，科里内特公式的通式为

$$G^{ex}=\frac{1}{2}\sum\left[\frac{X_2}{1-X_1}G_{12}^{ex}(X_1,1-X_1)+\frac{X_1}{1-X_2}G_{12}^{ex}(1-X_2,X_2)\right] \tag{8.50}$$

其中，$\sum$ 表示对所有二元系求和。

对 $A-B-C$ 三元系，科里内特公式可以用图 8.7(b) 来表示，

$$\begin{aligned}G^{ex}=&\frac{1}{2}\frac{X_B}{1-X_A}G_{AB}^{ex}(X_A,1-X_A)+\frac{1}{2}\frac{X_A}{1-X_B}G_{AB}^{ex}(1-X_B,X_B)+\\&\frac{1}{2}\frac{X_C}{1-X_B}G_{BC}^{ex}(X_B,1-X_B)+\frac{1}{2}\frac{X_B}{1-X_C}G_{BC}^{ex}(1-X_C,X_C)+\\&\frac{1}{2}\frac{X_A}{1-X_C}G_{CA}^{ex}(X_C,1-X_C)+\frac{1}{2}\frac{X_C}{1-X_A}G_{AB}^{ex}(1-X_A,X_A)\end{aligned} \tag{8.51}$$

即三元系的过剩自由能等于二元边界上图示 6 个点的过剩自由能的加权平均值。

如果考虑三元超额自由能的贡献，可以加入三元项，科里内特外推公式中三元项的通式为

$$\begin{aligned}G^{ex}=&\frac{1}{2}\sum\left[\frac{X_2}{1-X_1}G_{12}^{ex}(X_1,1-X_1)+\frac{X_1}{1-X_2}G_{12}^{ex}(1-X_2,X_2)\right]+\\&\frac{1}{3}\sum\Bigg[\frac{X_3}{1-X_1-X_2}G_{123}^{ex}(X_1,X_2,1-X_1-X_2)+\\&\frac{X_2}{1-X_1-X_3}G_{123}^{ex}(X_1,1-X_1-X_3,X_3)+\\&\frac{X_1}{1-X_2-X_3}G_{123}^{ex}(1-X_2-X_3,X_2,X_3)\Bigg]\end{aligned} \tag{8.52}$$

其中，第一个 $\sum$ 表示对所有二元系求和，第二个 $\sum$ 表示对所有三元系求和。可以证明，对于 $A-B-C$ 三元规则溶液同样有

$$G^{ex}=I_{AB}X_AX_B+I_{BC}X_BX_C+I_{CA}X_CX_A+I_{ABC}X_AX_BX_C \tag{8.53}$$

(3) 姆加努方程[21]

只考虑二元超额自由能对多元超额自由能的贡献，姆加努方程的通式为

$$G^{ex}=\sum\left[\frac{X_1X_2}{V_{12}V_{21}}G_{12}^{ex}(V_{12},V_{21})\right] \tag{8.54}$$

其中，$V_{12}=X_1+\frac{1-X_1-X_2}{2},V_{21}=X_2+\frac{1-X_1-X_2}{2}$

对 $A-B-C$ 三元系，该方程可用图 8.7(c) 来表示，三元超额自由能可由 3 个垂直点的超额

自由能外推而得到：

$$G^{ex}=\frac{X_AX_B}{V_{AB}V_{BA}}G_{AB}^{ex}(V_{AB},V_{BA})+\frac{X_BX_C}{V_{BC}V_{CB}}G_{BC}^{ex}(V_{BC},V_{CB})+\frac{X_CX_A}{V_{CA}V_{AC}}G_{CA}^{ex}(V_{CA},V_{AC}) \tag{8.55}$$

其中，(V_{AB},V_{BA})，(V_{BC},V_{CB})，(V_{CA},V_{AC}) 为图示 3 个垂直点的成分。如果考虑三元相互过剩自由能的贡献，则

$$G^{ex}=\sum\left[\frac{X_1X_2}{V_{12}V_{21}}G_{12}^{ex}(V_{12},V_{21})\right]+\sum\left[\frac{X_1X_2X_3}{V_{123}V_{231}V_{321}}G_{123}^{ex}(V_{123},V_{231},V_{321})\right] \tag{8.56}$$

其中，

$$V_{123}=X_1+\frac{1-X_1-X_2-X_3}{3}$$

$$V_{231}=X_2+\frac{1-X_1-X_2-X_3}{3}$$

$$V_{321}=X_3+\frac{1-X_1-X_2-X_3}{3}$$

对于 $A-B-C$ 三元规则溶液同样有

$$G^{ex}=I_{AB}X_AX_B+I_{BC}X_BX_C+I_{CA}X_CX_A+I_{ABC}X_AX_BX_C \tag{8.57}$$

以上 3 个外推公式均为对称外推，只适应于所有组元性质相近的情况。如果 B，C 两组元性质比较接近，而 A 的性质相差较远，那么 $A-B$，$A-C$ 与 $B-C$ 二元系的过剩自由能相距较远，在没有三元相图与热力学实测数据的情况下，用二元系的过剩自由能的热力学参数来外推计算三元相图就会带来比较大的误差。这时最好不用对称外推，而用下面的不对称外推方法。

(4) 图普-希拉特方程[22][23]

图普-希拉特方程根据最后一项的取法有三种形式：

① 最后一项取自科勒方程：

$$G^{ex}=\frac{X_B}{1-X_A}G_{AB}^{ex}(X_A,1-X_A)+\frac{X_C}{1-X_A}G_{AB}^{ex}(X_A,1-X_A)+(X_B+X_C)^2G_{BC}^{ex}\left(\frac{X_B}{X_B+X_C},\frac{X_C}{X_B+X_C}\right) \tag{8.58}$$

② 最后两项取自科里内特方程：

$$G^{ex}=\frac{X_B}{1-X_A}G_{AB}^{ex}(X_A,1-X_A)+\frac{X_C}{1-X_A}G_{AB}^{ex}(X_A,1-X_A)+\frac{X_C}{1-X_B}G_{BC}^{ex}(X_B,1-X_B)+\frac{X_B}{1-X_C}G_{BC}^{ex}(1-X_C,X_C) \tag{8.59}$$

③ 最后一项取自姆加努方程：

$$G^{ex}=\frac{X_B}{1-X_A}G_{AB}^{ex}(X_A,1-X_A)+\frac{X_C}{1-X_A}G_{AB}^{ex}(X_A,1-X_A)+$$

$$\frac{X_B X_C}{V_{BC} V_{CB}} G_{BC}^{ex}(V_{BC}, V_{CB}) \tag{8.60}$$

其中，
$$V_{BC} = X_B + \frac{1 - X_B - X_C}{2}, \quad V_{CB} = X_C + \frac{1 - X_B - X_C}{2}$$

三种不对称外推示意图如图 8.8 所示。

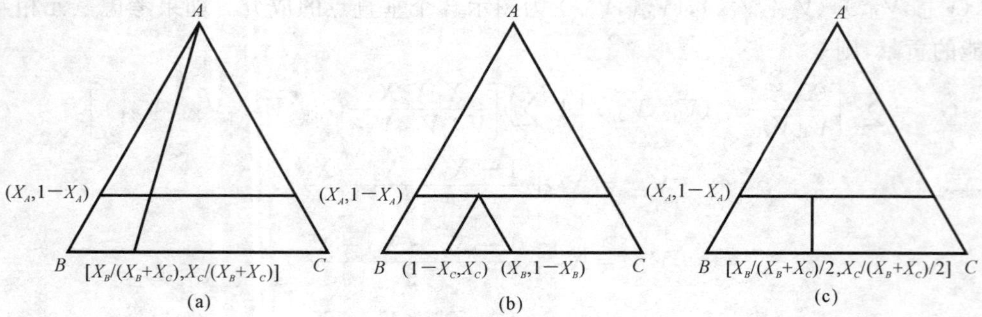

图 8.8　不对称外推示意图

(a) 最后一项取自科勒方程；(b) 最后一项取自科里内特方程；
(c) 最后一项取自姆加努方程

不同的外推方法事实上是吉布斯-杜亥姆方程沿不同路径积分的结果。对规则溶液结果是一致的。对于有多元实测相图与热力学数据的体系，不同模型的差别可以通过多元参数的优化来弥补。因此为了简单起见，一般软件中只采用一种外推方法。

8.3　热力学数据的测量原理

为了确定每一个相 Gibbs 自由能模型参数，我们需要许多热力学实验数据，如：各元素及化合物 298K 时的生成热、标准熵、热容及适当的转变热、熔化热与汽化热、蒸气压等，以及二元与多元金属体系的偏微分热、积分热、积分过剩熵与自由能。这些数据大都是综合大量实验数据评估出来的。本节将介绍这些实验数据的测量原理[24]，以便为在相图计算及实际应用中选用与评估热力学数据提供参考。

8.3.1　热容

① 除熔化外无其他相变，则可用下坠法测量热焓来推导热容。所谓下坠法即先将试样加热到一定温度，然后落入室温介质中，测量两温度之间样品热量差的方法。测量一系列 H 后可由

$$H = H_{298}^{0} + \int_{298}^{T} C_p \mathrm{d}T \tag{8.61}$$

求出 C_p。

② 如果在升温过程中有相变发生，该相变在冷却过程中不可能恢复，那么必须用绝热量热法直接测量相应的热焓 — 温度曲线，再求热容 — 温度曲线。

8.3.2　相变热的测量

1. 直接法

如果在冷却过程中相变能可逆进行，那么可用下坠法测相变热，否则用绝热量热计或算差扫描量热计测量。

2. 由相图计算

对于纯组元与液态平衡

$$\frac{\mathrm{d}\ln x_A^L}{\mathrm{d}T} = \frac{\Delta H_A^{\alpha-L}}{RT^2} \tag{8.62}$$

3. 由 $p-T$ 图计算

$$\Delta H_f = T(V_{液} - V_{固}) \frac{\mathrm{d}p}{\mathrm{d}T} \tag{8.63}$$

8.3.3　生成热的测量

1. 直接测量

氧化物、氮化物、卤化物的生成热可以直接测量。

2. 利用 Hess 定律通过测量燃烧热与溶解热来测量

$$\text{Hess 定律}\quad \left.\begin{aligned} &2Fe + \frac{3}{2}O_2 = Fe_2O_3 && \Delta H_1 \\ &2Fe + O_2 = 2\ FeO && \Delta H_2 \\ &2Fe + \frac{1}{2}O_2 = Fe_2O_3 && \Delta H_3 \end{aligned}\right\} \tag{8.64}$$

$$\Delta H_1 = \Delta H_2 + \Delta H_3$$

合金的生成热等于合金在溶剂中的溶解热减去纯组元溶解在同样溶剂中形成同样浓度的溶液的溶解热。

3. 利用 Van't Hoff 等压方程式计算

测定反应平衡常数的温度系数，利用 Van't Hoff 等压方程式计算生成热或反应热。

$$\left(\frac{\partial \dfrac{G}{T}}{\partial T}\right)_p=\frac{T\left(\dfrac{\partial G}{\partial T}\right)_p}{T^2}=\frac{-TS-G}{T^2}=-\frac{H}{T^2} \tag{8.65}$$

对一个反应 $\Delta G=RT\ln K_p$，所以

$$\Delta H=-T^2\left(\frac{\partial \dfrac{\Delta G}{T}}{\partial T}\right)_p=RT^2\left(\frac{\partial \ln K_p}{\partial T}\right)_p=-R\left(\frac{\partial \ln K_p}{\partial T}\right)_p \tag{8.66}$$

如 ΔH 不随温度变化，则

$$\int_{T_1}^{T_2}\ln K_p=-\frac{\Delta H}{R}\int_{T_1}^{T_2}\mathrm{d}\,\frac{1}{T} \tag{8.67}$$

$$\Delta H_T^0=RT_1T_2\,\frac{\ln K_{p_1}-\ln K_{p_2}}{T_1-T_2}=R\,\frac{\ln K_{p_1}-\ln K_{p_2}}{\dfrac{1}{T_1}-\dfrac{1}{T_2}} \tag{8.68}$$

如果反应只包含一个气相，则

$$\Delta H_T^0=\pm RT^2\,\frac{\mathrm{d}p}{\mathrm{d}T} \tag{8.69}$$

$$\Delta H_T^0=\pm RT_1T_2\,\frac{\ln p_1-\ln p_2}{T_1-T_2}=\pm R\,\frac{\ln p_1-\ln p_2}{\dfrac{1}{T_2}-\dfrac{1}{T_1}} \tag{8.70}$$

气相在右边为正，左边为负。

对于蒸发：

蒸发热为

$$L_e=RT^2\,\frac{\mathrm{d}\ln p}{\mathrm{d}T}=-R\,\frac{\mathrm{d}\ln p}{\mathrm{d}\,\dfrac{1}{T}} \tag{8.71}$$

$$L_e=RT_1T_2\,\frac{\ln p_1-\ln p_2}{T_1-T_2}=R\,\frac{\ln p_1-\ln p_2}{\dfrac{1}{T_2}-\dfrac{1}{T_1}} \tag{8.72}$$

对于溶解：

$$\Delta H_{溶解}=RT^2\,\frac{\mathrm{d}\ln C_{和}}{\mathrm{d}T}\Delta H_{溶解}=RT_1T_2\,\frac{\ln C_1-\ln C_2}{T_1-T_2} \tag{8.73}$$

对于两溶液相平衡：

$$\frac{\mathrm{dln}\,\dfrac{x_2}{x_1}}{\mathrm{d}T}=\frac{\Delta H}{RT^2} \tag{8.74}$$

$$\frac{\mathrm{dln}\,x_2}{\mathrm{d}T}-\frac{\mathrm{dln}\,x_1}{\mathrm{d}T}=\frac{\Delta H}{RT^2} \tag{8.75}$$

$$\Delta H^{\alpha\to L}<\Delta H^{L\to g}$$

因此 $\alpha\to L$ 两液相线的起始斜率差小于 $L\to g$ 两液相线的起始斜率差。

4. 电动势法

$$\Delta G=-ZFE \qquad \Delta S=-\left(\frac{\partial\Delta G}{\partial T}\right)_p \tag{8.76}$$

$$\Delta H=\Delta G+T\Delta S=-ZFE+TZF\left(\frac{\partial E}{\partial T}\right)_p=ZF\left[T\left(\frac{\partial E}{\partial T}\right)_p-E\right] \tag{8.77}$$

$$\Delta H\approx 23\ 066Z\left(T\frac{E_1-E_2}{T_1-T_2}-\frac{E_1+E_2}{2}\right) \tag{8.78}$$

8.3.4 熵与熵变的测量

1. 量热法

由 C_p 求熵

$$S_T=\int_0^T\frac{C_p}{T}\mathrm{d}T=\frac{a}{3}T'^3+\int_{T'}^T\frac{C_p}{T}\mathrm{d}T=\frac{1}{3}C_p(T')+\int_{T'}^T\frac{C_p}{T}\mathrm{d}T \tag{8.79}$$

又 $T'<15$ K 时，$C_p=aT'^3$ 称为爱因斯坦-德拜公式。

2. 测量平衡常数温度系数的方法

$$\Delta S_T^0=-\left(\frac{\partial\Delta G}{\partial T}\right)_p=\left[\frac{\partial(RT\ln K_p)}{\partial T}\right]_p=$$

$$R\left[\ln K_p+T\left(\frac{\partial\ln K_p}{\partial T}\right)_p\right] \tag{8.90}$$

$$\Delta S_T^0\approx R\left(T\frac{\ln K_{p_1}-\ln K_{p_2}}{T_1-T_2}+\frac{\ln K_{p_1}+\ln K_{p_2}}{2}\right) \tag{8.91}$$

3. 测量电动势温度系数

$$\Delta S_T=\mathrm{Z}F\left(\frac{\partial E}{\partial T}\right)_T \tag{8.92}$$

$$\Delta S_T \approx ZF\frac{E_1 - E_2}{T_1 - T_2} \tag{8.93}$$

8.3.5 Gibbs 自由能的测量

1. 从生成热熵与比热求

$$\Delta G = \Delta H - T\Delta S = \Delta H_{298}^0 - T\Delta S_{298}^0 - \int_{298}^{T}\Delta C_p \mathrm{d}T - T\int_{298}^{T}\frac{\Delta C_p}{T}\mathrm{d}T \tag{8.94}$$

2. 从反应平衡常数求

$$\Delta G = -RT\ln K_p \tag{8.95}$$

只包含一种气相时

$$\Delta G = \pm RT\ln K_p \tag{8.96}$$

＋为气相反应物，－为气相生产物。

3. 电动势法

$$\Delta G = -ZFE \tag{8.97}$$

8.3.6 偏摩尔量的测量

1. 偏摩尔量的定义

在一定成分的大量溶液中加入 1 mol A 后其容量性质的改变值，或在某一成分的溶液中加入不致引起成分变化的少量A后引起的容量性质增量与A的摩尔数之比称为偏摩尔量。用反应式表示，对二元系：

$$A + A_mB_n \rightarrow A_{m+1}B_n \quad (n, m \gg 1) \tag{8.98}$$

反应的自由能、焓、熵变化即分别为 A,B 溶液的在 $\left(\frac{m}{m+n},\frac{n}{m+n}\right)$ 处的偏摩尔自由能、偏摩尔焓与偏摩尔熵。

用图形表示，AB 溶液在某一温度下的偏摩尔自由能即 A 组元在该温度该浓度下的化学位。

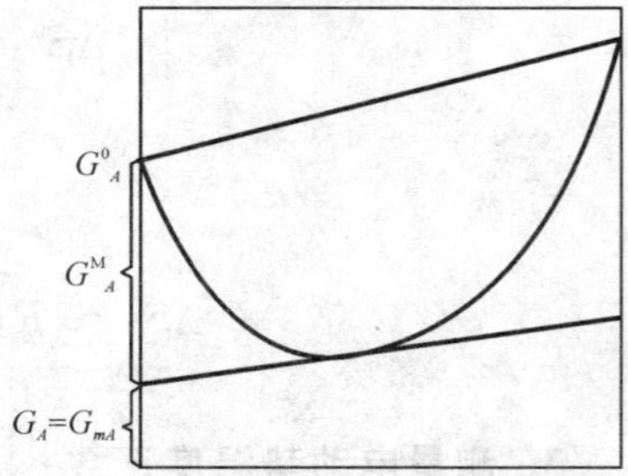

图 8.9 偏摩尔混合自由能

实际测量中我们测量的是偏摩尔混合自由能（见图 8.9）：

$$G^M = G_m - x_A G_A^0 + x_B G_B^0 \tag{8.99}$$

$$\bar{G}_A^M = \left(\frac{\partial G^M}{\partial x_A}\right)_{p,T,x_B} = G_A - G_A^0 = RT\ln a \tag{8.100}$$

2. 偏摩尔量的测量

① 量热法：偏摩尔混合焓可按偏摩尔量的定义直接由量热法测量。A，B 溶液在成分为 $\left(\frac{m}{m+n},\frac{n}{m+n}\right)$ 处的偏摩尔热即 $A + A_mB_n \to A_{m+1}B_n$ 反应的反应热。

② 用浓差电池测量偏摩尔混合自由能，再由偏摩尔混合自由能的温度系数求偏摩尔混合焓与偏摩尔混合熵。图 8.10、图 8.11 分别为 Sn－＜SnTe＋Te＞反应电池与 Ag－Ag_xAu_{1-x} 浓差电池的相图、自由能曲线与电动势曲线，由图可见与反应电池不同浓差电池的电动势与成分有关，随 Au 含量增高而逐步加大。

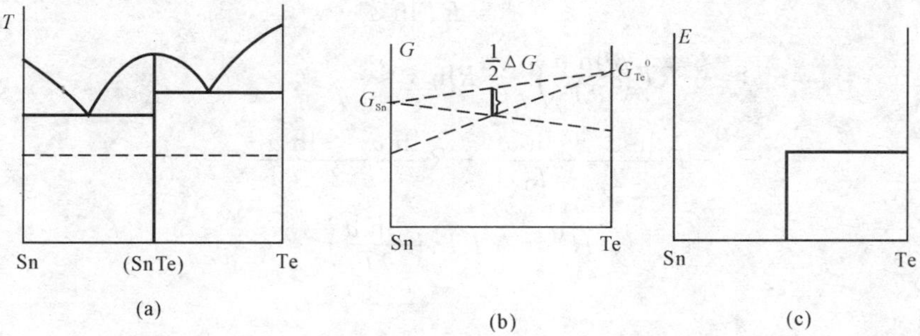

图 8.10　Sn－＜SnTe＋Te＞反应电池的相图，自由能曲线与电动势曲线

(a) Sn－Te 相图，虚线表示实验温度；(b) 在该温度下的 Gibbs 自由能；(c) 电动势与阴极成分关系

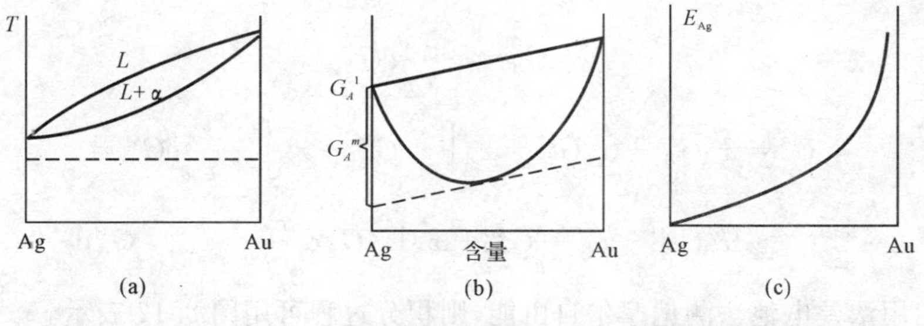

图 8.11　Ag－Ag_xAu_{1-x} 浓差电池的相图，自由能曲线与电动势曲线

(a) Ag－Au 相图，虚线表示实验温度；

(b) 在该温度下的 Gibbs 自由能；(c) 电动势与阴极成分关系

如果我们知道了浓差电池的电动势 $\bar{E}_{Ag}$，我们就可以求出 Ag 的偏摩尔混合自由能、偏摩尔焓与偏摩尔熵。

$$\bar{G}_{Ag}^{M} = G_{Ag} - G_{Ag}^{0} = RT\ln a = -ZF\bar{E}_{Ag} \tag{8.101}$$

$$\bar{H}_{Ag}^{M} = ZF\left[T\left(\frac{\partial \bar{E}_{Ag}}{\partial T}\right)_p - \bar{E}_{Ag}\right] \tag{8.102}$$

$$\bar{S}_{Ag}^{M} = ZF\left(\frac{\partial \bar{E}_{Ag}}{\partial T}\right)_p \tag{8.103}$$

3. 由测量蒸压的方法测量活度(或活度系数)求偏摩尔量

$$a = \frac{p}{p_0} \tag{8.104}$$

其中，p 为溶液蒸气压，p_0 为纯组元蒸气压。

$$\bar{G}^{M} = RT\ln a \tag{8.105}$$

$$\bar{S}^{M} = -RT\left(\frac{\partial \ln a}{\partial T}\right)_p - R\ln a \approx$$

$$-R\,\frac{\ln a_2 - \ln a_1}{T_2 - T_1} - R\,\frac{\ln a_2 - \ln a_1}{2} \tag{8.106}$$

$$\bar{H}^{M} = -RT^2\left(\frac{\partial \ln a}{\partial T}\right)_p \tag{8.107}$$

8.3.7 由偏摩尔量求积分摩尔量

由于我们通常只能测得 A，B 二元系中两个偏摩尔量中的一个，因此必须根据 Gibbs-Duhmn 方程来求积分(测电动势只能测电正性大的一个，测蒸气压只能测气压大的一个)。

$$x_A\,\mathrm{d}G_A + x_B\,\mathrm{d}G_B = 0$$

$$\mathrm{d}G_B = -\frac{x_A}{x_B}\mathrm{d}G_A \tag{8.108}$$

$$G^m = x_A G_A^M + x_B G_B^M = x_A\int_0^{\bar{G}_A}\mathrm{d}\bar{G}_A^M - x_B\int_0^{x_A}\frac{x_A}{x_B}\mathrm{d}\bar{G}_A^M =$$

$$x_A\bar{G}_A^M - x_B\,\frac{x_A}{x_B}\bar{G}_A^M + x_B\int_0^{x_A}\bar{G}_A^M\,\mathrm{d}\,\frac{x_A}{x_B} = x_B\int_0^{x_A}\bar{G}_A^M\,\mathrm{d}\,\frac{x_A}{x_B} \tag{8.109}$$

如果我们用浓差电池法测偏摩尔自由能，则积分过程可用图 8.12 表示。

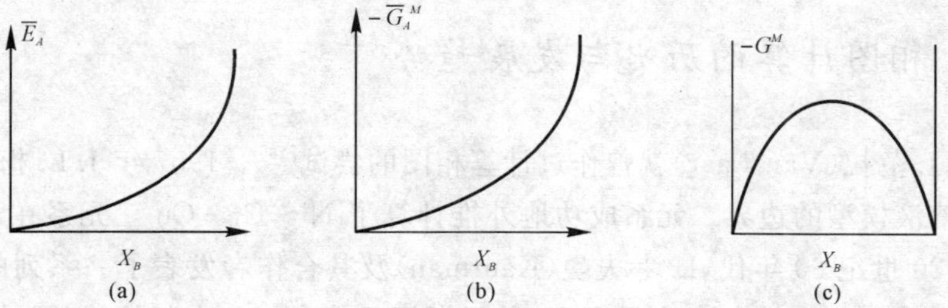

图 8.12　由浓差电池电动势求积分自由能

(a) 电动势与成分的关系；(b) A 的偏摩尔自由能与成分的关系；

(c) 积分混合自由能与成分的关系

8.4　相图计算与扩散动力学模拟及其应用实例

8.4.1　相图计算基本原理

相图计算就是运用热力学原理计算系统的相平衡关系并绘制出相图的科学研究。相图计算的关键就是选择合适的热力学模型模拟各相的热力学性质随温度、压力、成分等的变化。相图计算的根本原理是热力学第二定律，对于物质一定但与外界有能量交换的体系(封闭体系)，恒温恒压过程总是朝 Gibbs 自由能降低的方向进行，当体系处于平衡状态时，体系的能量最低，每一组元在各相中的化学位相等，即 Gibbs 自由能曲线有公切线，因此原则上只要知道每一相在整个成分、温度与压力范围内的自由能，就可以判断在某一成分与压力下，一定成分的材料到底由哪些相组成，各相的成分与相对含量，从而计算出相图。

因此相图计算过程是由实测与物理计算的相图与热力学数据确定自由能表达式，又反过来由自由能表达式计算相图与热力学数据的可逆过程(见图 8.13)[23]。

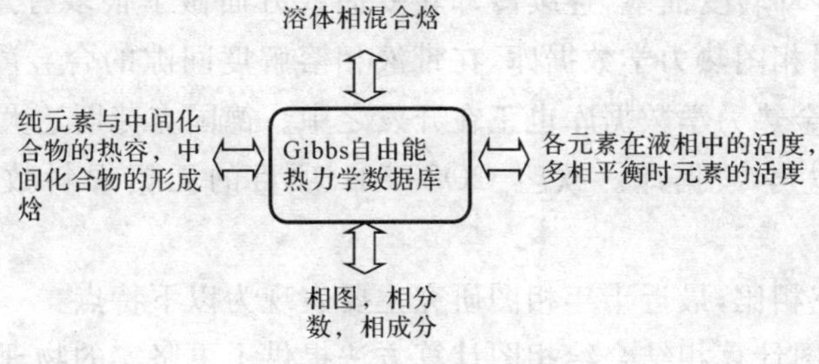

图 8.13　相图计算的过程

8.4.2 相图计算的历史与发展趋势

1908 年 J. J. 范拉(Van Laar)就曾作过计算相图的尝试[26]。1957 年 J. L. 梅杰林(Meijering)应用规则溶液模型的边界二元系成功地外推计算了 Ni－Cr－Cu 三元系在 1 203 K 下的等温截面[27]。20 世纪 60 年代，L. 考夫曼(Kaufman)及其合作者发表了一系列的计算二元相图与三元相图的文章，1970 年考夫曼和 H. 伯恩斯坦(Bernstein)出版的《相图计算机计算》一书，给出了由高熔点金属组成的 72 个合金二元系和 286 个合金三元系的热力学参数，并给出了计算图例，为相图计算机计算提供了基本思路[28]。1973 年成立了相图计算非正式国际组织"相图计算"(CALPHAD)，该组织 1977 年开始出版专门刊物《CALPHAD—相图与热化学的计算机耦合》，每年召开一次国际会议。目前国际上已有许多成熟的相图计算软件，如：Thermal－Calc[29]，Lukas Program[30]等，建立了许多相图热力学数据库，如：SGTE 纯物质数据库、溶液数据库、钢铁数据库、铝基合金数据库、钛基合金数据库、镍基合金数据库、半导体材料数据库、Zr 基结构陶瓷材料数据库与人工晶体材料数据库。许多国际上著名的公司，如美国的通用电器公司、普惠公司，英国劳斯莱斯公司，日本住友金属都开发了用于自己材料设计的相图热力学数据库。

最近十年，国际上相图研究方面取得了长足的进展。美国西北大学将相图计算、扩散模拟及第一原理计算与连续场下的有限元模拟相结合，在钢铁材料设计方面取得了实质性的突破。美国麻省理工学院、宾夕法尼亚州立大学、Lawrence Livermore 国家实验室、俄亥俄州立大学用第一原理方法与相图计算、扩散模拟与相场模拟相结合，在高温合金成分与组织设计方面做了很多有益的探索。瑞典皇家工学院在不断完善其铁合金相图热力学数据库的基础上，正用第一原理、德拜模型、相图计算相互结合开发合金体系体积数据库，开发完善其氧化物溶渣数据库并用扩散相变模拟软件设计高温合金金属涂层。美国威斯康星大学在如何用统计物理的方法恰当地模型描述固溶体中的短程有序及如何确保多元合金相图计算的准确性方面做了大量工作，并开发了一个新的相图计算软件"Panda"。英国 Surrey 大学在如何预测合金的高温强度与计算合金恒温冷却转变曲线，连续冷却转变曲线方面做了很多有意义的工作。日本东北大学开发了无铅焊料相图热力学数据库，在带液相溶解度间隙的合金凝固形貌方面取得了很好的成绩，相关铜合金热力学数据库也正在开发之中。德国克劳斯达大学开发了包含 16 个元素的镁合金相图热力学数据库。欧盟 COST531 项目的无铅焊料数据库的开发也在进行中。

与以往的相图研究相比，最近十年相图研究主要表现为以下特点：

(1)第一原理与相图计算相结合给相图计算方法提供了更坚实的物理基础

以密度泛函理论(DFT)为代表的第一原理计算方法能准确计算基态材料的晶格常数、结合能、晶格力学性质，为相图计算与扩散动力学模拟提供了可靠的参数。相图计算中亚稳相晶格稳定性的确定、晶胞体积、混合焓或生成焓、原子移动性的计算等都离不开第一原理计算。图8.14所示为第一原理计算、相图热力学计算与扩散动力学模拟关系框图。

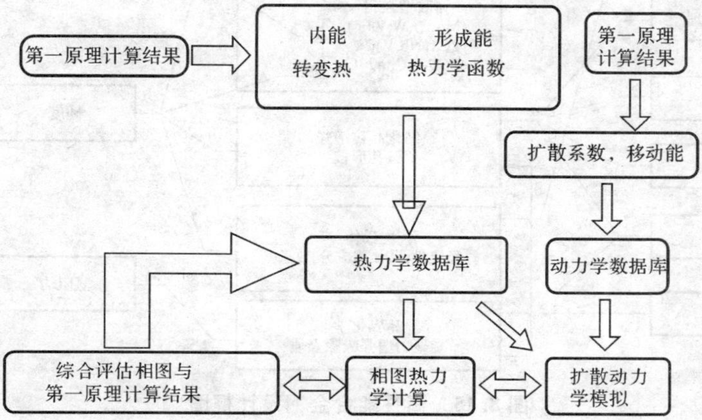

图8.14 第一原理计算、相图热力学计算与扩散动力学模拟关系[31]

(2)相图计算与其他材料设计方法相融合已经在一些具体的材料设计中显示出强大的生命力

在美国自然科学基金委员会的资助下，1985年美国西北大学成立了一个集工业界、教育界与政府机构共司组成的钢铁研究小组，该小组运用第一原理计算(Ab-initio)研究金属中杂质所导致的晶界脆性，用连续体有限元模拟(ABAQUS)研究第二相对晶界的钉扎对材料强度与断裂韧性的影响，用有约束的条件的相图热力学计算(Thermo-Calc)设计材料成分，预测材料凝固过程中的成分不均匀性与马氏体转变转变温度，用扩散相变模拟软件(DICTRA)模拟材料热处理过程中的均匀化与获得马氏体转变的条件，成功地从材料服役中所需的表现(Performance)出发，通过定量研究材料结构(Structure)与性能(Properties)的关系，设计出了用于太空梭主发动机上齿轮的沉淀硬化不锈钢和其他一系列轴承钢与齿轮用钢。该方法在有色金属、生物材料、储氢材料中的应用也在积极地探索之中。

图8.15所示为该小组高性能合金钢设计框图，图8.16所示右边为该小组各个层次材料设计所用计算模型，左边是为验证这些模型所用的实验手段，最上层为尺度为1 μm的相变设计，中间为尺度为0.1 μm的细观力学设计，尺度为1 nm的纳米设计，最下面为尺度为0.1 nm的量子设计，相图计算(TC)与扩散模拟(DICTRA)在前三个层次的设计中起核心作用[32]。

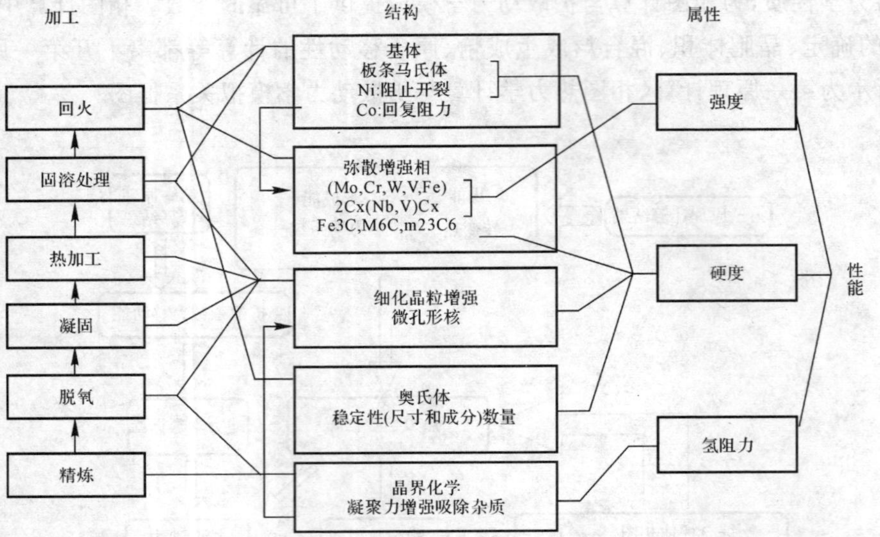

图 8.15　高性能合金钢设计框图

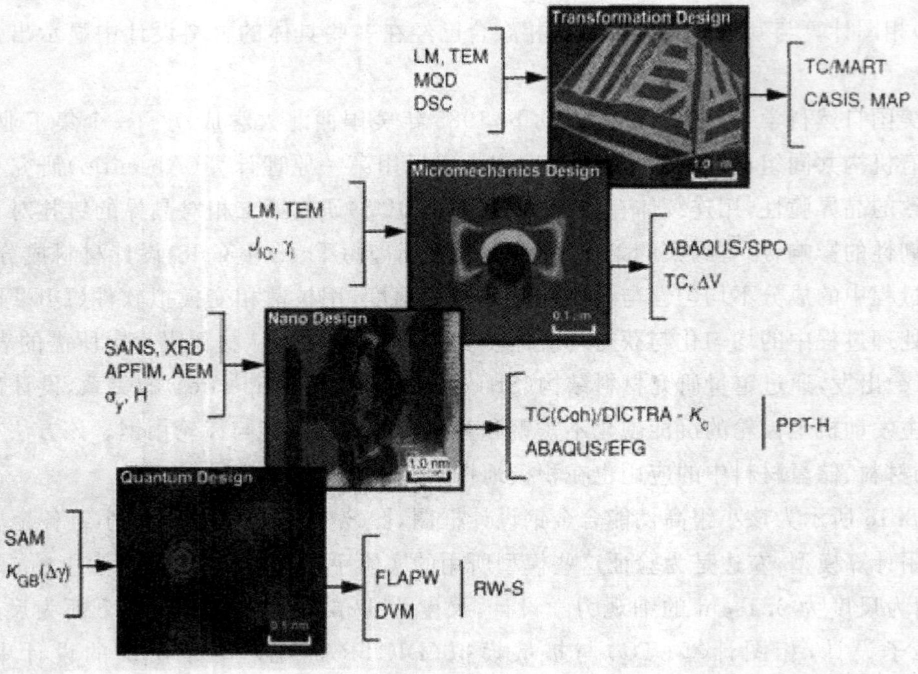

图 8.16　不同层次下设计高性能合金钢的计算模型
及用来验证计算模型的实验设备

8.4.3 相图计算的基本步骤

运用CALPHAD方法进行相图计算主要分为4个步骤。首先，根据体系中各相的结构特点来一一选择合适的热力学模型描述其Gibbs自由能，这些与温度、压力和浓度有关的自由能表达式中含有一定数量的待定参数；然后，利用实测的相图与热化学数据优化出Gibbs自由能表达式中的待定参数，再采用适当的算法和相应的计算机程序在计算机上按相平衡条件计算相图；最后将计算结果与实验数据比较和分析，如果两者相差较大，则调整待定参数或重新选择热力学模型，再进行一次优化计算，直至计算结果与大部分相图数据、热化学数据在实验误差范围内吻合。相图优化与计算的过程可以用如图8.17所示的流程图来表示。

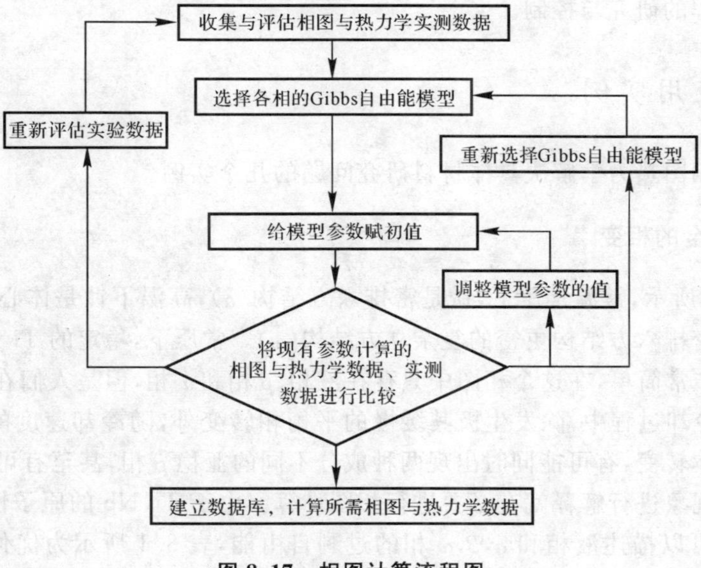

图8.17　相图计算流程图

8.4.4 相图计算的作用

实验测定相图过程中需要耗费大量的人力与物力，在高温、高压、有腐蚀性气体参与反应的条件下，还将面临成分控制、容器选择和高温测量等方面的困难，而且实验测定总是有限的、片面的，无法对体系的相图和热力学性质作一个完整、全面的了解。引入相图计算后，只需要对体系中相图的部分关键区域和某些关键相的热力学数据进行实验测量就可以优化出Gibbs自由能模型参数，外推计算出整个相图，建立起该体系完整的相图热力学数据库，从而大大减少相图研究的工作量，有可能避开可能出现的实验困难。与实测相图相比，计算相图有以下显著特点：

①可以用来判别实测相图数据和热化学数据本身及它们之间的一致性，从而对来自不同实验者和运用不同实验方法所获得的实验结果进行合理的评估，为使用者提供准确可靠的相图信息。

②可以外推和预测相图的亚稳部分，从而得到亚稳相图。

③可以外推和预测多元相图，计算多元复杂体系的相平衡，为实际材料设计与加工工艺的制定作参考。

④通过计算等 Gibbs 自由能曲线(T_0线)，可以预测无扩散相变的成分范围。

⑤可以提供相变动力学研究所需的相变驱动力、活度等重要信息。

⑥可以方便地获得以不同热力学变量为坐标的各种相图形式，以便用于不同条件下的材料制备与使用过程的研究与控制。

8.4.5 应用实例

下面介绍用相图热力学解决具体材料研究问题的几个实例。

1. Nb－Ti 合金的相变[33]

如图 8.18(a)所示，常温常压下，钛是密排六方结构(α)，高温下钛是体心立方结构(β)，高压下钛是密度比密排六方结构更密的复杂立方结构(ω)。常压下，稳定的 Ti－Nb 相图如图 8.18(a)，这个相图非常简单，在这个相图中只存在液相、β 相和 α 相，但是人们在研究 Ti－Nb 合金时发现在 β 相冷却过程中，除发生极其缓慢的平衡相转变外，随冷却速度的变化，有可能发生无扩散的马氏体转变，有可能同时出现两种成分不同的亚稳 β 相，甚至有可能出现亚稳的 ω 相。为了对上述现象进行解释就有必要进行相图计算。由于 Ti，Nb 的原子性质相近，因此用规则溶液模型就可以描述液相和 α，β，ω 相的过剩自由能，表 8.1 所示为优化所得的 Ti－Nb 二元系 Gibbs 自由能参数，图 8.18(b)所示为利用上述自由能参数所计算的液相/β 相的平衡与实验数据的比较，图 8.18(c)所示为利用上述自由能参数所计算的 α/β 相的平衡与实验数据的比较，其中实线是用我们优化的参数的计算结果，虚线是用别人优化的参数的计算结果，由图可见我们优化所得的 Gibbs 自由能参数能更好地重现实验数据。除了重现稳定相图的实验数据外，相图计算可以用来预测无扩散相变。图 8.18(d)所示 $\alpha+\beta$ 两相区中的虚线为计算的等 Gibbs 自由能曲线(T_0线)，落在上面的点为实测的马氏体转变线，由图可见通过计算 T_0线能比较准确预测无扩散相变温度与发生 β/α 马氏体相变的成分范围。图 8.18(e)所示为计算的含有 ω 相的亚稳相图，图上的实验点为实际观察到亚稳 ω 相的成分与温度。由图可见相图计算能较好地预测 ω 相的形成温度，由于低温下 β 相存在亚稳的调幅分解，因此有可能观察到两种成分不同的 β 相，调幅分解是一个自发过程，调幅分解阻止了 ω 相的析出，所以含铌量大于 C 位置(见图 8.18(f))的成分不再有 ω 相析出，这就是为什么高铌的成分没有观察到 ω 相的原因。

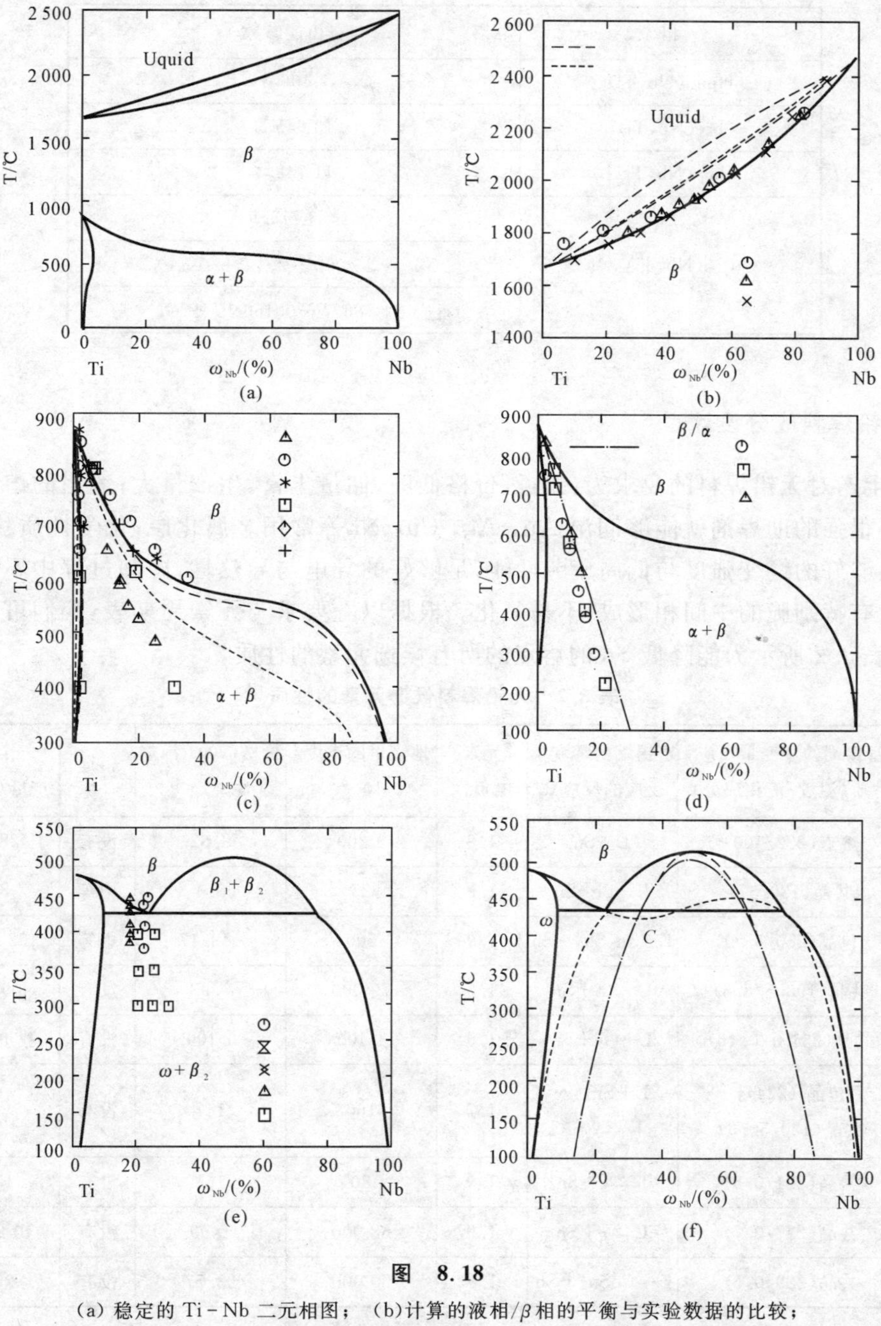

图　8.18

(a) 稳定的 Ti－Nb 二元相图；(b)计算的液相/β 相的平衡与实验数据的比较；
(c)计算的 α/β 相的平衡与实验数据的比较；(d)计算的 T_0线与实测的马氏体相变点的比较；
(e)含有 ω 相的亚稳相图；(f)含调幅分解曲线的亚稳相图

表 8.1 优化所得的 Ti - Nb 二元系 Gibbs 自由能参数

相	自由能参数
liquid(Nb,Ti)	7 406.1
bcc(Nb,Ti)	13 045.3
hcp(Nb,Ti)	11 742.4
ω(Nb,Ti)	−3 775.9
	$G_{\mathrm{Nb}}^{\omega} = 15\ 000 + 2.4T + {}^{0}G_{\mathrm{Nb}}{}^{\mathrm{bcc}}$
	$G_{\mathrm{TT}}^{\omega} = 1\ 886.7 - 0.156\ 1T + {}^{0}G_{\pi}{}^{\mathrm{hcp}}$

2. 无铅焊料成分设计[34,35]

电子生产对无铅焊料的要求为：无毒，价格低廉，储量丰富，生产量大；适当的熔化温度范围；不需要很强的助焊剂就能够润湿 Au, Ag, Cu, Ni 等常用金属化层；化学性质稳定，不容易腐蚀，足够好的蠕变强度与低周疲劳性能，足够好的导电与导热性，冷却过程中不会形成低熔点相，没有特别脆的中间相形成，不易氧化。根据以上要求与元素周期表，我们可以确定候选元素。表 8.2 所示为能降低 Sn 的熔点的所有候选元素的性质。

表 8.2 无铅焊料候选元素的性质

元素(X)	富锡端的零变量反应性质(温度/液相成分)	富锡端的零变量反应的反应式	元素电负性	地壳里的丰度/10^{-9}	价格(2001 年)/(\$·kg^{-1})	毒性	全世界产量/($t \cdot a^{-1}$)
Sn	熔点(232/100)	L—Sn	1.8	2 200	8.82	没有	280 000
Bi	共晶(139/57)	L—Bi+Sn	1.9	25	8.4	中等	8 000
Sb	包晶(250/6.7)	L+Sn_3Sb_2—Sn	1.9	200	143.17	中等	122 000 000
Zn	共晶(198.5/8.8)	L—Zn+Sn	1.6	79 000	0.93	没有	6 900 000
Ge	共晶(231.1/0.16)	L—Ge+Sn	1.6	1 400	1 100	没有	找不到数据
In	包晶 (224), 共晶(120/50.9)	L+Sn—γ L—γ+β	1.7	160	147	没有	200
Ag	共晶(221/3.5)	L—ε+Sn	1.9	80	161	没有	15 000
Cu	共晶(227/0.7)	L—η+Sn	1.9	68 000	1.59	没有	10 200 000
Co	共晶(229/0.5)	L—$CoSn_2$+Sn	1.8	30 000	23.57	没有	25 000

比较候选元素可以发现 Bi, Sb 有中等毒性；Zn 太活泼，需要很强的助焊剂或特殊焊接工

艺;Ge 在液态 Sn 中的溶解度较小,降低熔点效果不明显,而且比较贵;In 的全球生产量太少(200t/a,是 Bi 的 1/40,Ag 的 1/75)。因此,Sn,Ag,Cu,Co 是构成无铅焊料的比较合适的组分。Sn－Ag－Cu 共晶点,共晶温度为 217℃,是目前认为最有前途的无铅焊料,图 8.19 所示为用相图计算所获得的 Sn－Ag－Cu 富 Sn 角液相面投影图,共晶点的成分,Ag 和 Cu 的质量分数分别为 3.73%,0.85%。图 8.20 所示为利用相图计算找出的 Sn－Co－Cu 三元系的共晶点,共晶温度为 224.4℃,共晶点的成分,Co 和 Cu 的质量分数分别为 0.37%,0.68%,Co 比 Ag 便宜得多,Sn－Co－Cu 有可能成为 Sn－Ag－Cu 的廉价替代品。

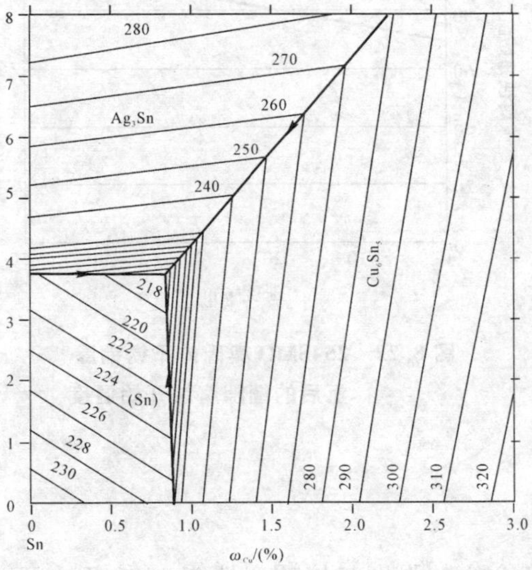

图 8.19　Sn－Ag－Cu 三元共晶点

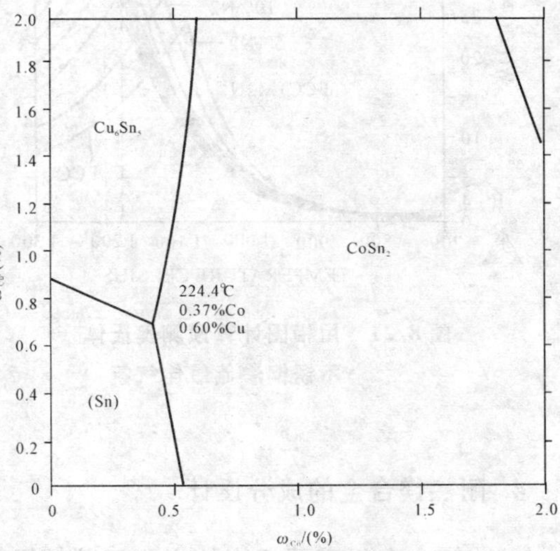

图 8.20　Sn－Co－Cu 三元系的共晶点

3. 奥氏体不锈钢渗氮[36]

固溶于奥氏体中的氮可以大大提高不锈钢抵抗点蚀与缝隙腐蚀的能力。但是钢中的氮化物会明显降低钢的抗腐蚀性,对应一定的不锈钢成分,有最佳的氮含量。由于 δ 铁素体氮的溶解度低于奥氏体中氮的溶解度,因此在熔炼过程中加氮会引起气泡等缺陷,而且由于固溶的氮有很好的加工硬化效果,会使材料变硬,影响后续加工过程。通过改进不锈钢光亮退火工艺实现表面渗氮可以克服这一困难,提高不锈钢的性能。图 8.21 所示为用相图计算软件计算的 254SMO 奥氏体不锈钢中奥氏体的氮含量与光亮退火温度、气氛中含氮量的关系,横坐标为温度,纵标为奥氏体中的含氮量,虚线为不锈钢光亮退火温度,分别为 1170 ℃,1200 ℃。由图可见,当不锈钢光亮退火温度为 1170 ℃ 时,如果气氛中含氮质量分数为 30%,可以在奥氏体相中获得最大的含氮量。图 8.22 所示为 30%N_2＋70%H_2气氛中处理后的样品性能测量结果。横坐标为测量面离表面的距离,纵坐标为临界缝隙腐蚀温度。未处理前,254SMO 奥氏体不锈钢在同等条件下测得的缝隙腐蚀开始温度为 70 ℃,处理后不锈钢的次外层的抗腐蚀性能得到明显提高,但是因为冷却速度不够快,未能完全抑制最外层氮化物的生成,所以最外层抗蚀性提高不明显。通过适当的酸洗工艺,洗去最外层抗腐蚀性能比较低的部分,可以将该不锈钢的表面抗缝隙腐蚀性能提高 25%左右。

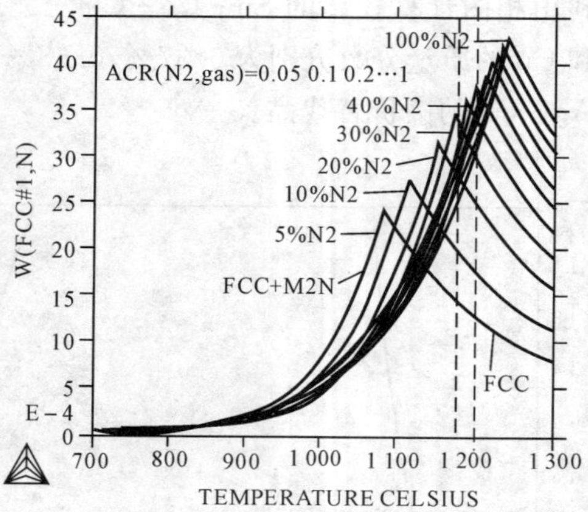

图 8.21 用相图计算预测奥氏体不锈钢渗氮最佳气氛

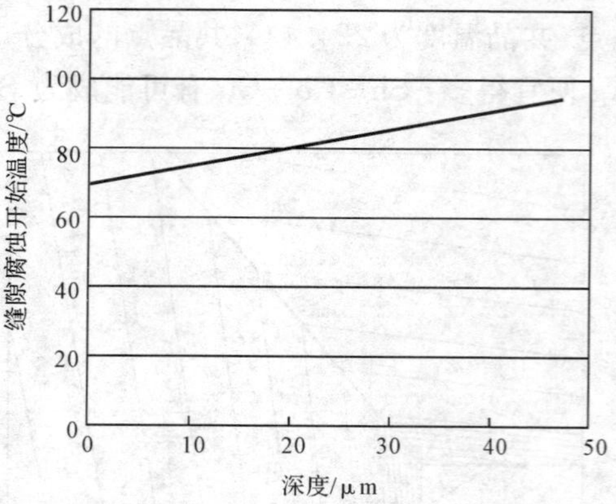

图 8.22 254SMO 奥氏体不锈钢渗氮后的缝隙腐蚀开始温度

4. 耐热镁合金的成分设计

目前镁合金研究要解决的主要问题是提高镁合金的强度与抗蠕变性能,一方面在不大幅度提高镁合金成本的前提下,开发汽车用耐热镁合金;另一方面,开发比目前商用 WE54,WE43 性能更好的航空航天用耐热镁合金。德国的 R. Schmid - Fetzer 教授所在课题组结合相图计算,在 Mg - Sc 合金中添加 Mn 发展了两种新型的镁合金。Mg - Sc 二元合金因为具有几方面的特点,具有较大的应用潜力:①Sc 的加入可以提高 Mg 基固溶体合金的熔点;同时,和其他稀土元素相比,Sc 在 Mg 中的扩散能力相对较低;②和其他许多可用的合金元素相比,Sc 的密度($3gcm^{-3}$)较低;③可以添加 Al,Y,Nd,Ce,Mn 等元素进行合金化,来提高合金的室稳和高温性能。该体系合金由于 Sc 的低扩散率而具有高的蠕变抗力,并且可在高温下进行均匀化处理。实验发现尽管在$<11\bar{2}0>$方向出现了少量的脱溶,但沉淀强化效果甚微,根本不能满足拉伸性能的要求。因此,必须寻求加入第三种合金元素通过沉淀强化来改善其强化效果。

Mn_2Sc 具有与镁相同的相结构类型,能与镁基体形成共格界面,通过相图计算发现,Mg - Mn - Sc 三元相图中存在 Mn_2Sc 与 Mg 的两相平衡(见图 8.23),并且在 Mg - Mn_2Sc 截面的富镁端存在较宽的镁初晶区,根据以上相图与相结构特征,设计了在镁合金基体上析出细小的

Mn_2Sc 质点(见图 8.24)的 MgSc15Mn1 和 MgSc6Mn1 两个合金,所设计的合金比传统的商用 WE43 合金有更好的低应力下的高温抗蠕变性能(见图 8.25)[37]。由于 Sc 比较贵,在此基础上又通过 Mg－Sc－Mn－Y 与 Mg－Sc－Mn－Gd 相图计算(见图 8.26、图 8.27),用 Gd,Y 代替 Sc 设计出了含 Sc 量比较低,但是还保留高抗蠕变性能的 MgY4Mn1Sc1, MgGd10Mn1Sc0.8, MgGd5Mn1Sc0.3 等一系列耐热镁合金(见图 8.28)[38]。

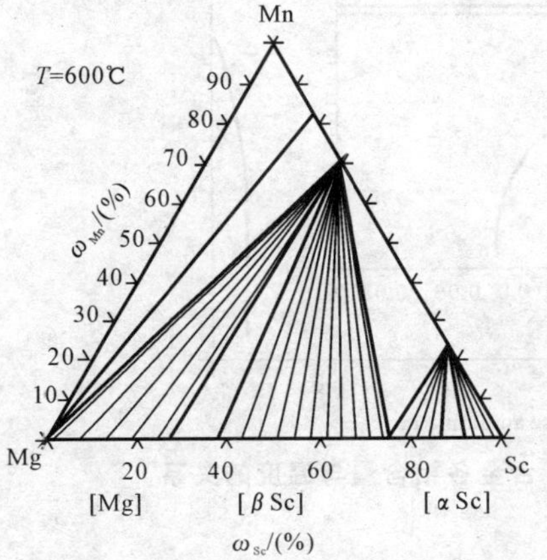

图 8.23　Mg－Sc－Mn 三元相图 600℃ 等温截面

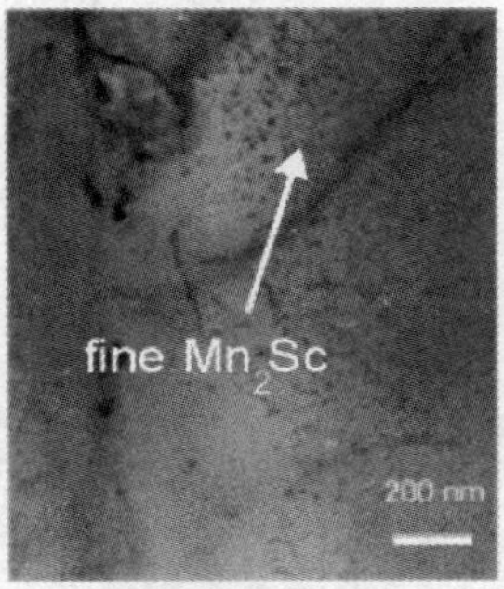

图 8.24　MgSc6Mn1 组织图

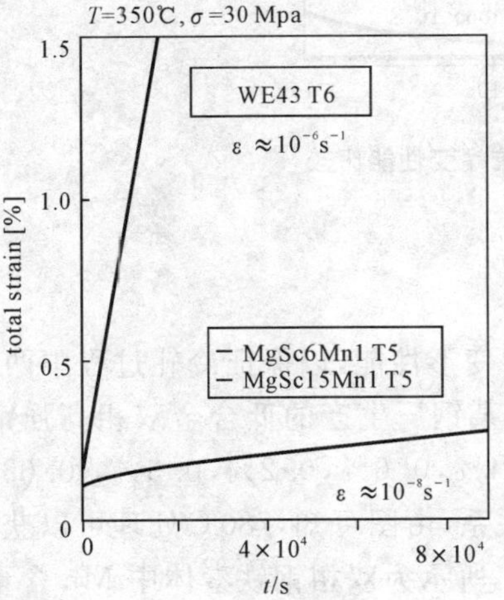

图 8.25　MgSc15Mn1 和 MgSc6Mn1 与 WE43 抗蠕变性能比较

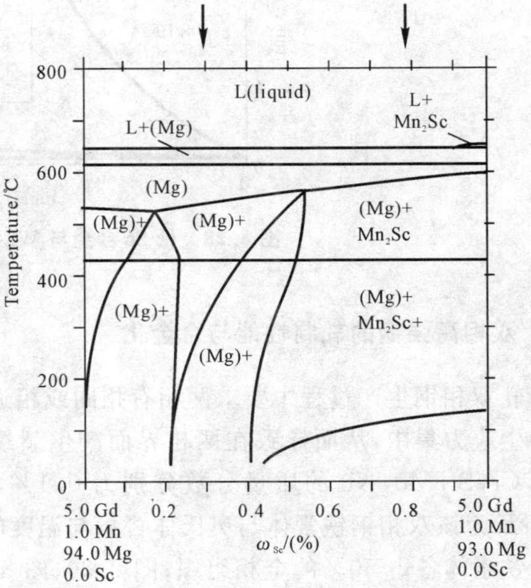

图 8.26　Mg－Gd－Mn－Sc 四元相图 1%Mn－5%Gd 垂直截面

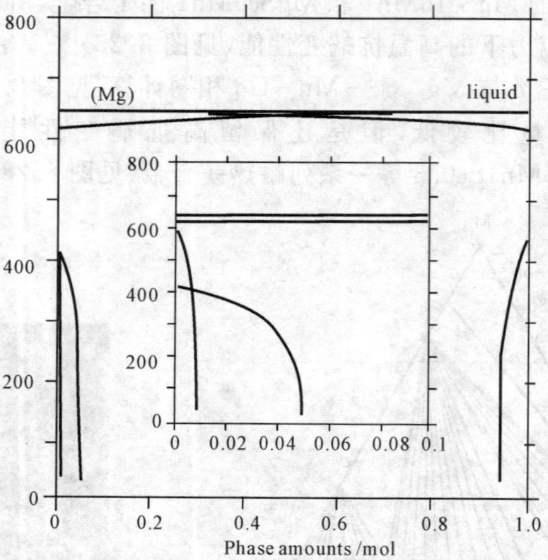

图 8.27　MgGd5Mn1Sc0.3 合金各相含量与温度的关系

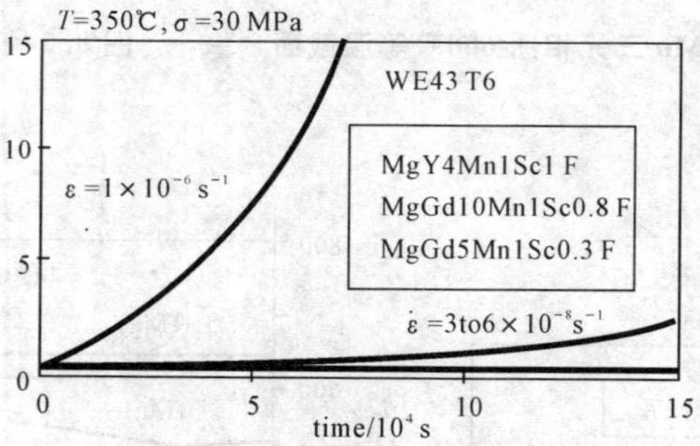

图 8.28　低 Sc 合金与 WE43 抗蠕变性能比较

5. 双相高强钢的轧制性能与合金化

冷轧双相钢生产过程中要求两相有相同或相近的变形性能，以保证冷轧过程中两相界面不会产生应力集中，从而导致在两相界面产生裂纹。某钢厂生产的低合金双相高强钢成分，C，Mn，Cr，Si，Mo，Nb 的质量分数分别为 0.1%，1.4%，0.6%，0.2%，0.3%，0.03%。图 8.29 所示为该双相钢铁素体与奥氏体含量与温度的关系，由图可知，780℃处理可以获得。奥氏体与铁素体各占 50%的金相组织；图 8.30、图 8.31 所示为双相钢铁素体中 Mn 含量、C 含量与温度的关系，随温度的增高铁素体中 Mn 含量降低，C 含量也随着降低；图 8.31 还比较了 Fe－0.1%C，Fe－0.1%C－1.4%Mn 的合金与该双相钢铁素体中 C 含量，由图可见，在 Fe－0.1%C 合金中加入 1.4%Mn 的 Mn 后，铁素体中的 C 含量显著降低，在此基础上加入其他合金元素只是稍微提高了铁素体中的 C 含量，由此我们可以发现主要是 Mn 决定 C 钢中奥氏体与铁素体中溶解度分配，决定冷轧过程奥氏体与铁素体两相变形能力，其他元素影响很小，可以通过控制 Mn 在两相的分配来控制 C 在铁素体与奥氏体中的分配，达到控制双相钢两相变形能力的目的。

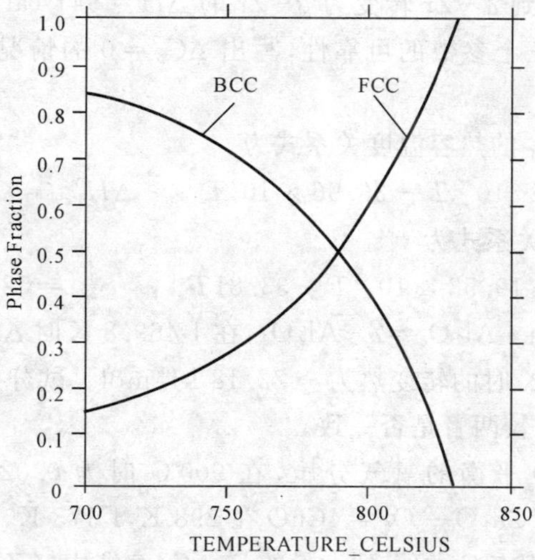

图 8.29　双相钢相含量与温度的关系

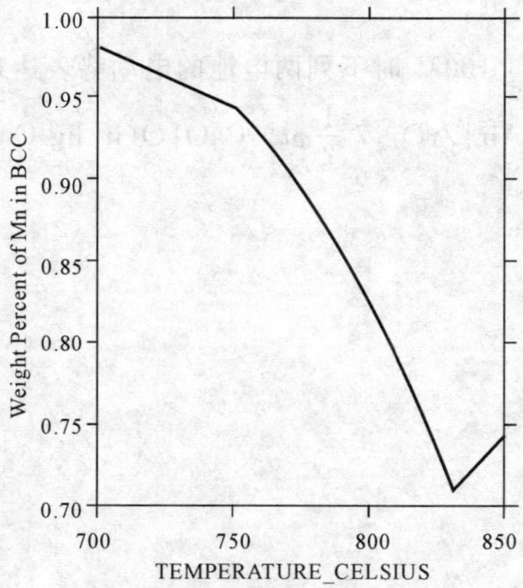

图 8.30　双相钢铁素体中 Mn 含量与温度的关系

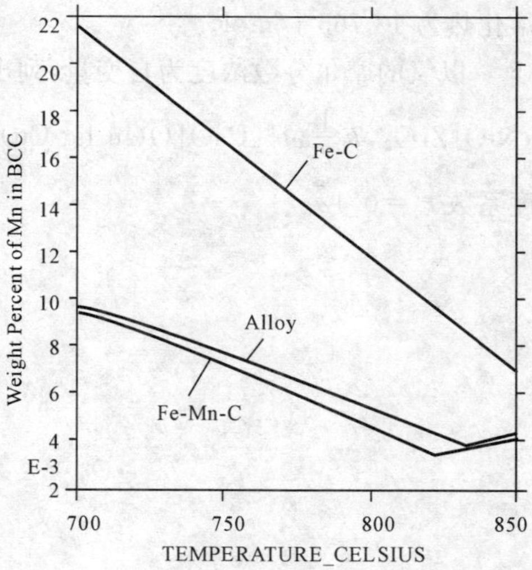

图 8.31　双相钢铁素体中 C 含量与温度和合金元素含量的关系

复习思考题

8－1　已知查表可得到 α－Zr 转变为 β－Zr 的 $\Delta H = 941\ \text{cal/mol}$，$\Delta S = 0.83\ \text{cal/mol}$，$T_f = 1\ 136\ \text{K}$。想一想这三个参数的可靠性，写出 $\Delta C_p = 0$ 的情况下，${}^0G_{Zr}^{\beta} - {}^0G_{Zr}^{\alpha}$ 的最精确表达式。

8－2　已知 α－Al_2O_3 的热容温度关系式为

$C_p^{\alpha} = 115.38 + 12.34 \times 10^{-3}T - 36.96 \times 10^5 T^{-2}$，　$\Delta H_{f\,298}^0 = -1\ 675.7 \pm 1.3\ \text{kJ/mol}$

r－Al_2O_3 的热容温度关系式为

$$C_p^r = 115.25 + 19.53 \times 10^{-3}T - 33.81T^{-2}，\quad S_{298}^0 = 52.30 \pm 2\ \text{J/mol}$$

今用量热法测得反应 r－Al_2O_3 ＝α－Al_2O_3，在 1 469.8 K 时 $\Delta H = -26.78\ \text{kJ/mol}$，用溶解热法测得该反应在 978 K 时的转变热为 －22.18 kJ/mol。试分别计算两种测量值所得 r－Al_2O_3 的标准生成焓，并比较两者是否一致。

8－3　与 CuO，Cu_2O 平衡的氧气分压，在 900℃ 时为 0.028 atm*，在 1 000℃ 时为 0.130 3 atm，试计算反应 $2Cu_2O + O_2 = 4CuO$ 在 298 K，1 173 K，1 273 K 时的 ΔH。

8－4　1 600℃ 1mol 固态 Cr 加入到大量的 Fe－Cr 溶液中，($X_{Fe} = 0.8$)，假设 Fe－Cr 溶液为理想溶液，计算由于 Cr 的加入而引起体系的焓、熵和自由能变化。假设固态与液态 Cr 的热容差可以忽略不计。已知 Cr 的熔点为 1 857℃，，熔化热为 20 920 J/mol；Fe 的熔点为 1 536℃，熔化热为 13 765 J/mol。

8－5　以氧的摩尔分数浓度为自变量，列出 1 100℃ 时下列两电池的电动势表达式：

Ni，NiO｜ZrO_2，7 $\frac{1}{2}\omega t\%$CaO｜O(in lig Cu)，Air｜ZrO_2，7 $\frac{1}{2}\omega t\%$CaO｜O(in lig Cu)，铜中氧的活度系数 $r_0 = 0.12$。

---

* 1 atm = 101.325 kPa。

第9章　热处理过程建模及数值分析

9.1　热处理模拟概述

热处理作为一门学科，已有几千年的历史，从有了世界上第一件铁器就有了这门技术，但是作为一门科学加以研究则是近100年来的事情。经过时代变迁，随着光学显微镜、电子显微镜的发明和使用，人们对热处理技术的原理有了较深的了解，并发展了许多的改善材料性能的新工艺，但是迄今为止，人们在制定热处理工艺时仍然依靠实验和经验，更使我们感到迫切的是制定大型成套设备中的重要大件热处理工艺时，人们不得不进行现场测试和进行破坏性解剖分析，工作繁重，周期很长，费用巨大，而且难以探索工艺的改进。

热处理过程是一个复杂过程，它包括了温度场、组织场及形变场三个方面及其间相互作用，如图9.1所示。金属的热处理过程实际上是工件与环境进行热交换的过程，而在这一过程中在一定化学成分的基础上，图9.1所示内容涵盖了热处理三个场之间的相互作用过程。温度场对组织场的影响：通过改变温度场产生相变，获得理想组织是热处理的根本目的。温度场对形变场的影响：由于受热与冷却过程中工件各部分热胀冷缩不同，产生热应力和变形。组织场对形变场的影响：热处理过程中各部分组织变化不同导致组织应力。组织场对温度场的影响：组织转变时的潜热影响温度场。形变对组织场的影响：应力能够诱发或延缓组织转变。形变场对温度场的影响：应力诱发变形产生的变形功会转化为热能影响工件温度场。

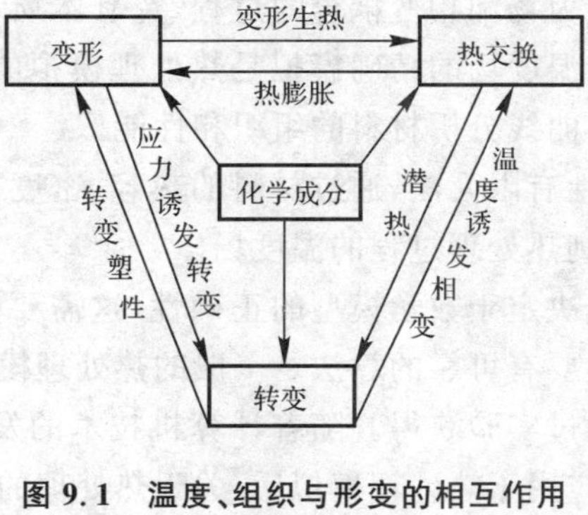

图9.1　温度、组织与形变的相互作用

热处理数值仿真是将流体力学、传热学、数值分析、弹塑性力学、软件工程与材料学知识加以集成，并在反映热处理过程各种复杂现象的数学模型基础上进行软件开发从而模拟热处理过程。它有着明显的优越性，能对温度场、组织场、应力场进行耦合计算，给出每一瞬间的温度场、组织场、应力场信息，并直观地观察其变化过程。计算中考虑在不同热处理模型中物理性能对温度场、组织场以及应力场的贡献，找出函数关系。不同于物理仿真，它只要求用以编程的数学模型一致即可将小试样的计算结果用于实际工件。

对于材料加工企业来说，热处理前后的工件就是它的原料及产品。该产品需要满足力学性能、金相组织等要求，在研发过程中进行热处理仿真，预测不同热处理方式所能得到的组织和性能，优化热处理参数。在算法上热处理仿真基于几何及数理模型，主要是有限元、有限差分等算法。

本章将讨论热处理过程温度场、组织场、浓度场(主要用于化学热处理过程)建模计算。热处理过程中应力场是没有外加载荷的温度场，引起应力的原因是温度分布不均匀，造成各点膨胀量的不同，这就是热弹塑性问题。在本书第7章中已详细介绍了弹性和弹塑性有限元建模计算方法，在本章就不再论述应力场问题。

9.2 温度场建模及有限元计算

对于科学领域中的物理问题，人们已得到了其遵循的基本方程(常微分方程或偏微分方程)以及相应的定解条件。但只是对少数方程性质比较简单且几何形状相当规则的问题才能用解析方法求出精确解。绝大多数问题由于方程某些特征的非线性或求解区域的复杂的几何形状，无法得到解析答案。解决此类问题一般有两种方式：一是简化，将方程或几何边界简化并求解，这种方式答案粗糙，误差大甚至产生错误解；另一种是数值分析，随着计算机技术的发展，数值分析已成为科学技术问题求解的主要方法。

热处理过程是温度场、应力场和相变耦合的过程，究其本质，热处理就是通过温度的改变获得要求的组织和性能，其中温度场的精确模拟是热处理模拟的重中之重。只有对温度场精确计算，才能根据现有的材料曲线分析材料的组织和性能。

热处理的模拟采用弹塑性有限元法，通过材料的热容、密度等本身性质以及外界热流、温度及热传导等因素的作用得到热处理过程的温度场。

数值模拟的准确性，首先决定于数学模型的正确性，这需要大量实验研究作基础；其次是各物性参数的准确性；最后还要有可靠的算法。一般的热处理模型已基本建立，材料的物理性质参数还比较缺乏，但可以通过实验获得。随着计算机技术的发展，算法的研究不断突破，尤其是有限元法及有限差分法应用于热处理模拟后，关于热处理的数值模拟得到了很大发展。

对于热处理温度场的模拟，主要是一定边界条件和初始条件下工件内的热传导问题。其数值解法通常有“有限差分法”和“有限元法”，在实际生产中零件形状的复杂度以及边界条件的复杂度较大，所以选用有限元法的较多。

9.2.1　导热方程

热处理过程温度变化遵循的方程是固体热传导控制方程——Fourier 方程：

$$Q_x = -\lambda A \frac{\partial T}{\partial x} \quad \text{或} \quad q_x = -\lambda \frac{\partial T}{\partial x} \tag{9.1}$$

式中，Q_x 是 x 方向上的热流率，即单位时间的热流量，单位为 W；q_x 是热流密度，即 x 方向上单位表面积的热流率，单位为 W/m^2；A 是垂直于热流方向的表面积，单位为 m^2；λ 是材料的导热系数，单位为 W/(m·℃)；$\frac{\partial T}{\partial x}$ 是 x 方向的温度梯度，单位为 ℃/m；"—"表示传热方向与温度梯度方向恒相反。

当物体温度随时间变化(非稳态问题)且内部具有热源时，根据 Fourier 方程，运用能量守恒定律推导出三维导热微分方程：

$$\lambda\left(\frac{\partial^2 T}{\partial x^2} + \frac{\partial^2 T}{\partial y^2} + \frac{\partial^2 T}{\partial z^2}\right) + q' = \rho c_p \frac{\partial T}{\partial t} \tag{9.2}$$

式中，q' 是内热源的热流密度，单位为 W/m^2；T 为温度，单位为 ℃；t 是进程进行的时间，单位为 s；ρ 为材料密度，单位为 kg/m^3；c_p 是材料比热定压容，单位为 J/(kg·℃)。

式中假定材料中各方向的导热系数 λ 是相同的，若有不同则式子左边第一项要分别应用不同的导热系数。第一项是分别从三个方向流入该物体的热量，第二项是内热源，式子右边为物体升温所需要的热量。该式的物理意义为物体升温所需要的热量等于流入的热量与物体内部产生的热量之和。

对于导热微分方程，当温度场在不同的空间中时，可以有不同的变化，例如对于二维温度场，二维导热方程为

$$\lambda\left(\frac{\partial^2 T}{\partial x^2} + \frac{\partial^2 T}{\partial y^2}\right) + q' = \rho c_p \frac{\partial T}{\partial t} \tag{9.3}$$

当外部及内部热源热流密度不发生随时间的变化时，经过一段时间，物体各点的温度场达到稳态，即各点温度不再随时间变化。此时瞬态方程(9.2)退化为稳态方程(9.4)：

$$\lambda\left(\frac{\partial^2 T}{\partial x^2} + \frac{\partial^2 T}{\partial y^2} + \frac{\partial^2 T}{\partial z^2}\right) + q' = 0 \tag{9.4}$$

轴对称件为一类很典型的需要热处理的工件，对于这一类工件可以采用圆柱坐标系的导热方程。方程为

$$\lambda\left(\frac{\partial^2 T}{\partial r^2} + \frac{1}{r}\frac{\partial T}{\partial r} + \frac{1}{r^2}\frac{\partial^2 T}{\partial \theta^2} + \frac{\partial^2 T}{\partial z^2}\right) + q' = \rho c_p \frac{\partial T}{\partial t} \tag{9.5}$$

其中，各参数同式(9.2)。

为了简化计算，轴对称的热处理问题在各方向导热系数相同时，θ 不起作用，式(9.5) 简化为

$$\lambda\left(\frac{\partial^2 T}{\partial r^2}+\frac{1}{r}\frac{\partial T}{\partial r}+\frac{\partial^2 T}{\partial z^2}\right)+q'=\rho c_p\frac{\partial T}{\partial t} \tag{9.6}$$

在工程问题分析中，利用上述的方程进行建模计算，为得到唯一解，必须给出初始条件和边界条件。通常把初始条件与边界条件统称为定解条件。接下来就以简化过的轴对称物体温度场模型来介绍温度场计算过程。

9.2.2 初始条件与边界条件

初始条件是计算的出发点，在热处理温度场模拟中即工件的初始温度场，也就是计算零时刻的温度分布。工件的初始温度场是由工程实践抽象得到的，它可以是均匀的，也可以是不均匀的，但各节点温度是已知的。例如在淬火过程到温装炉时，可以将工件各点的初始温度设为室温，此时的温度场为均匀温度场，如式(9.7) 所示：

$$T\Big|_{t=0}=T_0 \tag{9.7}$$

式中，T_0 为已知温度，在所举的例子中为室温。

不均匀的温度场可由式(9.8) 表示：

$$T\Big|_{t=0}=T_0(z,r) \tag{9.8}$$

式中，$T_0(z,r)$ 是已知的温度函数，单位为 ℃。

边界条件是指工件外表面与周围环境的热交换情况。根据传热学原理，边界条件可分为三类。

第一类边界条件，指工件边界上的温度或温度分布函数为已知，公式表示为

$$T\Big|_{s}=T_w(z,r,t) \tag{9.9}$$

式中，s 为物体边界范围，$T_w(z,r,t)$ 是已知的物体表面温度分布函数，随时间、位置变化而变化，当边界条件为恒温表面时为常数，可以表示为式(9.10)：

$$T\Big|_{s}=T_w \tag{9.10}$$

第二类边界条件，指物体表面上热流密度为已知，规定热流密度的方向同边界外法线方向。公式表示为

$$-\lambda\frac{\partial T}{\partial n}\Big|_{s}=q_w(z,r,t) \tag{9.11}$$

式中，n 为物体边界外法线方向，$q_w(z,r,t)$ 为已知工件表面热流密度函数，随位置、时间变化，当工件表面热流密度恒定时，为常数，如式(9.12)：

$$-\lambda \frac{\partial T}{\partial n}\bigg|_s = q_w \tag{9.12}$$

第三类边界条件，又叫做牛顿对流边界条件，指物体与其接触的流体介质间的对流换热系数和介质温度为已知，公式表示为

$$-\lambda \frac{\partial T}{\partial n}\bigg|_s = H_K(T_W - T_C) \tag{9.13}$$

式中，H_K 是对流换热系数，是已知的条件；T_C 是介质温度，也是已知的条件。

在建模计算时，为简化编程，将以上三类边界条件统一用第三类边界条件表示。

一般地，第一类边界条件时取 $T_W = T_C$，H_K 取一极大值即可。

第二类边界条件时，使用绝热边界，即$\frac{\partial T}{\partial n}\bigg|_s = 0$，$H_K$ 取值为 0。

第三类边界条件时，使用对流与辐射混合换热边界，表达式为

$$-\lambda \frac{\partial T}{\partial n}\bigg|_s = H(T_W - T_C) \tag{9.14}$$

式中，$H = H_K + H_s$，H_K 为对流换热系数，H_s 为辐射换热系数。

9.2.3　热物性参数

热物性参数是由材料本身决定的，包括导热系数 λ、密度 ρ、比热定压容 c_p 等。热物性参数随材料的组织状态和温度变化而变化。在模拟过程中，热物性参数是随着时间变化而变化的。为了计算方便，将时间步长划得足够小时，可以认为在 Δt 时间内的热物性参数是恒定的。模拟中用到的热物性参数可以由手册查得或通过实验确定。

9.2.4　换热系数

换热系数由实验和计算相结合得到，对加热过程参数的选择要参照经验公式。一般情况下用的是箱式电阻炉和煤气炉，炉内气氛采取的是气体强制对流，选取的对流系数为 0.1 W/(mm² · ℃)。

正火可以看成被加热的工件在一个无限大的空间内和空气进行对流和辐射换热，对流系数不随表面温度的变化而发生改变，正火工件与空气的换热系数为 0.01 W/(mm² · ℃)；辐射系数是温度的函数，详见表 9.1。

表 9.1　一般的黑色金属辐射系数

工件温度 /℃	200	400	600	800	900
辐射系数	0.6	0.6	0.7	0.8	0.85

油淬和水淬的模拟参数的选择比较困难，通过实验，油淬的对流系数为 2.093 W/(mm²·℃)。

由于水淬过程中工件周围会沸腾产生气泡导致工件周围换热系数减小，水淬的对流系数不能选为常数，通过实验，钢铁水淬时热交换系数如图 9.2 所示。

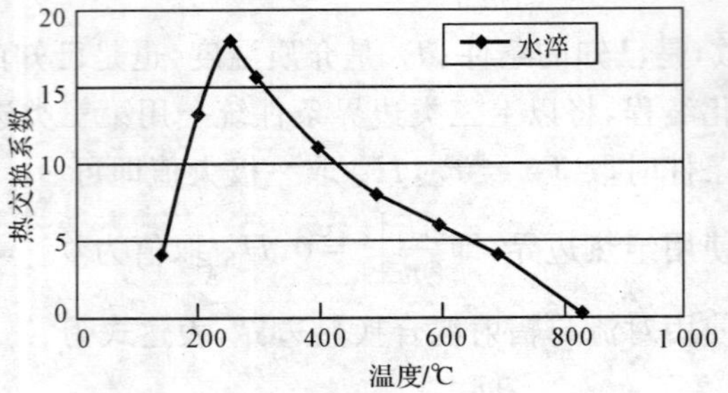

图 9.2　水淬的热交换系数与表面温度的关系

9.2.5　单元离散化

有限元法将求解域划分为有限个单元，对于解二维或轴对称问题的网格划分，可以采用的网格形式有三角形、四边形以及六节点的三角形元等多种，如图 9.3 所示。

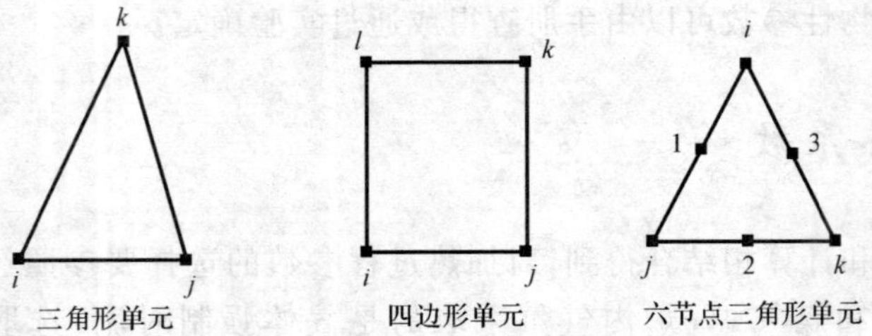

图 9.3　不同单元形式

以三角形单元划分为例进行单元离散化，在区域整体划分中，对每个三角形单元按一定顺序进行编号，如 1,2,3 等，如图 9.4 所示。各三角形顶点称为节点，每个节点有两个编号：单元外部编号与单元内部编号。外部编号是总体编号，称为节点号，是结构的所有节点按一定顺序的编号。单元内部三节点的顺序即为内部编号，按逆时针方向进行编号。节点有内部节点与边界节点，单元中不包括边界节点的单元是内部单元。边界单元包括边界节点，有且仅有一条边在边界上。

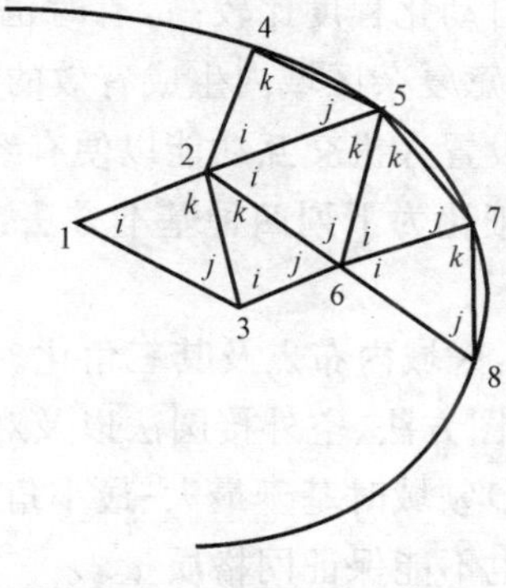

图 9.4　三角形单元区域划分

计算时将单元试探函数设为线性函数，计算简便，但要达到较高精度必须将单元划小，否则计算精度达不到要求甚至有不收敛的可能。小单元能够提高精度，但它同时带来了计算时间长和占用内存大的缺点，有时甚至造成计算无法进行。在网格划分中可以采用密集与系数网格搭配的办法来达到计算精度且尽量减少计算所用的时间及物理空间，该方法是在几何变化（边、角等处）剧烈或所求函数变化剧烈的地方采用密集网格，而其他地方采用稀疏网格。在二维空间中四边形和六节点的三角形以及八节点四边形单元计算精度高于三节点的三角形，但推导较为烦琐。三角形单元的另一个优势就是采用疏密相间单元时过渡自然，而四边形单元则不易进行疏密相间的单元划分，如图 9.5 所示。对于有限元计算，单元划分接近正多边形时效果最佳，对于三角形单元，应避免钝角三角形的出现。

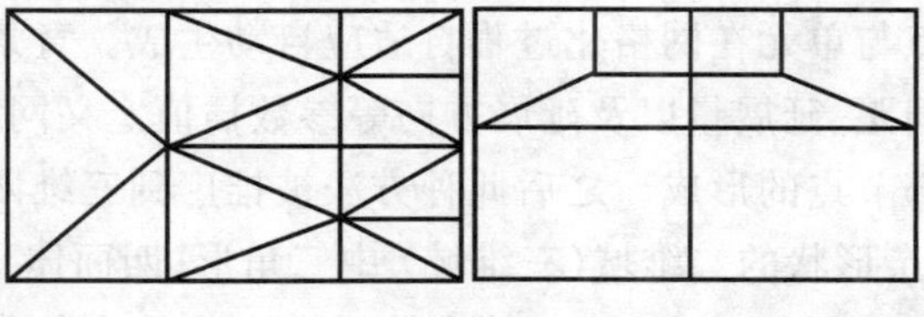

图 9.5　疏密相间的单元划分

有限元网格的生成技术发展至今，已出现大量的不同实现方法。按所生成单元类型可划分为生成结构化网格和生成非结构化网格的方法。

结构化网格生成的方法对应的是映射法，可细分为保角映射法和映射单元法。映射法是早期有限元网格生成的基本方法，该法使每一子域内网格生成得到控制，能够用于曲面网格的生成。但须事先将目标域分割成一系列可映射的子区域，由于最初这一过程需要人工完成，故自动化程度低。在实体造型系统出现后，提高了映射法的自动化程度，对该领域算法的研究又蓬勃兴起。在映射法中应用较广泛的是映射单元法，保角映射法虽然能直接处理单连通域问题，但由于难以控制单元形状和密度，因而应用受到限制。

非结构化网格生成方法一般自动化程度比较高，有时也称为自动网格生成法。其自动即是指接受几何区域表达后，可在任意复杂区域内生成有效的有限元网格而不需要用户干预，但一般有限元软件在此基础上都要设置人机交互功能以便有经验的用户根据需要进行人工网格优化。按各种方法的操作特点可细化为下列四种基本方法：布点及三角化方法(DT 法)，拓扑分解法，几何分解法，基于栅格法。

①DT 法。DT 法一般分两步：区域内布点及其三角化。它的优点是能自动避免生成小内角的长薄单元，算法包括 Voronoi 图方法、空外接圆法以及对角线交换算法等。DT 法在 2D 领域取得了极大的成功，但应用于 3D 领域时基于最大-最小角判据的对角线交换规则不再成立，而基于外接圆判据的三角化一般也不能保证网格质量。

② 拓扑分解法。假设最后网格顶点全部由目标边界顶点组成，那么可以用一种三角化法以尽量少的三角形分割覆盖目标，这样目标的拓扑结构就分解成简单的三角形拓扑结构。该方法生成的网格粗糙，一般用于初始三角化算法，必须经其他算法进行网格加密后才能得到合适的网格。

③ 几何分解法。此方法节点与单元同步形成，在实体分解过程中考虑生成单元的形状和大小。可以将此方法细分为区域递归细分法、单元移去法和子域移去法。

区域递归细分法将实体自动分成多个凸区域，在每一区域布点，在区域最长边中点将区域一分为二，据网格密度在分割线上布点，所生成的二子域递归分解，直至成为三角形。

单元移去法从实体边界向内一次移去一个三角形，迭代执行到最后剩一个三角形为止。推进波前法即属于此类方法。推进波前法是目前最成功的全自动网格生成方法，由 Lo 提出，最初应用于平面三角形网格自动生成。Lo 提出的方法网格化前需要生成节点，Peraire 的完善提高使区域中的内部节点与单元在网格化过程自适应自动生成。背景网格的引入可以通过背景网格上各节点的节点间距、延展量以及延展方向等参数插值定义网格中各节点的相应参数，并根据这些参数控制内部节点的形成。之后此种方法被推广到三维四面体网格生成。推进波前法与 DT 法相比，对复杂形状的二维域(三维域) 中三角形(四面体) 网格生成有更好的可靠性。其缺点是时间效率低。但经过 Lohner 等人针对推进波前法存在大量搜索查询操作特点提出的数据结构及算法，此方法的速度大大提高了。 另外 Jin 提出利用一些控制曲线来代替背景网格提高控制网格生成的信息，此类曲线可以是自适应网格生成过程中一些重要变量的等位线。

子域移去法将问题区域一次移去一块直至最后一块，然后应用不同方法将其三角化。

④ 基于栅格法。基于栅格法分为基于正则空间分解法和基于四、八叉树结构的空间分解法。正则空间分解法将一完全包含目标区域的正则栅格放置在目标区域上面，并以栅格划分网格。

有限四、八叉树法即以尽可能小的方盒圈定目标区域，分解方盒为四或八个子域，然后测试子域并细分，迭代执行至满足要求。

下面以区域布点法为例进行有限元网格划分算法探讨。其方法是先进行区域布点，之后生成网格。布点的好坏直接影响网格划分的质量，为保证求解的正确性和求解效率，采用自动生成网格和人工优化相结合的方法，在保证了布点效率的同时对边界、拐点等有限元计算变化剧烈的地方人工加密并通过加密去除病态网格，保证计算的准确性。考虑工件的形状复杂性，将其先划分为几个简单区域，在几个区域中分别进行布点和三角化，然后以前一个区域为基准进行区域间连接及节点号与单元号编码。由于轴对称图形的对称性，计算中只需计算其上半部分，其底部为工件的对称轴线，为直线。根据以上的要求，确定算法如下：

① 确定工件轮廓线，记录拐点。

② 由左至右在每个拐点画垂直线，将工件划分为几个简单区域。

③ 在最左简单区域内建立背景网格，记录背景网格交点，以区域内背景网格交点、网格线与区域边界交点为节点。背景网格大小以所算题精度人工选择，要求横坐标方向间距不大于所有简单区域中最小区域横坐标方向的一半，纵坐标方向间距不大于工件最高与最低点纵坐标差的一半。

④ 按由下至上，由左至右顺序为节点编号。

⑤ 在前一简单区域边界节点基础上由左向右按步骤 ③ 方法在其他简单区域布点。

⑥ 所有节点按步骤 ④ 编号。

⑦ 由左至右依次对简单区域节点进行三角化。

⑧ 由左下角开始为单元编号：将节点 1，2 所在单元定为单元一。先由下至上，再由左至右排序。

⑨ 人工布点加密边角等变化剧烈区域，加密点选在每个单元的边上。该点编号在该边较小号点之后，其他点编号依次后移。

⑩ 将包含加密点的两个单元划分为四个，单元编号依次后移。

⑪ 检查拐点处单元，若有两条边在边界上的单元，则自动将对边中点作为加密点，并按⑨，⑩ 步进行节点及单元编号。

⑫ 以矩阵形式记录划分。单元矩阵为 $n\times 4$ 维，n 为单元数，第一列为单元编号，其余三列为按 i,j,k 的顺序的总体节点编号。节点矩阵为 $m\times 3$ 维，m 为节点总数，第一列为节点编号，第二列为节点横坐标，第三列为节点纵坐标。

简单区域指凸区域，在本文中一般为三角形、矩形、梯形及曲边梯形。划分简单区域的目的是三角化时不产生区域外的单元。对于曲线边，划分时以边界上两节点的连接直线代替曲线作为单元的边，只要划分足够细，就能达到计算精度要求。

9.2.6　温度场变分方程

有限单元法的基本思想是将连续的求解区域离散为一组有限个按一定方式互相联结在一

起的单元的组合体。由于单元可以有不同形状,且可按不同方式组合,因此可模型化几何形状复杂的求解域。其另一个特点是利用在每一个单元内假设的近似函数来分片地表示全求解域上待求的未知场函数。单元内的近似函数通常由未知场函数及其导数在单元各节点的数值和它的插值函数来表达。这样有限元分析中未知场函数及其导数在各节点上的数值成为新的未知量(自由度),一个连续的无限自由度问题变成离散的有限自由度问题。未知量解出后,通过插值计算各单元内场函数的近似值,得到整个求解域上的近似解。随着单元数目的增加,或单元自由度的增加及插值精度的提高,解的近似程度不断改进,若单元满足收敛要求,则近似解收敛于精确解。

当没有内热源时,导热方程(9.6) 可写为

$$\lambda\left(r\frac{\partial^2 T}{\partial z^2}+r\frac{\partial^2 T}{\partial r^2}+\frac{\partial T}{\partial r}\right)-\rho c_p r\frac{\partial T}{\partial t}=0 \tag{9.15}$$

运用 Galerkin 法可得

$$J[T(r,z,t)]=\iint_D W_l\left[\lambda\left(r\frac{\partial^2 \overline{T}}{\partial z^2}+r\frac{\partial^2 \overline{T}}{\partial r^2}+\frac{\partial \overline{T}}{\partial r}\right)-\rho c_p r\frac{\partial \overline{T}}{\partial t}\right]r\,\mathrm{d}z\mathrm{d}r=0,$$

$$l=1,2,\cdots,n \tag{9.16}$$

式中,$\overline{T}$ 为温度场试探函数;D 为温度场定义域;W_l 为权函数。

根据 Galerkin 法规定:

$$W_l=\frac{\partial \overline{T}}{\partial T_l},\quad l=1,2,\cdots,n \tag{9.17}$$

为了方便书写,将 $\overline{T}$ 记为 T,可以将式(9.16) 改写为

$$\iint_D\left[\frac{\partial}{\partial z}\left(\lambda W_l r\frac{\partial T}{\partial z}\right)+\frac{\partial}{\partial r}\left(\lambda W_l r\frac{\partial T}{\partial r}\right)\right]\mathrm{d}z\mathrm{d}r-$$

$$\iint_D r\left[W_l\rho c_p\frac{\partial T}{\partial t}+\lambda\left(\frac{\partial W_l}{\partial z}\frac{\partial T}{\partial z}+\frac{\partial W_l}{\partial r}\frac{\partial T}{\partial r}\right)\right]\mathrm{d}z\mathrm{d}r=0,\quad l=1,2,\cdots,n \tag{9.18}$$

根据格林公式以及区域 D 边界 Γ 上的方向余弦关系:

$$-\frac{\partial T}{\partial r}\mathrm{d}z+\frac{\partial T}{\partial z}\mathrm{d}r=\frac{\partial T}{\partial n}\mathrm{d}s$$

由式(9.18) 导出轴对称非稳态无内热源的温度场整体区域变分方程:

$$\frac{\delta J}{\delta T_l}=\iint_D\left[\lambda r\left(\frac{\partial W_l}{\partial z}\frac{\partial T}{\partial z}+\frac{\partial W_l}{\partial r}\frac{\partial T}{\partial r}\right)+\rho c_p W_l r\frac{\partial T}{\partial t}\right]\mathrm{d}z\mathrm{d}r-$$

$$\oint_\Gamma \lambda W_l r\frac{\partial T}{\partial n}\mathrm{d}s=0 \tag{9.19}$$

式中,$\frac{\delta J}{\delta T_l}$ 为温度函数 T 的泛函的变分。

引入第三类边界条件,导出:

$$\frac{\delta J}{\delta T_l}=\iint_D\left[\lambda r\left(\frac{\partial W_l}{\partial z}\frac{\partial T}{\partial z}+\frac{\partial W_l}{\partial r}\frac{\partial T}{\partial r}\right)+\rho c_p W_l r\frac{\partial T}{\partial t}\right]\mathrm{d}z\mathrm{d}r-$$
$$\oint_\Gamma \lambda W_l r(T-T_c)\mathrm{d}s=0 \qquad (9.20)$$

9.2.7　温度场离散

温度场离散化的单元如图 9.6 所示。

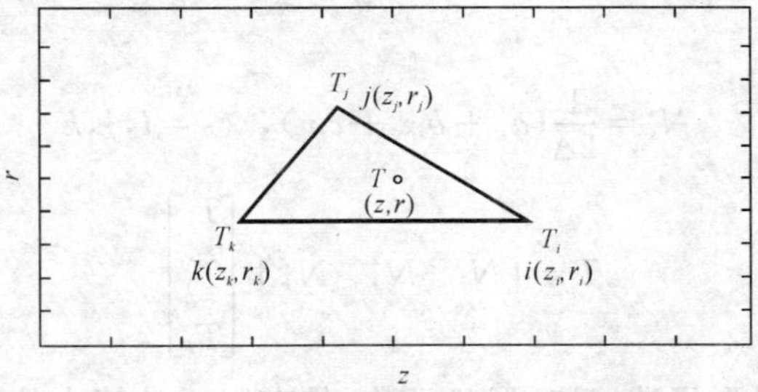

图 9.6　温度场离散化单元

在足够小的单元中，一个单元中的试探函数可以看做是线性分布。三节点的温度场单元中温度 T 可以看做坐标 z 和 r 的线性函数，即

$$T=a_1+a_2z+a_3r \qquad (9.21)$$

式中，a_1,a_2,a_3 为待定系数。

代入节点坐标与温度，得

$$\left.\begin{aligned}T_i&=a_1+a_2z_i+a_3r_i\\T_j&=a_1+a_2z_j+a_3r_j\\T_k&=a_1+a_2z_k+a_3r_k\end{aligned}\right\} \qquad (9.22)$$

令

$$\left.\begin{aligned}a_i&=z_jr_k-z_kr_j,\quad b_i=r_j-r_k,\quad c_i=z_k-z_j\\a_j&=z_kr_i-z_ir_k,\quad b_j=r_k-r_i,\quad c_j=z_i-z_k\\a_k&=z_ir_j-z_jr_i,\quad b_k=r_i-r_j,\quad c_k=z_j-z_i\end{aligned}\right\} \qquad (9.23)$$

$$\begin{vmatrix}lz_i & r_i\\ lz_j & r_j\\ lz_k & r_k\end{vmatrix}=b_ic_j-b_jc_i=2\Delta \qquad (9.24)$$

式中，Δ 为三角形面积。

可以导出系数 a_1,a_2,a_3：

$$\left.\begin{aligned}a_1&=\frac{1}{2\Delta}(a_iT_i+a_jT_j+a_kT_k)\\a_2&=\frac{1}{2\Delta}(b_iT_i+b_jT_j+b_kT_k)\\a_3&=\frac{1}{2\Delta}(c_iT_i+c_jT_j+c_kT_k)\end{aligned}\right\}\tag{9.25}$$

将式(9.25)代入式(9.21),得单元插值函数:

$$T=\frac{1}{2\Delta}[(a_i+b_iz+c_ir)T_i+(a_j+b_jz+c_jr)T_j+(a_k+b_kz+c_kr)T_k]\tag{9.26}$$

令

$$N_s=\frac{1}{2\Delta}(a_s+b_sz+c_sr),\quad s=i,j,k\tag{9.27}$$

$$T=[N_i\quad N_j\quad N_k]\begin{bmatrix}T_i\\T_j\\T_k\end{bmatrix}\tag{9.28}$$

式(9.27)中 N_s 称做形函数,又叫形状函数,是有限元计算中的重要概念,它仅取决于单元的形状,对于上面所说的三角形单元,决定于三角形三个顶点的坐标。定义为

$$\boldsymbol{N}=[N_i\quad N_j\quad N_k]\tag{9.29}$$

形函数的三个特点:

① $$N_s(z_l,r_l)\begin{cases}=1, & s=l\\=0, & s\neq l\end{cases}\quad(s,l=i,j,k)\tag{9.30}$$

② 单元内任一点上三个形函数值和等于1。

③ 三角形单元边界上一点的形函数,与该点所在边相对的第三个顶点的坐标无关。

当处理三维问题时,单元离散通常用四面体或六面体。其离散过程同二维时,单元节点编号顺序一般按右手定则进行,即节点处于右手螺旋前进方向。

9.2.8 单元分析

求解区域网格剖分,单元离散,节点编号完成后,任意单元的温度 T 离散成为各节点的函数 T_i, T_j 和 T_k,通过插值函数确定了它们之间的关系后,对各单元进行变分计算,即计算$\frac{\partial J^e}{\partial T_i}$, $\frac{\partial J^e}{\partial T_j}$, $\frac{\partial J^e}{\partial T_k}$ 的值,这个过程即为单元分析。

单元刚度矩阵可以把插值函数式(9.28)代入变分方程式(9.20)求得,根据单元是否包含边界边,即式(9.20)中线性积分项是否起作用,单元分为边界单元与内部单元两类。

1. 内部单元

将式(9.28) 代入权函数 $W_s = \dfrac{\partial T}{\partial T_s}$,得

$$W_s = N_s = a_s + b_s z + c_s r, \quad s = i, j, k$$

将得到的权函数 W_s 及式(9.28) 代入变分方程(9.20),线性积分项不起作用,利用面积坐标化简得

$$\begin{bmatrix} \dfrac{\partial J^e}{\partial T_i} \\ \dfrac{\partial J^e}{\partial T_j} \\ \dfrac{\partial J^e}{\partial T_k} \end{bmatrix} = \begin{bmatrix} k_{ii} & k_{ij} & k_{ik} \\ k_{ji} & k_{jj} & k_{jk} \\ k_{ki} & k_{kj} & k_{kk} \end{bmatrix}^e \begin{bmatrix} T_i \\ T_j \\ T_k \end{bmatrix}^e + \begin{bmatrix} c_{ii} & c_{ij} & c_{ik} \\ c_{ji} & c_{jj} & c_{jk} \\ c_{ki} & c_{kj} & c_{kk} \end{bmatrix} \begin{bmatrix} \dfrac{\partial T_i}{\partial t} \\ \dfrac{\partial T_j}{\partial t} \\ \dfrac{\partial T_k}{\partial t} \end{bmatrix} - \begin{bmatrix} p_i \\ p_j \\ p_k \end{bmatrix} = 0 \tag{9.31}$$

式(9.31) 可以记做

$$\boldsymbol{k}^e \boldsymbol{T}^e + \boldsymbol{c} \left[\frac{\partial T}{\partial t} \right]^e = \boldsymbol{p}^e \tag{9.32}$$

式中,$\boldsymbol{k}$ 为导热矩阵,$k_{ii} = \varphi(b_i^2 + c_i^2)$,$k_{ij} = k_{ik} = \varphi(b_i b_j + c_i c_j)$,$\varphi = \lambda(r_i + r_j + r_k)/(12\Delta)$;$\boldsymbol{c}$ 为热容矩阵,$c_{ii} = \dfrac{\Delta}{30}\rho c_p(3r_i + r_j + r_k)$,$c_{ij} = c_{ji} = \dfrac{\Delta}{60}\rho c_p(2r_i + 2r_j + r_k)$;$\boldsymbol{p}$ 为热流向量,无内热源时 $p_i = p_j = p_k$。

2. 边界单元

边界单元计算同样基于变分方程(9.20),但不同于内部单元,在计算中不能忽略线性积分部分。

根据单元离散化原则(见图 9.4),边界单元有一个边在边界上。边界上的两节点 j,k 温度分别为 T_j 与 T_k,jk 边上点温度在 T_j 与 T_k 之间线性变化。jk 边上构造一个线性插值函数:

$$T = aT_j + (1-a)T_m \tag{9.33}$$

式中,a 为节点与 j,k 间距离的变化系数,$0 \leqslant a \leqslant 1$。对于第三类边界条件,线性积分表达式为

$$\int_{jk} HW_s r(T - T_c)\mathrm{d}s \tag{9.34}$$

式中,下标 $s = j,k$;s 为边界弧长;$r = (1-a)r_j + ar_k$。

将式(9.33) 与 $W_s = N_s = a_s + b_s z + c_s r$ 代入式(9.34),经整理得

$$\int_{jk} HW_j r(T - T_c)\mathrm{dS} = \frac{Hs_i}{4}\left(r_j + \frac{r_k}{3}\right)T_j + \frac{Hs_i}{12}(r_j + r_k)T_k + \frac{Hs_i}{3}T_c\left(r_j + \frac{r_k}{2}\right) \tag{9.35}$$

$$\int_{jk} HW_k r(T - T_c)\mathrm{dS} = \frac{Hs_i}{4}\left(r_k + \frac{r_j}{3}\right)T_k + \frac{Hs_i}{12}(r_j + r_k)T_j + \frac{Hs_i}{3}T_c\left(r_k + \frac{r_j}{2}\right) \tag{9.36}$$

对于式(9.35),将等式右边第一项并入温度刚度矩阵 $\boldsymbol{k}$ 的 k_{jj} 中,第二项并入 k_{jk} 中,第三项并入 $\boldsymbol{p}$ 的 p_j 项。式(9.36)同样处理,则边界单元变分计算同内部单元应用式(9.32),只是在矩阵 $\boldsymbol{k}$ 和向量 $\boldsymbol{p}$ 中,j 和 k 点的元素与内部单元不同,其余相同。不同元素如下:

$$\begin{cases} k_{jj}=\varphi(b_j^2+c_j^2)+\dfrac{Hs_i}{4}\left(r_j+\dfrac{r_m}{3}\right) \\ k_{jk}=k_{kj}=(b_jb_k+c_jc_k)+\dfrac{Hs_i}{12}(r_j+r_k) \\ p_j=\dfrac{H}{3}s_iT_c\left(r_j+\dfrac{r_k}{2}\right) \end{cases}$$

9.2.9 整体合成

完成了单元变分,这个区域的所要求的函数已经离散到 n 个节点上了,需要做的是整体合成,即求解所有节点上的函数。此时所求函数已被离散化,泛函也就变成了描述节点所对应函数的多元函数,泛函的变分问题也就成了求多元函数极值问题。

当全域划分有 n 个节点时整体与单元变分的关系:

$$\frac{\partial J}{\partial T_m}=\sum_e\frac{\partial J_e}{\partial T_m}=0,\quad m=1,2,\cdots,n \tag{9.37}$$

以图 9.4 的 8 节点、6 单元三角形元为例说明单元总体合成,每个单元的节点编码有两套,一是局部码 i,j,k,二是节点在整个域中的编号 1,2,3 等。例如图 9.4 中单元 4 的 i,j,k 分别为 3,6,2。推导单元矩阵用的是局部码:

$$\boldsymbol{k}^{④}=\begin{bmatrix} k_{ii} & k_{ij} & k_{ik} \\ k_{ji} & k_{jj} & k_{jk} \\ k_{ki} & k_{kj} & k_{kk} \end{bmatrix} \tag{9.38}$$

上标 ④ 表示单元 4,用整体矩阵节点编号则为

$$\boldsymbol{k}^{④}=\begin{bmatrix} k_{33} & k_{36} & k_{32} \\ k_{63} & k_{66} & k_{62} \\ k_{23} & k_{26} & k_{22} \end{bmatrix}$$

将单元 4 刚度矩阵置于总刚度矩阵中,如表 9.2 所示。

表 9.3 所示为图 9.4 中 6 个单元全部放入总刚度矩阵中。

用同样的方法合成热容矩阵。

合成的变分方程:

$$\boldsymbol{kT}+\boldsymbol{c}\left[\frac{\partial T}{\partial t}\right]=\boldsymbol{p} \tag{9.39}$$

其中,$\boldsymbol{k},\boldsymbol{c}$ 都是 $n\times n$ 矩阵,n 相当于节点数。单元计算以节点编号为下标,相同下标的元素相

加形成总体矩阵相应下标的元素。

k,**c** 都是正定、对称的矩阵,包含许多零元素,只有在主对角线一定带宽内有非零元素的带状矩阵。在编程中充分利用其带状性、稀疏性和对称性。

表 9.2 单元 4 刚度矩阵置于总刚度矩阵中

局部码			$k^{\textcircled{4}}$	$i^{\textcircled{4}}$			$j^{\textcircled{4}}$		
	节点编号	1	2	3	4	5	6	7	8
	1								
$k^{\textcircled{4}}$	2		$k_{22}^{\textcircled{4}}$	$k_{23}^{\textcircled{4}}$			$k_{26}^{\textcircled{4}}$		
$j^{\textcircled{4}}$	3		$k_{32}^{\textcircled{4}}$	$k_{33}^{\textcircled{4}}$			$k_{36}^{\textcircled{4}}$		
	4								
	5								
$i^{\textcircled{4}}$	6		$k_{62}^{\textcircled{4}}$	$k_{63}^{\textcircled{4}}$			$k_{66}^{\textcircled{4}}$		
	7								
	8								

表 9.3 6 个单元全部放入总刚度矩阵

局部码		$i^{\textcircled{1}}$	$k^{\textcircled{1}},i^{\textcircled{2}},i^{\textcircled{3}},k^{\textcircled{4}}$	$j^{\textcircled{1}},i^{\textcircled{4}}$	$k^{\textcircled{2}}$	$k^{\textcircled{3}},k^{\textcircled{5}},j^{\textcircled{2}}$	$i^{\textcircled{5}},i^{\textcircled{5}},j^{\textcircled{3}},j^{\textcircled{4}}$	$j^{\textcircled{5}},k^{\textcircled{5}}$	$j^{\textcircled{5}}$
	节点编号	1	2	3	4	5	6	7	8
$i^{\textcircled{1}}$	1	$k_{11}^{\textcircled{1}}$	$k_{12}^{\textcircled{1}}$	$k_{13}^{\textcircled{1}}$					
$k^{\textcircled{1}},i^{\textcircled{2}},i^{\textcircled{3}},k^{\textcircled{4}}$	2	$k_{21}^{\textcircled{1}}$	$k_{22}^{\textcircled{4}}+k_{22}^{\textcircled{1}}+k_{22}^{\textcircled{2}}+k_{22}^{\textcircled{3}}$	$k_{23}^{\textcircled{4}}+k_{23}^{\textcircled{1}}$	$k_{24}^{\textcircled{2}}$	$k_{25}^{\textcircled{2}}+k_{25}^{\textcircled{3}}$	$k_{26}^{\textcircled{4}}$		
$j^{\textcircled{1}},i^{\textcircled{4}}$	3	$k_{31}^{\textcircled{1}}$	$k_{32}^{\textcircled{4}}+k_{32}^{\textcircled{1}}$	$k_{33}^{\textcircled{4}}+k_{33}^{\textcircled{1}}$			$k_{36}^{\textcircled{4}}$		
$k^{\textcircled{2}}$	4		$k_{42}^{\textcircled{2}}$		$k_{44}^{\textcircled{2}}$	$k_{45}^{\textcircled{2}}$			
$k^{\textcircled{3}},k^{\textcircled{5}},j^{\textcircled{2}}$	5		$k_{52}^{\textcircled{2}}+k_{52}^{\textcircled{3}}$		$k_{54}^{\textcircled{2}}$	$k_{55}^{\textcircled{2}}+k_{55}^{\textcircled{3}}+k_{55}^{\textcircled{5}}$	$k_{56}^{\textcircled{3}}+k_{56}^{\textcircled{5}}$	$k_{57}^{\textcircled{5}}$	
$i^{\textcircled{5}},i^{\textcircled{5}},j^{\textcircled{3}},j^{\textcircled{4}}$	6		$k_{62}^{\textcircled{4}}+k_{62}^{\textcircled{3}}$	$k_{63}^{\textcircled{4}}$		$k_{65}^{\textcircled{3}}+k_{65}^{\textcircled{5}}$	$k_{66}^{\textcircled{4}}+k_{66}^{\textcircled{3}}+k_{66}^{\textcircled{5}}+k_{66}^{\textcircled{6}}$	$k_{67}^{\textcircled{5}}+k_{67}^{\textcircled{5}}$	$k_{76}^{\textcircled{5}}+k_{76}^{\textcircled{5}}$
$j^{\textcircled{5}},k^{\textcircled{5}}$	7					$k_{75}^{\textcircled{5}}$	$k_{76}^{\textcircled{5}}+k_{76}^{\textcircled{5}}$	$k_{77}^{\textcircled{5}}+k_{77}^{\textcircled{5}}$	$k_{78}^{\textcircled{5}}$
$j^{\textcircled{5}}$	8						$k_{86}^{\textcircled{5}}$	$k_{87}^{\textcircled{5}}$	$k_{88}^{\textcircled{5}}$

对于瞬态温度场问题,仅有几何离散是不够的,必须进行时间上的离散。进行 Galerkin 差分,得到

$$2\left\{\frac{\partial T}{\partial t}\right\}_t+\left\{\frac{\partial T}{\partial t}\right\}_{t-\Delta t}=\frac{3}{\Delta t}(\boldsymbol{T}_t-\boldsymbol{T}_{t-\Delta t})+O(\Delta t^2) \tag{9.40}$$

将 t 与 $t-\Delta t$ 时刻的式(9.39) 代入式(9.40)，整理得瞬态温度场方程：

$$\left(2\boldsymbol{k}+\frac{3}{\Delta t}\boldsymbol{c}\right)\boldsymbol{T}_t=(2\,\boldsymbol{p}_t+\boldsymbol{p}_{t-\Delta t})+\left(\frac{3}{\Delta t}\boldsymbol{c}-\boldsymbol{k}\right)\boldsymbol{T}_{t-\Delta t} \tag{9.41}$$

9.2.10 温度场算法

温度场算法如图 9.7，整个程序以瞬态温度场计算的基本方程式(9.41) 为数学模型，通过小步长的矩阵计算求解温度场。之所以选择小步长是为了计算过程中方程收敛，以便得到有效解。计算总时间 $t_{\max}$ 由使用者根据经验确定。目前用于工程技术的大型有限元软件都有多种设置时间步的方式，一般来说对于初学者可以应用自适应步长，该计算方法是由计算机程序根据所设定的收敛判据自行进行迭代来进行有限元计算，即图 9.7 中的 Δt 可以是自适应的。

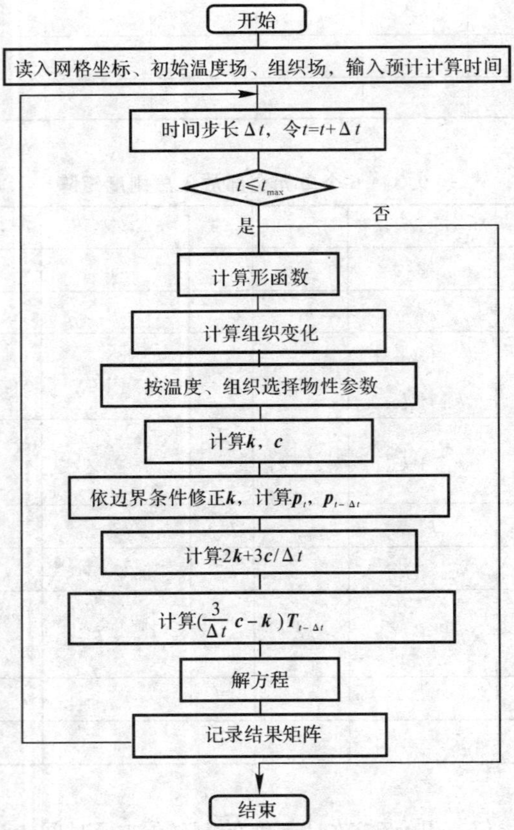

图 9.7 温度场计算框图

9.3　组织转变的数值模拟

组织转变将带来材料物理性能和力学性能的转变，同时会有相变潜热发生，会影响材料的热处理过程温度场以及应力场。在材料热处理中，获得理想组织并且使工件性能达到标准是热处理的最终目标。因此组织转变的模拟也是热处理模拟的重要内容。

早在 1930 年，Davenport 和 Bain 在等温条件下研究钢的冷却过程中的组织转变，提出了等温转变曲线即 TTT 曲线。TTT 曲线在恒定温度下考察不同保温时间下组织变化，能够清晰地显示不同温度下的组织转变特征，在热处理研究中得到了广泛应用。随着实践的进行，人们认识到连续转变才是冷却过程中的主要过程，在 20 世纪 40 年代，连续冷却转变曲线即 CCT 曲线提出，由于其直观的特性，得到了更广泛的应用。

事实上在有了温度场的计算结果后，可以直观地利用 CCT 图得到组织分布：将 CCT 图数字化，利用温度场计算求出的结果与 CCT 图拟合，得到组织。这种方法能够定性得到大致的组织分布，有着方便快捷的优点，但无法定量分析组织。该方法可以通过 Matlab，Origin 以及 Excel 等软件实现。图 9.8 所示即为 $\phi 50 \times 100$ mm 的 45＃ 圆柱水淬表面到中心的温度冷却曲线与 CCT 图的拟合，由该图能够清晰地得到淬火时该工件的不同部位的组织，图中曲线 a～f 依次为轴向中间截面从表面到心部的点的冷却曲线。

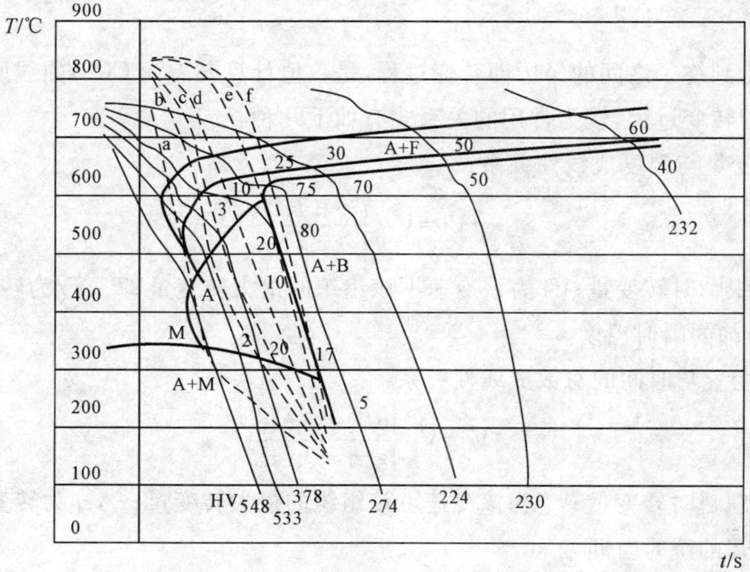

图 9.8　45＃ 圆柱水淬表面到心部的温度冷却曲线与 CCT 图的拟合

20 世纪七八十年代开始的组织模拟工作也是由上面提到的两种转变曲线来描述组织转变过程。由于其直观性，CCT 曲线先被用于作为模拟的理论基础。当 Scheil 叠加法则提出后，TTT 曲线被用于组织模拟并迅速推广。

9.3.1 利用连续冷却转变曲线计算组织转变

1. 连续冷却转变曲线

连续冷却转变曲线即 CCT 曲线，它是由一组不同等速的冷却曲线组成的，其横坐标是时间，纵坐标为温度。在温度－时间坐标上标出各种冷却过程中各种组织转变开始和终了温度及转变量，各种组织转变的开始、终了点的连线构成一个完整的连续冷却转变曲线。图 9.8 所示即为 45＃ 钢的 CCT 图（不包括虚线部分）。

由 CCT 曲线可以得到：

① 材料由奥氏体化温度以不同冷速冷却所得到的转变产物。例如图 9.8 中以 f 线所代表的冷速冷却将先后析出铁素体和贝氏体。

② 形成各种转变产物的临界冷速。

③ 不同冷却条件下，各种组织转变开始与终了时间、温度及转变量。

2. 转变过程

转变从开始到终了之间的经历即转变过程，是数值计算必需而 CCT 曲线所不能提供的。对于连续冷却的转变过程，较为常用的关系式有如下几种：

① 组织转变量与温度成线性关系：

$$V = V_0 \frac{T_s - T_i}{T_s - T_f} \tag{9.42}$$

式中，V 为某组织瞬时转变量；V_0 为该冷速下该组织的最大转变量；T_s，T_f 为转变开始、终了温度；T_i 为连续冷却的瞬时温度。

② 组织转变量与时间的对数成线性关系：

$$V = V_0 \frac{\lg \tau_s - \lg \tau_i}{\lg \tau_f - \lg \tau_i} \tag{9.43}$$

式中，V 为某组织瞬时转变量；V_0 为该冷速下该组织的最大转变量；τ_s，τ_f 为转变开始与终了时间；τ_i 为连续冷却的瞬时时间。

③ 组织转变量与温度成指数关系：

$$V = V_0 [1 - \exp (A\tau^B)] \tag{9.44}$$

式中，V 为某组织瞬时转变量；V_0 为该冷速下该组织的最大转变量；A，B 为系数，决定于材料与组织类型，可以通过不同冷速冷却过程温度与膨胀量变化曲线求出。

对于非扩散型的马氏体转变，转变决定于温度而与时间无关，转变量与温度的关系可由下式表示：

$$V = 1 - \exp[-a(Ms - T)^n] \tag{9.45}$$

式中，V 为转变量；Ms 为马氏体转变点；T 为温度；a 为反映马氏体转变速率的常数，决定于钢的化学成分，对于多数的钢来说，可以取 0.001。

由于奥氏体转变过程中发生了多种转变，每种转变在特定温度下都要有其最大转变量，因此马氏体转变的实际量是其最大转变量与式(9.45) 所求出的 V 值的乘积。

实际上式(9.45) 是利用等温转变曲线模拟推出的公式，我们强调式(9.45) 中参数 a 值转变，在某一特定温度下马氏体的最大转变量的特定温度即为 TTT 曲线中的等温温度，该方法在下面利用等温转变曲线计算中会详细说明。

3. 算法

生产中冷却转变过程是一个很复杂的过程，极少会出现 CCT 曲线上所示的连续等速降温过程(除非控制冷却)，这就给模拟带来一个问题：如何确定计算中的转变速度。一般来说可以通过分段计算出平均冷却速度来替代瞬时的冷却速度，该方法较为简洁地解决了这一问题。通常采用分段计算平均冷却速度方法：在临界点开始冷却，到转变开始温度为第一阶段即转变尚未开始的孕育期；从转变开始温度到转变终了为第二阶段。其计算步骤如下：

① 确定真实温度场达到临界点 A_{c1} 的时间 t_0。

② 随着温度降低，不断计算冷却速度 s_d：

$$s_d = \frac{A_{c1} - T}{t - t_0}$$

③ 利用 CCT 曲线的参数，求出该冷速下的开始转变温度 T_t。

④ 如果 $T = T_t$，并且为扩散型转变，记下达到转变温度的时间 t_1。

⑤ 随温度降低不断计算冷却速度：

$$s_d = \frac{T_t - T}{t - t_1}$$

⑥ 根据 CCT 曲线求出该冷速下的转变终了温度及最大转变量。根据式(9.42) 计算转变量。

⑦ 如果 $T = T_t$，并且为马氏体转变，则按式(9.45) 计算马氏体转变量。

⑧ 循环计算直到温度降至规定值或转变量达到规定值。

9.3.2 利用等温冷却转变曲线计算组织转变

1. 等温转变曲线

等温转变曲线即 TTT 图描述的是钢快冷至不同温度等温过程中过冷奥氏体的各种转变的起始时间以及转变量。其横、纵坐标同连续转变冷却曲线一样分别表示时间和温度。在温度 — 时间坐标上标出不同温度等温保持过程各种转变开始、终了的时间及转变量。各种组织的开始、终了点的连线构成钢的等温转变曲线(见图 9.9)。从曲线上可以看到:

① 钢从奥氏体化温度冷却到不同温度等温所能形成的转变产物,如铁素体、珠光体、贝氏体、马氏体。

② 各种转变产物的形成温度区间 —— 开始以及终了温度;不同温度下等温时转变开始与终了的时间和转变量。

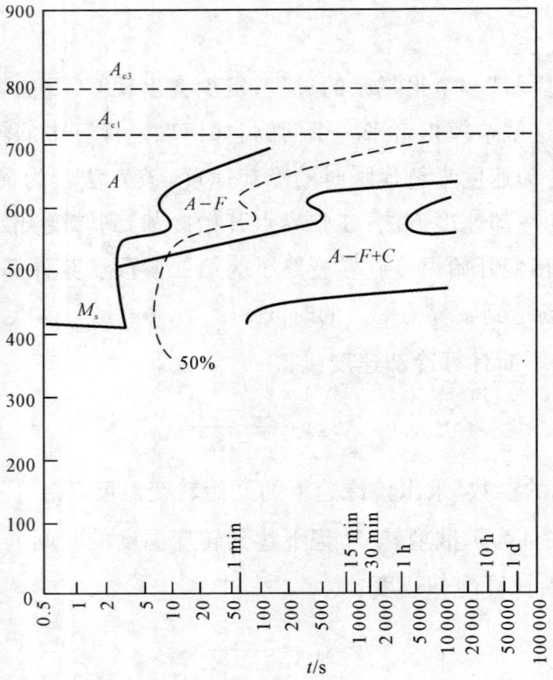

图 9.9 等温转变曲线

2. 等温转变过程的数学模型

对于扩散型转变，等温转变为孕育期 — 形核 — 长大过程。Johnson - Mehl 对形核、长大过程进行研究后推导出 Johnson - Mehl 方程，指出了形核率与生长速率均为常数时转变体积分数与时间的关系：

$$f=1-\exp\left(-\frac{\pi}{3}IG^3\tau^4\right) \tag{9.46}$$

式中，f 为转变体积分数；I 为形核率；G 为生长速率；τ 为时间。

Avrami 发展了 Johnson - Mehl 方程，当生长速率及形核率不为常数时，式(9.46) 变为 Avrami 方程：

$$f=1-\exp\left(-b\tau^n\right) \tag{9.47}$$

式中，f 为转变体积分数；τ 为时间；b,n 为常数，与材料及工艺有关。

常数 b,n 可由 TTT 曲线的两个等温时间 t_1,t_2 的转变量 V_1,V_2 求得

$$n=\frac{\ln\dfrac{\ln(1-V_1)}{\ln(1-V_2)}}{\ln\dfrac{t_1}{t_2}} \tag{9.48}$$

$$b=-\frac{\ln(1-V_1)}{t_1^n} \tag{9.49}$$

为了保证计算组织转变与实际等温转变过程吻合，计算时须修正 Avrami 方程。对于非扩散性转变则应用式(9.45)。

3. 算法

实际的转变过程多为连续的，等温转变只有通过将连续冷却转变时间离散化变为阶梯冷却，对每个离散时间段的阶梯平台可按等温处理，之后叠加阶梯过程来实现 TTT 曲线模拟连续转变。

Scheil 叠加法则解决了这个问题，根据等温转变过程的孕育期推算连续冷却时的转变开始温度，将每一温度下所消耗的时间 Δt_i 除以该温度的孕育期 τ_i 作为孕育率。不同温度下孕育率可以叠加(见图 9.10)，总量 $\sum\limits_{i=1}^{n}\dfrac{\Delta t_i}{\tau_{Ti}}=1$ 时，孕育期结束，转变开始。

转变量同样可以叠加，在计算 T_{i+1} 温度下转变时，应将前一阶段温度下的转变量 f_i 折算为 T_{i+1} 温度下所需时间，称为虚拟时间，记做 t_{i+1}^*：

$$t_{i+1}^*=\left[\frac{-\ln(1-f_i)}{b_{i+1}}\right]^{\frac{1}{n_{i+1}}} \tag{9.50}$$

之后依照式(9.51) 计算 T_{i+1} 温度下保持 $t_{i+1}^*+\Delta t$ 时刻的转变量 f_{i+1}：

$$f_{i+1} = 1 - \exp\left[-b_{i+1}\left(t_{i+1}^{*} + \Delta t\right)^{n_{i+1}}\right] \tag{9.51}$$

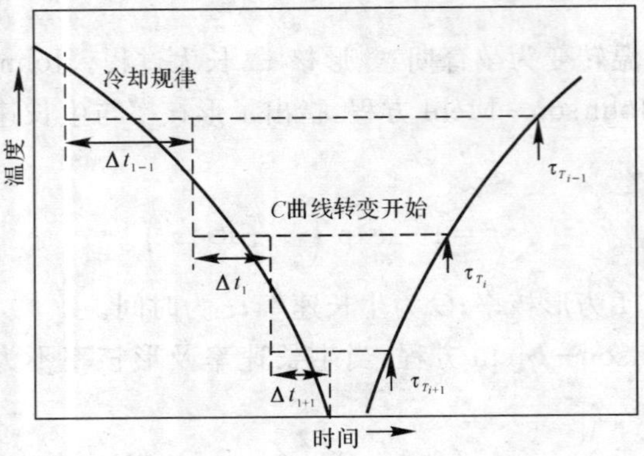

图 9.10 Scheil 叠加法则示意

叠加法则一般只适用于相同组织，组织相同转变机制相同，孕育率及转变量可以相加。依赖 TTT 图的模拟计算步骤如下：

① 已知冷却过程的温度—时间的变化，确定时间步长 Δt、冷却开始时间 t_0 及计算终了温度 T_f。

② 根据时间步长计算不同时刻温度，若进入马氏体区，则按式(9.45)计算马氏体含量。

③ 进入扩散转变区则计算孕育率，当孕育率为 1 时计算虚拟时间 t_{i+1}^{*}，再计算等温 Δt 时间转变量，直到达终了温度 T_f。

9.4 扩散建模及计算

扩散是固体中物质传播的唯一方式，一般指材料内部原子迁移的微观过程以及大量原子迁移的宏观现象。在化学热处理中，C、N 等由表面渗入工件以及一些工件的脱氢处理等都涉及扩散过程。研究扩散过程的建模与仿真在研究热处理仿真中是一个重要方面。

9.4.1 控制方程

Fick 第一及第二定律描述了材料中的扩散。

1. Fick 第一定律

将一非均匀单相合金试样加热到足够高的温度保温，便会发生溶质原子由高浓度区向低浓度区的扩散。1855 年阿道夫-菲克(Adolf-Fick)在实验的基础上总结出了各向同性介质中扩散过程所遵循的规律:在单位时间内通过垂直于扩散方向单位截面积的物质流量(称扩散通量)与该截面处的浓度梯度成正比。这一规律被称为菲克(Fick)扩散第一定律。设扩散沿 x 方向进行,菲克(Fick)扩散第一定律的数学表达式为

$$J=-D\frac{\partial c}{\partial x} \tag{9.52}$$

式中,J 为扩散通量,单位为 $kg/(m^2 \cdot s)$ 或原子数 $/(m^2 \cdot s)$;D 为比例常数,称为扩散系数,单位为 m^2/s;c 为扩散组元的体积浓度,可用体积质量 kg/m^3 或体积原子数 $/m^3$ 来表示;$\frac{\partial c}{\partial x}$ 为扩散组元浓度沿 x 方向的变化率,一般称为浓度梯度;负号表示扩散方向与浓度梯度方向相反,即扩散由高浓度区向低浓度区进行。

2. Fick 第二定律

Fick 第一定律虽然对于浓度随时间变化的非稳态问题仍然有效,但不能直接用以解决这类问题,在其基础上利用物质质量平衡原理得到的 Fick 第二定律解决了该问题:

$$\frac{\partial c}{\partial t}=\frac{\partial}{\partial x}\left(D\frac{\partial c}{\partial x}\right) \tag{9.53}$$

当 D 为常数时,则有

$$\frac{\partial c}{\partial t}=D\frac{\partial^2 c}{\partial x^2} \tag{9.54}$$

三维各向异性时,三个方向分别以 D_x, D_y, D_z 表示,则

$$\frac{\partial c}{\partial t}=\frac{\partial}{\partial x}\left(D_x\frac{\partial c}{\partial x}\right)+\frac{\partial}{\partial y}\left(D_y\frac{\partial c}{\partial y}\right)+\frac{\partial}{\partial z}\left(D_z\frac{\partial c}{\partial z}\right) \tag{9.55}$$

9.4.2　有限差分法解扩散问题

可以观察扩散方程的形式,它几乎与温度场计算方程相同。这就是我们提到的不同物理场可以用同一种形式解决的问题。在这里采用有限差分法解扩散问题,它具有简单、计算量小的优点,当工件复杂时可采用有限元法。

差分法的第一步是空间与时间的离散化,浓度场计算中时间是比较漫长的,这与应力及温度场的变化区别很大,因此采用长的时间步长以便节省计算量。空间步长则需要小,这是因为原子扩散在空间尺度上还是微小的。

我们现在讨论一维条件下渗碳过程的扩散问题。

基本方程采用式(9.54)。

初始条件:初始浓度场为工件初始时的各个区域的 C 含量,一般来说应为均匀的浓度场,

即整个工件浓度一致。初始条件表达如下：

$$c\Big|_{t=t_0}=c_0(x) \tag{9.56}$$

式中，$c_0(x)$ 是初始 C 含量。

边界条件：边界条件需要按气相碳势计算出表面的碳浓度，在表面处，边界条件如式(9.57)，在中心处边界条件如式(9.58)。

$$\beta(c_g-c_s)=-D\left(\frac{\partial c}{\partial x}\right)\Big|_{x=0} \tag{9.57}$$

式中，c_g 为计算出的 C 浓度；D 为 C 扩散系数；β 为气 — 固界面反应物质传递系数。

$$\frac{\partial c}{\partial x}=0 \tag{9.58}$$

式(9.54) 左右两侧差分形式：

$$\frac{\partial c}{\partial t}=\frac{c_i^{n+1}-c_i^n}{\Delta t} \tag{9.59}$$

$$\frac{\partial^2 c}{\partial x^2}=\frac{1}{2}\left[\frac{c_{i+1}^{n+1}-2c_i^{n+1}+c_{i-1}^{n+1}}{(\Delta x)^2}+\frac{c_{i+1}^n-2c_i^n+c_{i-1}^n}{(\Delta x)^2}\right] \tag{9.60}$$

得到式(9.54) 的差分形式：

$$\frac{c_i^{n+1}-c_i^n}{\Delta t}=\frac{D}{2}\left[\frac{c_{i+1}^{n+1}-2c_i^{n+1}+c_{i-1}^{n+1}}{(\Delta x)^2}+\frac{c_{i+1}^n-2c_i^n+c_{i-1}^n}{(\Delta x)^2}\right] \tag{9.61}$$

式中，c_i^n 表示 n 时刻 i 节点的碳浓度，其他类似表示以此类推。

令 $K=D\dfrac{\Delta t}{(\Delta x)^2}$，$L=\beta\dfrac{\Delta t}{\Delta x}$，则引入初始及边界条件后得到：

$$\left.\begin{aligned}&(1+K+L)c_0^{n+1}-Kc_1^{n+1}=(1-K-L)c_0^n+Kc_1^n+2Lc_g\\&-Kc_{i+1}^{n+1}+2(1+K)c_1^{n+1}-Kc_{i-1}^{n+1}=Kc_{i+1}^n+2(1-K)c_i^n+Kc_1^n+Kc_{i-1}^n\\&(1+K)c_m^{n+1}-Kc_{m-1}^{n+1}=(1-K)c_m^n+Kc_{m-1}^n\end{aligned}\right\} \tag{9.62}$$

式中，三个方程分别代表表面、内部以及心部的扩散规律。将其化为矩阵形式即可求解扩散问题。

9.5　应用实例

热处理过程涉及温度场、应力场以及组织转变，热处理工艺的数值计算不仅能够代替试验，节约成本和时间，更能够提供方法的革命以及理论研究的突破。热处理工程的数值模拟能够用以优化工艺、避免事故，还能够进行失效分析以及对工件使用条件进行规范。

随着数值模拟算法的丰富以及计算机软、硬件技术的进步，在实际生产热处理模拟中越来越趋向于应用大型商业软件进行多场耦合仿真。以下以两个生产中的实例加以说明。

9.5.1　活塞杆局部热处理消除焊接应力

问题说明：

活塞杆长 3.8 m，杆部直径 660 mm，材料 35＃ 钢，如图 9.11 所示。在离活塞头部约 1 965 mm 处有一焊缝深度为 200 mm 的焊接接头。

该工件属返修件，除焊接部位外没有机械加工余量，不能采用整体退火消除焊接应力。只能对活塞杆补焊部位进行局部热处理，加热采用履带式加热器，测温采用在工件表面布置的热电偶。

需要解决的问题包括温度场变化问题，在加热器宽度为 1 000 mm 的情况下，表面达到工艺温度 600±20℃ 后，须经多长时间能够使活塞杆心部达到工艺温度。还有形变问题，对工艺实施的残余应力及形变进行评价。

建模：

因为活塞杆为轴对称工件，利用对称性只取活塞杆的 1/4 建模以减少计算量，缩短计算时间，如图 9.12 所示。布置加热器宽 1 000 mm 的边界条件为该部分表面节点温度为 600℃。

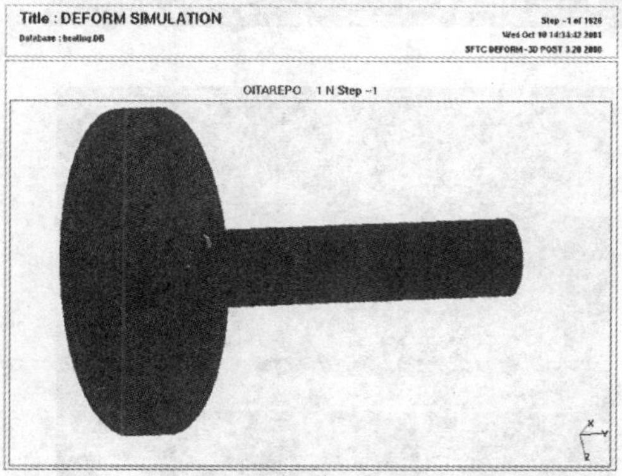

图 9.11　活塞杆模型

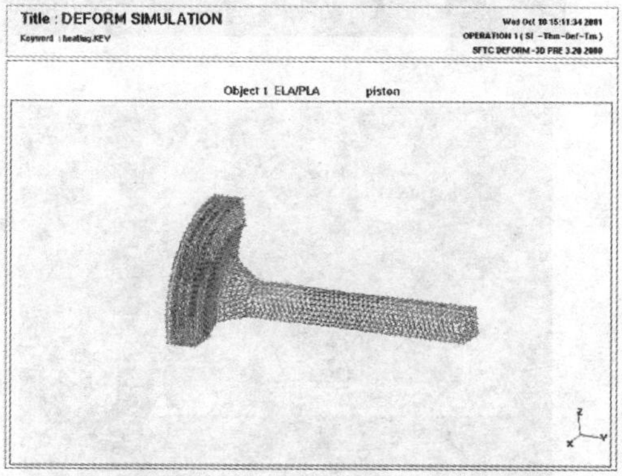

图 9.12　1/4 活塞杆建模

温度场计算：

图 9.13 所示为表面到温后温度场的变化过程。

为更加明确温度场变化，在焊缝中心由表面至心部布置跟踪点进行温度场跟踪，如图9.14 所示，1 ～ 5 点为从表面到心部的 5 个点。图 9.15 所示为焊接接头跟踪点的温度变化情况。

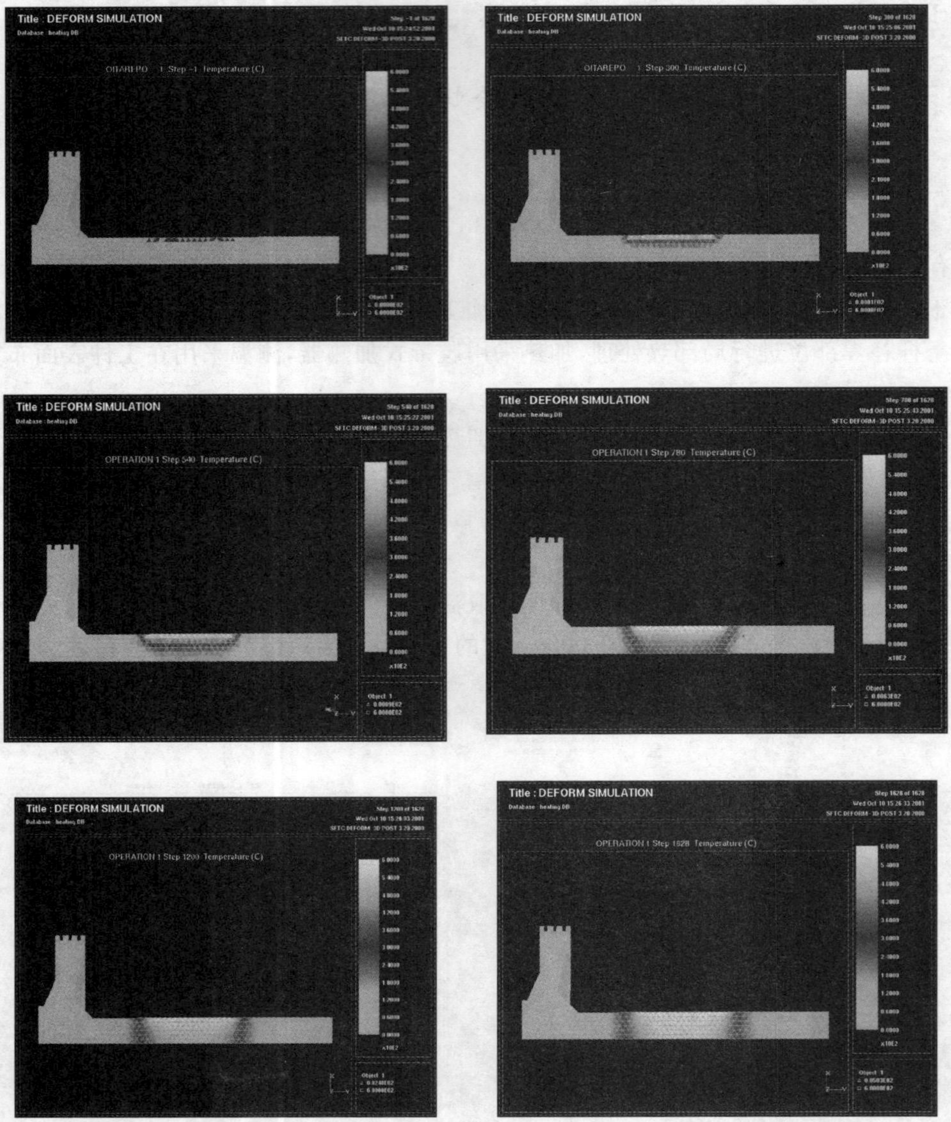
Title : DEFORM SIMULATION
OPERATION 1 Step 540 Temperature (C)
OPERATION 1 Step 780 Temperature (C)
OPERATION 1 Step 1200 Temperature (C)
OPERATION 1 Step 1628 Temperature (C)

图 9.13 温度场变化

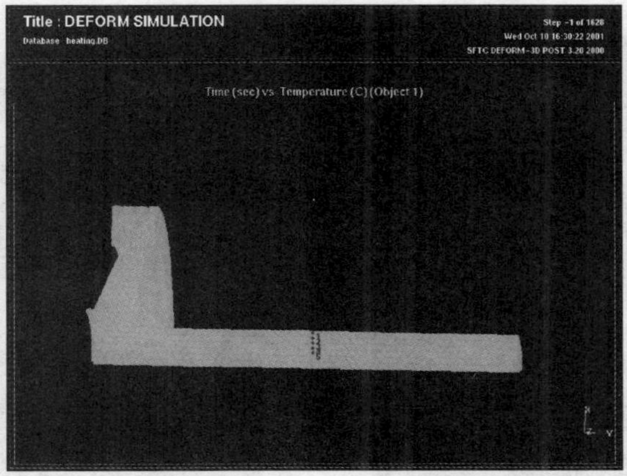

图 9.14　焊缝跟踪点

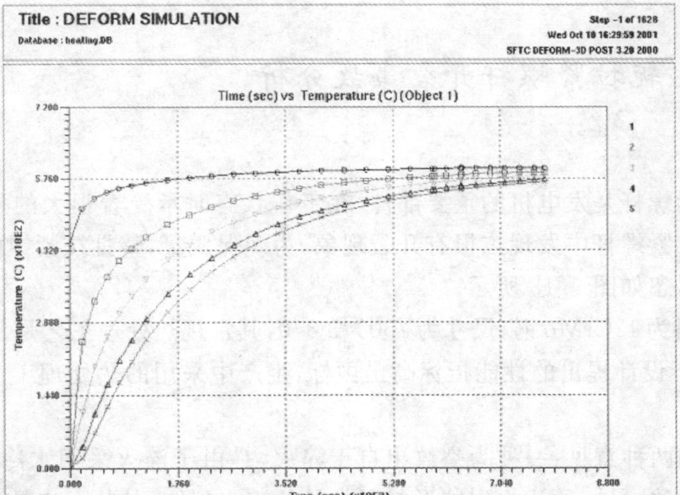

图 9.15　跟踪点温度场变化

加热过程模拟说明，从表面到温开始，需要 2 h 轴的中心能够到温。以此为依据制定加热过程工艺为从热电偶到温开始，整个保温时间为 5 h。

应力及变形情况：

活塞局部热处理后空冷到室温可能产生的应力变形情况如图 9.16 和图 9.17 所示。

从计算结果看，活塞局部热处理产生的残余应力最大不超过 40 MPa，变形控制在 2 mm，均在加工允许范围内。

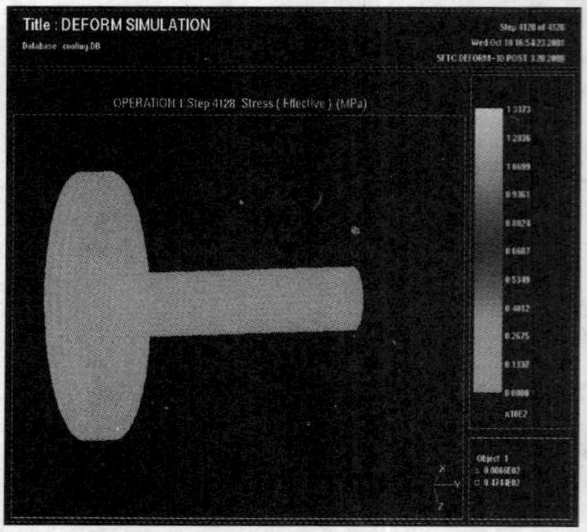

图 9.16　热处理后应力场

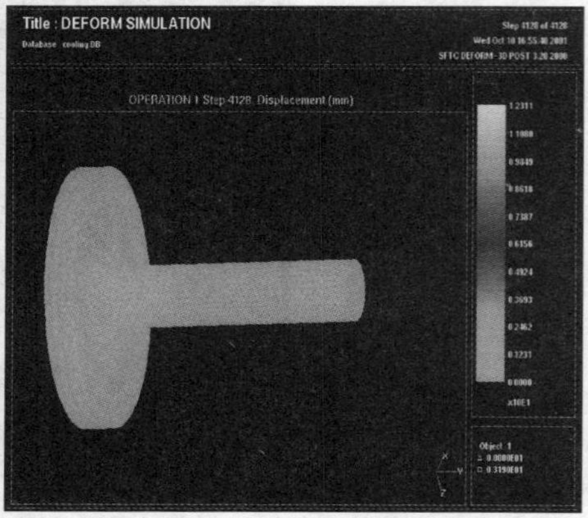

图 9.17　活塞冷却后的变形情况

9.5.2　磁轭拉紧螺杆开裂事故分析

问题说明：

转子磁轭拉紧螺杆是发电机的重要部件，在工作状态时承受着很大的外加载荷。某电站在安装转子磁轭拉紧螺杆中发现三根有开裂现象，为确保质量，整批拉紧螺杆返厂，分析原因，等待处理。裂纹形态如图 9.18 所示。

拉紧螺杆材料为 42CrMo 钢，尺寸为 ϕ50×3 870，其常规热处理工艺是 850℃ 油淬＋560℃ 水（油）冷却。由于设计提出的性能指标高出国标，生产中采用的热处理工艺是 850℃ 水淬＋540℃ 空冷。

失效分析中的两种意见：一种为裂纹出自于淬火，是由于淬火采用水冷导致的，即冷速过激以及传热不畅所致；另一种认为裂纹形貌同常见的淬火裂纹不同，不应是淬火裂纹。常见的热处理淬火裂纹分两种：一种是沿轴向由表面向心部开裂，属于完全淬透情况；另一种为沿径向由中间向外开裂，属于不完全淬透情况。拉紧螺杆的淬火裂纹形貌则是起裂在表面圆周附近，沿轴向扩展。

淬火应力模拟：

为了搞清楚裂纹究竟是不是起因于淬火过程，对杆件的淬火过程进行数值模拟，模拟中对中截面的残余应力进行跟踪，跟踪点位置见图 9.19，1 ～ 10 点从心部到表面分布。

裂纹观察已经确认拉紧螺杆开裂不是剥离开裂，因此可以忽略 X 向正应力，图 9.20，图 9.21 所示为 Y，Z 向各点的应力在淬火过程中的变化情况（取自中截面）。

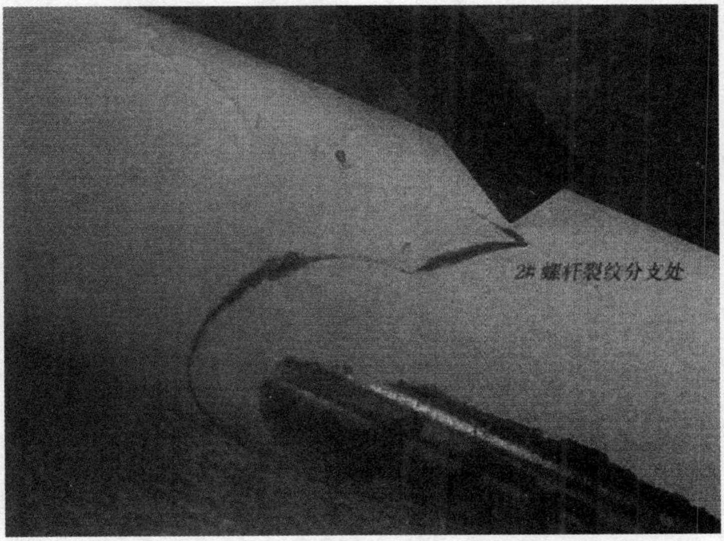

图 9.18　拉紧螺杆裂纹

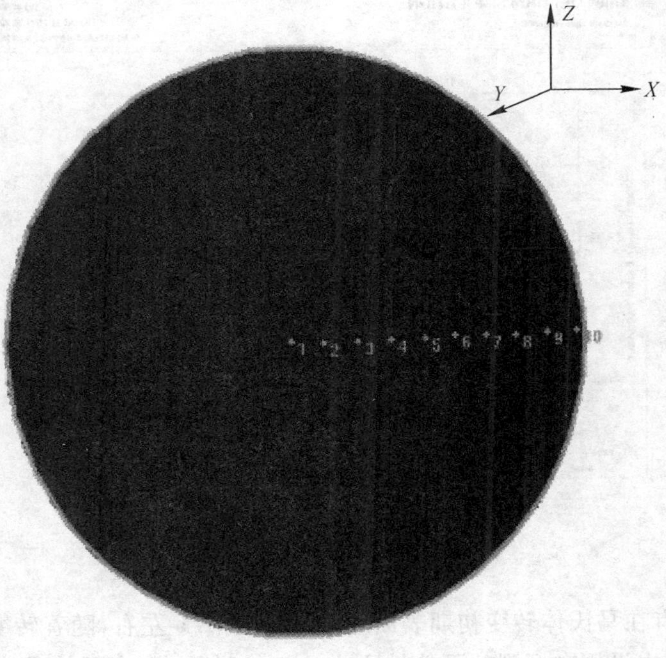

图 9.19　应力跟踪点

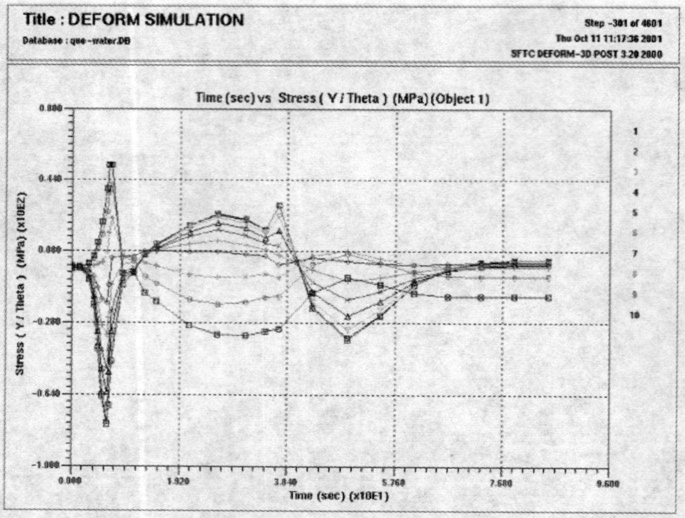

图 9.20　Y 方向淬火应力变化

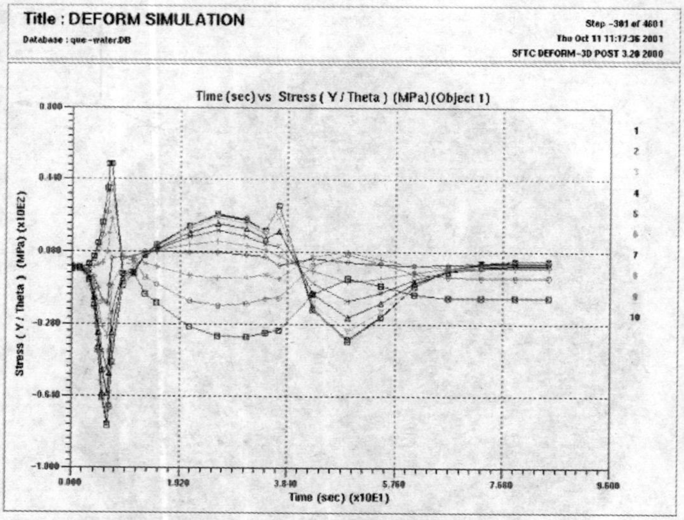

图 9.21　Z 方向淬火应力变化

Y 向应力只有在马氏体转变初期表面最大，为 50 MPa 左右，随着转变的进行应力迅速下降，所以淬火过程中沿周向开裂的可能性不大。淬火过程中，表面的 Z 向应力始终处于最大值，可达到 60 MPa，因此如果开裂也应该沿轴向。这和常规淬透钢出现裂纹的规律是一致的。淬火过程中各点等效应力变化情况如图 9.22 所示。

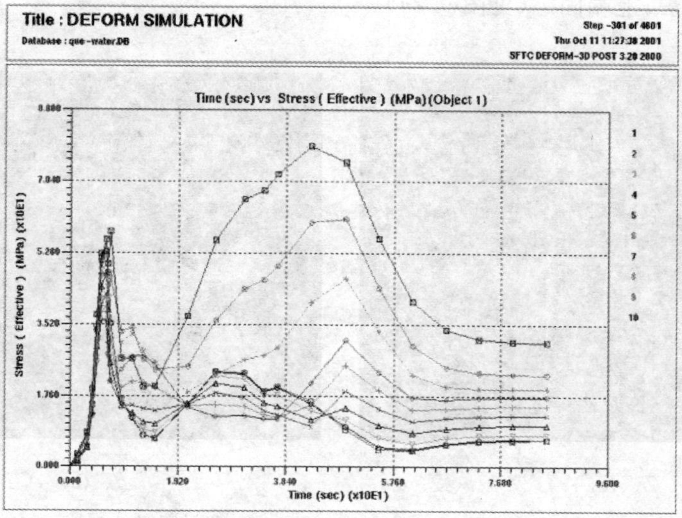

图 9.22　淬火等效应力

等效应力的最大值在表面，为 80 MPa，远小于材料的屈服极限。

淬火后残余应力分布如图 9.23 所示。

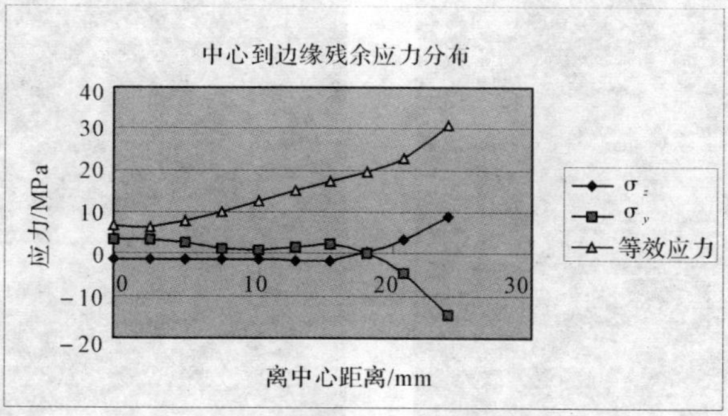

图 9.23　淬火后各点残余应力

从分布上看表面的残余应力的等效应力最大为 30 MPa，远小于屈服强度。在 Z 向表现为拉应力 10 MPa，Y 向为压应力 17 MPa。

由水淬过程的应力计算可知，在淬火过程中不能出现淬火裂纹。不是淬火裂纹，淬火后残余应力又不高，那么裂纹是怎么产生的呢？经调查，淬火加热采用的是箱式炉，淬火后个别拉紧螺杆有较大的变形。为了解不同摆放方式加热对螺杆残余应力和变形的影响，计算不同摆放方式残余应力情况。

（1）采用井式炉，上端固定（见图 9.24）

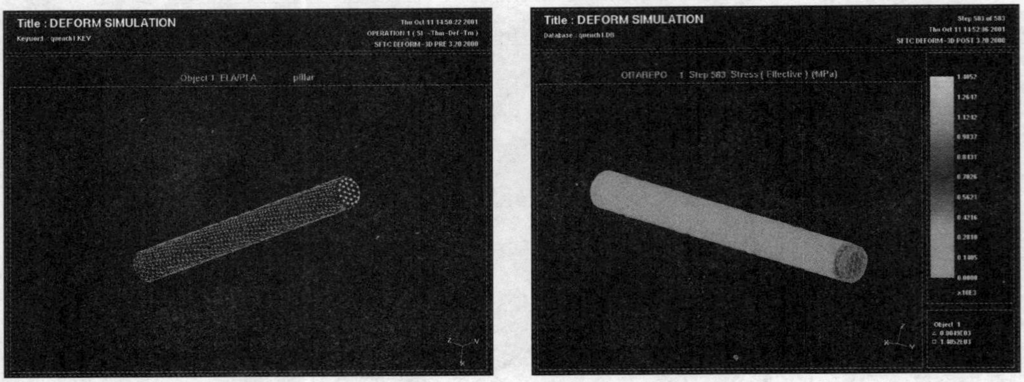

(a) (b)

图 9.24 采用井式炉一端固定的模型和残余应力

(a) 采用井式炉一端固定模型；（b）淬火后残余应力分布

（2）箱式炉中平放无垫块（见图 9.25）

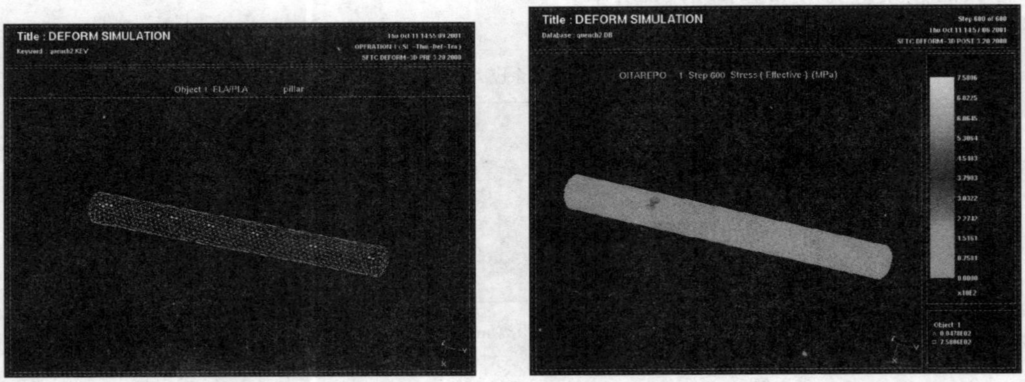

(a) (b)

图 9.25 采用箱式炉平放无垫块的模型和残余应力

(a) 采用箱式炉平放无垫块模型；（b）淬火后残余应力分布

（3）箱式炉中平放有垫块（见图 9.26）

从模拟结果可以看出，井式炉中悬挂端固定这种加热淬火方式，除固定端有 80 MPa 的应力集中外，无应力集中，不会产生明显变形。箱式炉中无垫块加热，淬火后在中部表面有 450 MPa 的应力集中，有垫块情况下中部表面有 2000 MPa 的应力集中，容易造成变形。

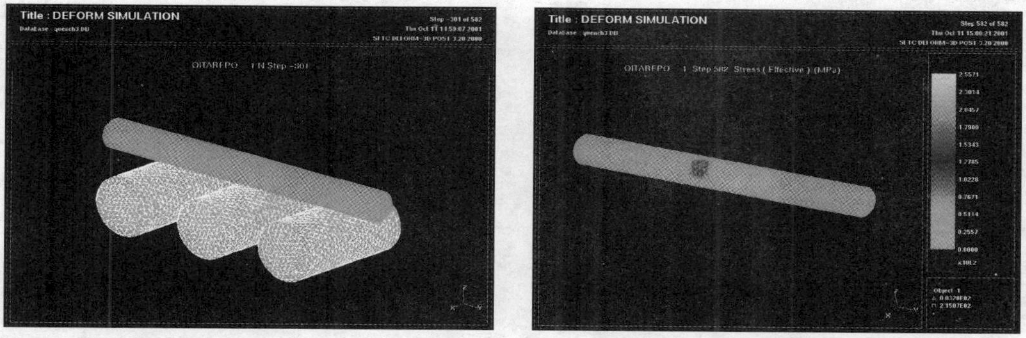

(a)　　　　(b)

图 9.26　采用箱式炉平放有垫块的模型和残余应力

(a) 采用箱式炉平放有垫块模型；(b) 淬火后残余应力分布

拉紧螺杆断口分析也证实了它的开裂不是淬火产生，是由于热处理后冷变形矫形产生的，该结论也在失效分析中获得一致认同。

从以上实例可以看到热处理模拟的发展已能够解决生产中的应用问题，在应用了大型商业软件后能够解决更复杂的问题。但是热处理过程中表现出的各类复杂计算使得各类模型都暴露出其局限性，尤其是对复杂零件其边界条件的确定还未见较好的解决办法。另外由于材料物理性能参数尤其是高温下材料参数的缺乏导致很多计算无法进行，因而建立材料参数数据库是热处理仿真发展的当务之急。

复习思考题

9-1　在热处理仿真建模中，如何考虑应力问题？请说出你对应力场与温度场耦合方式的理解。

9-2　通过 9.5.2 节磁轭拉紧螺杆开裂事故分析的例子可以知道热处理时不同的工件摆放方式将影响应力场分布，图 9.27 所示是一个 40Cr 扁圆柱件在油淬后的应力分布情况，尝试分析一下定位面与非定位面的应力分布并解释原因。

9-3　图 9.28 所示是 45＃ 钢加热至 860℃ 后空冷的表面温度计算值与实测值（实测采用红外测温仪），可以看到二者大致吻合，但计算值高于实测值，在 700℃ 时实测值有一个温升而计算值无此现象，不考虑测量误差因素，试分析这一现象原因。

9-4　举例说明不同温度场边界条件之间的区别与联系以及适用的场合。

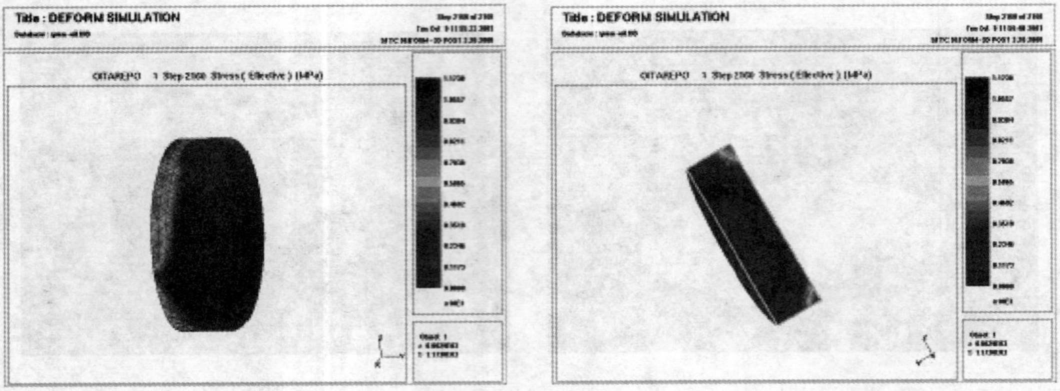

(a)　　　　　　　　　　　　　　　　　　(b)

图 9.27　题 9-2 图

(a) 定位面和非定位面应力对比；(b) 中截面应力分布

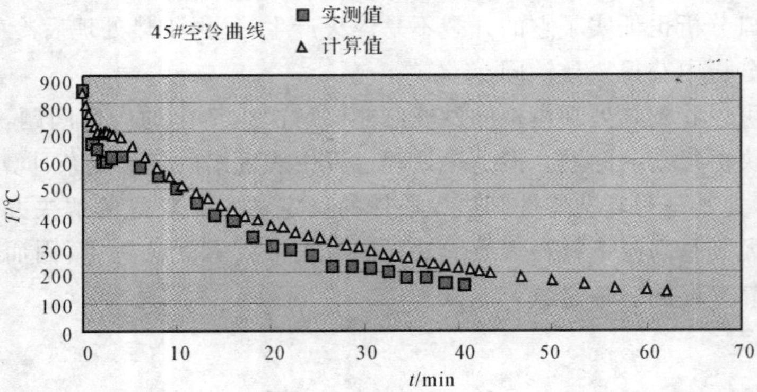

图 9.28　题 9-3 图

第 10 章　铸造过程建模及数值分析

10.1　充型过程仿真

铸件充型过程是指液态金属从钢包流出，经过浇注系统进入到型腔这一短暂的流动及热量散失过程。铸件充型过程中会产生氧化、传热、热损失、冲击破坏等一系列化学和物理的变化，因此充型过程与铸件质量密切相关。如果浇注系统设计不当或充型速度过大或过小，都会引起浇不足、冷隔、夹渣、卷气等缺陷，严重影响铸件质量。铸件充型过程是液态金属在不透明型腔中运动，液态金属流动速度快、温度高，很难直接观察。采用数值模拟可以动态再现浇注过程，不仅可以模拟出液态金属在铸型中的流动状态，还可以根据模拟得到液态金属的流动速度、压力等变化规律优化浇冒口系统设计，防止浇道中吸气，消除流股分离现象以避免氧化，减轻液态金属对铸型的冲蚀，而且可以模拟出液态金属的温度分布，从而预测浇不足、冷隔等缺陷，为后续的凝固过程模拟分析提供初始温度场条件。充型过程计算机模拟是通过建立并求解描述液态金属流动过程的控制方程，得到充型过程中压力场、速度场、温度场以及自由表面的处理。本节首先介绍铸件充型过程的流体力学基础，然后介绍充型过程的常用数值模拟方法。

10.1.1　充型过程的流体力学基础

1. 流体力学基本概念和定律

(1) 层流与紊流

所谓层流是指流体的流线不相互掺混，井然不乱的一种流动方式。紊流是指流线相互掺混的一种流动方式。可以根据临界雷诺数来确定流动是层流还是紊流。雷诺数 Re 可以用惯性力和黏性力之比来表示，即

$$Re = \frac{\text{流速 } u \times \text{特征度 } l}{\gamma} \tag{10.1}$$

式中，$\gamma = \dfrac{\text{黏度 } \mu}{\text{密度 } \rho}$ 称为运动黏度，液体金属的运动黏度大约为 $10^{-6}\ \mathrm{m^2/s}$。

(2) 恒定流动和非恒定流动

随时间而变化的流动称为非恒定流动,不随时间变化的流动称为恒定流动。某种流动是当做恒定流动考虑还是当做非恒定流动考虑要根据具体场合而确定,例如紊流问题,从微观讲是非恒定流动,但如果考虑某段时间的平均值的话,则可以当做恒定流动。

(3) 流体的黏性

当流体的流层之间出现相对位移时,不同流动速度的流层之间会出现切向黏性力。假设在两块平行的无限大平板之间有流体,两板间的距离很小,两平板和流体起初都是不动的,然后在某一时刻使上板在 x 方向上以速度 u_x 移动,随之流体也会流动起来。流体各层在 y 方向上的速度分布如图 10.1 所示。由于黏性力引起流体质点产生沿 x 方向的有序运动,在 y 方向上出现了速度梯度 $\dfrac{du_x}{dy}$,则切向黏性力可由下式表示:

$$\tau_{yx} = -\mu \frac{du_x}{dy} \tag{10.2}$$

式(10.2) 即为牛顿黏性定律,表明对于平行流,相邻流体层的切应力与速度梯度的负值成正比。式中,τ_{yx} 为切应力,μ 是常数,表示流层间出现相对流速时的内摩擦特性,称为流体的动力黏度系数。将 μ 除以流体的密度,则为流体的运动黏度系数 ν。

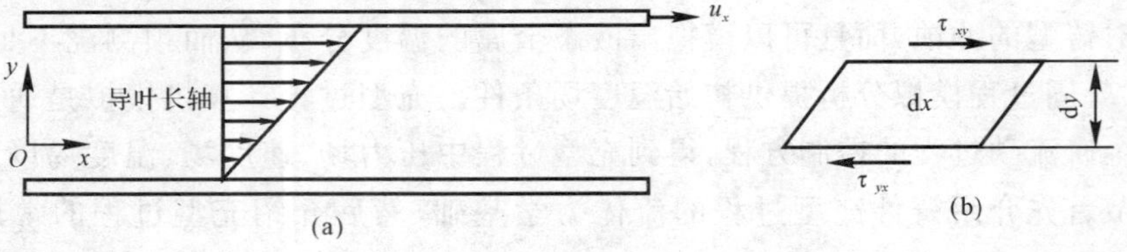

图 10.1 平板间流体流动速度分布与切应力

(a) 流体速度分布; (b) 流体微元体所受的切应力

流体动力黏度与热力学温度 T 之间的关系可由 Andrade 方程表示:

$$\mu = \mu_0 e^{-E_\mu/RT} \tag{10.3}$$

式中,μ_0 是参考温度的黏度,E_μ 是黏性流的活化能,R 为气体常数。在冶金过程所处正常压强下,液体金属的黏度与压强无关。

(4) 理想流体、牛顿流体和非牛顿流体

理想流体的内部无摩擦力、无黏性流动,既不能承受拉力,也不能承受切力,只能传递压力和在压力下流动。同时它还是不可压缩的。在研究一些动量传输的过程中,可以先看成是理想流体来简化问题,然后引进黏性的影响对结果进行修正。

实际上,流体都具有黏性。凡流体在流动时,其黏性力与速度的关系可用牛顿黏性定律表示的,都称为牛顿流体。凡黏性流体的黏性与速度梯度的关系不符合牛顿黏性定律的,都称为非牛顿流体。常见的模型有:

① 伪塑性流体和胀流性流体。这类流体黏性力与速度梯度的关系为

$$\tau_{yx}=\mu_0\left(\frac{\mathrm{d}u_x}{\mathrm{d}y}\right)^n \tag{10.4}$$

式中，μ_0 为 $\mathrm{d}u_x/\mathrm{d}y$ 接近于 0 时的流体动力黏度系数；n 为指数，且 $n\neq 1$。当 $n<1$ 时，称为伪塑性流体。当 $\mathrm{d}u_x/\mathrm{d}y$ 增大时，流体表现出来的黏性会变小。当 $n>1$ 时，称为胀流性流体。当 $\mathrm{d}u_x/\mathrm{d}y$ 增大时，流体表现出来的黏性会变大。

② 塑黏性流体。这类流体黏性力与速度梯度的关系为

$$\tau_{yx}=\tau_0+\mu_0\left(\frac{\mathrm{d}u_x}{\mathrm{d}y}\right)^n \tag{10.5}$$

式中，τ_0 为屈服应力。当作用在流体上的切应力 $\tau_{yx}\leqslant\tau_0$ 时，流体不能流动，表现出固体的性质。当 $n=1$ 时，称为宾汉流体，即在 $\tau_{yx}>\tau_0$ 的情况下，该流体的动量传输规律近似牛顿流体。当 $n<1$ 时，流体为屈服胀流性流体。

③ 蠕变性流体。蠕变性流体的黏性随流动时间延长而逐渐减小至某一定值。当停止流动时，其黏性又可逐步回增至某一定值。

铸造生产中采用的铸型涂料、制型壳和陶瓷型的涂料，具有固相的金属液常呈现出宾汉流体、屈服假塑性流体或触变流体的流动性能，冶金过程中遇到的所有流体都可视为牛顿流体。

2. 黏性流体流动的基本方程

(1) 连续性方程

连续性方程实质上是质量守恒定律的数学表达形式，既适用于理想流体，也适用于黏性流体。质量守恒定律可表达为：单元控制体内的质量增加量等于流入该单元的质量减去由该单元流出的质量。

设在充满运动流体的空间中，取一微小的空间平行六面体，如图 10.2 所示，其边长为 dx，dy，dz，并分别与各坐标轴平行。该六面体中，A 点的流体速度为 u，它在各轴向上的分量分别为 u_x，u_y，u_z。

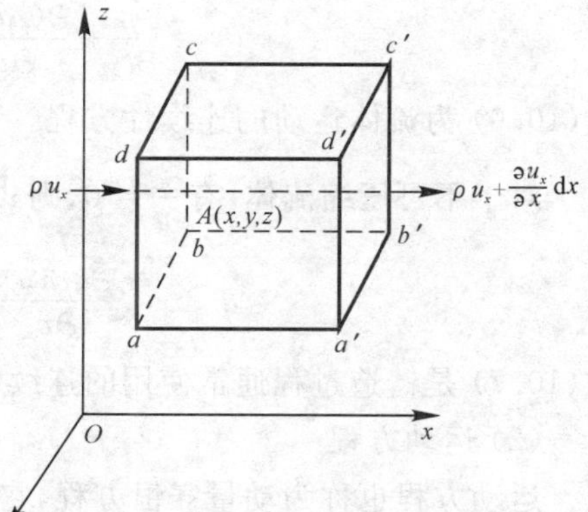

图 10.2　微小空间六面体

先以 x 方向上的流动为例进行分析。微小六面体 $abcd$ 面上各点的流速可以认为等于 u_x，在 dt 时间内从 $abcd$ 面流入六面体的质量为 $\rho u_x\mathrm{d}y\mathrm{d}z\mathrm{d}t$，从 $a'b'c'd'$ 面流出的质量为

$$\left[\rho u_x+\frac{\partial(\rho u_x)}{\partial x}\mathrm{d}x\right]\mathrm{d}y\mathrm{d}z\mathrm{d}t$$

在 dt 时间内沿 x 轴方向流入和流出六面体的流体质量的差值为

$$\mathrm{d}m_x=\rho u_x\mathrm{d}y\mathrm{d}z\mathrm{d}t-\left[\rho u_x+\frac{\partial(\rho u_x)}{\partial x}\mathrm{d}x\right]\mathrm{d}y\mathrm{d}z\mathrm{d}t=-\frac{\partial(\rho u_x)}{\partial x}\mathrm{d}x\mathrm{d}y\mathrm{d}z\mathrm{d}t$$

同理,在 $\mathrm{d}t$ 时间内沿 y 轴和 z 轴方向流入和流出六面体的流体质量差分别为

$$\mathrm{d}m_y=-\frac{\partial(\rho u_y)}{\partial y}\mathrm{d}x\mathrm{d}y\mathrm{d}z\mathrm{d}t$$

$$\mathrm{d}m_z=-\frac{\partial(\rho u_z)}{\partial z}\mathrm{d}x\mathrm{d}y\mathrm{d}z\mathrm{d}t$$

因此,在 $\mathrm{d}t$ 时间内,六面体内流入、流出的流体质量差为

$$\mathrm{d}m=\mathrm{d}m_x+\mathrm{d}m_y+\mathrm{d}m_z=-\left[\frac{\partial(\rho u_x)}{\partial x}+\frac{\partial(\rho u_y)}{\partial y}+\frac{\partial(\rho u_z)}{\partial z}\right]\mathrm{d}x\mathrm{d}y\mathrm{d}z\mathrm{d}t$$

根据质量守恒定律,流入、流出六面体质量的总差值一定等于六面体内因流体密度变化所改变的质量。

设 t 时刻流体密度为 ρ,在 $t+\mathrm{d}t$ 时刻,流体的密度为 $\rho+\frac{\partial\rho}{\partial t}\mathrm{d}t$,则在 $\mathrm{d}t$ 时间内六面体的质量变化为

$$\mathrm{d}m'=\left(\rho+\frac{\partial\rho}{\partial t}\mathrm{d}t\right)\mathrm{d}x\mathrm{d}y\mathrm{d}z-\rho\mathrm{d}x\mathrm{d}y\mathrm{d}z=\frac{\partial\rho}{\partial t}\mathrm{d}x\mathrm{d}y\mathrm{d}z\mathrm{d}t$$

因为

$$\mathrm{d}m=\mathrm{d}m'$$

所以整理后得

$$\frac{\partial\rho}{\partial t}+\frac{\partial(\rho u_x)}{\partial x}+\frac{\partial(\rho u_y)}{\partial y}+\frac{\partial(\rho u_z)}{\partial z}=0 \tag{10.6}$$

式(10.6)为流体运动的连续性方程。

对于不可压缩流体,有$\frac{\partial\rho}{\partial t}=0$,则式(10.6)变为

$$\frac{\partial(\rho u_x)}{\partial x}+\frac{\partial(\rho u_y)}{\partial y}+\frac{\partial(\rho u_z)}{\partial z}=0 \tag{10.7}$$

式(10.7)是铸造过程通常使用的连续性方程。

(2) 运动方程

运动方程也称为动量守恒方程,它反映了流体流动过程中动量守恒的性质。根据牛顿第二定律,流体微元所受的合外力等于微元体动量的变比率。通常微元流体所受的外力有体积力、黏性力和压力。体积力是指分布作用在整个微元体质量上的力,例如重力、电磁力、浮升力等。黏性力是由于分子微观运动在不同速度的相邻两层流体之间产生的摩擦力。黏性力和压力都是表面力。三维流动情况下的黏性力不仅有切向应力,还有法向压力,需要由广义牛顿定律来描述。斯托克斯首先描述了牛顿流体黏性力的完整表达式。由此构成的牛顿流体运动方程就是著名的纳维埃-斯托克斯方程(简称 N-S 方程)。直角坐标系下 N-S 方程表达式为

$$
\left.\begin{aligned}
\rho\frac{\mathrm{d}u_x}{\mathrm{d}t}&=\rho F_x-\frac{\partial P}{\partial x}+2\frac{\partial}{\partial x}\left(\mu\frac{\partial u_x}{\partial x}\right)+\frac{\partial}{\partial y}\left[\mu\left(\frac{\partial u_x}{\partial y}+\frac{\partial u_y}{\partial x}\right)\right]+\\
&\quad\frac{\partial}{\partial z}\left[\mu\left(\frac{\partial u_x}{\partial z}+\frac{\partial u_z}{\partial x}\right)\right]-\frac{2}{3}\frac{\partial}{\partial x}(\mu\mathrm{div}\boldsymbol{u})\\
\rho\frac{\mathrm{d}u_y}{\mathrm{d}t}&=\rho F_y-\frac{\partial P}{\partial y}+2\frac{\partial}{\partial y}\left(\mu\frac{\partial u_y}{\partial y}\right)+\frac{\partial}{\partial z}\left[\mu\left(\frac{\partial u_y}{\partial z}+\frac{\partial u_z}{\partial y}\right)\right]+\\
&\quad\frac{\partial}{\partial x}\left[\mu\left(\frac{\partial u_x}{\partial y}+\frac{\partial u_y}{\partial x}\right)\right]-\frac{2}{3}\frac{\partial}{\partial y}(\mu\mathrm{div}\boldsymbol{u})\\
\rho\frac{\mathrm{d}u_z}{\mathrm{d}t}&=\rho F_z-\frac{\partial P}{\partial z}+2\frac{\partial}{\partial z}\left(\mu\frac{\partial u_z}{\partial z}\right)+\frac{\partial}{\partial x}\left[\mu\left(\frac{\partial u_x}{\partial z}+\frac{\partial u_z}{\partial x}\right)\right]+\\
&\quad\frac{\partial}{\partial y}\left[\mu\left(\frac{\partial u_y}{\partial z}+\frac{\partial u_z}{\partial y}\right)\right]-\frac{2}{3}\frac{\partial}{\partial z}(\mu\mathrm{div}\boldsymbol{u})
\end{aligned}\right\}\tag{10.8}
$$

式中，等号左端表示微元体惯性力在三个坐标轴方向上的分量。等号右端 F_x，F_y，F_z 表示沿坐标轴方向的体积力分量。p 为流体的压力，它的导数表示微元体在坐标轴方向上所受的压力梯度。第三项以及以后各项表示广义牛顿黏性力。

对于不可压缩流体的流动，$\mathrm{div}\boldsymbol{u}=0$；当温度变化不大时，黏度系数 μ 可取为常数，此时 N-S 方程可简化为

$$
\left.\begin{aligned}
\frac{\partial u_x}{\partial t}+u_x\frac{\partial u_x}{\partial x}+u_y\frac{\partial u_x}{\partial y}+u_z\frac{\partial u_x}{\partial z}&=F_x-\frac{1}{\rho}\frac{\partial p}{\partial x}+\nu\,\nabla^2u_x\\
\frac{\partial u_y}{\partial t}+u_x\frac{\partial u_y}{\partial x}+u_y\frac{\partial u_y}{\partial y}+u_z\frac{\partial u_y}{\partial z}&=F_y-\frac{1}{\rho}\frac{\partial p}{\partial y}+\nu\,\nabla^2u_y\\
\frac{\partial u_z}{\partial t}+u_x\frac{\partial u_z}{\partial x}+u_y\frac{\partial u_z}{\partial y}+u_z\frac{\partial u_z}{\partial z}&=F_z-\frac{1}{\rho}\frac{\partial p}{\partial z}+\nu\,\nabla^2u_z
\end{aligned}\right\}\tag{10.9}
$$

式中，$\nabla^2=\dfrac{\partial^2}{\partial x^2}+\dfrac{\partial^2}{\partial y^2}+\dfrac{\partial^2}{\partial z^2}$ 称为拉普拉斯算子。

(3) 能量方程

连续性方程和运动方程中除速度矢量 $\boldsymbol{u}$ 和压力 p 未知以外，密度 ρ 和动力黏度 μ 一般也是变量。动力黏度主要取决于温度。流体作常温流动或温度变化不大时，动力黏度的变化可以不计。流体的可压缩性很小，密度的变化常被忽略，当动力黏度变比也很小时就可作常物性流体处理。对于常物性流动，连续性方程和运动方程中只有速度和压力两个变量，方程组完全封闭，即常物性流动的控制方程只包含连续性方程和运动方程，通过求解这两个方程，就能完全确定流场。而计算变物性流动时，流体密度 ρ 和动力黏度 μ 需根据压力和温度计算得到，流场各点的温度由能量方程控制。因此变物性流动的控制方程由连续性方程、运动方程和能量方程三个方程组成，其中包含速度、压力和温度三个变量。此外还必须给出由温度和压力计算密度的状态方程以及由温度确定动力黏度的实验资料，方程组才能完全封闭。

流体在运动过程中也遵循能量守恒定律。能量守恒定律表述为：对于流体控制单元，作用

在微元体上的体积力和表面力所做的功和加入的热量应等于该单元体的总能量的改变量。

$$\rho \frac{\mathrm{d}e}{\mathrm{d}t} = -\mathrm{div}\boldsymbol{q} - p\mathrm{div}\boldsymbol{u} + \boldsymbol{\Phi}_s + S \tag{10.10}$$

式(10.10)左边是流体微元内能的变化率，右边第一项是外界对微元体的热传导。根据傅里叶导热定律

$$\boldsymbol{q} = -\lambda \mathbf{grad} T \tag{10.11}$$

式中，λ 为热导率，T 为流体温度，负号表示导热热流方向与温度梯度方向相反。

式(10.10)右边第二项是微元体表面压力对流体做功转化成的能量。右边第三项 $\boldsymbol{\Phi}_s$ 为能量耗散函数，由以下各项组成：

$$\boldsymbol{\Phi}_s = -\frac{2}{3}\mu(\mathrm{div}\boldsymbol{u}) + \mu\left[2\left(\frac{\partial u_x}{\partial x}\right)^2 + 2\left(\frac{\partial u_y}{\partial y}\right)^2 + 2\left(\frac{\partial u_z}{\partial z}\right)^2 + \left(\frac{\partial u_x}{\partial y} + \frac{\partial u_y}{\partial x}\right)^2 + \left(\frac{\partial u_x}{\partial z} + \frac{\partial u_z}{\partial x}\right)^2 + \left(\frac{\partial u_y}{\partial z} + \frac{\partial u_z}{\partial y}\right)^2\right] \tag{10.12}$$

能量耗散函数表示作用在流体微元表面上的黏性法向应力和黏性切向应力对流体做功转化成的热量。对于不可压缩流体有 $\mathrm{div}\boldsymbol{u}=0$，于是式(10.12)右边第一项消失。对于低速流动，能量耗散 $\boldsymbol{\Phi}_s$ 与能量方程(10.10)中的其他项相比要小得多，故可忽略不计。

式(10.10)右边第四项 S 是内部热源。

3. 初始条件和边界条件

为求解流体流动的基本方程，需要给定适当的边界条件和初始条件。

(1) 边界条件

边界条件是指流体运动的任何时刻，在流动区域边界面上各点都应给出的有关应变量的条件。流动区域边界面包括流体与固壁分界面、流体与流体人为分割面以及液体与气体的分界面。大多数工程上黏性流体在边界面上具有速度和温度传递的连续性。

① 静止无界流场无穷远条件。远离单元无限远处流场条件为

$$x \to \infty,\quad V = 0,\quad p_{ij} = -p_\infty \delta_{ij},\quad \rho = \rho_\infty,\quad T = T_\infty$$

式中，p_∞，T_∞，ρ_∞ 分别为无穷远处环境压强、绝对温度和密度。

② 固壁。在流体中运动的任意固体表面上，流体质点不能穿过固体表面，在固壁上流体只有切向相对速度，而无法向相对速度，如固体运动速度为 V_0，流体速度为 V_0'，有

$$V_0 = V_0'$$

固壁与流体温度相等，即

$$T = T'$$

③ 互不渗混流体的界面。在忽略表面张力的情况下，热力学平衡条件为

$$V_+ = V_-,\quad T_+ = T_-,\quad p_{ij} = p_{ij-}$$

式中，下标表示界面两侧和固体壁不同液体界面随流体运动变化。

如表面张力不可忽略，界面上切应力连续，应力差与表面张力平衡，则有

$$p_{+}=\lambda\left(\frac{1}{R_1}+\frac{1}{R_2}\right)$$

(2) 初始条件

初始条件是流场的初始状态，一般情况下应给出初始时间 $t=t_0$ 时速度场及温度场状态分布

$$t=0,\quad V=V(x),\quad p=p(x),\quad \rho=\rho(x)$$

10.1.2　铸件充型过程数值模拟常用方法

铸件充型过程数值模拟的主控方程多，且均为非线性偏微分方程，变量多，求解复杂。计算起来具有相当大的难度，原因主要有两个：一是充型过程是一个液相域不断扩大而气相域不断缩小的过程，使得动量方程的求解域随时间而变化，在每个时间步长中都必须搜寻和确定自由表面的位置和取向，并据此对自由表面施加速度和压力边界条件。而充型过程中存在的自由表面确定了计算流场的场域，如何确定瞬息万变的自由表面的位置和形状，将变化域流场转化为固定域流场是一大难点。其次是未知压力场，压力梯度构成动量方程中源项的一部分，然而还没有一个可以用来求得压力场的显式方程。目前用于计算流场的的数值模拟技术主要有以下几种。

1. SIMPLE 算法

SIMPLE(Semi-Implicit Method for Pressure-Linked Equation) 法是一种典型的流体动力学计算方法，是美国明尼苏达州大学 S. V. Patankar 总结出来的，用于计算定域、不稳定速度场，是典型的比较全面的计算方法。它采用交替网格下的有限差分格式进行计算，计算出的速度场不仅满足连续方程的要求，也满足 Navier-Stlkes 动量守恒方程的要求。SIMPLE 法的主要运算过程是：

① 估计压力场 p^*。

② 将 p^* 代入动量方程，求得试算速度 u_x^*, u_y^*, u_z^*。

③ 计算压力的修正值 p'，要求与 (p^*+p') 相对应的 $(u_x^*+u_x')$，$(u_y^*+u_y')$，$(u_z^*+u_z')$ 能满足连续性方程。

④ 将 p' 回到 p^* 上，求得校正后的压力 p。

⑤ 利用速度校正公式，由 u_x^*, u_y^*, u_z^* 计算校正后的速度 u_x, u_y, u_z。

⑥ 如果其他参量(如温度、浓度等) 会通过流体的性质、源项等影响流场，就求出它们的离散化方程。

⑦ 把校正后的压力 p 作为新的估计压力 p^*，再回到第 ② 步计算。重复以上运算过程，直

到得到收敛解为止。

这种方法的最大特点是压力场和速度场同时迭代。但该方法是以估计的压力场开始，因而即使使用正确的速度场进行迭代计算，也需要进行多次迭代。为此，Patankar 等人在 SIMPLE 算法的基础上进行修正，提出了 SIMPLER 算法，其最大特点是：在推导压力方程时，没有作任何的近似假设，因而，如果用一个正确的速度场来计算，压力方程可以马上给出正确的压力，可以大大加快收敛速度。但 SIMPLE 及改进后的 SIMPLER 算法只能用于定域计算，并不能用于带自由表面的不定域流场计算。

2. MAC 技术

MAC(Marker and Cell) 技术是由美国加利福尼亚大学的 F. H. Harlow 和 J. E. Welch 于 1965 年首次应用质点漂移法求解具有自由表面流体流动的 N－S 方程的数值计算方法。该法采用有限差分对动量方程、连续性方程求解，并将连续性方程作为约束条件与动量方程合并为一个与压力有关的泊松方程，然后在流场中所有网格上迭代动量方程与泊松方程，求解压力场和速度场。为描述和跟踪自由表面的变化，采用随流体流动的示踪粒子，但示踪粒子并不参与上述速度场和压力场的计算，它们在计算出的速度场上的运动轨迹就表示自由表面的形状、流体所占的区域及流动方式。上述两方面的结合，实现了整个流场中速度、压力和自由表面的计算。

MAC 技术的特点是在直角坐标系下求解，无须对方程进行变形处理，直接求解 N－S 方程，因而速度边界条件容易给定，适于求解黏性不可压缩流体的运动。但在求解 N－S 方程时需要同时迭代压力场和速度场，因而流场模拟过程中计算量非常大，计算速度很慢。虽然 MAC 技术非常适合求解带自由表面的流动问题，但是求解过程非常复杂，尤其在边界条件处理和泊松方程的求解等方面存在很大问题，为此，Amsden 和 Harlow 提出了 SMAC 方法，作为 MAC 技术的一种简化。SMAC 方法保留了 MAC 技术中采用示踪粒子表示流体流动区域和自由表面的特点，将动量方程和连续性方程的解法作了改进，引入了势函数的概念。在计算过程中，SMAC 法先用当前压力场代入动量方程，求出一个试算的速度场，然后将计算速度场代入连续性方程，如果试算速度不满足连续性方程，则应求出势函数，并用势函数校正试算压力场，再代入连续性方程，直到计算速度场满足连续性方程为止，此计算速度场就是该时刻的速度场。与 MAC 技术相比，SMAC 法不需要反复迭代压力的泊松方程和 N－S 方程来求解速度和压力，而是通过迭代求解势函数方程，进而求得速度和压力。这种方法由于不求解压力泊松方程，因而迭代次数大大减少，求解速度提高。

3. SOLA－VOF 法

SOLA－VOF 法是美国加利福尼亚大学的 LOS Alamos 科学实验室发展起来的一种流场数值模拟技术。SOLA 是解法(Solution Algorithm) 的简称，VOF 是体积函数(Volume of

Fluid）的缩写。这种方法建立在有限差分网格基础上，用 SOLA 法求解动量方程和连续性方程，用体积函数 VOF 代替示踪粒子来处理自由表面。用 VOF 法处理自由表面时，首先定义一个流体体积函数 F，即 F＝网格流体体积／网格空体。这样就可以用流体体积函数 F 来描述网格内流体的充填状态。当 $F=1$ 时，表示充满状态，网格处于流体域内，是内部网格；当 $F=0$ 时，是空格状态，表示网格内没有流体；当 $0<F<1$ 时，表示网格内有流体，但没有充满，是边界网格。

这样，由体积函数 F 代替了多个示踪粒子来表示网格状态，对于流体来说，描述 F 的方程为

$$\frac{\partial F}{\partial t}+u_x\frac{\partial F}{\partial x}+u_y\frac{\partial F}{\partial y}+u_z\frac{\partial F}{\partial z}=0 \tag{10.13}$$

由此通过求解每个单元中的液相体积分数，就可确定自由表面的位置。用 SOLA 法求解时，压力的初值可随机假设。先将当前压力、速度代入方程，求出试算速度场，再将试算速度场代入连续性方程。如果不满足连续性方程，则直接通过压力的调整获得新的速度场，再代入连续性方程，如此反复直到满足连续性方程为止。此时得到的计算速度场和压力场就是该时刻的速度场和压力场。由于这种方法只有一个迭代过程，可以同时计算得到速度场和压力场，因而有较快的计算速度。

VOF 法求解流体的自由表面时，若采用普通的数值方法，不论是显式还是隐式，由于 F 方程在离散格式上将造成很大的假扩散问题，致使计算结果出现所谓的界面模糊现象，即某一方向上充满单元（$F=1$）与空单元（$F=0$）之间存在大量的自由表面单元（$0<F<1$），这种自由表面单元越多，界面模糊现象越严重。在显式格式中，由于时间步长的限制，在每个时间步长内，自由表面只是向前推进一个单元，界面单元前的单元基本是空的，故界面模糊不是很严重，而在隐式方法中，在任意一个时间步长内，都会因假扩散使整个计算域内不存在空单元，界面模糊现象十分严重。为了得到清晰的自由表面，目前主要采用以下两种方法控制：

① 施体-受体（Donor-Acceptor）法。这是传统 VOF 法中一直采用的方法。在这种方法中，同时用到单元边界上游及下游的流率信息来得到自由表面的形状。

②Van Leer 流率近似。这种方法采用二阶差分格式，在包括液相域和气相域的整个型空间中，用单相方法求解速度场和压力场得到界面流率，同时，通过保证算法的单调性来防止高阶差分方法中常出现的数值振荡。

上述三种方法选择合适的松弛因子都能收敛，但 SOLA-VOF 法的收敛域范围较宽，且收敛值曲线稳定平滑，迭代收敛稳定性好，占 CPU 时间短，并可方便地用于三维流动，因而是几种方法中较好的一种。

4. 格子气模型

格子气模型是法国科学家和美国科学家近年提出的一种全新的计算流体力学的方法。该

法的提出基于以下理论:由许多行为简单的微观个体组成的宏观物理系统具有很复杂的物理性质,大量个体的集合行为可以表现出高度的有序性。在此基础上提出了格子气模型(Lattice-gas model),即把流体看成是由大量的微观粒子组成的,这些微观粒子在规则或不规则的网格空间内按一定的法则相互作用和移动,宏观上看就是流体流动。这些微观粒子的运动,在热力学极限下,用粗略平均的方法可以逼近动量守恒方程来求解流动问题。

10.2 凝固过程仿真

在铸造成形方法中,凝固过程是指高温液态金属由液相向固相的转变过程,是最重要的过程之一,大部分铸造缺陷产生于这一过程。通过对凝固过程进行数值模拟,可以预知凝固时间以便预测生产率、预测缩孔和缩松、预知铸型的表面温度以及内部的温度分布,还可为预测铸造应力、微观及宏观偏析、铸件性能等提供必要的依据和分析计算的基础数据。所以凝固过程的数值模拟对优化铸造工艺、预测和控制铸件质量和各种铸造缺陷以及提高生产效率都是非常重要的。

液态金属浇入铸型后,它所含有的热量必须通过各种途径向铸型和周围环境传递,在这个过程中,铸件和铸型内部温度分布要随时间变化。从传热方式看,这一散热过程包括金属及铸型内部的热传导、金属与大气间的热辐射和热对流三种方式。本节首先介绍凝固过程的传热学基础,然后再介绍应用有限差分方法求解导热问题的过程。

10.2.1 凝固过程的传热学基础

1. 传热的基本方式

热传递有三种基本方式,即热传导、热对流和热辐射。在这三种方式中,热量传递的物理本质是不同的。在大多数工业过程中,热量传递往往不是以导热、热对流及热辐射这三个基本方式的任一单独形式出现,而是以这三种基本方式的复杂组合出现。至于何种传热方式起主要作用,则取决于温度值的大小和所涉及的物质类型。

(1) 热传导

导热问题我们在第 9 章已进行了探讨,凝固过程有其特点,静止的液体金属或金属液体形成凝固层以后,金属向铸型传热主要以非稳态导热方式进行。导热的基本定律是傅里叶定律,即

$$\boldsymbol{q} = -\lambda \,\mathbf{grad}\, T = -\lambda \frac{\partial T}{\partial n}\boldsymbol{n} \tag{10.14}$$

式中，$\boldsymbol{q}$ 是在传热方向的单位面积上所通过的热流，单位为 W/m^2；负号表示导热的热流永远向温度低的方向传递，即与温度梯度的方向相反；λ 为导热系数，单位为 W/m·(K 或 ℃)；$\mathbf{grad}T$ 是空间某点的温度梯度，单位为(K 或 ℃)/m；$\boldsymbol{n}$ 是通过该点的等温线上的法向单位矢量，指向温度升高的方向。

(2) 热对流

热对流是由于流体中温度不同的各部分之间发生宏观相对运动所引起的热量传递过程。热对流是在流体微团水平上进行的热量传递。在热对流传递热量的同时，流体中也存在导热。在铸造成形过程中液态金属与铸型内壁、液态金属及铸型外壁与周围空气，以及液态金属内部都存在对流换热。处理对流换热的计算习惯上采用牛顿冷却定律

$$q = h_c(T_w - T_f) \tag{10.15}$$

式中，T_w 为壁面温度；T_f 为流体温度；h_c 为对流换热系数，单位为 $W/(m^2 \cdot K)$。T_w 和 T_f 是可直接测量的量，而反映对流传热强烈程度的对流换热系数是无法通过直接测量得到的。它的数值受到流体的种类和状态、流体流速、流体的形状和大小、固体表面尺寸和粗糙度，以及流体的物性参数等许多因素的影响。对流换热研究的主要目的就是找出影响对流换热系数的主要因素，以及对流换热系数和这些因素的具体函数关系，进而通过一些可测量参数，如温度、表面尺寸、流体流速等，推算出对流换热系数。因此，对流换热量的求解就转化为对流换热系数的求解。

根据流体运动的原因不同，对流可分为自然对流和强迫对流。凡是由于外力作用(如泵、风机等)而引起的流体流动，称为强迫(受迫)对流。凡是由于固体表面对流体局部加热或冷却造成流体冷热部分密度不均匀而造成的流体流动，称为自然(自由)对流。一般情况下，流体的强迫对流可伴随有自然对流。流体介质内各质点的温差越大，强迫对流的速度越小，则自然对流的相对影响越大。当强迫对流的速度很大时，自然对流的影响可忽略不计。

对复杂的对流换热现象进行精确的数学描述是十分困难的，即使能做到对其进行精确的数学描述，这样的数学模型一般由复杂的偏微分方程组和定解条件构成，对模型进行求解仍异常困难。因而，通过实验求解对流换热问题，是对流换热研究中的一个重要而可靠的手段。对于不同的对流换热形式，对流换热系数需从相应的准则方程求出。准则方程是在综合实验结果的基础上，运用相似理论将表征某现象的物理量整理成一些相似准则，用因次分析法得到各种类型的表达式。相似准则之间的一般函数关系式为

$$Nu = f(Pr, Gr, Re)$$

式中，Nu 为努赛尔特数，$Nu = \frac{h_c L}{\lambda}$，$L$ 为特征尺寸，λ 为流体导热系数。Nu 数表示流体在贴壁处温度梯度的大小。

Pr 为普朗特数，$Pr = \frac{\nu}{\alpha}$，ν 为流体的运动黏度系数，α 为流体的热扩散率。Pr 数表示流体

动量扩散能力和热量扩散能力的相对大小。当 $Pr = l$ 时，层流边界层中的无量纲温度场和速度场完全重合。

Re 为雷诺数，$Re = \frac{vL}{\nu}$，v 为流体流速。Re 表示流动惯性力和黏滞力的相对大小。在强迫对流中，Re 数大小是流体流动状态的定量标志，对每一类强迫对流，都存在一个确定的 Re 数，称为临界 Re 数。当实际流动的 Re 数小于临界 Re 数时，流动为层流，大于临界 Re 数时，流动向紊流转变。

Gr 为格拉晓夫数，$Gr = \frac{g\beta L^3}{\nu^2}(T_w - T_f)$，$g$ 为重力加速度，β 为流体的体积膨胀系数。在自然对流传热中，流体流动状态也有层流和紊流的分别。由于自然对流中流动速度无法取值，因此 Re 数此时不能用于判断流态。Gr 数大小是自然对流流动状态的定量标志。对每一类自然对流，也存在一个确定的 Gr 数，称为临界 Gr 数。当实际自然对流的 Gr 数小于临界 Gr 数时，自然对流保持层流状态，大于临界 Gr 数时向紊流转变。

对于强迫对流，描述换热特点的特征数一般为 Pr 数、Re 数和 Nu 数，Re 数起主要作用，当忽略强迫对流所伴随的自然对流时，Gr 数可忽略。其中 Nu 数为待定特征数(因变量)。将这三个特征数整理成幂函数的形式，一般为

$$Nu = c \cdot Re^n Pr^m \tag{10.16}$$

只要由实验数据拟合出三个常数：系数 c、指数 n 和 m 即可。

对于自然对流，描述换热特点的特征数一般为 Pr 数、Gr 数和 Nu 数，Gr 数起主要作用，Re 数可忽略。其中 Nu 数仍为待定特征数(因变量)。将这三个特征数整理成幂函数的形式和强迫对流换热有所不同，一般为

$$Nu = c \cdot (GrPr)^n \tag{10.17}$$

(3) 热辐射

物体通过电磁波来传递能量的方式称为辐射。辐射与吸收过程的综合结果就形成了以辐射方式进行物体间的热量传递 —— 辐射换热。

热辐射与导热和对流不同，在传递能量时，不需要相互接触，所以它是一种非接触传递能量的方式。

不同物体的辐射能力与吸收能力各不相同，能够全部吸收外来辐射的理想物体称为绝对黑体，简称黑体。在同一温度下，黑体的热辐射能力也是所有物体中最强的。黑体在一定温度下的辐射力 E_0 与其绝对温度 T 的关系可用斯蒂芬-波耳兹曼定律计算

$$E_0 = \sigma T^4 \tag{10.18}$$

式中，σ 为斯蒂芬-波耳兹曼常数。

斯蒂芬-玻耳兹曼定律表明黑体的辐射力和黑体绝对温度的四次方成正比，所以也称为四

次方定律。实际上，一切物质所能辐射的热量都小于同温度下的黑体，定义实际物体的辐射力E与同温度下黑体辐射力E_0的比值为该物体的发射率（又称黑度）ε，所以实际物体的辐射力E为

$$E=\varepsilon E_0=\varepsilon\sigma T^4 \tag{10.19}$$

物体表面的发射率ε除随物体的种类而异外，还与其表面状况和温度有关，因此，物体表面的发射率ε是一个物性参数。在表面温度为200℃的情况下，抛光铸铁的发射率为0.21，抛光铝的发射率为0.04，抛光金的发射率为0.02。一般非金属表面的发射率较大，而金属表面的发射率较小。另外，同是抛光的铝，表面温度为200℃时的发射率为0.04，而表面温度为600℃时的发射率为0.06。表面粗糙度对发射率的影响也很大，同一种材料，表面粗糙时的发射率比光滑时大。例如，轻度抛光铜的发射率为0.04，而高度抛光铜的发射率为0.02。金属表面氧化对发射率的影响也很大。

2. 导热微分方程

导热微分方程见式(9.6)。

3. 导热微分方程的定解条件

导热微分方程是描述导热过程的通用表达式，适用于一切导热过程。然而，每一个具体的导热过程总是在自己特定的条件下进行的，这种特定条件包括几何条件、物理条件、初始条件、边界条件。只有把微分方程的通解和这些特定条件结合得出的解，才是适用于具体导热过程的解。定解条件包括：

① 几何条件：给定导热体的几何形状、尺寸及相对位置。

② 物理条件：给定导热体的物理特征，如诸物性参数的大小、内热源的分布状况等。

③ 初始条件：给定导热开始即$t=0$时，导热体内的温度分布状态，即

$$T_{t=0}=f(x,y,z) \tag{10.20}$$

最简单的初始条件是初始温度分布均匀，即$t=0$时，$T=$常数。对于稳态导热，不需要给出此条件。

在铸件凝固模拟过程中，可以通过假设铸型瞬时充满并在充型过程中无热交换而给定液态金属的初始温度为浇注温度，作为凝固模拟的初始条件。但由于浇注过程总是需要一定的时间，在这个过程中进入铸型型腔的金属势必要与铸型发生热交换，所以也可以通过求解铸件充型过程并考虑铸件充型过程中的传热而得到铸件充型结束后的初始温度分布。

④ 边界条件：给定导热体各边界上的热状态，常用的第一、第二、第三类边界条件见9.2节式(9.9)，式(9.11)，式(9.13)。

当考虑物体表面的热辐射时，辐射换热的边界条件可以表示为

$$-\lambda\left(\frac{\partial T}{\partial n}\right)_{\mathrm{w}}=\varepsilon\sigma(T_{\mathrm{w}}^{4}-T_{\mathrm{f}}^{4}) \tag{10.21}$$

其中，T_{f}为已知环境温度。可见，辐射换热边界条件是关于物体表面温度 T_{w} 的非线性方程。在实际应用时，常采用线性化处理进行简化，从而使该类边界条件具有与对流换热边界条件类似的形式，即

$$-\lambda\left(\frac{\partial T}{\partial n}\right)_{\mathrm{w}}=h_{\mathrm{r}}(T_{\mathrm{w}}-T_{\mathrm{f}}) \tag{10.22}$$

式中

$$h_{\mathrm{r}}=\varepsilon\sigma(T_{\mathrm{w}}^{2}+T_{\mathrm{f}}^{2})(T_{\mathrm{w}}+T_{\mathrm{f}}) \tag{10.23}$$

h_{r} 为辐射换热系数。对于瞬态导热问题，在采用上式计算辐射换热系数时，表面温度 T_{w} 可近似采用前一时刻的温度值，这种处理可能会造成一定的误差。

在实际导热问题中，物体表面经常同时存在着对流和辐射两种换热，其边界条件为

$$-\lambda\left(\frac{\partial T}{\partial n}\right)_{\mathrm{w}}=(h_{\mathrm{r}}+h_{\mathrm{c}})(T_{\mathrm{w}}-T_{\mathrm{f}}) \tag{10.24}$$

⑤ 金属 — 铸型界面换热条件：金属 — 铸型界面上的传热是一个非常复杂的过程，在许多情况下，界面换热往往是整个系统传热的关键。大多数合金凝固时在铸件和铸型界面要形成气隙，因此引起界面热阻的变化，铸件通过界面向铸型的传热可分为三部分：

一是通过气隙中的气体导热，这部分的换热系数为

$$h_{\mathrm{g}}=k_{\mathrm{g}}/x_{\mathrm{g}} \tag{10.25}$$

式中，k_{g} 为气隙中各种气体的平均热导率，x_{g} 为气隙的宽度。

二是直接由铸件向铸型的辐射换热，这部分的换热系数为

$$h_{\mathrm{r}}=\frac{\sigma(T_{2}^{2}+T_{1}^{2})(T_{2}+T_{1})}{\dfrac{1}{\varepsilon_{1}}+\dfrac{1}{\varepsilon_{2}}-1} \tag{10.26}$$

式中，σ 为斯蒂芬-波耳兹曼常数，T_1为气隙中铸件一侧的表面温度，T_2为气隙中铸型一侧的表面温度，ε_1 为铸型的热发射率，ε_2 为铸件的热发射率。

三是界面对流换热，

$$q'_{\mathrm{c}}=h'_{\mathrm{c}}(T_{2}-T_{1}) \tag{10.27}$$

式中，h'_{c}为对流换热系数。

由流体力学可知，界面间隙中的格拉晓夫数 Gr 为

$$Gr=g\beta(T_{2}-T_{1})x_{\mathrm{g}}^{3}/\nu^{3} \tag{10.28}$$

式中，g 为重力加速度，β 为空气膨胀系数，ν 为流体的运动黏度系数。

间隙中的气体分别在铸件和铸型表面形成边界层。当 $Gr<2\,000$ 时，气体在间隙中只产生层流。气体层流时，相邻的两层流体之间不发生混合，传热由两层流体间分子传导所致，所以，当界面间隙不太大时，对流换热可以忽略不计。从而，金属 — 铸型界面的总体换热系数 h_{i}

实际为

$$h_i = h_c + h_r \tag{10.29}$$

在实际计算过程中，由于影响界面气隙的因素极为复杂，很难全面考虑，气隙宽度 x_g 很难准确测定，且 k_g，ε_1，ε_2 等参数也不易确定，故这种方法只能用来定性分析考察金属 — 铸型的界面换热机理，或对金属型铸造进行简单的传热系数计算。金属 — 铸型界面换热系数可以通过热传导反算法和界面温差法进行求解。在通常情况下，h_i 可以通过经验数值或假设一定的分布函数形式进行处理。

4. 凝固潜热的处理

铸件在凝固过程中会释放出大量的潜热。据有关文献报导，铸件向铸型所传递的热量中，金属过热的热量仅占20％左右，凝固潜热约占80％。因此潜热释放对于铸件凝固过程具有重大影响。准确反映潜热释放规律，对于正确计算铸件的温度分布是十分重要的，可将凝固过程结晶潜热的处理视为具有内热源的导热问题。为了在傅里叶方程中同时考虑潜热项，先要令单位体积金属在单位时间内的固相率增量为$\dfrac{\partial f_s}{\partial t}$，则因潜热释放而产生的发热量为 $\rho L\dfrac{\partial f_s}{\partial t}$，这样以变物性条件下的傅里叶方程为例，亦相应成为

$$\lambda\left(\frac{\partial^2 T}{\partial x^2}+\frac{\partial^2 T}{\partial y^2}+\frac{\partial^2 T}{\partial z^2}\right)+\rho L\frac{\partial f_s}{\partial t}=\rho c_p\frac{\partial T}{\partial t} \tag{10.30}$$

式中，L 为金属材料的结晶潜热；ρ 为金属材料的密度（假设固相和液相密度相等）；f_s 为温度为 T 时的质量固相率，是温度的函数。

潜热项也可变换为

$$\rho L\frac{\partial f_s}{\partial t}=\rho L\frac{\partial f_x}{\partial T}\frac{\partial T}{\partial t} \tag{10.31}$$

将式(10.42) 代入式(10.41) 并整理得到考虑金属凝固结晶潜热释放的导热微分方程为

$$\rho\left(c_p - L\frac{\partial f_s}{\partial T}\right)\frac{\partial T}{\partial t}=\lambda\left(\frac{\partial^2 T}{\partial x^2}+\frac{\partial^2 T}{\partial y^2}+\frac{\partial^2 T}{\partial z^2}\right) \tag{10.32}$$

由上式可见，处理潜热项的关键在于求得固相率随温度变化的函数 $f_s(T)$。函数 $f_s(T)$ 取决于凝固合金的种类及其凝固特性。对于二元合金，不考虑凝固收缩，在平衡凝固条件下，$f_s(T)$ 为

$$f_s=\frac{1}{1-k_0}\left(\frac{T_L - T}{T_0 - T}\right) \tag{10.33}$$

式中，k_0 为平衡分配系数，T_L 为液相线温度，T_0 为纯溶剂组元的熔点，T 为温度（变量）。

对于非平衡凝固，在液相中溶质均匀分布、固相中无扩散条件下，$f_s(T)$ 为

$$f_s=1-\left(\frac{T_0 - T}{T_0 - T_L}\right)^{-\frac{1}{1-k_0}} \tag{10.34}$$

如果考虑凝固收缩,液相溶质均匀分布,固相中有限扩散条件下,$f_s(T)$ 为

$$f_s = 1 - \left(\frac{T_0 - T}{T_0 - T_L}\right)^{-\frac{1-\beta}{1-k_0}} \tag{10.35}$$

式中,β 为凝固收缩系数。

对多元合金,分配系数往往无法确知,这时为求得 $f_s(T)$,常常根据其液相线温度 T_L 和固相线温度 T_S 作不同的处理。如假定 f_s 与 T 呈线性分布时,$T = T_L - (T_L - T_S)f_s$,则有

$$\frac{\partial f_s}{\partial T} = \frac{-1}{T_L - T_S} \tag{10.36}$$

如假定 f_s 与 T 呈二次函数分布时,即 $T = T_L - (T_L - T_S)f_s^2$,则有

$$\frac{\partial f_s}{\partial T} = \frac{-1}{2\sqrt{(T_L - T_S)(T_L - T)}} \tag{10.37}$$

在实际处理潜热问题中,已知固相率和温度的关系后,可以采用不同的方法来处理凝固结晶潜热的析出。目前常用的方法有等价比热容法、温度回升法和热焓法。

(1) 等价比热容法

等价比热容就是将结晶潜热折算成比热容加到合金的实际比热容上,作为修正比热容。定义等价比热容为

$$c_{pe} = c_p - L\frac{\partial f_s}{\partial T} \tag{10.38}$$

则式(10.32) 变为

$$\rho c_{pe}\frac{\partial T}{\partial t} = \lambda\left(\frac{\partial^2 T}{\partial x^2} + \frac{\partial^2 T}{\partial y^2} + \frac{\partial^2 T}{\partial z^2}\right) \tag{10.39}$$

在 $T_L \sim T_S$ 温度区间用 c_{pe} 置换 c_p,再根据固相率和温度的变化关系,将式(10.39) 按正常的非稳态导热问题处理。使用等价比热容法来处理潜热时,必须首先判断计算单元的 n 时刻温度是否在凝固温度范围内,以便决定进行$(n+1)$时刻的计算时是否使用等价比热容 c_{pe}。另外,对凝固温度区间较小的合金,按此法处理,当通过液相线温度和固相线温度时会产生显著的误差。

(2) 温度回升法

如果将初始凝固阶段的冷却现象略去不计,则对纯金属、共晶合金或凝固温度范围很窄的合金来说,凝固开始后的一段时间内,固相不断增多,但温度基本上保持在熔点附近,这是由于释放的潜热补偿了传导带走的热量,亦即补偿了由传热所引起的温度下降。温度回升法就是把金属凝固时释放的潜热用于补偿由于热传导所带走的热量,从而使单元自身温度作相应回升。

假定在 Δt 时间内某个控制单元体(体积 V) 中固相率增加为 Δf_s,则其释放出的潜热 Q_s 为 $\rho V\Delta f_s L$。如果不考虑潜热的释放进行温度计算,则在微小时间 Δt 内的温度降低量为 $\Delta T = T_L - T_0$,T_0 为计算的初始温度。如果 $\Delta T > 0$,就产生凝固,由于释放潜热,使温度回升到 T_L(假

定没有过冷)，因此内能增加 $\rho c_p V\Delta T$，根据能量守恒原理，$\rho V\Delta f_s L=\rho c_p V\Delta T$，所以 $\Delta f_s = c_p\Delta T/L$。

这种方法是采用固相率的增加来代替潜热的放出，如果 $\Delta f_s=1$，则表明控制单元体的凝固结束，亦即潜热释放完毕。该方法是把金属凝固所释放的潜热用来使单元体自身温度作相应回升，适用于处理熔点温度恒定材料(如纯金属或共晶合金)的潜热释放过程。

(3) 热焓法

采用热焓法处理凝固潜热时，主要是通过热焓变换来处理式(10.32)。凝固相变时，合金的热焓为

$$H=H_0+\int_{T_0}^{T} c_p \mathrm{d}T+(1-f_s)L \tag{10.40}$$

式中，H 为热焓，H_0 为基准温度 T_0 时的热焓。

由式(10.40)对温度 T 求导可得

$$\frac{\partial H}{\partial T}=c_p-L\frac{\partial f_s}{\partial T} \tag{10.41}$$

将式(10.41)代入考虑潜热的傅里叶微分方程式(10.32)后可得

$$\rho\frac{\partial H}{\partial t}=\lambda\left(\frac{\partial^2 T}{\partial x^2}+\frac{\partial^2 T}{\partial y^2}+\frac{\partial^2 T}{\partial z^2}\right) \tag{10.42}$$

作数值计算时，如果按显式差分格式，则首先求出时间步长 Δt 之后的焓 $H^{t+\Delta t}$，之后，由焓和温度的关系求出对应 $H^{t+\Delta t}$ 的温度 $T^{t+\Delta t}$，由这个 $T^{t+\Delta t}$ 再接着求 Δt 后的 H，T，这样就能求出温度变化。

用热焓法处理潜热，无论是对有一定结晶温度范围凝固的合金还是等温凝固的金属和合金，都能很容易求出固相率，而不会产生等价比热容法那样的问题。

10.2.2　传热方程的有限差分解法

目前，求解导热问题常用的数值解法主要有有限差分法、有限元法及边界元法。就方法的成熟性和应用的广泛性而言，有限差分法占有优势，所以本节主要介绍利用有限差分对导热方程进行求解的方法。有限差分法的基本原理就是用有限差分近似微分，用有限差商近似微商(导热)，进而将导热偏微分方程转化为节点温度的差分方程。为便于讨论，本节以直角坐标系、无内热源、常物性条件(λ，ρ，c 均为常数)下的非稳态导热微分方程为例。对于凝固潜热的处理，可参看前面的办法。建立相应的差分网格，在 x，y，z 三个方向上分别采用空间步长为 Δx，Δy，Δz 的均匀网格系统，并采用(i,j,k)分别表示对应于节点(x_i,y_j,z_k)所对应的坐标位置。同时假设采用均匀时间步长 Δt，并分别用 p 或 $p+1$ 表示 t_p 或 t_{p+1} 所对应的时刻。对于空间坐标位置(x_i,y_j,z_k)在 t_p 时刻的温度 $T(x_i,y_j,z_k,t_p)$ 采用 $T_{i,j,k}^{p}$ 表示。图 10.3 所示为一个典型网格点(i,j,k)及其六个相邻节点。

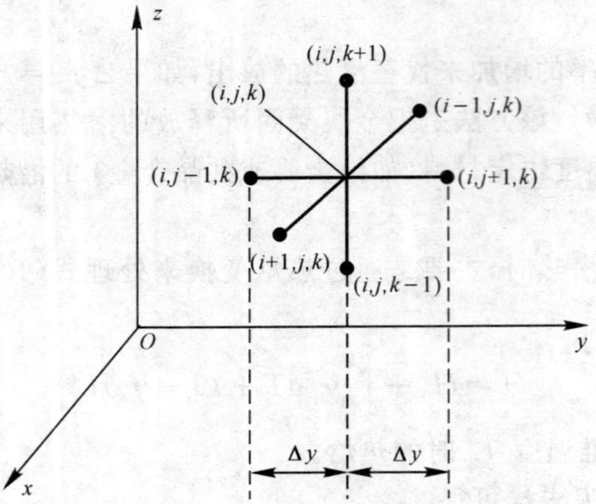

图 10.3　三维节点及六个相邻点

1. 内节点差分方程

(1) 显式差分格式

在一维非稳态导热情况下，导热微分方程为

$$\frac{\partial^2 T}{\partial x^2}=\frac{1}{\alpha}\frac{\partial T}{\partial t} \tag{10.43}$$

方程对于所有内部节点都成立。在 t_p 时刻，将方程应用于节点 x_i 得

$$\left(\frac{\partial^2 T}{\partial x^2}\right)_i^p=\frac{1}{\alpha}\left(\frac{\partial T}{\partial t}\right)_i^p \tag{10.44}$$

将式(10.44) 等号右端的 $\left(\frac{\partial T}{\partial t}\right)_i^p$ 用温度对时间的一阶向前差商近似，即

$$\left(\frac{\partial T}{\partial t}\right)_i^p=\frac{T_i^{p+1}-T_i^p}{\Delta t}+O(\Delta t) \tag{10.45}$$

对式(10.44) 等号左端的 $\left(\frac{\partial^2 T}{\partial x^2}\right)_i^p$ 用二阶差商近似为

$$\left(\frac{\partial^2 T}{\partial x^2}\right)_i^p=\frac{T_{i-1}^p-2T_i^p+T_{i+1}^p}{(\Delta x)^2}+O(\Delta x^2) \tag{10.46}$$

将式(10.45) 和式(10.46) 代入式(10.44) 可得

$$\frac{T_{i-1}^p-2T_i^p+T_{i+1}^p}{(\Delta x)^2}+O(\Delta x^2)=\frac{T_i^{p+1}-T_i^p}{\alpha\,\Delta t}+O(\Delta t)$$

去掉截断误差 $O(\Delta x^2+\Delta t)$ 并整理得到

$$T_i^{p+1}=T_i^p+\frac{\alpha\Delta t}{(\Delta x)^2}(T_{i+1}^p-2T_i^p+T_{i-1}^p) \tag{10.47}$$

式(10.47) 即为求解区域内部节点的有限差分格式。当初始条件和边界条件已知时，采用式(10.47) 就可计算区域内各节点 i 在 $t+1$ 时刻的温度。

经过数学计算，为了保证差分方程的收敛性，差分方程(10.47) 必须满足的稳定性条件为

$$\frac{\alpha\Delta t}{\Delta x^2}\leqslant\frac{1}{2} \tag{10.48}$$

对于二维及三维非稳态导热微分方程，可以按照同样的原理构造其内部节点的显式差分格式。

在二维情况下，假设空间步长 $\Delta x=\Delta y$，并以 Δx 表示时，导热微分方程 $\frac{\partial^2 T}{\partial x^2}+\frac{\partial^2 T}{\partial y^2}=\frac{1}{\alpha}\frac{\partial T}{\partial t}$ 的显式差分格式为

$$T_{i,j}^{p+1}=T_{i,j}^p+\frac{\alpha\Delta t}{(\Delta x)^2}(T_{i-1,j}^p+T_{i+1,j}^p+T_{i,j-1}^p+T_{i,j+1}^p-4T_{i,j}^p) \tag{10.49}$$

其稳定性条件为

$$\frac{\alpha\Delta t}{\Delta x^2}\leqslant\frac{1}{4} \tag{10.50}$$

在三维条件下，假设空间步长 $\Delta x=\Delta y=\Delta z$，并以 Δx 表示时，导热微分方程 $\frac{\partial^2 T}{\partial x^2}+\frac{\partial^2 T}{\partial y^2}+\frac{\partial^2 T}{\partial z^2}=\frac{1}{\alpha}\frac{\partial T}{\partial t}$ 的显式差分格式为

$$\begin{aligned}T_{i,j,k}^{p+1}=T_{i,j,k}^p+\frac{\alpha\Delta t}{(\Delta x)^2}(&T_{i-1,j,k}^p+T_{i+1,j,k}^p+T_{i,j-1,k}^p+\\&T_{i,j+1,k}^p+T_{i,j,k-1}^p+T_{i,j,k+1}^p-6T_{i,j,k}^p)\end{aligned} \tag{10.51}$$

其稳定性条件为

$$\frac{\alpha\Delta t}{\Delta x^2}\leqslant\frac{1}{6} \tag{10.52}$$

(2) 完全隐式差分格式

对一维非稳态导热情况，在 t_{p+1} 时刻，将式(10.43) 应用于节点 x_i 得

$$\left(\frac{\partial^2 T}{\partial x^2}\right)_i^{p+1}=\frac{1}{\alpha}\left(\frac{\partial T}{\partial t}\right)_i^{p+1} \tag{10.53}$$

对式(10.53) 的右端用向后差商并近似得

$$\left(\frac{\partial T}{\partial t}\right)_i^{p+1}=\frac{T_i^{p+1}-T_i^p}{\Delta t}+O(\Delta t) \tag{10.54}$$

对式(10.53) 的左端用二阶差商并近似得

$$\left(\frac{\partial^2 T}{\partial x^2}\right)_i^{p+1}=\frac{T_{i-1}^{p+1}-2T_i^{p+1}+T_{i+1}^{p+1}}{(\Delta x)^2}+O(\Delta x^2) \tag{10.55}$$

将式(10.54)和式(10.55)代入式(10.53)可得

$$\frac{T_{i-1}^{p+1}-2T_i^{p+1}+T_{i+1}^{p+1}}{(\Delta x)^2}+O(\Delta x^2)=\frac{T_i^{p+1}-T_i^p}{\alpha\Delta t}+O(\Delta t)$$

去掉截断误差 $O(\Delta x^2+\Delta t)$ 并整理得到

$$T_i^{p+1}=T_i^p+\frac{\alpha\Delta t}{(\Delta x)^2}(T_{i+1}^{p+1}-2T_i^{p+1}+T_{i-1}^{p+1}) \tag{10.56}$$

式(10.56)即为求解区域内部节点的有限差分格式。由于式(10.56)不能直接独立求解，必须通过求解线性方程组才能得到各节点在 $p+1$ 时刻的温度值，因而这种差分格式称为完全隐式差分格式。完全隐式差分格式的优点是只要满足 $\frac{\alpha\Delta t}{\Delta x^2}>0$ 都是稳定的，而且不受边界条件和步长 $\Delta x,\Delta t$ 的影响。

在二维情况下，假设空间步长 $\Delta x=\Delta y$，并以 Δx 表示时，导热微分方程 $\frac{\partial^2 T}{\partial x^2}+\frac{\partial^2 T}{\partial y^2}=\frac{1}{\alpha}\frac{\partial T}{\partial t}$ 的完全隐式差分格式为

$$T_{i,j}^{p+1}=T_{i,j}^p+\frac{\alpha\Delta t}{(\Delta x)^2}(T_{i-1,j}^{p+1}+T_{i+1,j}^{p+1}+T_{i,j-1}^{p+1}+T_{i,j+1}^{p+1}-4T_{i,j}^{p+1}) \tag{10.57}$$

在三维条件下，假设空间步长 $\Delta x=\Delta y=\Delta z$，并以 Δx 表示时，导热微分方程 $\frac{\partial^2 T}{\partial x^2}+\frac{\partial^2 T}{\partial y^2}+\frac{\partial^2 T}{\partial z^2}=\frac{1}{\alpha}\frac{\partial T}{\partial t}$ 的完全隐式差分格式为

$$\begin{aligned}T_{i,j,k}^{p+1}=T_{i,j,k}^p+\frac{\alpha\Delta t}{(\Delta x)^2}(&T_{i-1,j,k}^{p+1}+T_{i+1,j,k}^{p+1}+T_{i,j-1,k}^{p+1}+\\&T_{i,j+1,k}^{p+1}+T_{i,j,k-1}^{p+1}+T_{i,j,k+1}^{p+1}-6T_{i,j,k}^{p+1})\end{aligned} \tag{10.58}$$

(3) 六点差分格式(C-N格式)

为了进一步提高精度，考虑将 t_p 到 t_{p+1} 的时间步分成两段，每一段的时间步长为 $\frac{1}{2}\Delta t$。对于一维导热问题，分别在 t_p 时刻和 $t_{p+\frac{1}{2}}$ 时刻将式(10.43)应用于节点 x_i 之后写成

$$\frac{1}{2}\left(\frac{\partial^2 T}{\partial x^2}\right)_i^{p+1}+\frac{1}{2}\left(\frac{\partial^2 T}{\partial x^2}\right)_i^p=\frac{1}{\alpha}\left(\frac{\partial T}{\partial t}\right)_i^{p+\frac{1}{2}} \tag{10.59}$$

式(10.59)等号右面的 $\left(\frac{\partial T}{\partial t}\right)_i^{p+\frac{1}{2}}$ 用 $t_p+\frac{1}{2}\Delta t$ 的中心差商近似代替，则

$$\left(\frac{\partial T}{\partial t}\right)_i^{p+\frac{1}{2}}=\frac{T_i^{p+1}-T_i^p}{2\left(\frac{\Delta t}{2}\right)}+O(\Delta t^2) \tag{10.60}$$

式(10.59)等号左面分别用对应于 $p+1$ 时刻和 p 时刻的二阶差商近似，并连同式(10.60)代入式(10.59)后整理得

$$\frac{1}{2}\frac{T_{i-1}^{p+1}-2T_i^{p+1}+T_{i+1}^{p+1}}{(\Delta x)^2}+\frac{1}{2}\frac{T_{i-1}^{p}-2T_i^{p}+T_{i+1}^{p}}{(\Delta x)^2}=\frac{T_i^{p+1}-T_i^p}{\alpha\Delta t}+O(\Delta t^2+\Delta x^2) \tag{10.61}$$

对上式进行整理，得到相应的差分方程为

$$-F_0T_{i-1}^{p+1}+2(1+F_0)T_i^{p+1}-F_0T_{i+1}^{p+1}=F_0T_{i-1}^p+2(1-F_0)T_i^p+F_0T_{i+1}^p \tag{10.62}$$

式中，$F_0=a\Delta t/\Delta x^2$。

式(10.62)即为求解区域内部节点的有限差分格式，称为Crank-Nicolson(C-N)差分格式。由于这种差分格式的计算公式中包含6个节点的值，因而也称为六点差分格式。六点差分格式的优点是截断误差小，稳定性好，是差分计算中常用的一种格式。

在二维情况下，假设空间步长 $\Delta x=\Delta y$，并以 Δx 表示时，导热微分方程 $\frac{\partial^2T}{\partial x^2}+\frac{\partial^2T}{\partial y^2}=\frac{1}{\alpha}\frac{\partial T}{\partial t}$ 的C-N差分格式为

$$-F_0T_{i-1,j}^{p+1}+2(1+2F_0)T_{i,j}^{p+1}-F_0T_{i+1,j}^{p+1}-F_0T_{i,j-1}^{p+1}-F_0T_{i,j+1}^{p+1}=$$
$$F_0T_{i-1,j}^p+2(1-2F_0)T_{i,j}^p+F_0T_{i+1,j}^p+F_0T_{i,j-1}^p+F_0T_{i,j+1}^p \tag{10.63}$$

在三维条件下，假设空间步长 $\Delta x=\Delta y=\Delta z$，并以 Δx 表示时，导热微分方程 $\frac{\partial^2T}{\partial x^2}+\frac{\partial^2T}{\partial y^2}+\frac{\partial^2T}{\partial z^2}=\frac{1}{\alpha}\frac{\partial T}{\partial t}$ 的C-N差分格式为

$$-F_0T_{i-1,j,k}^{p+1}+2(1+3F_0)T_{i,j,k}^{p+1}-F_0T_{i+1,j,k}^{p+1}-$$
$$F_0T_{i,j-1,k}^{p+1}-F_0T_{i,j+1,k}^{p+1}-F_0T_{i,j,k-1}^{p+1}-F_0T_{i,j,k+1}^{p+1}=$$
$$F_0T_{i-1,j,k}^p+2(1-3F_0)T_{i,j,k}^p+F_0T_{i+1,j,k}^p+F_0T_{i,j-1,k}^p+$$
$$F_0T_{i,j+1,k}^p+F_0T_{i,j,k-1}^p+F_0T_{i,j,k+1}^p \tag{10.64}$$

2. 边界节点差分方程

物体内部的温度场必然受到物体表面条件的影响，反之，物体内部温度场的变化也影响着表面上的条件。因此为了数值求解，还必须建立边界节点的差分方程。前面介绍的建立内节点差分方程的方法，对一维、二维、三维系统边界节点差分方程的建立都适用。在此只给出二维系统的边界节点差分方程，读者可以根据傅里叶定律和能量守恒定律推导出一维或三维系统边界节点的差分方程。

图10.4表示了绝热、给定热流密度 q_r、对流、定温或辐射换热等五种边界表面的二维矩形区域网格。假设空间步长 $\Delta x=\Delta y$，并以 Δx 表示时：

对于绝热边界，边界节点的差分方程为

$$T_{i,j}^{p+1}=F_0(2T_{i+1,j}^p+T_{i,j-1}^p+T_{i,j+1}^p)+(1-4F_0)T_{i,j}^p \tag{10.65}$$

对于给定热流密度 q_r 边界，边界节点的差分方程为

$$T_{i,j}^{p+1}=F_0(T_{i-1,j}^{p}+T_{i+1,j}^{p}+2T_{i,j+1}^{p})+(1-4F_0)T_{i,j}^{p}+\frac{2q_r}{\rho c_p}\frac{\Delta t}{\Delta x} \tag{10.66}$$

对于对流边界，边界节点的差分方程为

$$T_{i,j}^{p+1}=F_0(T_{i,j-1}^{p}+T_{i,j+1}^{p}+2T_{i-1,j}^{p})+\left(1-4F_0-2\frac{\alpha_c}{\rho c}\frac{\Delta t}{\Delta x}\right)T_{i,j}^{p}+\frac{2\alpha_c}{\rho c_p}\frac{\Delta t}{\Delta x}T_f \tag{10.67}$$

式中，α_c 为对流换热系数，T_f 为物体周围介质温度。

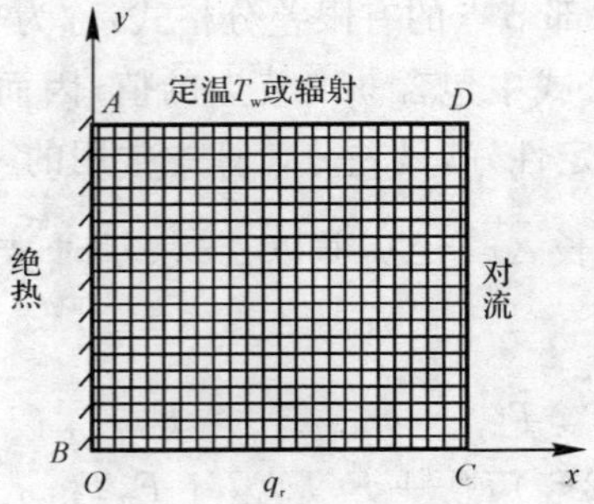

图 10.4 各种换热边界表面

对于给定温度 T_w 边界，边界节点的差分方程为

$$T_{i,j}^{p}=T_w \tag{10.68}$$

对于辐射边界，边界节点的差分方程为

$$T_{i,j}^{p+1}=F_0(T_{i-1,j}^{p}+T_{i+1,j}^{p}+2T_{i,j-1}^{p})+(1-4F_0)T_{i,j}^{p}+\frac{2\varepsilon\sigma_0}{\rho c_p}\frac{\Delta t}{\Delta x}[T_f^4-(T_{i,j}^{p})^4] \tag{10.69}$$

对于图 10.4 中四个角上的边界单元，除 AD 边定温边界条件时角 A、角 D 两个拐角节点温度为一定值(T_w)的情况外，在其余换热边界条件下，它们的两个外边界从属于两种边界条件，拐角节点的温度就不会为一定值。如角 C 拐角节点，它的一个边界处于对流换热，另一个边界处于给定热流密度 q_r。在这种情况下，可将角 C 拐角节点及其相邻节点取出进行分析，建立的节点差分方程为

$$T_{i,j}^{p+1}=2F_0(T_{i-1,j}^{p}+T_{i,j+1}^{p})+(1-4F_0)T_{i,j}^{p}+\frac{2q_r}{\rho c_p}\frac{\Delta t}{\Delta x}+2\alpha_c\frac{\Delta t}{\rho c_p\Delta x}(T_f-T_{i,j}^{p}) \tag{10.70}$$

对于角 A、角 B 和角 D 都可按同样方法建立边界节点差分方程。

10.3 应用实例

以基于数值模拟的导叶铸造缺陷分析及工艺优化为例介绍铸造过程数值模拟的应用。导叶是水轮机导水机构的重要过流部件，它起着导向、调节以及关闭机器的重要作用。导叶由导叶体和导叶轴两部分组成，在结构上它主要是由短轴、瓣体和长轴三部分组成，如图 10.5 所示。导叶的断面形状为翼型，导叶轴颈壁连接处的导叶体厚度大，在连接处采用均匀圆滑过渡形状，以避免应力集中。

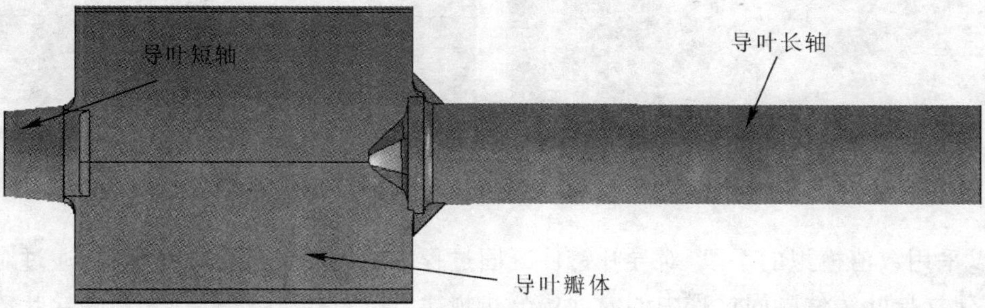

图 10.5　导叶结构示意图

1. 导叶铸件的主要铸造缺陷

在导叶铸件的生产中，立体浇注因其工艺简单，铸件组织性能好以及不易产生应力变形等优点而取代了平浇成为主流的浇铸方法。然而，由于导叶的特殊结构：瓣体在长、短轴之间，因此瓣体厚度要小于长、短轴的厚度，如图 10.6 所示。采用立体浇注的方法，长、短轴和瓣体之间不能够形成良好的补缩通道，使瓣体和轴连接处极易出现缩孔和轴线缩松的问题。

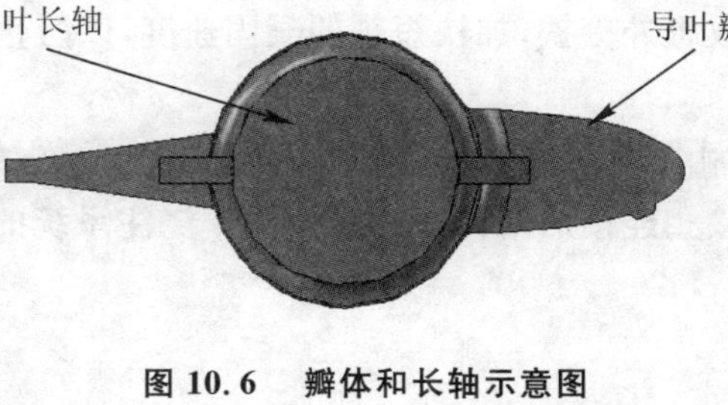

图 10.6　瓣体和长轴示意图

在实际生产过程中，瓣体与长轴连接处极容易出现轴线缩松的问题，如图10.7所示，且轴线缩松区域面积很大，有时无法进行补焊修复，导致整件导叶报废。

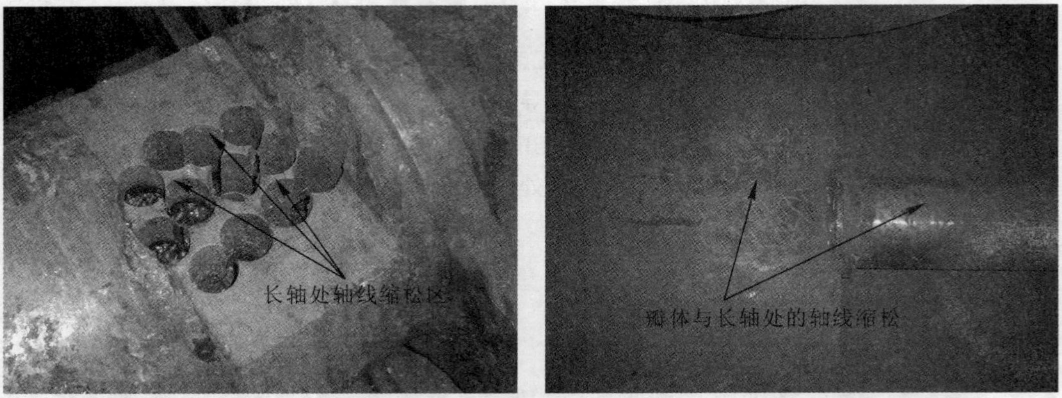

图10.7 实际生产的导叶铸件轴线缩松区示意图

所以采用数值模拟的手段，对导叶铸件凝固过程中的温度场进行数值模拟，通过对温度场的分析，建立导叶铸件凝固过程中的温度场分布规律，进而指导工艺设计来消除导叶铸件的轴线缩孔、缩松，提高导叶铸件的质量和性能。

2. 导叶铸件铸造工艺方案

图10.8为导叶铸件的铸造工艺三维实体图。导叶铸件总长3.79 m，瓣体宽度1.17 m，铸件净重约4 t。利用模数法对铸件模数进行计算，经过计算确定铸件的模数约为7.8 cm。根据经验公式：顶明冒口 $M_{冒}=(1.2\sim1.4)M_{件}$，我们取 $M_{冒}=1.4M_{件}$，得到冒口模数约为10 cm。我们将冒口放置在长轴上，冒口形状为圆台形，尺寸分别为：上半圆半径 $R=400$ mm，下半圆半径 $R=320$ mm，冒口高700 mm，冒口下方与铸件相连接的部位为砂裙，高度为100 mm。

由于低部短轴厚于瓣体，在立体浇注过程中，短轴与瓣体连接处易形成热节，不能得到良好的补缩。因此在短轴处放置外冷铁，加快短轴的凝固速度，以防止短轴与瓣体连接处出现缩孔、缩松。

铸件浇注系统的设计：由于铸件是立体浇注，为简化浇注系统，并且使钢水充型快速平稳，我们选择横浇道和铸件直接相连接的结构来浇注铸件。浇注系统的尺寸为：直浇道＝横浇道＝ϕ100 mm。

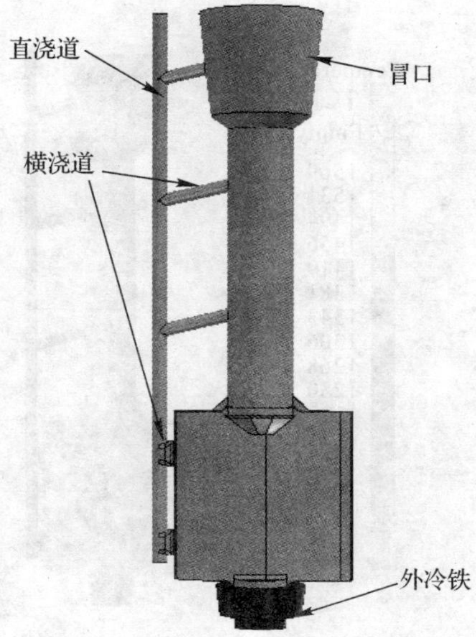

图 10.8　导叶铸件工艺图

3. 导叶铸件凝固过程温度场数值模拟

通过 MAGMAsoft 铸造模拟软件，对铸造工艺进行数值模拟。设定导叶铸件开始浇注温度为 1 580℃，计算终止温度为 800℃。将铸件划分为 400 万个单元进行模拟。模拟参数设定之后，开始进行温度场的计算机模拟。模拟结果图如图 10.9 所示。

从图 10.9(a) 中可以看出，钢水充型结束时导叶铸件的整体温度约为 1 560℃，低于浇注温度约 20℃。其原因是钢水在充型过程中与铸型发生了热交换，造成了热量的损失。从模拟结果上看，导叶整体温度分布比较均匀，只有短轴处温度较低，大约在 1 230℃ 左右，这是该处冷铁激冷的结果。图 10.9(b) 所示为凝固 35% 时的温度分布，从模拟图上可以看出，导叶长轴和瓣体四周的温度分布基本一致，约为 1 450℃，只有瓣体中间的部位温度较高，约为 1 510℃，这是由于瓣体中间部位分别与导叶的长、短轴相连接，散热速度比较慢而造成的。短轴处由于冷体的作用，温度约在 800℃。

图 10.9(c) 和图 10.9(d) 所示分别为凝固 75% 和 100% 时的温度场模拟结果，从图 10.9(c) 来看，导叶长轴和瓣体中心处温度分布基本一致，大约在 1 390℃ ～ 1 410℃，而导叶瓣体的温度分布是由四周向中心显现递增的趋势。图 10.9(d) 所示是导叶铸件完全凝固时的温度分布，此时的温度分布从导叶短轴到瓣体，再到长轴显现递增的分布趋势，符合顺序凝固时的温度分布规律。但是此时冒口下部与长轴连接处的温度比铸件其他位置的温度要高，这是由于此处是铸件的热节，此处的温度在 1 360℃ ～ 1 410℃，钢水处于固液混合状态，有利于冒口

进行补缩。

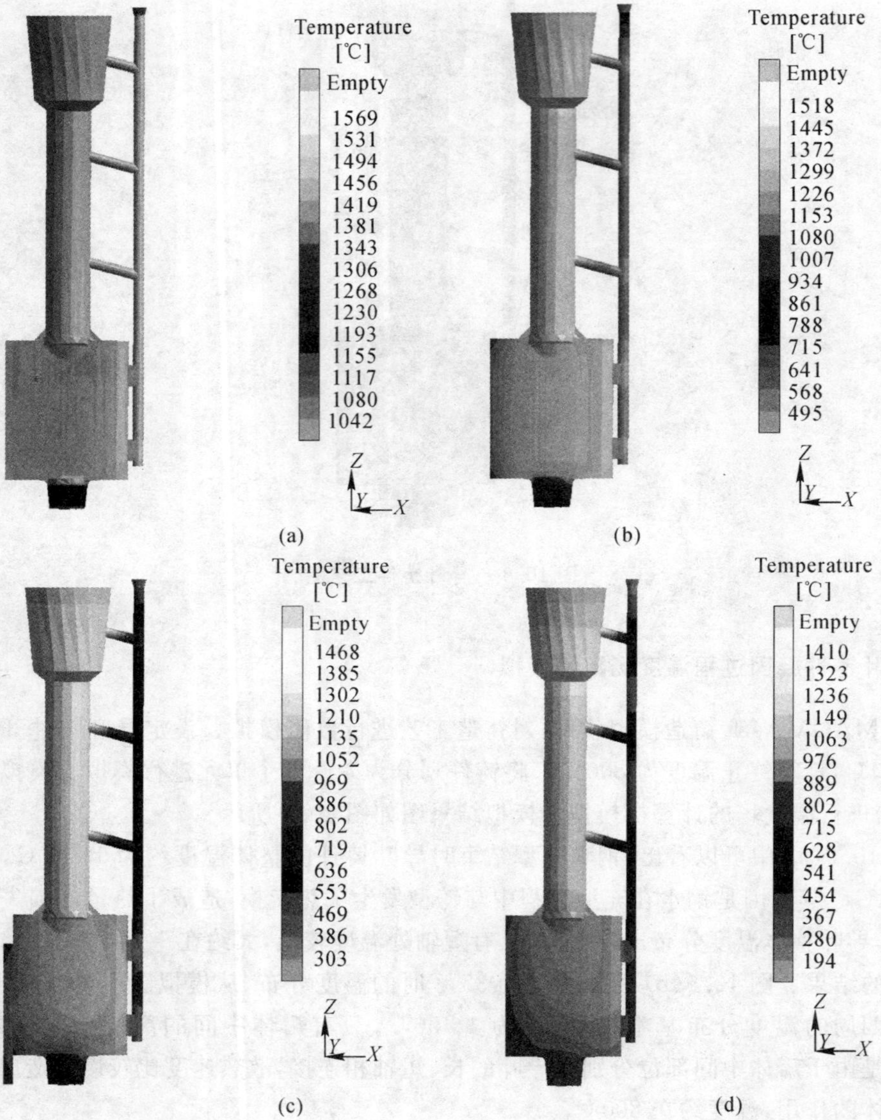

图 10.9 导叶铸件凝固过程的温度场模拟图

(a) 凝固 1% 时的温度分布；(b) 凝固 35% 时的温度分布；

(c) 凝固 75% 时的温度分布；(d) 凝固 100% 时的温度分布

4. 导叶铸件凝固过程中缩孔、缩松的预测机理

导叶铸件凝固过程中缩孔、缩松的预测主要是通过应用预测判据来实现的。缩孔、缩松一般和凝固过程的快慢、断面的大小及合金的成分有关。我们采用新山英辅(Niyama)判据，即

$$G/\sqrt{R} < C_{\text{Niyama}} \tag{10.71}$$

式中，G 为所判别区域的局部温度梯度；R 为冷却速度；C_{Niyama} 为临界值。C_{Niyama} 为有量刚量，一般取 $1℃℃^{1/2}\,\text{min}^{1/2}\,\text{cm}^{-1}$。研究表明，$C_{\text{Niyama}}$ 值随铸件大小变化，大件取 $1.1℃℃^{1/2}\,\text{min}^{1/2}\,\text{cm}^{-1}$，小件取 $0.8℃℃^{1/2}\,\text{min}^{1/2}\,\text{cm}^{-1}$，但是总体上变化不大。该判据基于凝固过程中枝晶补缩通道的压力损失。由于临界值比较固定，因此该判据简单易用，应用较普遍。后处理程序显示缩孔、缩松位置，模拟结果如图 10.10 所示。

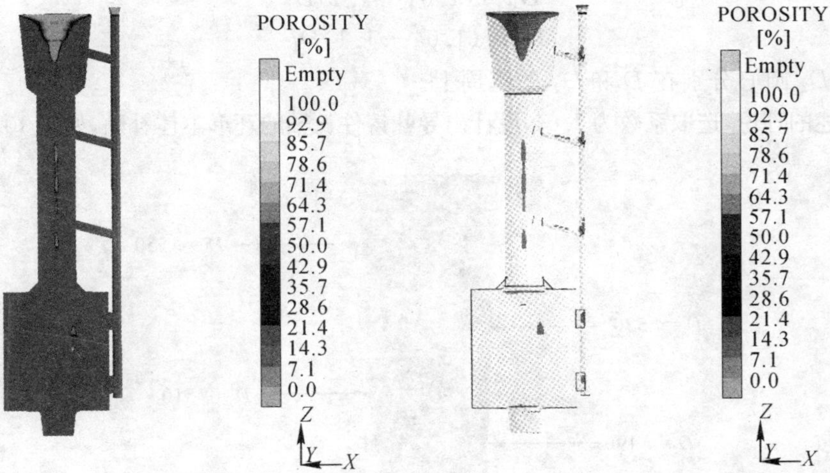

(a)　　　　(b)

图 10.10　导叶铸件缩孔、缩松缺陷的模拟结果

(a) 缩孔、缩松位置；　(b) X 射线分析结果

选取以缩松为依据的模拟图，缩松的大小和位置以颜色的不同来表示。在右侧的参考速度条上，底部淡蓝色表示基本无缩松，而上部淡黄色表示存在大量的缩孔、缩松。从图 10.10(a) 中我们可以看出，在长轴上存在大量的不连续的缩松，并且是在铸件中心轴上分布，瓣体上也存在少量的缩松缺陷。图 10.10(b) 所示是 X 射线探伤仿真对铸件进行分析，显示缺陷的模拟结果与实际生产中所遇到的铸件缺陷基本吻合。

5. 导叶铸件铸造工艺优化方案

通过以上模拟结果可以看出，在导叶长轴和瓣体连接处容易出现轴线缩松，这是由于在铸

件凝固过程中，瓣体要通过长轴进行补缩，也就是说冒口只补缩了长轴，而没有补缩瓣体，瓣体是通过与其相连接的长轴进行补缩的，与瓣体相连接处的长轴充当了瓣体的冒口。然而长轴上的温度分布，除了与瓣体相连接处的较低外，其余各部位的温度基本上是均匀分布的，并没有形成顺序凝固时所需要的温度梯度。为了避免缺陷的产生，就要在长轴上建立起一个递增的温度梯度分布。因此，在长轴上添加环形本体补贴，建立递增的温度梯度，以实现顺序凝固。

对于导叶类铸件，要求其铸件本身要有高的致密度，在冒口补缩距离不足时，为了增加补缩距离，通常采用环形本体补贴，以使铸件的截面的模数朝着冒口方向递增，形成足够的温度梯度，以形成顺序凝固。

采用滚圆法设计导叶铸件长轴的环形本体补贴，滚圆法本体补贴设计公式如下：

$$D_1 = (1.04 - 1.1)D \tag{10.72}$$

$$D_2 = (1.04 - 1.1)D_1 \tag{10.73}$$

其中，D_1 和 D_2 圆心分别在 D 和 D_1 的圆周上。

根据上述的理论，选取系数为 1.04，设计出导叶铸件长轴的环形本体补贴，如图 10.11 所示。

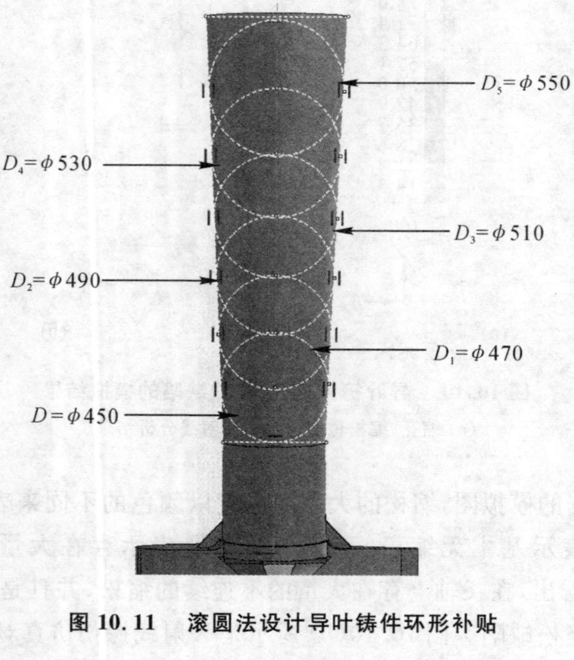

图 10.11　滚圆法设计导叶铸件环形补贴

由于添加了环形本体补贴，这样就增大了铸件的模数，经过计算导叶铸件的模数为 8.9 cm，为了保险还是取 $M_{冒} = 1.5M_{件}$，得到冒口模数约为 13.3 cm。冒口尺寸分别为：上半圆半径 $R=410$ mm，下半圆半径 $R=330$ mm，冒口高 800 mm，冒口下方与铸件相连接的部位的砂裙高度为 100 mm。浇注系统和冷铁的设计保持不变，其改进后的工艺图如 10.12 所示。

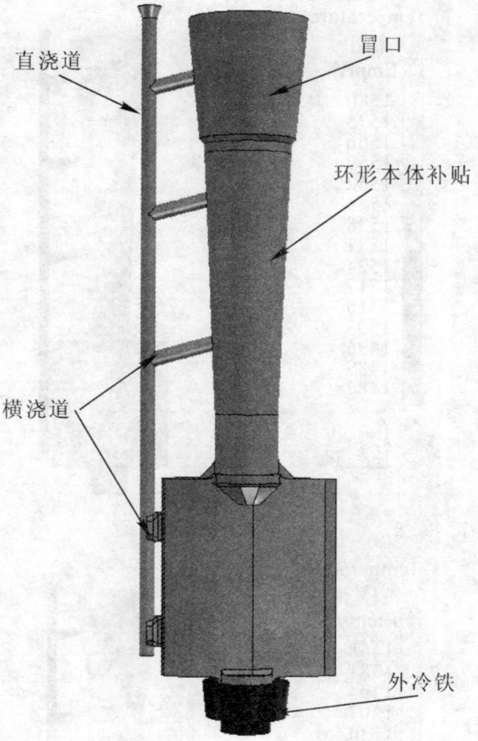

图 10.12　导叶铸件优化后的工艺图

6. 优化工艺后的数值模拟以及实际生产结果

(1) 优化后的温度场模拟结果

根据优化后的工艺方案，我们进行温度场的数值模拟，模拟过程中参数的设定与未优化时相同。模拟结果图如图 10.13 所示。

从图 10.13(a) 可以看出，当钢水完全浇入铸型后，铸件的整体温度约为 1 565℃，约比浇注温度低 15℃，导叶铸件的整体温度分布比较平均。短轴处由于冷铁的激冷作用，温度比较低。当凝固达到 35% 时(见图 10.13(b))，瓣体的中心和长轴的上半部分的温度比较高，约为 1 510℃，而瓣体的四周和长轴的下半部分温度比较低，约为 1 420℃。

当凝固达到 75% 时(见图 10.13(c))，导叶瓣体上的温度显现梯度分布趋势，由四周向中心温度逐渐升高，而长轴上的分布基本趋于均匀，约为 1 390℃。从图 10.13(d) 铸件完全凝固时的温度场分布图上可以看出，导叶铸件上的温度由下向上显现递增的分布趋势，冒口和长轴连接处的温度最高，约为 1 380℃，整个铸件的温度场分布完全符合顺序凝固所需要的温度场的要求。这样的温度场分布有利于冒口对铸件的补缩，消除缩孔、缩松的产生。

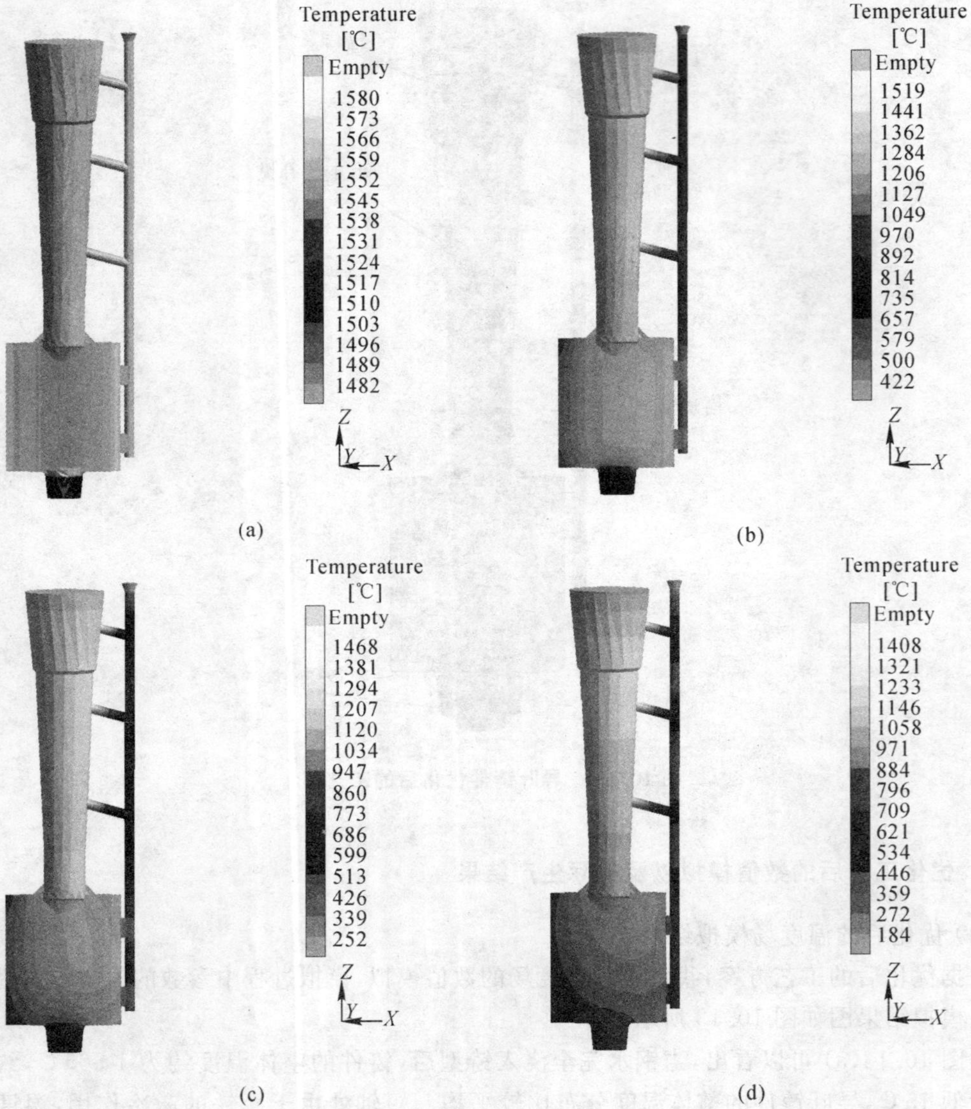

图 10.13　优化后的导叶铸件凝固过程的温度场模拟图

(a) 凝固 1% 时的温度分布；(b) 凝固 35% 时的温度分布；

(c) 凝固 75% 时的温度分布；(d) 凝固 100% 时的温度分布

(2) 优化工艺后的缩孔、缩松预测及实际生产结果

通过以上的模拟结果，后处理程序显示缩孔、缩松位置，模拟结果如图 10.14 所示。

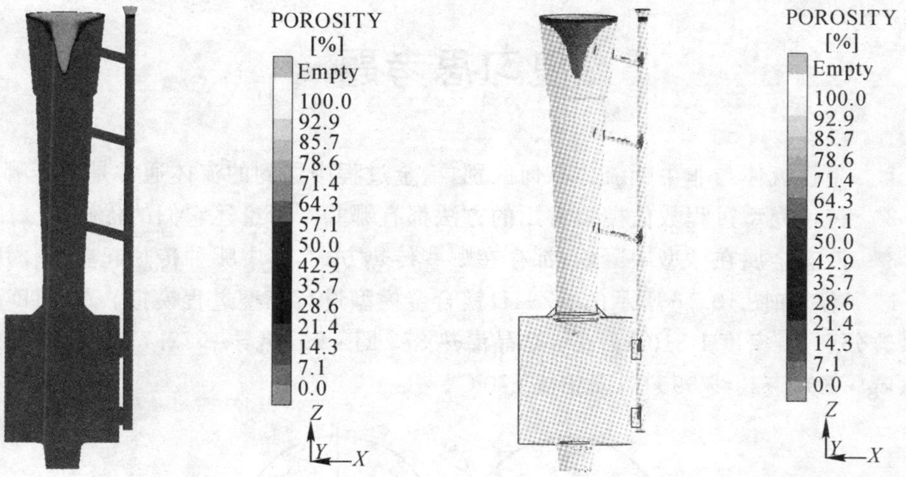

(a)　　(b)

图 10.14　优化后的导叶铸件缩孔、缩松缺陷的模拟结果

(a) 缩孔、缩松位置；(b) X 射线分析结果

从图 10.14(a) 上可以看出，导叶铸件除冒口外，本体上无缩孔、缩松缺陷产生，工艺设计完全符合预期的效果。图 10.14(b) 所示为 X 射线探伤结果显示，导叶铸件上没有缩孔、缩松的缺陷产生，可以利用此工艺进行试验件的生产。

图 10.15 所示为利用环形本体补贴工艺生产的导叶铸件，经过探伤检测后表明，无论是瓣体还是长轴，都没有缩孔、缩松缺陷产生，完全符合设计要求。

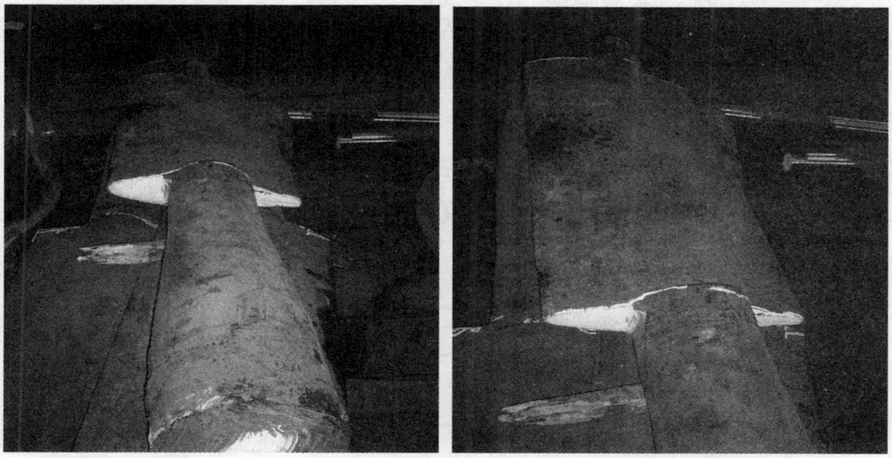

(a)　　(b)

图 10.15　利用环形本体补贴生产的导叶铸件

复习思考题

10－1　牛顿流体与非牛顿流体有何区别，冶金过程中遇到的流体通常是属于哪一种？

10－2　铸件充型过程数值模拟常用的方法都有哪些？请论述它们的优缺点。

10－3　液态金属在砂型中凝固，都存在哪些传热方式，其中哪种传热起主导作用？

10－4　请对如图10.16所示的AZ91D镁合金模型进行充型过程模拟。AZ91D镁合金的热物性参数分别为：密度1 810 kg/m³，结晶潜热373 kJ·kg，热导率72.7 W/(m·K)，比热容1 047 J/(kg·K)，液相线595℃，固相线470℃。

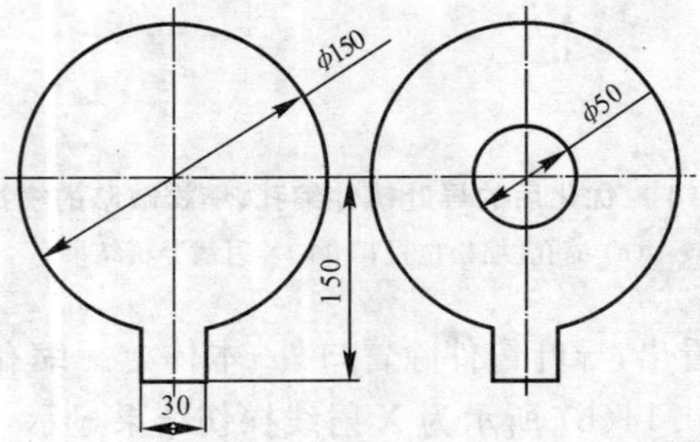

图10.16　模拟模型

(a) 模型a；(b) 模型b

10－5　对如图10.17所示的阶梯状ZL105合金试块分别进行砂型铸造和金属型铸造，请对两种铸造方式下合金块的凝固过程分别进行温度场模拟。已知：砂型的密度为1 660 kg/cm³，砂型的初始温度为298K，比热容为256.19 J/(kg·K)，导热系数为0.52 W/(m·K)；金属型(铸铁)的密度为7 200 kg/cm³，金属型的初始温度为298K，比热容为461 J/(kg·K)，导热系数为35.7 W/(m·K)。铸件的浇注温度设为860℃。ZL105合金的性能参数如表10.1所示。

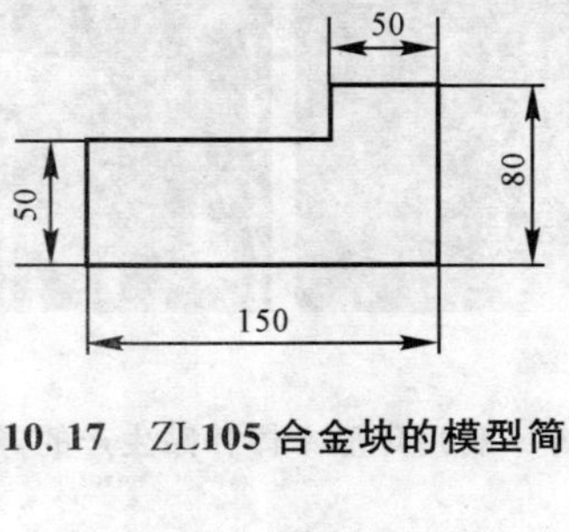

图10.17　ZL105合金块的模型简图

表 10.1　ZL105 合金的性能参数

温度 T/℃	密度 /(kg·cm^{-3})	比热容 c/(J·(kg·K)$^{-1}$)	导热系数 λ/(W·(m·K)$^{-1}$)
25	2 680	837	159
200		962	168
300		1 046	168
400		1 030	170

第 11 章　焊接过程建模及数值分析

焊接是一个牵涉到电弧物理、传热、冶金和力学的复杂过程。要得到一个高质量的焊接结构，必须要控制这些因素，单纯采用理论方法，很难准确地解决生产实际问题。因此，在研究焊接生产技术时，往往采用试验手段作为基本方法，其模式为“理论 — 试验 — 生产”，但大量的焊接试验增加了生产的成本，且费时费力。随着计算机软硬件技术的快速发展，引发了虚拟制造技术的热潮。

虚拟制造技术是利用计算机技术对所要进行的生产和制造活动进行全面的建模和仿真。仿真就是应用计算机对复杂的现实系统经过抽象和简化形成系统模型，然后在分析的基础上运行此模型，从而得到系统一系列的统计性能。计算机还可以重复仿真，优化实施方案。焊接加工过程的数值模拟，也可称为虚拟焊接。

虚拟焊接的理论意义在于，通过对复杂或不可观察的现象进行定量分析和对极端情况下尚不知的规则的推测和预测，实现对复杂焊接现象的模拟，以便于认清焊接现象本质，弄清焊接过程规律。虚拟焊接的现实意义在于，根据对焊接现象和过程的数值模拟，可以优化结构设计和工艺设计，从而减少试验工作量，提高焊接接头的质量。

随着有限元理论的不断完善以及计算机水平的飞速发展，焊接数值模拟技术不断向深度、广度发展，研究工作已普遍由建立在温度场、电场、应力应变场基础上的旨在预测宏观尺度的模拟进入到以预测组织、结构、性能为目的的亚微观尺度及微观尺度的模拟阶段；由单一的温度场、电场、流场、应力应变场、组织模拟进入到耦合集成阶段；由共性通用问题转向难度更大的专用特性问题，包括解决特种焊接模拟及工艺优化问题，解决焊接缺陷消除等问题；由孤立研究转向与生产系统及其他技术环节实现集成，成为先进制造系统的重要组成部分。

11.1　焊接熔池的流体动力学分析

熔化焊接是焊接的主流，焊接熔池的尺寸、形状以及熔池内部传热过程都是焊接数值模拟中的热点，而这些分析必须用流体动力学加以分析。

11.1.1　数学建模

下面以运动电弧作用下，TIG 焊接为例来说明问题。

电弧热量使被焊金属熔化并形成熔池。电弧以恒定速度 u_0 沿 ξ 轴移动。根据温度分布，熔池分为前、后两部分。在熔池前部，输入的热量大于散失的热量，所以随着电弧的移动，金属不断熔化。在熔池后部，散失的热量多于输入的热量，所以发生凝固。在熔池内部，则因自然对流、电磁力和表面张力等的驱动，产生流体对流。

1. 控制方程

在固定坐标系 (ξ, y, z) 中，热能方程为

$$\rho c\left(\frac{\partial T}{\partial t}+u\frac{\partial T}{\partial \xi}+v\frac{\partial T}{\partial y}+w\frac{\partial T}{\partial z}\right)=\frac{\partial}{\partial \xi}\left(\lambda\frac{\partial T}{\partial \xi}\right)+\frac{\partial}{\partial y}\left(\lambda\frac{\partial T}{\partial y}\right)+\frac{\partial}{\partial z}\left(\lambda\frac{\partial T}{\partial z}\right) \tag{11.1}$$

式中，ρ 是密度；c 是比容；λ 是热导率；T 是温度；t 是时间；u,v,w 分别为 x,y,z 方向的速度分量。

方程(11.1)的求解区域包括液态熔池和其周围固体金属。在整个求解域内，这是一个对流与传导问题。由于在固体中流体流速等于零，因此实际上在固体内是一个纯导热问题。求解上述方程可得固体与流体中的温度分布，它们在固液界面上自动吻合。

当一个热流密度为 $q(r)$ 的热源以恒定速度 u_0 沿 ξ 轴移动，根据固定坐标系与动坐标系的关系，将 $x=\xi-u_0t$ 代入方程(11.1)，就可完成从固定坐标到以热源中心为坐标原点的移动坐标的转换，其中 x 为所考察的点到热源中心的距离。

$$\rho c\left(\frac{\partial T}{\partial t}-u_0\frac{\partial T}{\partial x}+u\frac{\partial T}{\partial x}+v\frac{\partial T}{\partial y}+w\frac{\partial T}{\partial z}\right)=\frac{\partial}{\partial x}\left(\lambda\frac{\partial T}{\partial x}\right)+\frac{\partial}{\partial y}\left(\lambda\frac{\partial T}{\partial y}\right)+\frac{\partial}{\partial z}\left(\lambda\frac{\partial T}{\partial z}\right) \tag{11.2}$$

在准稳态时，熔池具有恒定的形状并以和电弧相同的速度沿 x 轴移动，此时的热能方程为

$$\rho c\left[(u-u_0)\frac{\partial T}{\partial x}+v\frac{\partial T}{\partial y}+w\frac{\partial T}{\partial z}\right]=\frac{\partial}{\partial x}\left(\lambda\frac{\partial T}{\partial x}\right)+\frac{\partial}{\partial y}\left(\lambda\frac{\partial T}{\partial y}\right)+\frac{\partial}{\partial z}\left(\lambda\frac{\partial T}{\partial z}\right) \tag{11.3}$$

对于熔池中流体应满足动量方程

$$\rho c\left[(u-u_0)\frac{\partial u}{\partial x}+v\frac{\partial u}{\partial y}+w\frac{\partial u}{\partial z}\right]=X-\frac{\partial p}{\partial x}+\mu\left(\frac{\partial^2 u}{\partial x^2}+\frac{\partial^2 u}{\partial y^2}+\frac{\partial^2 u}{\partial z^2}\right) \tag{11.4}$$

$$\rho c\left[(u-u_0)\frac{\partial v}{\partial x}+v\frac{\partial v}{\partial y}+w\frac{\partial v}{\partial z}\right]=Y-\frac{\partial p}{\partial y}+\mu\left(\frac{\partial^2 v}{\partial x^2}+\frac{\partial^2 v}{\partial y^2}+\frac{\partial^2 v}{\partial z^2}\right) \tag{11.5}$$

$$\rho c\left[(u-u_0)\frac{\partial w}{\partial x}+v\frac{\partial w}{\partial y}+w\frac{\partial w}{\partial z}\right]=Z-\frac{\partial p}{\partial z}+\mu\left(\frac{\partial^2 w}{\partial x^2}+\frac{\partial^2 w}{\partial y^2}+\frac{\partial^2 w}{\partial z^2}\right) \tag{11.6}$$

式中，μ 是黏度；p 是压力；X,Y,Z 分别是体积力在 x,y,z 方向上的分量。

此外，流场还应满足一个附加的约束条件，即连续性方程

$$\frac{\partial u}{\partial x}+\frac{\partial v}{\partial y}+\frac{\partial w}{\partial z}=0 \tag{11.7}$$

式(11.3) ～ (11.7) 就是描述运动着的三维熔池中的流场与热场的偏微分方程组。

电弧焊接时，熔池中的体积力包括电磁力和自然对流项：

$$\boldsymbol{F}_b=(\boldsymbol{j}\times\boldsymbol{B})-\rho\boldsymbol{g}\beta\Delta T \tag{11.8}$$

它在 x,y,z 三个方向上的分量分别为

$$X=(\boldsymbol{j}\times\boldsymbol{B})_x \tag{11.9}$$

$$Y=(\boldsymbol{j}\times\boldsymbol{B})_y \tag{11.10}$$

$$Z=(\boldsymbol{j}\times\boldsymbol{B})_z-\rho\boldsymbol{g}\beta\Delta T \tag{11.11}$$

式中，$\boldsymbol{j}$ 是电流密度；$\boldsymbol{B}$ 是磁感应强度；$\boldsymbol{\beta}$ 是体积膨胀系数；$\boldsymbol{g}$ 是重力加速度；ΔT 是温差。

2. 边界条件

方程(11.3) 的边界条件如下：

当 $z=0$ 时

$$q(r)=\frac{\eta IU}{2\pi\sigma_q^2}\exp\left(-\frac{r^2}{2\sigma_q^2}\right) \tag{11.12}$$

式中，I 为焊接电流；U 为电弧电压；σ_q 为热流分布参数；r 为距电弧中心的距离。

式(11.12) 表示热流以高斯函数形式分布输入表面。

在固液界面上，$T=T_m$，T_m 为材料熔点。

当 $z=0$，$z=L$ 时

$$-\lambda\frac{\partial T}{\partial z}=\alpha(T-T_0) \tag{11.13}$$

式(11.13) 表示厚度为 L 的焊件上、下两表面通过对流与辐射向周围环境放热。

当 $y=0$ 时

$$\frac{\partial T}{\partial y}=0 \tag{11.14}$$

式(11.14) 表示所要求解的温度场关于中心平面(xOz 面) 对称。

方程(11.4)，(11.5)，(11.6) 的边界条件如下：

在熔合面上和固体中：

$$u=-u_0,\quad v=w=0 \tag{11.15}$$

在熔池表面上：

$$\mu\frac{\partial u}{\partial z}=-\frac{\partial\sigma}{\partial T}\frac{\partial T}{\partial x} \tag{11.16}$$

$$\mu\frac{\partial v}{\partial z}=-\frac{\partial\sigma}{\partial T}\frac{\partial T}{\partial y} \tag{11.17}$$

式中，σ 为表面张力。式(11.16)，(11.17) 说明在熔池表面上，表面张力梯度与流体的剪应力相平衡。

11.1.2　数值分析

求解控制方程组的数值方法通常采用差分法。方程组包含有 5 个变量(T,u,v,w,p)。在推导离散化公式时求解动量方程中压力的一阶导数和连续性方程中速度的一阶导数有些麻烦。为此必须使用交错的网格来克服这些困难,即把速度分量(u,v,w) 放在与其他变量(T,p) 不同的网格上处理。

综上所述,熔池流体动力学状态及传热过程的运算步骤为:

① 给出一个初始的速度场。

② 计算动量方程的系数,暂时在动量方程中略去压力梯度项后求解动量方程,求得近似的速度场。

③ 将这个近似的速度场代入压力方程,求解后得到一个近似的压力场。

④ 将这个近似的压力场代入动量方程,求解动量方程,得到速度场 u^*,v^*,w^*。

⑤ 将 u^*,v^*,w^* 代入压力修正方程,求得 p',将 p' 代入速度修正公式修正速度场。

⑥ 返回步骤 ②,重复上述过程直至收敛为止。

⑦ 得到收敛的速度场后,再用迭代法求解热能方程,直至获得收敛的解。

11.2　焊接温度场数值模拟

11.2.1　热源模型的确定

焊接温度场的数值模拟中,热源模型的建立是其基础。建立准确的热源模型就是确定合理的焊接热流分布函数,使模拟的温度场符合实际情况。

1. 熔池边界准则

对焊接热源的准确模拟是焊接过程温度场、应力场分析的基础,只有准确地描述热源,才能够使对焊接过程作的数值模拟反映工程实际并指导实践。

判断热源模型的好坏一般采用熔池边界准则,即在相应热输入条件下,只要热源模型所模拟的熔池区域边界与实际焊缝融合线相符,就认为该种焊接热源模型合理。实践证明这一准则在工程实践中的数值模拟应用中能够满足需要。图 11.1 所示为典型的焊接熔池形貌。

焊接热源模型发展按照热源作用方式不同,分为集中热源、平面分布热源、体积分布热源和组合热源。

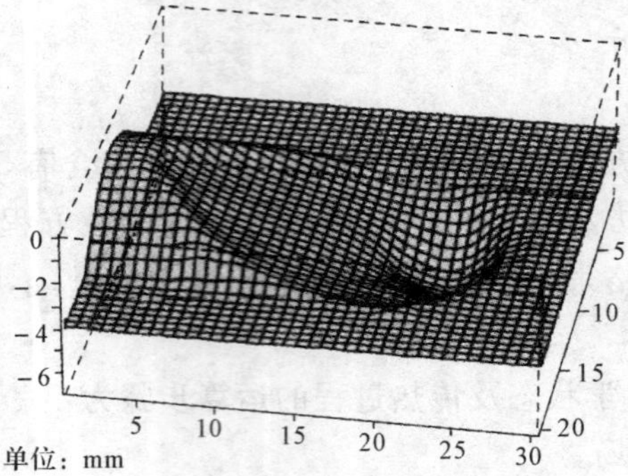

图 11.1　典型焊接熔池形貌

集中热源包括点热源以及线热源，它们的出现为焊接热源理论分析作出了一定的贡献，具有一定的理论意义。但对于数值分析则无法反映工程实际，还会导致焊缝中心线上产生奇异。相对于集中热源，平面分布热源和体积分布热源将能量依照一定规律分布于一定空间内，更加贴近于焊接生产实际。本节将重点介绍数值分析中常用的平面分布热源和体积分布热源模型，还将介绍一下二者的组合热源模型。

2. 平面分布热源

平面分布热源多用于熔池较浅的电弧、高能束流等焊接模拟中，其中以高斯正态分布的表面热源模型应用最为广泛。

高斯表面热源可以提高高温区的准确性，但仍未考虑电弧挺度对熔池的影响，多应用于熔深不大的焊接过程，因为它将热源按高斯函数在一定的范围内分布如图 11.2 所示。其函数为

$$q(r)=q_{\mathrm{m}}\mathrm{e}^{-Kr^2} \tag{11.18}$$

式中，$q(r)$ 为半径 r 处的表面热流；q_{m} 为热源中心处的热流量最大值；K 为热源集中系数，是与焊接方法相关的常数；r 为距热源中心的距离。

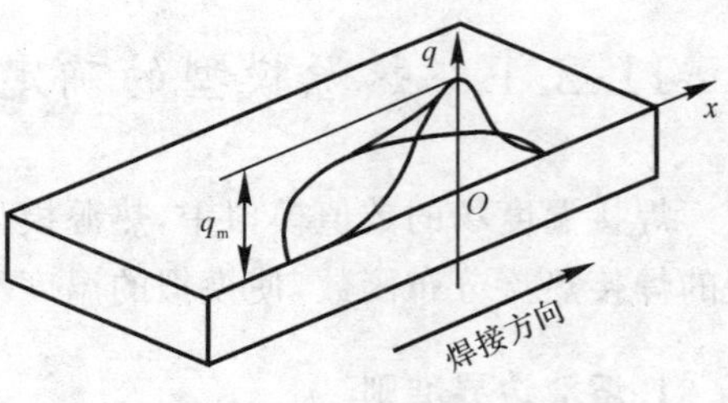

图 11.2　高斯热源模型

Friedman 建立了移动热源作用下的高斯热源模型，该热源能够较好地描述弧焊过程热输入方式。设动坐标与静坐标关系为

$$\xi=x+v(\tau-t) \tag{11.19}$$

式中，v 为焊接热源移动速度；时间因子 τ 定义 $t=0$ 时的热源位置。

此时 $\xi^2+y^2=r^2$，则得到移动热源作用下的高斯模型：

$$q(x,y,t)=\frac{3\Phi}{\pi r_0^2}\mathrm{e}^{-3[(x+v(\tau-t))^2+y^2]/r_0^2} \tag{11.20}$$

图 11.3 所示为利用移动高斯热源对平板对接电弧焊进行的温度场模拟，可见其基本能够反映熔池形状。

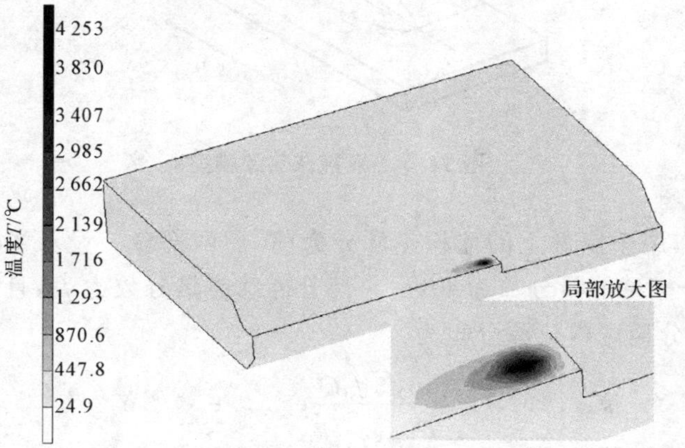

图 11.3　平板焊接过程应用高斯热源得到的温度场

表面分布的热源类型还有多种，如带状高斯热源等，在这里就不一一赘述。

3. 体积分布热源

我们已经知道表面分布热源是适合于熔池较浅、挺度较差时的焊接热源模型。但对于高功率密度热源等挺度大的热源，表面热源模型忽略了电弧或束流对表面以下熔池的挖掘作用，体积分布热源成为更加准确的热源模型。

体积分布热源应用较多的是椭球及双椭球热源模型，先来介绍椭球热源。

椭球热源功率密度分布函数如下：

$$q(\xi,y,z)=q(0)\mathrm{e}^{-\frac{2}{3}\xi^2}\mathrm{e}^{-\frac{2}{3}y^2}\mathrm{e}^{-\frac{2}{3}z^2} \tag{11.21}$$

式中，椭球中心坐标为(0,0,0)；椭球半轴 a,b,c 分别平行于坐标轴 ξ,y,z。

椭球形功率密度分布热源：

$$q(x,y,z,t)=\frac{6\sqrt{3}\,\Phi}{abc\pi\sqrt{\pi}}\mathrm{e}^{-3[x+v(\tau-t)^2/a^2]}\mathrm{e}^{-3y^2/b^2}\mathrm{e}^{-3z^2/c^2} \tag{11.22}$$

实践证明椭球形热源密度函数在焊接温度场模拟中不能完全反映实际焊接温度场特征，椭球热源中心前半部的温度梯度小，热源中心后半部分温度梯度大，下降较快。而实际的温度场分布是热源中心前面的区域温度梯度较大，椭球后半部分温度梯度较缓。双椭球热源能够较好地克服这一缺点，双椭球热源模型见图 11.4。

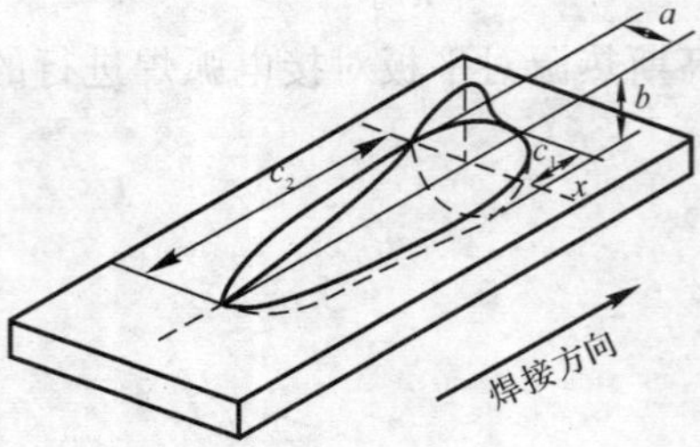

图 11.4 双椭球热源模型

双椭球体热源作用于焊件上的体积热源分为前、后两部分。设双半椭球体的半轴为(c_1，c_2，a，b)，设前半部分椭球能量分数为 f_f，后半部分椭球能量分数为 f_r，且 $f_f+f_r=2$，Q 为热源总能量，则在前半部分椭球内热源分布为

$$q(x,y,z,t)=\frac{6\sqrt{3}\,f_f Q}{abc_1\pi\sqrt{\pi}}e^{-3x^2/c_1^2}e^{-3y^2/a^2}e^{-3z^2/b^2} \tag{11.23}$$

同样，后半部分椭球内热源分布为

$$q(x,y,z,t)=\frac{6\sqrt{3}\,f_r Q}{abc_2\pi\sqrt{\pi}}e^{-3x^2/c_2^2}e^{-3y^2/a^2}e^{-3z^2/b^2} \tag{11.24}$$

图 11.5 所示是利用双椭球热源进行的平板对接电弧焊的温度场模拟，可以看出热源中心前部分热流分布比后面热流分布陡得多，而后面的热量分布较前面多。

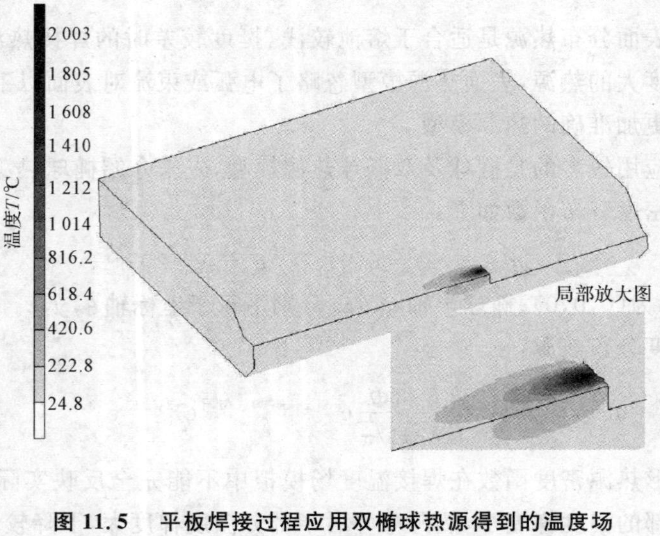

图 11.5 平板焊接过程应用双椭球热源得到的温度场

体积分布热源的模型也有很多种，如半球形体积分布热源模型、高斯柱体积分布热源以及半径沿深度变化的旋转体积分布热源等。

4. 组合热源

相对于集中热源，面热源与体热源将能量依照一定规律分布于一定空间内，更加贴近于焊接生产实际。在焊接数值模拟中通常使用平面分布的高斯热源或体积分布的双椭球热源，利用这二者人们成功进行了很多焊接结构模拟，解决了一些工程问题。但上述两种热源由于片面强调能量的面分布或是体积分布，热源模拟的焊接熔池形状与实际的焊缝熔合线吻合并不理想。当热源类型为高斯面热源时，所模拟的焊缝熔宽大，熔深小，熔池呈浅碟形，不能准确反映焊缝内部熔池形状。当热源类型为双椭球体热源时，由于考虑了熔滴过渡形成的内热源形式，这样模拟的熔池形状与实际的焊缝熔合线在熔池内部较为吻合，但是在熔池表面温度较低。组合热源就解决了这一问题。

所谓组合热源模型是将面热源与体热源二者相结合，通过组合使模拟的热源模型能够兼顾能量在熔池表面以及内部分布，更加接近焊接生产实际。

最常见的组合热源的表面热源采用高斯型热流分布面热源模型，内部采用双椭球型体热源，如图 11.6 所示。其中面热源控制表面熔池，体热源反映熔深方向上深层液体层。其模型模拟的熔池形状与实际的焊缝熔合线基本吻合。将总的输入功率按一定比例分配，此时总热流等于表面热流与体积热流两者之和。

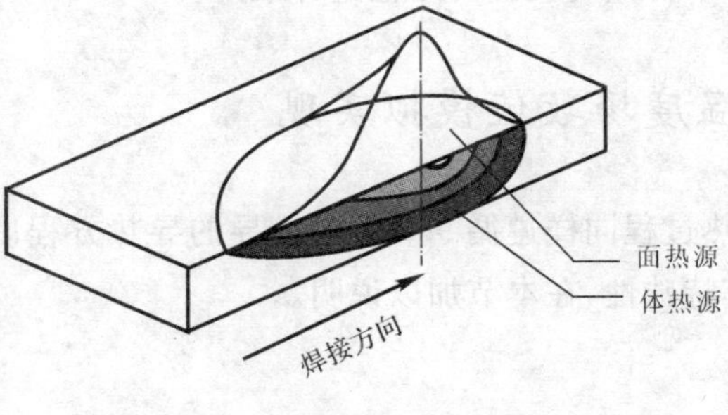

图 11.6　组合热源模型

所构造的组合热源中面热源与体热源的总功率之和与焊接的有效功率 Φ 相等，即

$$\Phi_S + \Phi_W = \Phi \tag{11.25}$$

式中，Φ_S，Φ_W 分别为面热源和体热源的功率。将面热源功率所占总有效输入功率的比例系数称为功率分配系数，用 γ 来表示，则有

$$\Phi_S = \gamma\Phi, \Phi_W = (1-\gamma)\Phi \tag{11.26}$$

所构造的模型功率分配系数 γ 为 1/3，得到的温度场的分布形状符合经典理论，即 Φ_S 占总功率的 33.3%，Φ_W 占总功率的 66.6%。能量分配系数表征了焊缝横截面上沿深度方向能量

沉积的分布规律，它直接决定了焊缝的深宽比，这样也就基本决定了焊缝截面形貌特征。图11.7所示即为所构造组合热源计算的平板对接电弧焊温度场。

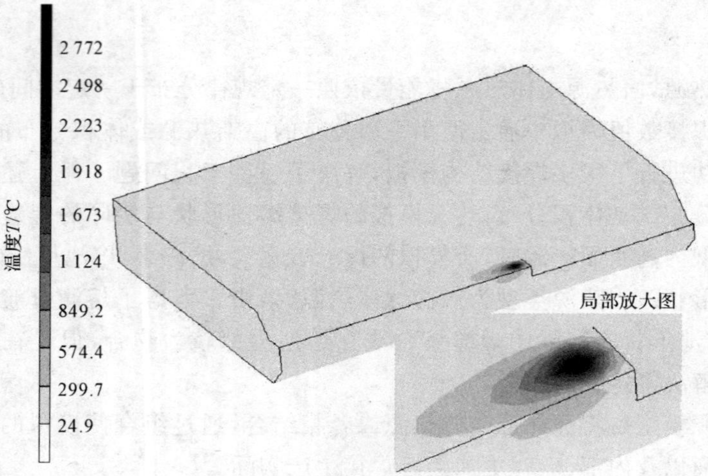

图 11.7 平板焊接过程应用组合热源得到的温度场

在实际应用中热源的组合方式很多，一般几种面热源与体热源均可组合形成组合热源，其能否应用的判断准则是本节开始时提到的熔池边界准则。

11.2.2 焊接温度场数值模拟实现

有了热源模型，焊接热过程同样遵循9.2节中推导的导热方程以及边界条件。但在焊接工程中温度场的仿真有其特殊性，在本节加以说明。

1. 熔敷材料填充

多数焊接过程涉及熔敷金属的填充，而有限元分析中需要采用特殊的处理方法以完成对熔敷金属填充过程的模拟，一种是改变填充单元的材料特性，另一种是所谓的生死单元法。

① 改变单元的材料特性。焊接前，焊缝未填充，可将焊缝区的单元弹性模量给予极小值其热传导率也要赋以很小的值。这就意味着这些单元连接强度很弱且基本不传热，也就是说单元不参与热和力的过程。在焊接和焊后冷却过程中恢复焊缝单元的材料性能。

② 生死单元法。在中厚板对接焊过程中，焊接材料不断填充而形成焊缝，这一过程可以通过“生死”单元技术体现。前处理时将这些单元杀死，将单元杀死并不是真正将这部分单元移走，而是将它们的热传导系数变为很小的值，在保证刚度矩阵稳定的前提下，将这部分单元

的作用减至最小，这样在实际计算中就相当于这部分单元不存在。在焊接过程中再按一定的速度逐步将这部分单元激活，即将它们的热传导系数恢复原值，相当于这部分材料被逐步填充入焊道。激活的判断标准通常为方盒子法。

2. 网格划分

焊接过程是一个不均匀加热的过程，在焊缝处温度梯度变化很大，划分网格时采用的是不均匀网格划分，在焊缝及其附近的部分采用加密的网格，在远离焊缝的区域，温度分布梯度变化相对较小，网格划分较粗。图 11.8 所示为一个平板对接焊模拟的网格划分实例，可以看出在 K 形坡口的焊缝区网格较密，远离焊缝处则逐步过渡到稀疏。

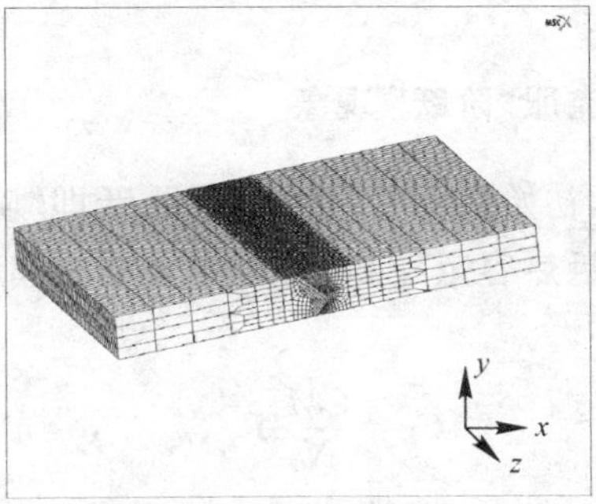

图 11.8　一个平板对接焊模拟的网格划分实例

还有一个更加理想的网格划分方法，即在热源附近使用较密集的网格，且细密网格随热源移动，焊后逐渐冷却的焊缝则恢复成稀疏的网格。

3. 时间步长

焊接模拟的时间步长分为固定步长以及变步长。焊接阶段通常采用小步长，一般控制在 0.1 s，只有当冷却到一定温度才能采用变步长来逐渐增大时间步长。

4. 相变潜热

热加工中往往需要相变潜热的处理，数值模拟时处理相变潜热通常有等效热源法、比热突变法以及等温法，在 10.2 节中已作了介绍，不再赘述。

5. 材料热物性

材料的热物性一般都随温度变化，其变化规律往往不能用函数准确表示，通常的处理方法是将物性参数分段线性化，根据热物性的实测值在若干个温度区间表示成线性方程：

$$y = a + bT \tag{11.27}$$

如果某一时刻某单元的节点温度为 T_e,那么该单元内点的热物性表示为

$$y = a + bNT_e \tag{11.28}$$

式中,N 为形函数。

实际过程中比较容易遇到的困难是缺少高温下材料热物性尤其是熔化状态热物性,这将给非线性计算带来困难。

6. 边界换热系数

由于存在温差,焊接边界与外界有换热,换热包括对流以及辐射,主要是辐射,其计算方法可参见 10.2 节。

7. 采用集中质量热容矩阵克服"阶跃"现象

瞬态温度场有限元分析中,初始几步常发生数值跳跃即"阶跃"现象。为克服之,宜采用集中质量热容矩阵替代协调质量热容矩阵 $\boldsymbol{C}_e$,即把单元质量离散于各个节点。此时集中质量的单元热容矩阵可表示为

$$\boldsymbol{C}_e = \frac{CM_e}{N_e}\boldsymbol{I}_{N_e \times N_e} \tag{11.29}$$

式中,N_e 为单元节点个数;M_e 为单元质量;$\boldsymbol{I}_{N_e \times N_e}$ 是 N 阶单位阵。

集中质量单位热容矩阵的采用克服了阶跃现象,放宽了对网格的要求,有利于三维瞬态温度场的模拟。

11.3 焊接应力与变形分析

焊接应力与变形问题可以分为两类:一是焊接过程瞬态热应力应变分析,二是焊后的残余应力与应变计算。相对于前者,后者的研究更加具有工程意义,研究者较多,主要是对焊接残余应力及变形进行控制。

对焊接结构进行数值模拟的困难在焊接过程中,焊接区以远高于周围区域的速度被急剧加热,并局部熔化。焊接区材料受热而膨胀,热膨胀受到周围较冷区域的约束,并造成弹性热应力。受热区温度升高后屈服极限下降,热应力可部分地超过该屈服极限。结果焊接区形成了塑性的热压缩,冷却后比周围区域相对缩短、变窄或减小。因此,这个区域就呈现拉伸残余应力,周围区域则承受压缩残余应力。冷却过程中的显微组织转变会引起体积的增加,如果这种情况发生在较低的温度,而此时材料的屈服极限足够高,则会导致焊接区产生压缩残余应

力，周围区域承受拉伸残余应力。所以，由极不均匀的焊接温度场导致的塑性应变与相变应变是产生焊接残余应力与变形的根本原因。为了掌握焊接变形的规律，就应对焊接温度场及焊接过程中的应变进行准确的分析。

11.3.1　热弹塑性分析

焊接热弹性问题分析包括 4 个基本关系：

① 应变 — 位移关系（相容性条件）。

② 应力 — 应变关系（本构关系）。

③ 平衡条件。

④ 相应边界条件。

对于这些关系，进行热弹性分析时有如下假设：材料屈服服从 Mises 准则；塑性区内的行为服从流动法则并显示出应变硬化；弹性应变、塑性应变与温度应变可分；与温度有关的力学性能、应力 — 应变在微小的时间增量内呈线性变化。

热弹塑性条件下的材料应变可以看做三部分应变的和：温度引起的应变 ε_T，弹性应变 ε_e 以及塑性应变 ε_p。则温度变化引起的全应变增量为

$$\mathrm{d}\varepsilon = \mathrm{d}\varepsilon_e + \mathrm{d}\varepsilon_p + \mathrm{d}\varepsilon_T \tag{11.30}$$

在弹性范围内没有塑性应变且温度变化引起的应变呈线性：

$$\mathrm{d}\varepsilon = \mathrm{d}\varepsilon_e + \mathrm{d}\varepsilon_T \tag{11.31}$$

$$\varepsilon_T = \alpha \Delta T \tag{11.32}$$

应力应变关系：

$$\sigma = \boldsymbol{D}_e \varepsilon_e = \boldsymbol{D}_e (\varepsilon - \varepsilon_T) \quad \text{（热弹性问题）} \tag{11.33}$$

$$\sigma = \boldsymbol{D}_{ep} (\varepsilon_e + \varepsilon_p) = \boldsymbol{D}_{ep} (\varepsilon - \varepsilon_T) \quad \text{（热弹塑性问题）} \tag{11.34}$$

式中，$\boldsymbol{D}_e$ 及 $\boldsymbol{D}_{ep}$ 分别为热弹性及热弹塑性矩阵。

在热弹性以及热弹塑性计算中，遵循的准则不同，热弹性力学遵循广义的胡克定律，而后者遵循 Mises 准则。一般情况下，材料的性质是与温度有关的，对于热弹性问题有

$$\varepsilon_e = \boldsymbol{D}_e^{-1} \sigma \tag{11.35}$$

$$\mathrm{d}\varepsilon_e = \frac{\mathrm{d}\boldsymbol{D}_e^{-1}}{\mathrm{d}T} \sigma \,\mathrm{d}T + \boldsymbol{D}_e^{-1} \mathrm{d}\sigma \tag{11.36}$$

$$\mathrm{d}\sigma = \boldsymbol{D}_e \left(\mathrm{d}\varepsilon_e - \frac{\mathrm{d}\boldsymbol{D}_e^{-1}}{\mathrm{d}T} \sigma \,\mathrm{d}T \right) \tag{11.37}$$

对于热弹塑性问题，Mises 准则：

$$\bar{\sigma} = H_T \left(\int \mathrm{d}\bar{\varepsilon}_p \right) \tag{11.38}$$

H_T 可由拉伸实验确定。屈服准则：

$$\sigma = H(\varepsilon_p, T) \tag{11.39}$$

得到

$$d\sigma = \boldsymbol{D}_e\left(d\varepsilon - d\varepsilon_p - d\varepsilon_T - \frac{d\boldsymbol{D}_e^{-1}}{dT}\sigma dT\right) \tag{11.40}$$

塑性应变量与等效应变量的关系：

$$d\varepsilon_p = \frac{\partial\bar{\sigma}}{\partial\sigma}d\bar{\varepsilon}_p \tag{11.41}$$

结合式(11.32)，式(11.40) 以及式(11.36) 得

$$d\sigma = \boldsymbol{D}_{ep}(d\varepsilon - d\varepsilon_0) + d\sigma_0 \tag{11.42}$$

式中，弹塑性矩阵 $\boldsymbol{D}_{ep} = \boldsymbol{D}_e + \boldsymbol{D}_p$。

$$\boldsymbol{D}_p = \frac{\boldsymbol{D}_e \dfrac{\partial\bar{\sigma}}{\partial\sigma}\dfrac{\partial H}{\partial T}dT}{H'_T + \left(\dfrac{\partial\bar{\sigma}}{\partial\sigma}\right)^T \boldsymbol{D}_e \dfrac{\partial\bar{\sigma}}{\partial\sigma}} \tag{11.43}$$

$d\sigma_0$ 表示温度变化引起的应力增量，即

$$d\sigma_0 = \frac{\boldsymbol{D}_e \dfrac{\partial\bar{\sigma}}{\partial\sigma}\dfrac{\partial H}{\partial T}dT}{H'_T + \left(\dfrac{\partial\bar{\sigma}}{\partial\sigma}\right)^T \boldsymbol{D}_e \dfrac{\partial\bar{\sigma}}{\partial\sigma}} \tag{11.44}$$

焊接工程的热弹塑性分析主要是热应力、残余应力以及变形问题。在焊接过程中，相变的影响应予考虑。则热弹塑性应变增量为

$$d\varepsilon = d\varepsilon_e + d\varepsilon_p + d\varepsilon_T + d\varepsilon_{ph} \tag{11.45}$$

式中，ε_{ph} 是相变应变增量。

对于相变对应变的影响，必须根据材料的性质进行具体分析，对某些材料可以忽略。

11.3.2 有限元方程及求解

对于增量位移，采用虚功原理：物体的虚外功等于平衡条件下的内应力所做的虚功。

$$\int_V \delta d\boldsymbol{\varepsilon}^T d\boldsymbol{\sigma} dV = \int_V \delta d\boldsymbol{u}^T d\boldsymbol{b} dV + \int_A \delta d\boldsymbol{u}^T d\boldsymbol{s} dA + \delta d\boldsymbol{U}^T d\boldsymbol{P} \tag{11.46}$$

式中，左侧为内应力所做的虚功，右侧为虚外功，包括体积力、表面力以及集中力做功；$d\boldsymbol{b}$ 为单位体积的分布载荷；$d\boldsymbol{s}$ 为单位面积的分布载荷；$d\boldsymbol{P}$ 为集中力；$\delta d\boldsymbol{u}$ 为增量分布载荷作用下连续体中任意点的虚位移矢量；$d\boldsymbol{U}$ 为节点位移增量。

得到的单元刚度矩阵为

$$\boldsymbol{K}_e d\boldsymbol{U} = d\boldsymbol{R} + d\boldsymbol{f}_e \quad （单元呈弹性情况） \tag{11.46}$$

$$\boldsymbol{K}_p d\boldsymbol{U} = d\boldsymbol{R} + d\boldsymbol{f}_p \quad （单元呈塑性情况） \tag{11.47}$$

式中，dU 为节点位移增量；$d\boldsymbol{R}$ 为温度引起的单元初应变等效节点力增量；$d\boldsymbol{f}_e$ 及 $d\boldsymbol{f}_p$ 为由于热梯度和材料特性参数随温度变化产生的附加节点力增量；$\boldsymbol{K}_e$ 及$\boldsymbol{K}_p$ 为单元刚度矩阵。

11.3.3　求解

1. 焊接热力耦合

在焊接过程中，温度场的变化与应力场的变化是在同一时间及空间域中发生的。在分析中应对二者进行耦合分析。耦合分析有两种方式：直接耦合和间接耦合。

直接耦合指利用包含所有必须自由度的耦合单元类型，一次计算得到耦合场分析结果，在这就是瞬态的温度场与应力场。间接耦合（顺序耦合）按顺序进行相关场的分析，先分析的场的结果作为载荷加到第二次分析中。温度场对应力的影响远大于应力场对温度变化的作用（见图 9.1），相对于变形功产生的热量，热膨胀起着主导作用。

2. 应力场计算的难点

焊接过程本身的复杂性，使数值模拟中的建立模型与数值求解都面临许多需要解决的问题。主要难点如下：

① 焊接热源高度集中，温度场分布极不均匀，在焊缝附近应采用足够细密的网格划分以达到必要的精度，结果造成自由度数目庞大，解题规模大。仅图 11.8 划分的平板对接焊模型就达到 2 万多个单元。

① 焊接温度场、应力应变场是随时间变化的动态场，在数值分析中需要将连续变化的焊接过程离散为若干个时间增量步，在每一时间增量步中将动态场近似为稳态场进行瞬态分析。但由于在焊缝附近温度场、应力应变场随焊接过程发生急剧的变化，不得不用很多时间增量步体现这种快速变化，造成计算量非常大。

③ 焊接过程中材料力学性能随温度成高度非线性变化，尤其在熔池附近，材料的屈服强度、弹性模量等力学指标降低为很小的值，影响了数值计算效率。

3. 计算的技巧

① 网格自适应技术。焊缝附近区域的温度场、应力应变场在焊接过程中剧烈变化，须对整条焊缝细致划分网格。焊接过程中，在移动热源未达到或远离的区域并不需要用很密的网格。网格自适应技术是一种根据求解精度的需要，自动调整网格粗细以便高效处理存在局部大梯度分布问题的方法。允许将焊缝附近的网格在开始时划得较粗，随着焊接热源的移动，自动将熔池附近网格细分到必要的数目，在焊接热源过去后，当焊接温度、焊接应力应变的梯度减缓时，又可用较粗的网格替代已细分的网格。

② 整体一局部处理方法。先用二维的简单单元类型(如壳单元、杆单元)或较疏的网格划分对构建进行整体分析。找出需要关注的区域(如危险点)后,将此区域从整体网格中单独取出,细分网格进行重点分析。此方法可有效避免大型焊件计算量大的困难,局部进一步分析的保障作用使得这种方法精度也是可以接受的。所以在一定范围得到了应用。

③ 固有应变法。以有限元法为基础,提出了考虑材料机械性能与温度有关的焊接热弹塑性分析理论,从而使复杂的动态焊接应力应变过程的分析成为可能。此后,该方法有许多发展,特别是发展了固有应变理论,取得了丰硕的成果。

④ 相似理论。数值模拟方法本身对于大型构件计算是比较困难的,但其结果的验证也不容易。直接进行物理模拟成本过高。利用相似理论可得到合理的简化模型,在此基础上进行模拟和验证工作,将大大提高效率。由于焊接过程的复杂性,模型与实物之间的准确对应关系难以建立,因此相似理论在焊接领域的应用较少。

11.4　应用实例

管板焊接是一种典型的焊接结构,下面用其作为实例来领略一下焊接过程的数值模拟及工程应用。

1. 问题提出

采用数值模拟的焊接结构的几何尺寸如图 11.9 所示,整个焊接过程分 6 道完成。焊接过程中层间温度控制在 60℃。母材采用某高强钢板,同种钢焊条。焊接接头采用两种形式(见图 11.10),分别命名为大焊缝及小焊缝。

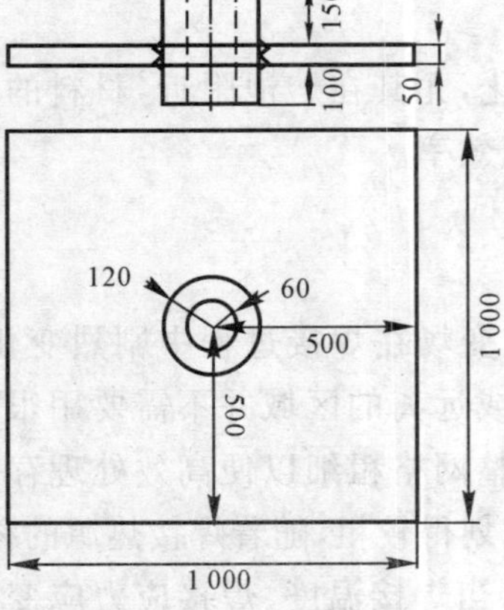

图 11.9　几何模型

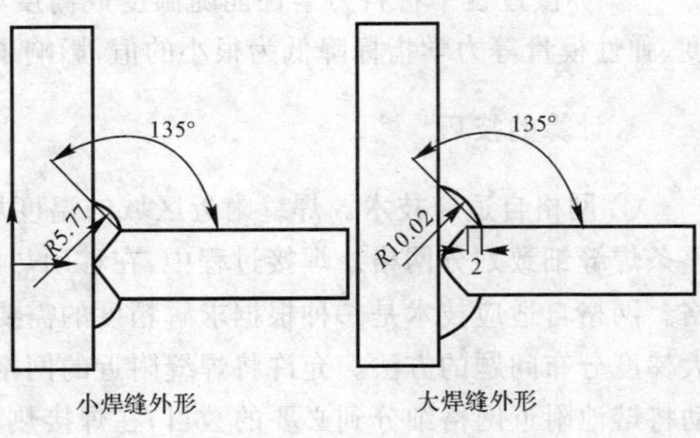

图 11.10　焊接接头示意图

2. 有限元网格划分

焊接过程是一个不均匀加热的过程，在焊缝处温度梯度变化很大，并且在焊缝及热影响区的残余应力也比较大。划分网格时采用的是不均匀网格划分，在焊缝及其附近的部分采用加密的网格，在远离焊缝的区域，温度分布梯度变化相对较小，网格划分较粗，共有 38 800 个节点，30 000 个单元，网格划分结果如图 11.11 所示。焊接接头部位网格见图 11.12。

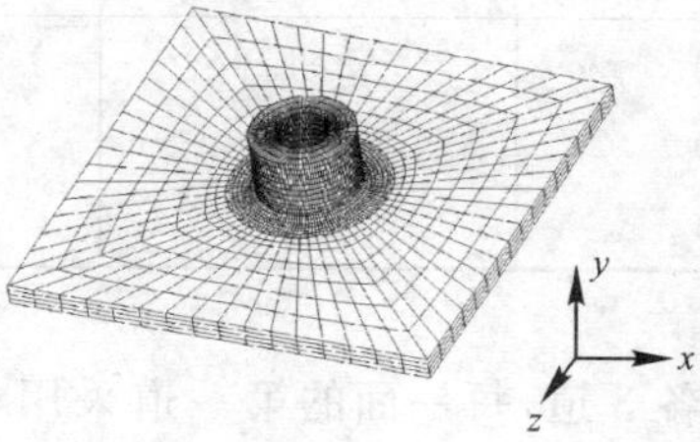

图 11.11　网格划分

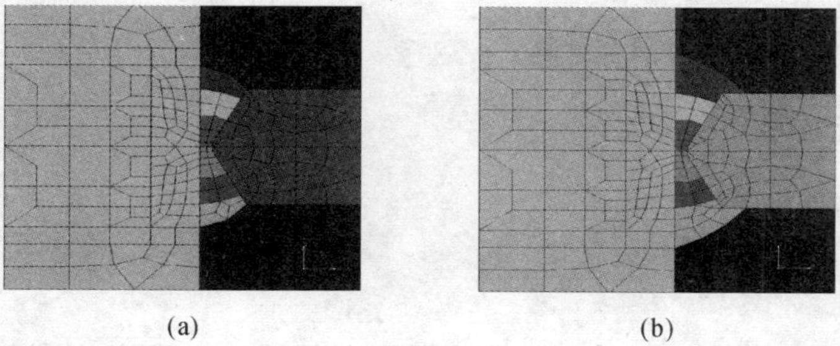

图 11.12　焊接接头网格模型

(a) 小焊缝；(b) 大焊缝

3. 材料参数

焊材和母材的材料相同，采用某高强钢，其力学性能与温度相关。计算焊接温度场和残余应力场所需要的物理性能和力学性能参数，采用分段线性化供计算程序使用。采用增大热传导系数的方法来模拟熔池内流体流动的影响。

4. 焊接热源及边界条件

建立热源模型的主要目标是寻找符合相应焊接参数条件下的热流分布形式，使模拟的熔池(液-固) 边界线与试验观测的焊缝熔合线相符，进而得到与工程实际吻合的温度场。采用双椭球体热源，具体见 11.2 节。在温度场分析中，焊件的初始温度取室温，本实例取 20℃，焊接结构与空气接触的内外表面均考虑为对流换热边界条件，对流系数取13.9 W/(m^2 · ℃)。

5. 焊接工艺参数的确定

按上述有限元模型进行应力场的三维动态模拟，在模拟计算时，采用的焊接参数如表11.1所示。

表 11.1 焊接工艺参数

焊道	焊接电流 /A	焊接电压 /V	焊接速度 /(cm · min^{-1})
1	140	30	21
2	140	30	16.2
3	140	30	13.2

焊接道数为 6 道，上下对称各 3 道，每一面的第一道采用小线能量参数焊接，每一面的第二道采用中线能量参数焊接，每一面的最后一道采用大线能量参数焊接。

6. 数值模拟

焊接模拟要通过直接热力耦合计算。

7.“生死”单元技术

见 11.2.2 小节相关部分。

8. 数值模拟结果与分析

焊接过程完成后，焊接接头的等效应力分布如图 11.13(a) 所示。从图中可以看出焊接结构的等效应力主要分布于焊缝及热影响区。焊根部位应力最高，另外焊趾附近也是高应力区域。x 方向的应力分布如图 11.13(b) 所示，最大拉应力在焊缝与壳板的焊趾处，最大压应力在焊缝内部焊跟部位。y 方向的应力分布如图 11.13(c) 所示，焊接接头的整体趋势为焊缝受到一定的拉应力，主要由焊缝沿 y 方向收缩产生，相应的临近区域受到一定的压应力。z 方向的应力分布如图 11.13(d) 所示，整体上焊缝及近缝区受到的为拉应力，高应力区域处于熔合线附近且有对称的特征。

图 11.13 中分别给出了小焊缝外形顺序焊、大焊缝外形顺序焊、大焊缝外形交替焊、大焊缝外形交替焊熔修、大焊缝外形交替焊熔修加超声冲击的焊接残余应力分布。数值模拟残余应力结果如表 11.2 所示，由结果对比分析得到，大焊缝外形顺序焊较小焊缝外形顺序焊在等效应力上降低幅度为 87.5 MPa，而大焊缝外形交替焊较顺序焊在等效应力方面也降低幅度为 84.5 MPa，并且对 y 方向应力具有明显的改善效果，降低幅度为 88 MPa。依据焊趾熔修的特点，将焊趾部位进行了简单的几何圆滑过渡，从结果分析得到，焊趾熔修对残余应力不仅未见

改善，并且 z 方向应力还有一定的恶化。超声冲击后，各方向的应力以及焊趾部位的应力都有显著的下降。同时最高应力的范围也有一定的缩小。最危险的位置转移到焊缝内部。另外，焊缝表面的部分区域甚至出现了压应力的状态。

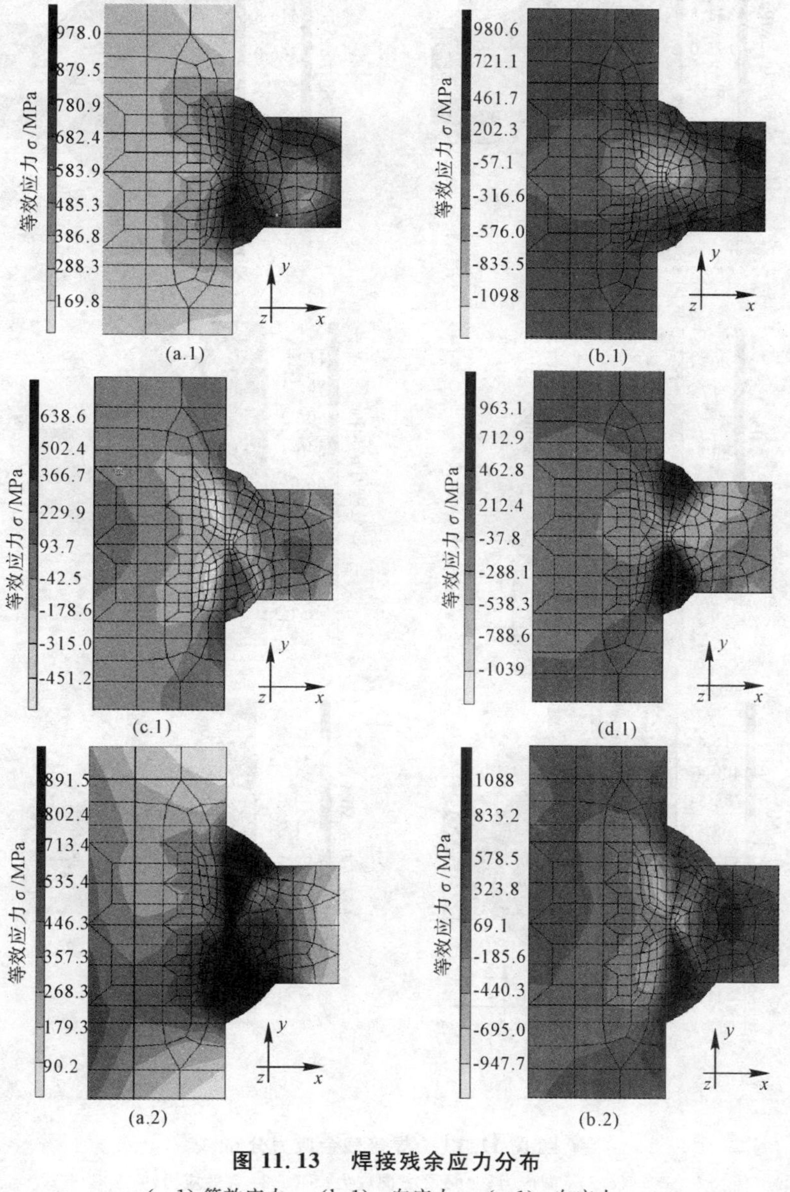

图 11.13　焊接残余应力分布

(a.1) 等效应力；(b.1) x 向应力；(c.1) y 向应力；

(d.1) z 向应力；(a.2) 等效应力；(b.2) x 向应力

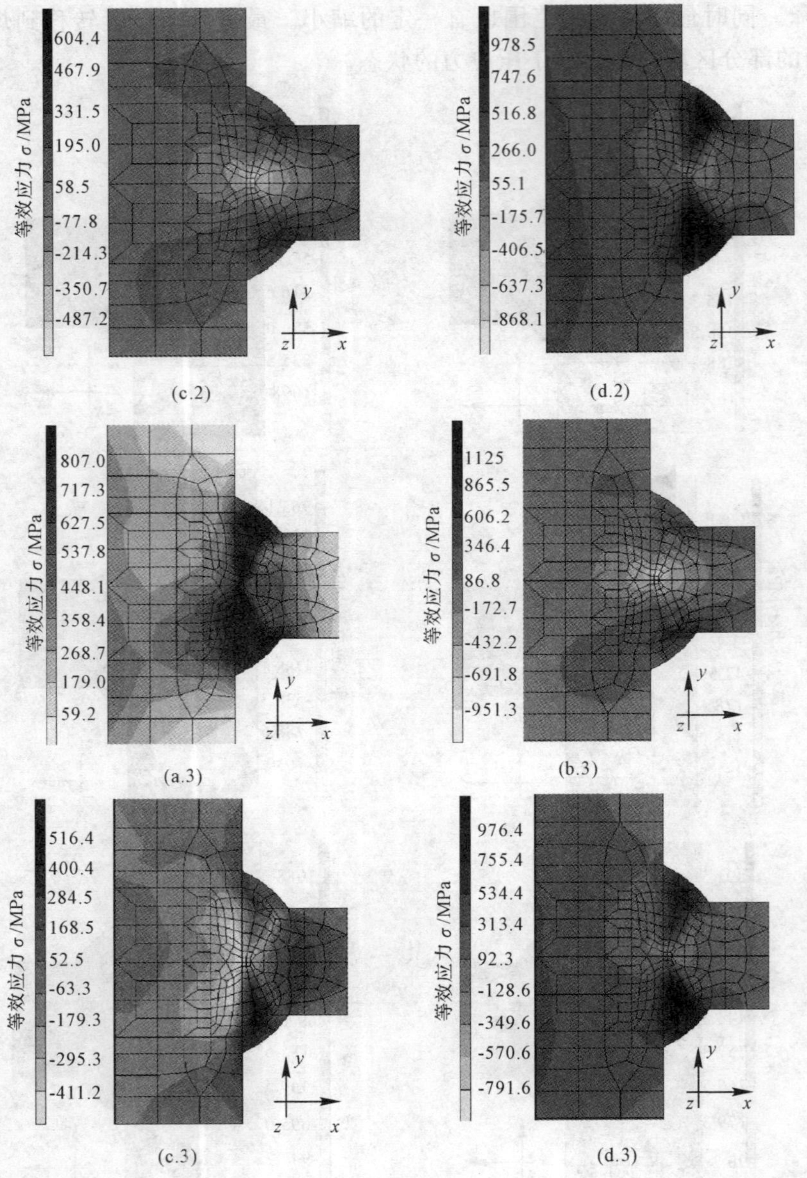

续图 11.13 焊接残余应力分布

(c.2) y 向应力； (d.2) z 向应力； (a.3) 等效应力；

(b.3) x 向应力； (c.3) y 向应力； (d.3) z 向应力

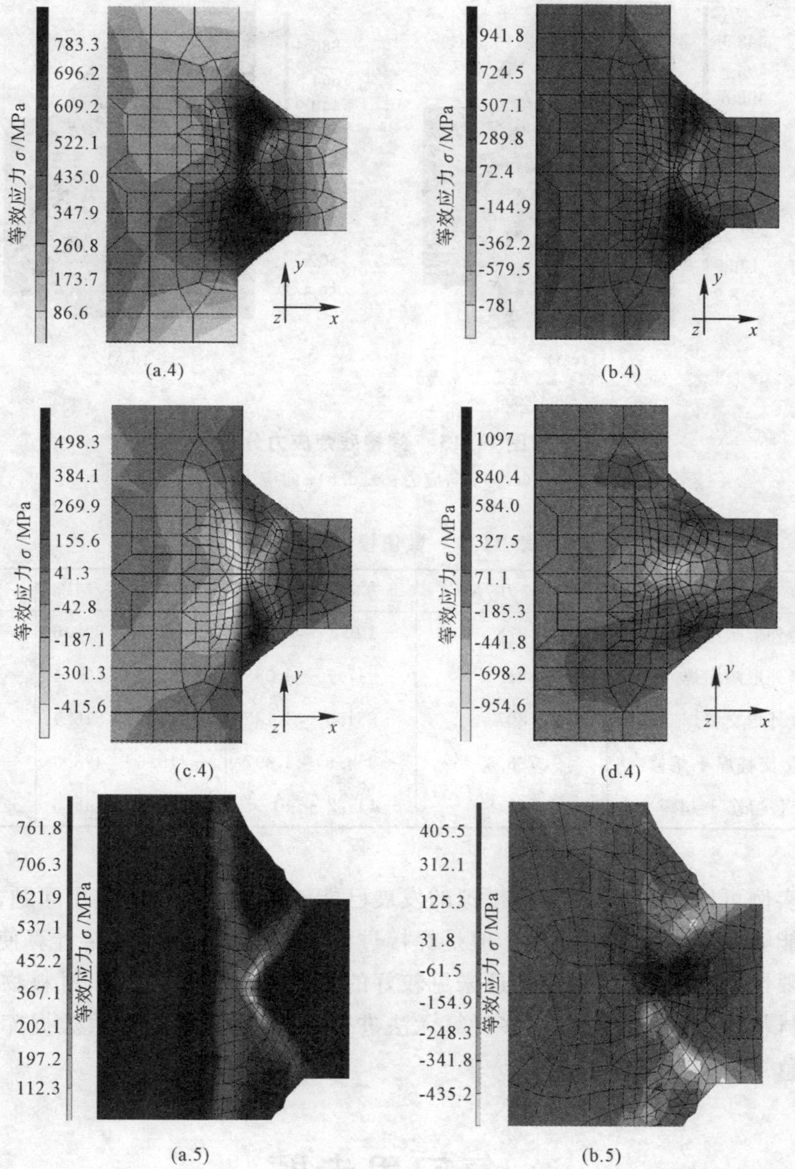

续图 11.13　焊接残余应力分布

(a.4) 等效应力；(b.4) x 向应力；(c.4) y 向应力；

(d.4) z 向应力；(a.5) 等效应力；(b.5) x 向应力

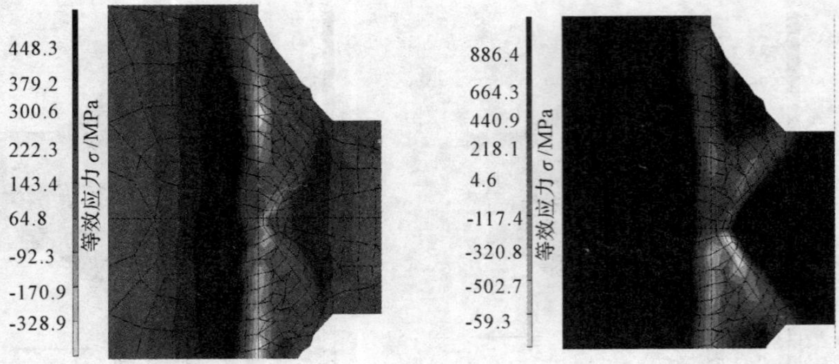

(c.5) (d.5)

续图 11.13 焊接残余应力分布

(c.5) y 向应力； (d.5) z 向应力

表 11.2 数值模拟残余应力

	等效应力 /MPa	x 方向应力 /MPa	y 方向应力 /MPa	z 方向应力 /MPa
小焊缝外形顺序焊	978	−1 098～980.6	−451.2～638.6	−1 039～963.1
大焊缝外形顺序焊	891.5	−947.7～1 088	−487.2～604.4	−868.1～978.5
大焊缝外形交替焊	807	−951.3～1 125	−411.2～516.4	−791.6～976.4
大焊缝外形交替焊＋熔修	783.3	−954.6～1 097	−415.6～498.3	−954.6～1 097
大焊缝外形交替熔修＋超声冲击	761.8	−435.2～405.5	−328.9～448.3	−659.3～886.4

从以上实例可以看到，焊接数值模拟的发展已能够解决生产中的应用问题，在应用了大型商业软件后能够解决更复杂的问题。但是焊接过程中表现出的各类复杂计算使得各类模型都暴露出其局限性，尤其是对复杂结构还未见较好的解决办法。另外由于材料物理性能参数尤其是高温下材料参数的缺乏导致很多计算无法进行，因而建立材料参数数据库是焊接仿真发展的当务之急。

复习思考题

11－1 采用表面高斯型热流分布面热源模型，内部双椭球型体热源，构造组合热源。利用该热源计算平板对接焊温度场，调整所构造热源的分配系数 γ，比较几种热源的熔池形状。

（模拟焊接试板采用两块 300×400×60 规格的 13.5(0Cr13Ni5Mo) 马氏体不锈钢钢板焊

接而成，试板四周采用窗形约束。两块试板采用马氏体型焊接材料 HS135 进行焊接，焊接工艺参数为：焊接电流 200 ～ 280A，焊接电压 22 ～ 32V，焊接速度 15 ～ 45cm/min，焊前预热 100℃，层间温度不大于 150℃。焊接材料热物理参数如表 11.3 所示。）

表 11.3　材料性能参数

温度 T/℃	30	200	400	600	1 000	1 400
弹性模量 E/GPa	210	198	184	165	115	61
泊松比 μ	0.28	0.28	0.28	0.28	0.28	0.28
屈服强度 R_{eL}/ MPa	550	497	442	385	322	26
比热容 $c/(J \cdot kg^{-1} \cdot ℃^{-1})$	461	514	546	559	570	576
热导率 $\lambda/(W \cdot m^{-1} \cdot ℃^{-1})$	68	58	50	45	41	40
线膨胀系数 $\alpha/10^{-5}$℃	1.55	1.65	1.75	2.01	2.33	2.40

11－2　对题 11－1 所设问题进行应力场模拟，分析不同约束对应力场分布的影响。

11－3　尝试分析相似性在平板对接温度场计算中的应用。

第 12 章　塑性加工过程建模及数值分析

金属塑性加工是使金属在外力作用下产生塑性变形，获得所需形状、尺寸、组织和性能的制品的一种基本的金属加工技术。基本的塑性加工方法有锻造、轧制、挤压、拉拔、深拉、弯曲、剪切等种类。

塑性加工种类繁多，其共性是通过塑性变形将几何形状简单的毛坯加工成较复杂的产品，其过程的复杂性主要表现为：变形机理复杂，变形材料的性能可变性，接触界面与摩擦作用。

数值模拟建立于塑性成形过程的力学分析基础之上，其目的是预测缺陷及精度进而优化工艺。常用的数值解法是有限差分、有限元以及边界元解法。

在塑性加工的所有数值模拟方法中，有限元法在功能、精度以及解决问题的范围方面都是最强的。除了我们在前几种热加工方式中知道的有限元在建模几何形状、单元形式等方面的灵活优点外，还有适应任意速度的边界条件、方便处理模具与工件的摩擦、材料硬化效应及速度敏感性等塑性变形中专有的工艺因素。在第 7 章有限元法的介绍中我们已经阐述了弹塑性有限元法和刚塑性有限元法，对小变形问题以及大变形问题的基本模型和求解方法进行了学习。本章将在探讨变形机理建模、速度场建模、应力场建模等的基础上着重阐述有限元法在塑性变形数值分析中的应用。

12.1　塑性变形中有限元求解

塑性成形根据其变形特点分为体积成形和板料成形问题。板料成形中，由于金属材料在变形中兼有弹性变形与塑性变形，其中弹性变形占有相当比例，因此常采用弹塑性有限元法进行模拟。体积成形中材料的变形则是塑性变形占主导地位，弹性变形可以忽略不计，采用的算法也是刚塑性有限元算法。算法确定后，在实际模拟中还要根据材料的特性来具体运用，一般材料有刚塑性硬化材料、刚黏塑性材料等。

12.1.1　刚塑性有限元求解

刚塑性有限元的基本原理及解题步骤已经在 7.3 节中进行了阐述，其变分原理、边界条件以及解题步骤都已作了必要说明，不再赘述，这里就其求解列式进行阐述。

塑性变形的变分原理的实质是把塑性变形归结到从允许速度场中求满足能量率泛函驻值

的真实速度场问题。刚塑性有限元的基本方程是能量率泛函驻值条件(一阶变分为零),基本未知量即变形体内的速度场,它在本质上就是力学中常见的位移法。当速度场解出后,就可以利用各塑性方程求出应变速率场、应力场,通过积分求得应变场、位移场等,全面地描述塑性加工问题。

所求解的问题可分为两类,一类是二维的,一类是三维的。二维的有平面应变问题和轴对称问题,事实上二者在材料塑性成形中都是忽略了一些细节后抓住问题本质的模型。锻造中的窄砧压缩就可以简化为平面应变问题,而圆柱体的镦粗则可视为轴对称问题。平面应变问题和轴对称问题都是理想化的力学模型,在现实生活中并不存在,但在工程问题解决中可以进行适当的简化建模,简化建模的原则是符合工程精度。

1. 离散化的单元

在变形问题中,二维问题常用到四节点四边形单元,在三维问题中可以选用八节点的六面体单元,本书中主要介绍二维问题。单元如图 9.3 中的四节点单元,建立局部坐标系 ξ,η,则形函数:

$$N_i(\xi,\eta)=\frac{1}{4}(1+\xi_i\xi)(1+\eta_i\eta) \tag{12.1}$$

式中,(ξ_i,η_i) 是节点的局部坐标。

单元内速度场表示为节点速度向量:

$$\left.\begin{aligned}\dot{u}(\xi,\eta)&=\sum_i N_i(\xi,\eta)\dot{u}_i\\ \dot{v}(\xi,\eta)&=\sum_i N_i(\xi,\eta)\dot{v}_i\end{aligned}\right\} \tag{12.2}$$

映射到整体坐标系内:

$$\left.\begin{aligned}x(\xi,\eta)&=\sum_i N_i(\xi,\eta)x_i\\ y(\xi,\eta)&=\sum_i(\xi,\eta)y_i\end{aligned}\right\} \tag{12.3}$$

写做矩阵形式为

$$\boldsymbol{v}=\boldsymbol{N}^{\mathrm{T}}\dot{\boldsymbol{u}}^e \tag{12.4}$$

式中,

$$\boldsymbol{u}=(v_x v_y)^{\mathrm{T}}$$

$$\dot{\boldsymbol{u}}^e=(\dot{u}_{1x}\dot{u}_{1y}\cdots\dot{u}_{4x}\dot{u}_{4y})$$

$$\boldsymbol{N}^{\mathrm{T}}=\begin{bmatrix}N_1 & 0 & N_2 & 0 & N_3 & 0 & N_4 & 0\\ 0 & N_1 & 0 & N_2 & 0 & N_3 & 0 & N_4\end{bmatrix}$$

$\dot{\boldsymbol{u}},\dot{\boldsymbol{u}}^e$ 和 $\boldsymbol{N}$ 分别为单元任意一点的速度向量、节点速度向量和单元形函数矩阵。

2. 单元应变率矩阵

形函数的建立表达了单元速度场与节点速度向量间的关系，需要进行的是单元内任意一点应变速率的推导。

应变速率表达式如下：

$$\dot{\boldsymbol{\varepsilon}}=\begin{bmatrix}\dot{\varepsilon}_x\\ \dot{\varepsilon}_y\\ \dot{\varepsilon}_z\\ \dot{\gamma}_{xy}\end{bmatrix}=\begin{bmatrix}\dfrac{\partial\dot{u}}{\partial x}\\ \dfrac{\partial\dot{v}}{\partial y}\\ 0\\ \dfrac{\partial\dot{u}}{\partial y}+\dfrac{\partial\dot{v}}{\partial y}\end{bmatrix}\tag{12.5}$$

式中，$\dot{\boldsymbol{\varepsilon}}$ 是应变率向量，其中的切应变率是工程切应变率，$\dot{\gamma}_{xy}=2\dot{\varepsilon}_{xy}$。

式(12.5) 只用于平面应变问题，对于轴对称问题，将式(12.5) 中的 x,y,z 分别换为 r,z,θ 即可。

改写式(12.5)：

$$\dot{\boldsymbol{\varepsilon}}=\boldsymbol{L}\dot{\boldsymbol{u}}\tag{12.6}$$

式中，$\boldsymbol{L}$ 为微分算子矩阵：

$$\boldsymbol{L}=\begin{bmatrix}\dfrac{\partial}{\partial x} & 0\\ 0 & \dfrac{\partial}{\partial z}\\ \dfrac{1}{x} & 0\\ \dfrac{\partial}{\partial y} & \dfrac{\partial}{\partial x}\end{bmatrix}\tag{12.7}$$

将式(12.3) 代入式(12.7)，得

$$\dot{\boldsymbol{\varepsilon}}=\boldsymbol{LN}\dot{\boldsymbol{u}}^e=\boldsymbol{B}\dot{\boldsymbol{u}}^e\tag{12.8}$$

式中，$\boldsymbol{B}=\boldsymbol{LN}$ 是应变率矩阵，其具体形式为

$$\boldsymbol{B}=\begin{bmatrix}X_1 & 0 & X_2 & 0 & X_3 & 0 & X_4 & 0\\ 0 & Y_1 & 0 & Y_2 & 0 & Y_3 & 0 & Y_4\\ K_1 & 0 & K_2 & 0 & K_3 & 0 & K_4 & 0\\ Y_1 & X_1 & Y_2 & X_2 & Y_3 & X_3 & Y_4 & X_4\end{bmatrix}\tag{12.9}$$

式中

$$\left.\begin{aligned} X_i &= \frac{\partial N_i}{\partial x} \\ Y_i &= \frac{\partial N_i}{\partial y} \end{aligned}\right\} \tag{12.10}$$

由于是平面应变问题，式(12.9) 中 $K_i=0$；对于轴对称问题仅将式中的(x,y) 换为(r,z)，$K_i=\dfrac{N_i}{r}$。

复合求导得

$$\left.\begin{aligned} \frac{\partial N_i}{\partial \xi} &= \frac{\partial N_i}{\partial x}\frac{\partial x}{\partial \xi} + \frac{\partial N_i}{\partial y}\frac{\partial y}{\partial \xi} \\ \frac{\partial N_i}{\partial \eta} &= \frac{\partial N_i}{\partial x}\frac{\partial x}{\partial \eta} + \frac{\partial N_i}{\partial y}\frac{\partial y}{\partial \eta} \end{aligned}\right\} \tag{12.11}$$

矩阵形式：

$$\begin{bmatrix} \dfrac{\partial N_i}{\partial \xi} \\ \dfrac{\partial N_i}{\partial \eta} \end{bmatrix} = \boldsymbol{J} \begin{bmatrix} \dfrac{\partial N_i}{\partial x} \\ \dfrac{\partial N_i}{\partial y} \end{bmatrix} \tag{12.12}$$

式中，$\boldsymbol{J}$ 为雅可比矩阵，具体形式为

$$\boldsymbol{J} = \begin{bmatrix} \dfrac{\partial x}{\partial \xi} & \dfrac{\partial y}{\partial \xi} \\ \dfrac{\partial x}{\partial \eta} & \dfrac{\partial y}{\partial \eta} \end{bmatrix} \tag{12.13}$$

式中，偏导数可由式(12.3) 求导得到，即

$$\begin{bmatrix} X_i \\ Y_i \end{bmatrix} = \begin{bmatrix} \dfrac{\partial N_i}{\partial x} \\ \dfrac{\partial N_i}{\partial y} \end{bmatrix} = \boldsymbol{J}^{-1} \begin{bmatrix} \dfrac{\partial N_i}{\partial \xi} \\ \dfrac{\partial N_i}{\partial \eta} \end{bmatrix} \tag{12.14}$$

式中，$\boldsymbol{J}^{-1}$ 是雅可比矩阵的逆矩阵：

$$\boldsymbol{J}^{-1} = \frac{1}{|\boldsymbol{J}|} \begin{bmatrix} \dfrac{\partial y}{\partial \eta} & -\dfrac{\partial y}{\partial \xi} \\ -\dfrac{\partial x}{\partial \eta} & \dfrac{\partial x}{\partial \xi} \end{bmatrix} \tag{12.15}$$

式中，$|\boldsymbol{J}|$是雅可比矩阵的行列式：

$$|\boldsymbol{J}| = \frac{\partial x}{\partial \xi}\frac{\partial y}{\partial \eta} - \frac{\partial x}{\partial \eta}\frac{\partial y}{\xi} \tag{12.16}$$

这样就可以利用式(12.1)，(12.10) 以及式(12.14) 求得应变速率矩阵 $\boldsymbol{B}$。对于轴对称问题也可依照相同模式推得。对于三维问题亦可推导出类似公式。

12.1.2 刚黏塑性有限元求解

1. 基本理论

利用有限元模拟塑性变形必须确定应力、应变的关系。在弹塑性、刚塑性有限元的建模与计算中都是以物体的应力和应变关系恒定，材料流动应力与变形速率无关为前提条件的。但是在实际的工程应用中，很多材料在塑性变形时应变速率对流动应力有影响，一般为流动应力随速率的提高而增大，也就是通常所说的黏性特征。

图 12.1 所示是一种镁锂合金的应力 — 应变曲线，可以看出明显呈现黏性特征。

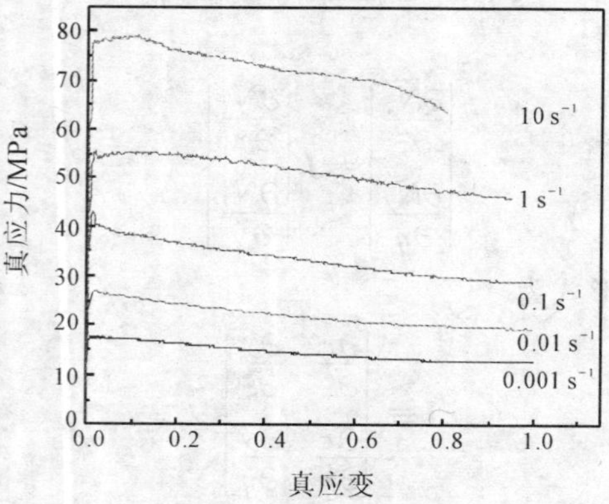

图 12.1 呈黏性特征的镁锂合金变形

黏塑性流动应力表示为

$$\bar{\sigma}=\bar{\sigma}(\bar{\varepsilon},T,\dot{\bar{\varepsilon}}) \tag{12.17}$$

塑性加工领域中，在许多高温成形的模拟中尤其在利用超塑性成形时，应考虑时间、速度效应。

2. 黏塑性材料本构关系

根据 Perzyna 的研究，黏塑性材料的屈服函数是

$$F=F(\sigma_{ij},\varepsilon_{ij},\dot{\varepsilon}_{ij})=\sqrt{J'_2}-K \tag{12.18}$$

令 $\dot{\varepsilon}_{ij}^{vp}$ 为黏塑性应变率，则

$$F\begin{cases}<0 & \text{刚性材料} & \dot{\varepsilon}_{ij}^{vp}=0\\ =0 & \text{临界屈服} & \dot{\varepsilon}_{ij}^{vp}=0\\ >0 & \text{材料屈服} & \dot{\varepsilon}_{ij}^{vp}\neq 0\end{cases} \tag{12.19}$$

结合 Mises 定律可以得到等效应力 $\bar{\sigma}$ 及等效应变率 $\dot{\bar{\varepsilon}}^{vp}$ 关系式(12.20)或式(12.21)：

$$\dot{\varepsilon}_{ij}^{vp}=\frac{3}{2}\frac{\dot{\bar{\varepsilon}}^{vp}}{\bar{\sigma}}\sigma'_{ij} \tag{12.20}$$

$$\sigma'_{ij}=\frac{2}{3}\frac{\bar{\sigma}}{\dot{\bar{\varepsilon}}^{vp}}\dot{\varepsilon}_{ij}^{vp} \tag{12.21}$$

由式(12.21)并看不出黏塑性本构关系与刚塑性本构关系的区别，但这只是形式上的一致，当产生黏塑性效应时，必须满足黏塑性屈服条件。此时的流动应力与材料性质、温度、变形程度相关，也与变形速率相关。

常用的材料成形中的黏塑性模型有：过应力模型、Backofen 模型、Rosserd 模型、Norton－Hoff 定律以及 Sellars－Tegart 定律。

接下来通过变分及离散化等就可以对黏塑性问题进行求解。

12.2　塑性加工数值模拟的关键技术

塑性加工中应用的主要数值分析方法是有限元法，为保证建模的精确以及分析能够符合工程实际，需要许多该领域独有的关键技术：速度场的确定、压力吨位的选择等众多的边界条件，变形与传热的耦合问题以及网格变形与重划分等。

12.2.1　建模以及可能产生的误差

首先必须确定解决问题所需的目标量，然后用有限元方法详细描述。原则上该过程包括准备、进行及评估三部分。

建模：首先利用几何以及拓扑学知识选择单元类型，确定节点号、单元号，使之互相呼应。给定边界条件及材料特性。

控制计算过程：给定受载历史，控制积分步长，确定收敛准则，选择希望输出。

结果的解释及检验：可信性检验，结果表示，对照实验，确定解的可信域。

建模中必须从初始考虑对称条件的利用，它意味着自由度的减少或求解区域的简化，会由此减少计算花费。

离散化过程中应注意节点和单元的标号，一个最优的编号将对工作量产生很大的影响。

另外足够细的网格划分取决于计算者的经验,但在第 9 章已经提过网格细意味着解的精度高,同时也意味着解题花费大,而且网格达到一定细度后进一步细化并不能提高准确度。对于塑性变形问题,由于边界条件复杂,往往要求网格的局部细化,由图 9.5 可知三角形单元实现网格局部细化很简单,四边形的局部细化则不容易实现,往往会出现“不好”的网格。

12.2.2 边界条件

事实上有限元在塑性加工中的应用相比于结构分析的应用最突出的特征就是计算量大,经常出现非线性问题。

在塑性加工问题中,工件中的非定常温度场起着决定性作用,必须考虑它与变形的交互作用,这一点将在下一节详述。温度场随时间变化,通过材料特征量的温度关系影响材料流动性,热边界值与材料值也依赖于变化的温度场。

对于实践中的问题,边界条件主要存在以下几个方面的问题:

① 力学边界条件,工件与工具间是存在黏着还是摩擦,使用哪条摩擦定律,摩擦因数的选择。

② 材料力学值是否已知,屈服曲线随温度场和应变速率的变化,材料是否各向同性。

③ 热边界条件(与环境及工具)。

④ 材料的热学值作为温度和时间的函数是否已知。

12.2.3 网格再生

塑性加工有限元模拟中的一个重要问题是出现的大变形,当变形程度很大时会导致网格退化,直至由于数值不准确无法进行数值计算。一般要求中间干预来监视有限元计算的正确性,借助 CAD 技术使网格再生。

为进行网格再生需要解决以下问题:

① 网格退化的诊断。

② 网格修复。

③ 网格再生。

④ 数据传输。

12.2.4 确定初始速度场

非线性方程迭代求解过程中,每次迭代都要利用前一次的节点速度。在初始时必须赋予其一个初始速度,为得到初始速度,可采用以下几种方法:

① 凭经验假设初始速度场。
② 利用上限法或滑移线法的结果作为初始速度场。
③ 近似泛函数法求解初始速度场。
④ 直接迭代法形成初始速度场。

12.3　变形与传热耦合

12.3.1　概述

通常锻造、挤压和一部分轧制在高温或较高温度条件下进行。此时,温度对材料的塑性变形过程影响很大。首先,因为变形前变形体(工件)的温度分布就可能不均匀;其次,变形过程中由于变形体与模具和外界环境之间存在着温度差而引起热损失以及工件不均匀变形产生的不均匀内热源,促使变形体和模具内的温度场不断发生变化,温度分布更不均匀。这种不均匀的温度场,往往又使得材料内部不同质点的屈服应力相差很大,最终影响材料的整个变形过程。

同时,塑性变形过程中始终伴随有热的产生和传导,即在金属变形过程中,机械塑性变形功的绝大部分(约 90%),以及变形体(工件)与模具接触表面之间的摩擦功主要以热的形式耗散出来,只有很小部分变形功以弹性变形能储存在变形体中。因此,在对塑性变形过程进行传热分析时,必须充分考虑塑性变形功及摩擦功对温度场的影响。

大部分材料的流动应力除了具有对应变和应变速率的依赖性之外,还取决于温度。这时材料的变形行为宜用黏塑性模型描述,其屈服应力既是应变又是应变率和温度的函数。因此,分析热成形时需考虑材料的速率敏感性并进行塑性变形与传热的耦合分析,即热黏塑性耦合分析。热黏塑性耦合分析涉及变形分析和传热分析,但二者属于不同物理性质的问题,耦合分析的关键在于将两者同时处理,以期提高解的精度。

由此可见,在变形分析的同时分析其温度场的变化,即进行变形与传热的耦合分析,就可能更合理地模拟金属变形过程,提高数值模拟的精确度。

12.3.2　塑性加工传热问题的基本理论

1. 塑性变形过程中的传热学基本方程

塑性加工中的热传导问题是一个有内热源的瞬态热传导问题,导热方程见式(9.2)。塑性

变形能内热源率 q'，即内热源在单位时间单位体积内所产生的热量，可以用下式表示：

$$q' = k_p \bar{\sigma} \dot{\bar{\varepsilon}} \tag{12.22}$$

式中，$\bar{\sigma}$ 和 $\dot{\bar{\varepsilon}}$ 分别为等效应力和等效应变率，k_p 代表塑性功转变为热能的比例系数，习惯上称之为塑性变形热排出率，一般取 0.9。

(1) 初始条件和边界条件

导热微分方程式是描写导热过程共性的数学表达式。求解导热问题实质上可归结为对导热微分方程的求解。为使微分方程获得适合某一具体导热问题的解，还必须给出定解条件。对非稳态导热问题，定解条件有两个方面，即给出初始时刻温度分布的初始条件，以及给出导热物体边界上温度或换热情况的边界条件。导热微分方程及定解条件构成了一个具体导热问题的完整的数学描述。

非稳态传热问题中的温度 T 是时间的函数，则方程式(9.2)的定解需要有初始条件，即工件变形开始时的初始温度分布，一般表示为在物体的区域(或)体积 V 内，有

$$T(x,y,z,t)\mid_{t=0} = T_0(x,y,z) \tag{12.23}$$

式中，T_0 表示在 $t=0$ 时刻所规定的温度分布。

边界条件则是对物体表面与周围介质(环境)之间相互作用的规律的描述，传热问题可能的边界条件在 9.2.2 节已介绍，不再赘述。

依据上述传热学中边界条件的分类，金属塑性加工中变形工件的边界(即外表面)可以分为自由表面和与模具接触表面两部分，以下给出这两种边界条件。

① 自由表面。金属塑性变形时，变形体通过其自由表面以对流和辐射两种方式向环境散热。根据传热学理论，对流换热可以表示为

$$q_c = h_c(T - T_W) \tag{12.24}$$

式中，h_c 称为对流换热系数，T_W 为环境温度。辐射换热遵循斯蒂芬-波耳兹曼(Stefan-Boltzmann)定律，即

$$q_r = \sigma\varepsilon(T^4 - T_W^4) \tag{12.25}$$

式中，σ 为斯蒂芬-波耳兹曼常数，又称黑体(即吸收比为 1 的物体)辐射常数。ε 为实际物体的光谱发射率(又称单色黑度，即实际物体的光谱辐射力与同温度下黑体的光谱辐射力的比值)。

式(12.25)亦可以表示为以下形式：

$$q_r = h_r(T - T_W) \tag{12.26}$$

式中，h_r 为辐射换热系数，即

$$h_r = \sigma\varepsilon(T^2 + T_W^2)(T + T_W) \tag{12.27}$$

由上式可以看出，辐射换热系数 h_r 与温度呈三次函数关系，因此它在传热过程中随温度的变化很大，而 ε 是与材料及辐射形式有关的常数。

② 接触表面。通常，金属塑性变形是通过模具在与变形体的接触面上施加载荷来实现的。由于热变形时变形体与模具之间存在较大温差，因此，变形体在接触面上会发生热量损失，即变形体会通过接触面向模具散热。实际上，从微观来看，变形体与模具之间仅在若干凸起的部位真正接触，其余则为接触面间介质(如润滑剂)所填充的间隙。变形体通过接触面向模具传递热量时，由于其间存在有润滑剂，因此变形体与模具接触面的热传导边界条件可表示为

$$q_d = -h_{\mathrm{lub}}(T - T_d) \tag{12.28}$$

式中，h_{lub} 为接触面间介质的热传导系数，T_d 为接触面上模具的温度。

同时，由于接触面上还存在着相对滑动，因此还存在着摩擦生热。对于接触面上摩擦产生的热流可以表示为

$$q_f = |fv_r| \tag{12.29}$$

式中，f 为摩擦力，v_r 为变形体与模具间的相对滑动速度。

2. 热传导中的变分原理及有限元公式

(1) 传热问题的变分原理

求物体内温度分布问题须联立求解热平衡微分方程、初始条件和边界条件。众所周知，微分方程的求解非常困难，基本上是采用试凑法来求解的，尤其是对于复杂边界问题，求其解析解几乎不可能。所以常常采用变分法将此求解问题转化为求解泛函的极值问题。

与式(9.2)及边界条件相对应的泛函为

$$\prod(T) = \frac{1}{2}\int_V \left\{\lambda\left[\left(\frac{\partial T}{\partial x}\right)^2 + \left(\frac{\partial T}{\partial y}\right)^2 + \left(\frac{\partial T}{\partial z}\right)^2\right] + 2(\rho c\dot{T} - \dot{q})T\right\} \mathrm{d}V + \frac{1}{2}\int_{S_3} h\,(T - T_w)^2 \mathrm{d}S - \int_{S_2} qT\,\mathrm{d}S \tag{12.30}$$

当泛函 Π 取得极值时，泛函 Π 的 Euler 方程正好使 $T(x,y,z,t)$ 在物体区域 V 内满足热平衡微分方程和初始条件及边界条件。

由于泛函 Π 既是坐标的函数，又是时间的函数，因此需要同时对空间和时间进行离散化处理。通常采用有限元网格对传热体的空间域进行离散化，而对时间域则用有限差分网格进行离散。离散后，可把求解域 V 划分成有限个单元，同时也将泛函 Π 表示成各单元泛函 Π^e 之和。当泛函取得极值时，

$$\frac{\partial\left(\sum \Pi^e\right)}{\partial T_i} = 0 \tag{12.31}$$

当给定初始条件后，便可由上式确定温度场。

(2) 有限元公式

假设将待求解域 V 离散化为 e 个单元，n 个节点，那么任一单元内的温度分布可用节点温

度表示为

$$T^e = \sum_i N_i T_i = \boldsymbol{N}\boldsymbol{T}^e \tag{12.32}$$

式中，$\boldsymbol{N}$ 是形函数矩阵，T_i 为单元 e 内节点 i 的温度，$\boldsymbol{T}^e$ 为单元节点温度的列向量。对于二维四节点单元

$$\boldsymbol{N} = (N_1 \quad N_2 \quad N_3 \quad N_4) \tag{12.33}$$

$$\boldsymbol{T}^e = (T_1 \quad T_2 \quad T_3 \quad T_4)^{\mathrm{T}} \tag{12.34}$$

将各单元方程组合整理可得

$$\boldsymbol{K}\boldsymbol{T} + \boldsymbol{C}\dot{\boldsymbol{T}} = \boldsymbol{Q} \tag{12.35}$$

式中，$\boldsymbol{K}$ 为热传导矩阵，$\boldsymbol{C}$ 为总体热容矩阵，$\boldsymbol{T}$ 和 $\dot{\boldsymbol{T}}$ 分别为节点温度向量和节点温度变化率向量，$\boldsymbol{Q}$ 为总体热流向量，分别为

$$\boldsymbol{K} = \sum_e \int_{V^e} \lambda \boldsymbol{M}\boldsymbol{M}^{\mathrm{T}} \mathrm{d}V \tag{12.36}$$

$$\boldsymbol{C} = \sum_e \int_{V^e} \rho c \boldsymbol{N}\boldsymbol{N}^{\mathrm{T}} \mathrm{d}V \tag{12.37}$$

$$\boldsymbol{Q} = \boldsymbol{Q}_p + \boldsymbol{Q}_c + \boldsymbol{Q}_d + \boldsymbol{Q}_f \tag{12.38}$$

其中

$$\boldsymbol{Q}_p = \sum_e \int_{V^e} \lambda_p \bar{\sigma} \dot{\bar{\varepsilon}} \boldsymbol{N}^{\mathrm{T}} \mathrm{d}V \tag{12.39}$$

$$\boldsymbol{Q}_c = -\sum_e \int_{S_c^e} (h_r + h_c)(T_s - T_w) \boldsymbol{N}^{\mathrm{T}} \mathrm{d}S \tag{12.40}$$

$$\boldsymbol{Q}_d = -\sum_e \int_{S_f^e} h_{\mathrm{lub}} (T_s - T_d) \boldsymbol{N}^{\mathrm{T}} \mathrm{d}S \tag{12.41}$$

$$\boldsymbol{Q}_f = \sum_e \int_{S_f^e} q_f \boldsymbol{N}^{\mathrm{T}} \mathrm{d}S \tag{12.42}$$

$\boldsymbol{Q}_p$，$\boldsymbol{Q}_c$，$\boldsymbol{Q}_d$，$\boldsymbol{Q}_f$ 分别为节点内热源热流向量，对流和辐射损失热流向量，模具接触传导热损失流量以及摩擦生热流量。

3. 变形和传热的耦合分析技术

工件的变形分析和热分析的耦合是经由工件材料的本构关系实现的，这是因为刚黏塑性材料的流动应力是等效应变、等效应变速率和温度的函数。

(1) 耦合迭代法

变形和传热耦合迭代法的计算步骤如下：

① 给定或计算初始温度场(即初始条件)。

② 计算与初始温度场对应的初始速度场。

③ 利用上述 ①,② 两步的结果计算初始温度率。

④ 计算 $\dot{T}$：

$$\dot{T} = -\frac{1}{\beta\Delta t}T_t - \frac{1-\beta}{\beta}\dot{T}_t \tag{12.43}$$

⑤ 刷新节点坐标和单元相关变形场量。

⑥ 速度场和温度场的迭代计算。

a. 根据前一步的速度场，按下式计算温度场的第一级近似值：

$$\left(K + \frac{1}{\beta\Delta t}C\right)T_{t+\Delta t}^{(1)} = Q_{t+\Delta t}^{(1)} - C\dot{T} \tag{12.44}$$

b. 计算与温度场对应的新速度场。

c. 用新的速度场按下式计算温度场和第二级近似值：

$$\left(K + \frac{1}{\beta\Delta t}C\right)T_{t+\Delta t}^{(2)} = Q_{t+\Delta t}^{(2)} - C\dot{T} \tag{12.45}$$

d. 重复步骤 b,c，直至两个解都收敛为止。

⑦ 计算新的温度率场。

⑧ 重复步骤 ④ ～ ⑦，直到达到所要求的变形状态。

(2) 分开迭代法

分开迭代时求解温度场采用式(12.32)，计算步骤如下：

① 给定或计算初始温度场(即初始条件)。

② 计算与初始温度场对应的初始速度场。

③ 刷新节点坐标和有关变形场量，为下一步计算做准备。

④ 由前一步速度解利用式(12.32) 先迭代计算本步温度场 $T_{t+\Delta t}$。

⑤ 计算与 $T_{t+\Delta t}$ 对应的本步速度场 $\dot{u}_{t+\Delta t}$。

⑥ 重复步骤 ③ ～ ⑤，直到变形结束。

从上述耦合迭代法和分开迭代法求解步骤可以看出：耦合迭代法的特点是，由初值到终值 $T_{t+\Delta t}$ 和 $t+\Delta t$ 同时采用迭代法计算，在变形和热分析之间反复交替，直到两个解都收敛为止。此法耦合度高，但其求解过程复杂，编程也较为烦琐。而且不难看出，这种耦合迭代并没有太大必要。这是因为变形过程与传热过程的非线性特征不同，并且迭代算法的本质也不同。

相反，在同一增量区间内将速度与温度分别迭代计算，不仅程序处理较为简单，且解的精度与耦合迭代法相差很小，其原因在于温度解的非线性特征很弱。

最后应当指出的是，无论采用哪种耦合方法，模具的温度场计算必须与工件的温度场同步，这是由于热分析问题包括工件的热分析与模具的热分析两部分，二者靠模具 — 工件界面上施加的热边界条件相联系，而且热变形时工件在接触面上的热损失对其温度场变化的影响最大。

12.4　应用实例

在本节我们以水轮机叶片的热模压工艺来说明数值模拟技术在材料成形中的应用。

12.4.1　叶片模压实例介绍

首先我们来看几个成功的通过数值模拟指导模压生产的实例。

1. 某小型叶片(转轮直径 2 000 mm)

该仿真及模压过程图如图 12.2 所示。

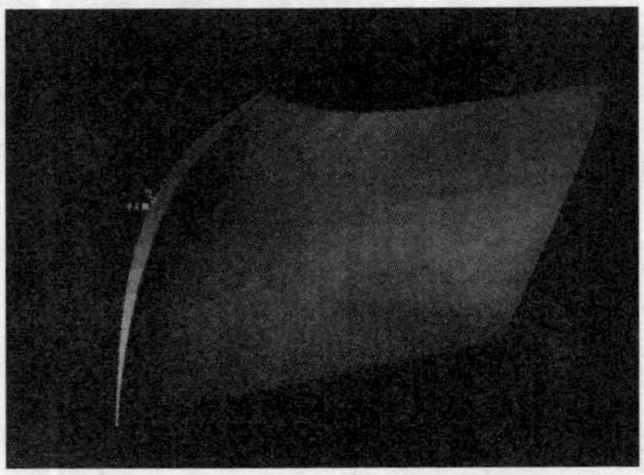

(a)

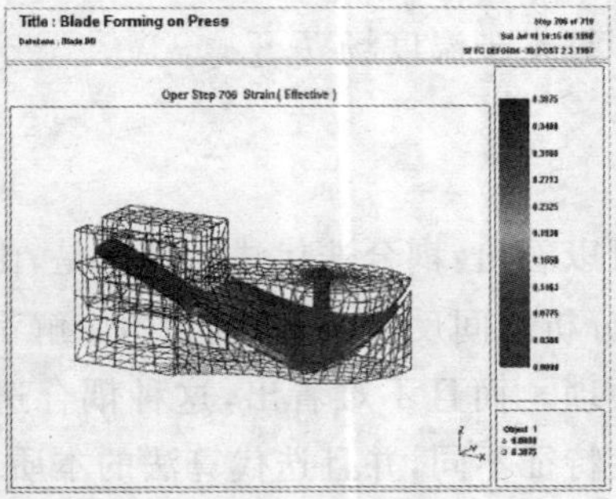

(b)

(c)

图 12.2　小叶片模压

(a) 叶片实体；(b) 模压仿真；(c) 叶片模压生产

2. 水泵叶片(转轮直径 1 786 mm)

该叶片的特点是等厚，空间弯曲，因此在叶片模压成形中采用板料热弯成形，在下一小节会加以详细介绍。该仿真及模压过程图如图 12.3 所示。

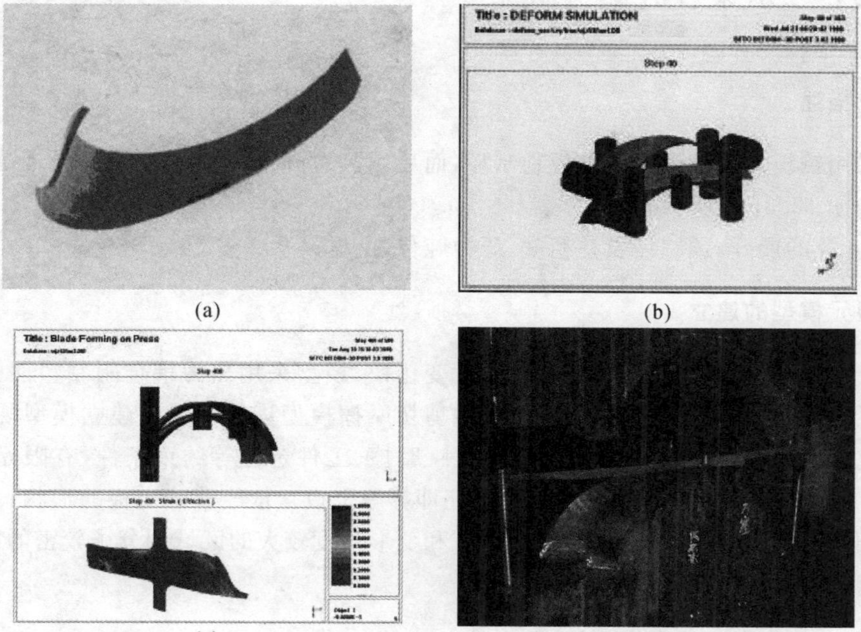

(a)　(b)　(c)　(d)

图 12.3　水泵叶片钢板热弯成形

(a) 叶片实体；(b) 定位；(c) 坯料展开；(d) 叶片模压生产

3. X 型叶片(转轮直径 2 800 mm)

该种叶片是目前水轮机叶片尤其大型叶片的主流，三峡水轮机叶片即属于这种类型，如图 12.4 所示。

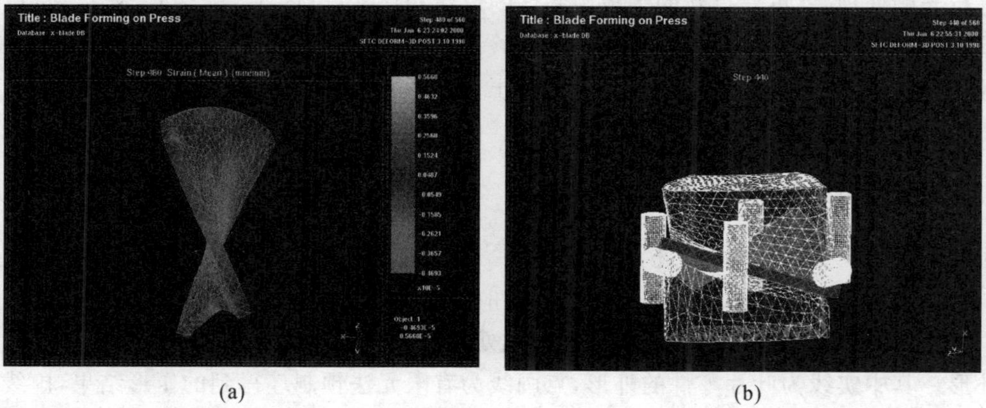

(a)　(b)

图 12.4　X 型叶片模压

12.4.2　水泵叶片热弯成形

1. 工艺描述

首先采用钢板加工出合理的平板预制坯，而后用具有叶形曲面的模具进行热模压。叶片零件实体如图 12.3(a) 所示。

难点：叶片的展开，预制坯设计精度，压力吨位、定位。

2. 有限元模型的建立

由于叶片的热模压过程为高温变形，温度变化快，模型采用热力耦合刚黏塑性模型，忽略叶片的弹性变形，材料与模具之间的摩擦按常剪切摩擦模型进行计算。建立模型既考虑了温度场的变化，又考虑了速度场的变化以及接触、摩擦、工件定位等约束条件，有限元模型如图 12.2(b) 所示。其中塑性变形体为初始平板坯即等厚平板。依经验确定板的形状。网格划分采用疏密相间的四面体单元，在初始接触区域和变形程度较大的区域划分了较密的网格，在满足精度要求的同时提高计算效率。

3. 叶片有限元模拟及平板预制块优化设计

提出的有限元模拟及优化设计流程如图 12.5 所示。首先，采用经验设计的初始平板坯(见图 12.6(a)) 进行正向模拟，待完成最终的模压成形后，即叶片已基本贴模时，结束正向模拟，评估成形件是否满足工艺设计的要求。通常，初始预制坯不会获得满足要求的叶片制件，因此，需再按叶片贴模状态提取成形叶片数据，剔除过多的余料，根据有效数据进行反向展开，待返回到初始步，叶片基本全部脱模，即可获得展开平板坯的初步形状，再对该展开形的边界节点进行光顺处理，就可获得新的平板预制坯的形状和尺寸(见图 12.6(b))。然后，再以此修正的预制坯为坯料进行模压过程的正向模拟，验证该平板坯的设计精度和贴模程度，如果不满足设计条件要求，可再次进行反向展开进行修正，最终结果如图 12.6(c) 所示。图 12.7 所示为上述三个预制坯的热模压正向模拟结果。

4. 有限元模拟法优化设计结果的实验验证

对照前述展开坯设计结果进行实验研究。在 10 000 kN 液压机上进行热模压(见图 12.3(d))。如图 12.8 所示对采用几何展开法和有限元模拟法设计的平板预制坯的压形结果进行了对比。图 12.8(a) 所示为叶片接近上冠处最终外形，图 12.8(b) 所示为叶片接近下环处的外形。其中实线为叶片零件的外形，点画线为有限元法预制坯得到的压形结果，虚线为几何展开法得到的压形结果。由图 12.8 可见，在上冠和下环处，几何展开法设计的预制坯在压形后与所要求的形状相差很大，上冠处发生严重错位，下环处余量分布偏向一侧，显然需多次试制和修正才可满足要求。而有限元模拟法得到的预制坯均有较好的余量分布，尤其是上冠处的余量分布非常均匀且余量较小，一次压形即获得满足热模压工艺要求的制件，因此，有限元模拟法用于此类叶片热模压预制坯的设计是很成功的。

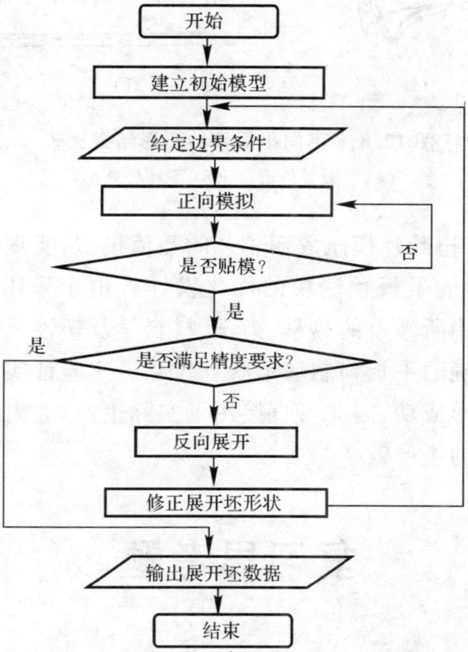

图 12.5　有限元模拟预制坯优化设计流程

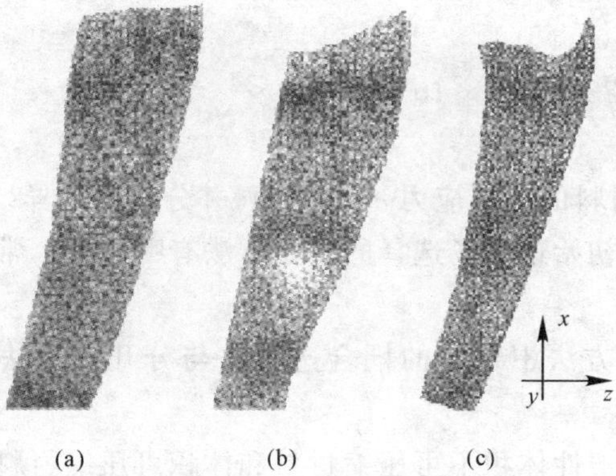

图 12.6　优化过程中预制坯形状变化

(a) 初始坯料；(b) 一次优化；(c) 二次优化

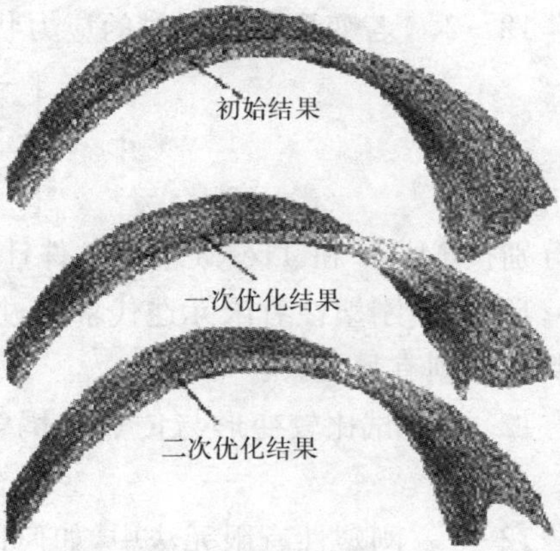

图 12.7　正向模拟成形结果

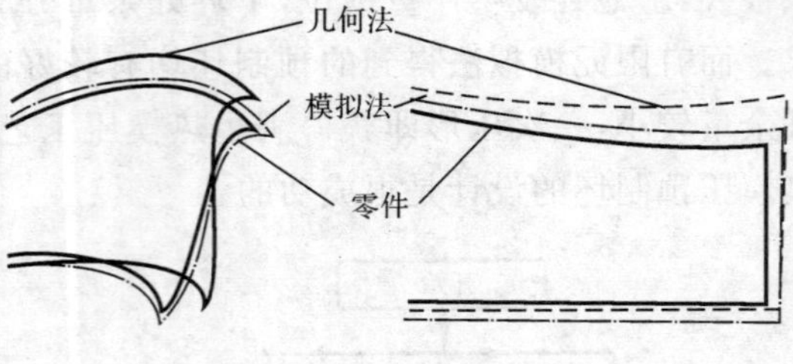

图 12.8 不同平板坯的压形结果比较

(a) 上冠处外形； (b) 下环处外形

采用有限元法进行大弯扭叶片模压成形工艺的数值模拟，实现了成形叶片的反向展开，很好地完成了叶片热模压成形的平板预制块的优化设计。由于采用有限元模拟法进行优化设计，因此可以考虑实际加工中所涉及的热学、力学、材料学及塑性成形工艺规范，精确地反映叶片热模压过程，可以得到精确的平板预制坯形状和尺寸。实验证实，有限元模拟优化设计所得到的叶片平板坯，可一次压形成功，因此可直接用于实际生产，大大降低了生产成本，且减小了后续加工余量，提高了叶片的生产效率。

复习思考题

12-1 压力加工仿真中，常用的有限元划分单元为平面四边形单元和三维六面体单元。请说明这两种单元在变形模拟中相对三角形单元及四面体单元的优势。

12-2 若变形体屈服时的应力状态为

$$\boldsymbol{\sigma}_{ij} = \begin{pmatrix} -30 & 0 & 0 \\ 0 & 23 & 0 \\ 0 & -3 & 15 \end{pmatrix} \times 10\ \text{MPa}$$

试分别按 Mises 和 Tresca 塑性条件计算该材料的屈服应力 σ_s 及 β 值，并分析其差异。

12-3 刚塑性有限元迭代求解过程中，初始速度场选择的主要方法有哪几种？常用的收敛判别准则有哪几种？

12-4 试比较变形与传热的耦合分析方法中常用的耦合迭代法与分开迭代法的优缺点。

12-5 刚塑性有限元法中，如何描述刚塑性体积不可压缩材料和体积可压缩材料的边值问题？

第13章　材料加工模拟中常用软件及应用

在材料加工工程模拟中，有大量供我们应用的软件，其中有有限元分析软件，基于有限差分方法的模拟软件，热力学计算软件以及多种计算功能集成的软件包。在应用层次上，也有通用的数值分析软件，有某一材料加工领域的专用软件，总之随着计算机技术的发展以及与材料加工仿真技术的完美结合，大量软件走向了材料加工应用领域。本章由于篇幅有限，仅介绍较常用的几种。上机实践是数值模拟学习的重要环节，本章将分别介绍基于神经网络、基于有限元和基于热力学计算的三个上机实验。

13.1　ANSYS及其应用

ANSYS软件是美国ANSYS公司研制的大型通用有限元分析(FEA)软件，能够进行包括结构、热、声、流体、电磁热场等科学的研究。在核工业、铁道、石油化工、航空航天、机械制造、能源、汽车交通、国防军工、电子、土木工程、造船、生物医学、轻工、地矿、水利、日用家电等领域有着广泛的应用。

13.1.1　ANSYS的功能

ANSYS 的功能如下：

① 建立计算模型或者输入结构、产品、组件或系统的CAD模型。

② 应用施加载荷或者其他设计条件。

③ 研究模型的物理响应，如应力水平、温度分布或者电磁场等。

④ 对产品进行优化设计，以降低产品的费用。

⑤ 做数值模拟实验。

ANSYS包括100多个单元，提供了对各种物理场量的分析功能，可以将其应用于如下学科：结构分析、热分析、高度非线性瞬态动力分析(ANSYS/LS-DYNA)、流体静力学和动力学分析(FLOTRAN)、电磁场分析、声学分析、压电分析、多场耦合分析、设计灵敏度及优化分析。

ANSYS的设计优化功能允许优化任何方面的设计变量和约束变量，如形状、应力、自然频率、质量、费用、温度、次势、压力、速度或离散量等，可进行参数、形状、拓扑优化。

13.1.2 ANSYS 的特点

ANSYS 作为一个功能强大、应用广泛的有限元分析软件，其技术特点主要表现在以下几个方面：

① 能实现多场及多场耦合分析。用户不但可用其进行诸如结构、热、流体流动、电磁等的单独研究，还可以进行这些问题的相互影响研究。例如：热－结构耦合，磁－结构耦合以及电－磁－流体－热耦合等。

② 实现前后处理、求解和多场分析统一数据库的一体化大型 FEA 软件。

③ 具有多物理场优化功能的 FEA 软件。

④ 强大的并行计算功能支持分布式并行和共享内存式并行。

⑤ 多种自动网格划分技术。

⑥ 良好的用户开发环境。ANSYS 综合应用菜单、对话框、工具条、命令行输入、图形化输出等多种方式，从而使应用更加方便。

⑦ 方便的二次开发功能。应用宏、参数设计语言、用户可编程特性、用户自定义界面语言、外部命令等功能，可以开发个性化的应用程序。

13.1.3 ANSYS 的结构

ANSYS 主要包括三个部分：前处理模块、分析计算模块和后处理模块。前处理模块提供了一个强大的实体建模及网格划分工具，用户可以方便地构造有限元模型；分析计算模块包括结构分析（可进行线性分析、非线性分析和高度非线性分析）、流体动力学分析、电磁场分析、声场分析、压电分析以及多物理场的耦合分析，可模拟多种物理介质的相互作用，具有灵敏度分析及优化分析能力；后处理模块可将计算结果以彩色等值线现实、梯度现实、矢量现实、粒子流迹现实、立体切片现实、透明及半透明显示等图形方式显示出来，也可将计算结果以图表、曲线形式显示或输出。

13.1.4 ANSYS 有限元分析

下面以平板对接焊的温度场分析为例详细解析 ANSYS 有限元分析。焊接材料为 25 号钢，平板尺寸为 120 mm×60 mm×6 mm，施加热源为高斯热源，热源的有效半径为 6mm。焊接工艺参数如表 13.1 所示。

表 13.1　焊接工艺参数

工艺参数	电压 /V	电流 /A	焊接速度 /($m \cdot s^{-1}$)	焊接效率 /(%)
数值	25	180	0.01	75 %

各种有限元软件都是由前处理、计算过程和后处理三个模块组成，但具体到每个软件其具体界面以及操作方式并不一样。下面我们详细解析一下利用 ANSYS 分析该问题的操作过程。

(1) 定义分析路径

点击 ANSYS Product Launcher，如图 13.1 所示。在 Simulation Environment 中选 ANSYS，在 License 中选 ANSYS Multiphysics，定义 ANSYS 的分析环境。然后定义工作目录，在 Working Directory 中通过点击 Browse 定义分析路径，然后定义文件名，可在 Job Name 中更改文件名，本例中选用 file 为文件名。然后点击 run 进行分析。

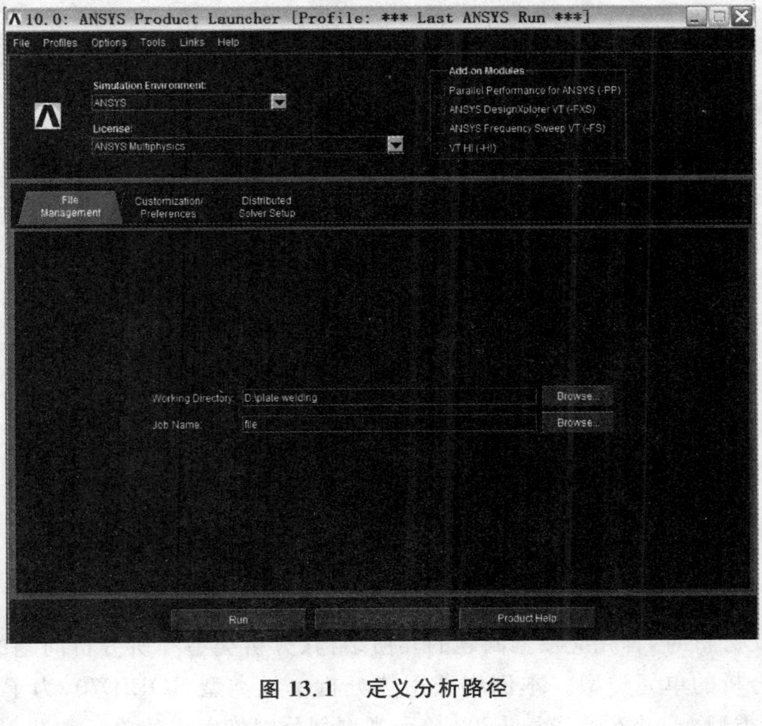

图 13.1　定义分析路径

(2) 设定标题

从实菜单中选择 File | Change title 命令，将弹出 Change title 对话框，在 enter new title 中输入标题，点击 OK 按钮完成标题的定义，如图 13.2 所示。

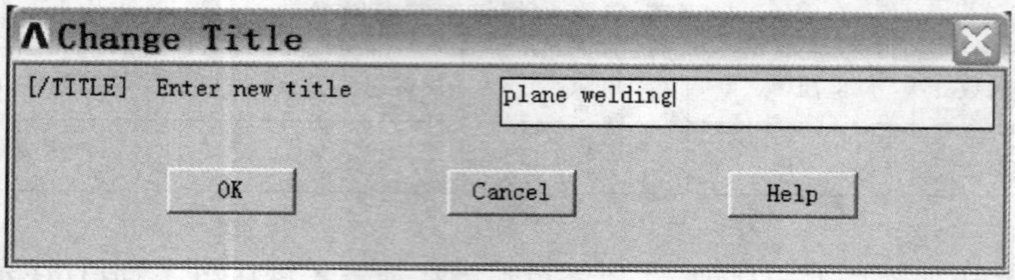

图 13.2 定义标题

(3) 选择菜单过滤参数

从主菜单中选择 Preference 命令，将弹出 Preference for GUI Filtering(菜单过滤参数选择) 对话框，如图 13.3 所示。选中 Thermal 复选框，点击 OK 按钮确定。

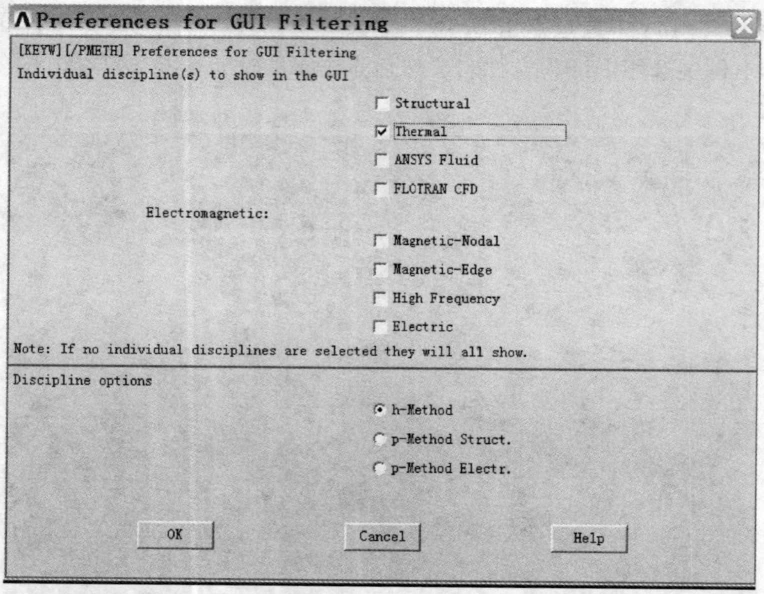

图 13.3 菜单过滤参数选择

(4) 定义单元类型

进行有限元分析时，首先应根据问题的几何结构、分析类型和所分析问题的精度要求等，选定适合具体分析的单元类型。本例中选用热分析单元类型 SOLID70，为了划分网格的需要，还采用单元类型 Mesh200。Mesh200 单元类型划分网格生成的单元和节点在求解中是无效的，即不会对这些单元和节点求解。

从主菜单中选择 preprocessor | element type | add/edit/delete，将弹出 element Type(单元类型) 对话框。

点击 add 按钮，将弹出 Library of element type(单元类型库) 对话框，如图 13.4 所示。然后在左边的列表中选择 Solid 选项，选择实体单元类型。在右边的列表中选择 Brick 8node 70 选项，选择八节点实体单元类型 Solid70。Element type reference number 输入 1，即定义单元类型号为 1。

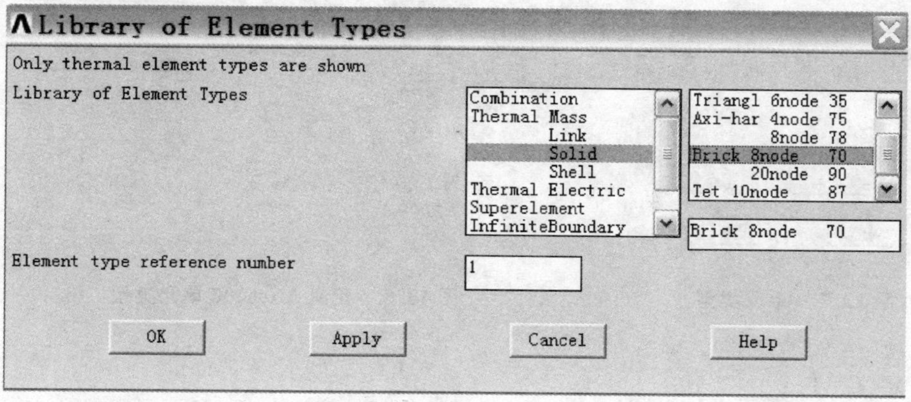

图 13.4　单元类型对话框

点击 OK 按钮，将 SOLID70 单元添加，如图 13.5 所示。然后再点击 Add 按钮添加 Mesh200 单元类型。再次进入单元类型库，如图 13.6 所示。

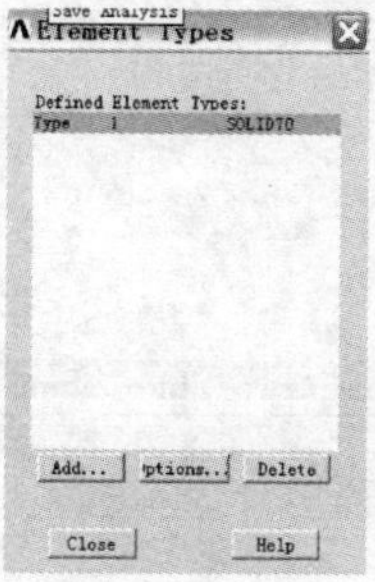

图 13.5　单元类型

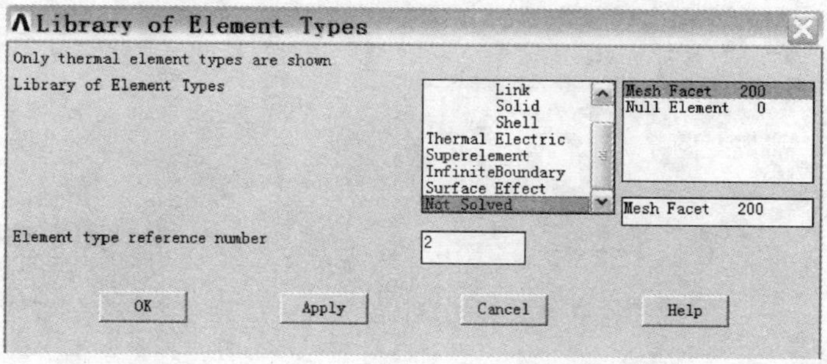

图 13.6　定义 Mesh200 单元类型

在左边的列表中选择 Not Solved，在右边的列表中选择 Mesh200 单元类型。点击 OK 按钮进入单元类型对话框，如图 13.7 所示。选择 Mesh200 单元类型，点击 Options 按钮，进入 MESH200 element type options 对话框，如图 13.8 所示。在 Element shape and # of node K1 中选择 QUAD 4 - NODE，即定义 Mesh200 为平面四节点单元类型，点击 OK 即可。返回 Element Type 对话框，然后点击 Close 按钮，关闭单元类型对话框。

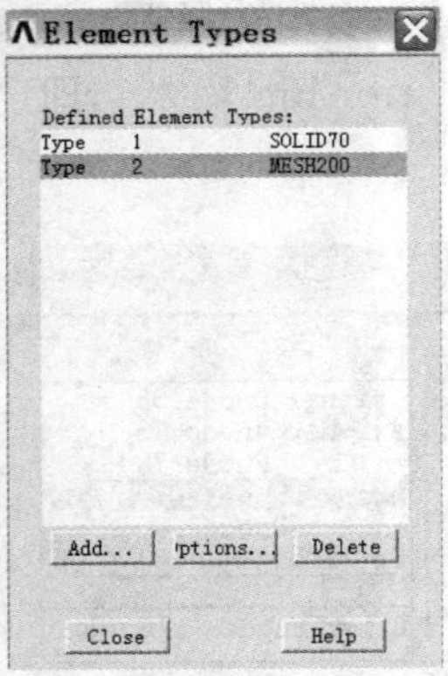

图 13.7　单元类型

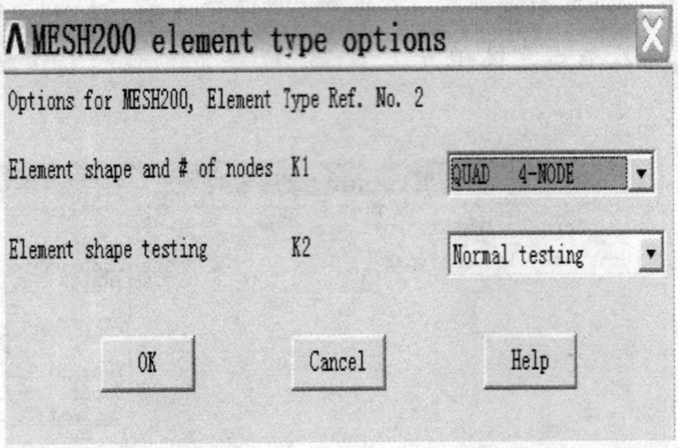

图 13.8　定义 Mesh200 单元类型

(5) 定义单位

在本例的有限元分析工程中，分析过程中选用国际单位制，点击主菜单 Preprocessor | Material props | Select units，弹出对话框，如图 13.9 所示，选择 SI(MKS)，定义国际单位制，然后点击 OK 按钮确定。定义角度单位为度，点击菜单 Parameters | Angular units，弹出对话框，如图 13.10 所示，选择角度单元 Degree DEG，然后点击 OK 按钮，完成对单位的定义。

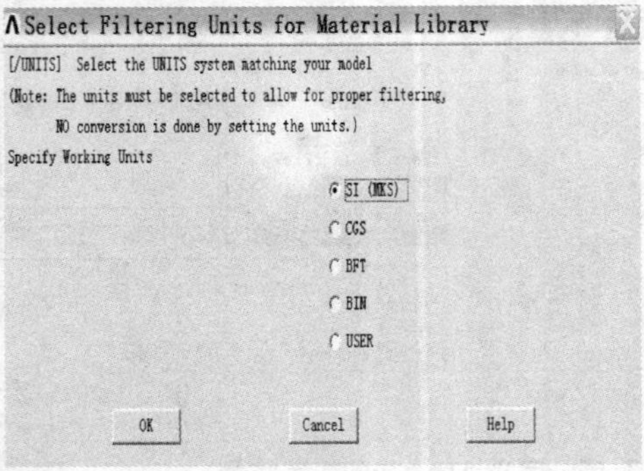

图 13.9　定义国际单位

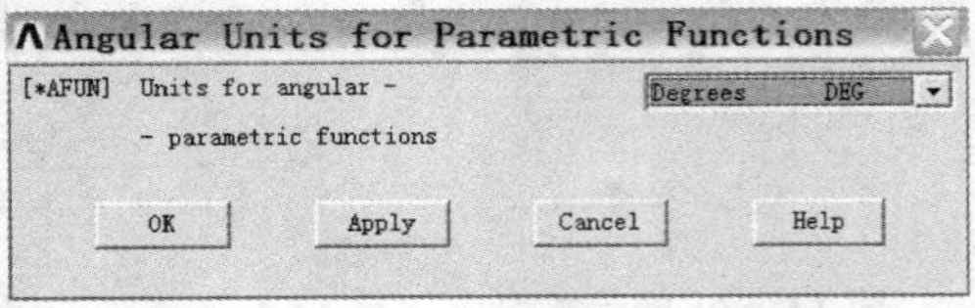

图 13.10　定义角度单位

(6) 定义材料参数

本例中选用的单元类型均不需要定义实常数，故略过定义实常数这一步骤而直接定义材料属性。

从主菜单中选择 Preprocessor | Material props | Material models 命令，将弹出 Define Material Model Behavior(定义材料模型属性) 窗口，如图 13.11 所示。

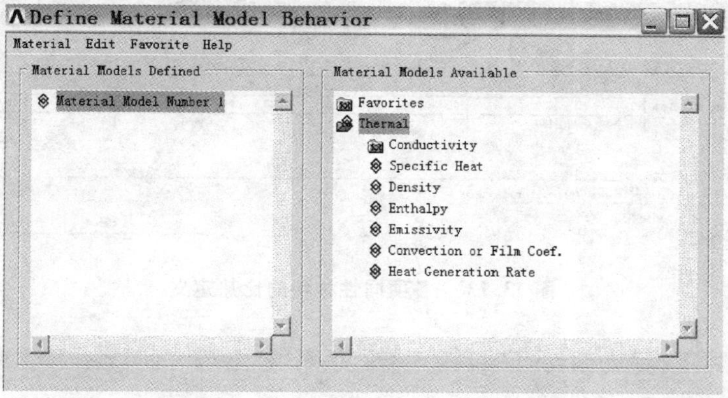

图 13.11　定义材料模型属性窗口

依次双击 Thermal | Conductivity | Isotropic，展开材料属性的树形结构，将弹出材料热传导定义对话框。因为本例中要输入不同温度下的材料参数，所以点击 Add Temperature 按钮，增加不同温度下的热传导数值，如图 13.12 所示。在 KXX 文本框中输入不同温度下的热传导参数后，点击 OK 按钮，返回定义材料模型属性窗口。

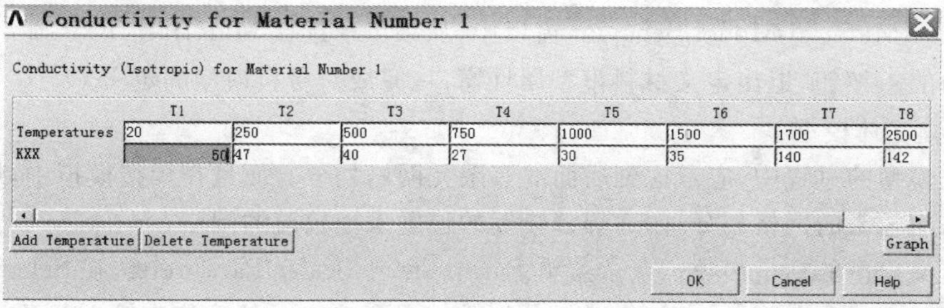

图 13.12　各项同性材料的热传导定义

依次双击 Thermal | Specific heat，展开材料属性的树形结构，将弹出材料比热定义对话框。因为本例中要输入不同温度下的材料参数，所以点击 Add Temperature 按钮，增加不同温度下的热传导数值，如图 13.13 所示。在 C 文本框中输入不同温度下的比热参数后，点击 OK 按钮，返回定义材料模型属性窗口。

依次双击 Thermal | Density，展开材料属性的树形结构，将弹出材料密度定义对话框。因为本例中要输入不同温度下的材料参数，所以点击 Add Temperature 按钮，增加不同温度下的密度数值，如图 13.14 所示。在 DENS 文本框中输入不同温度下的密度参数后，点击 OK 按钮，返回定义材料模型属性窗口。

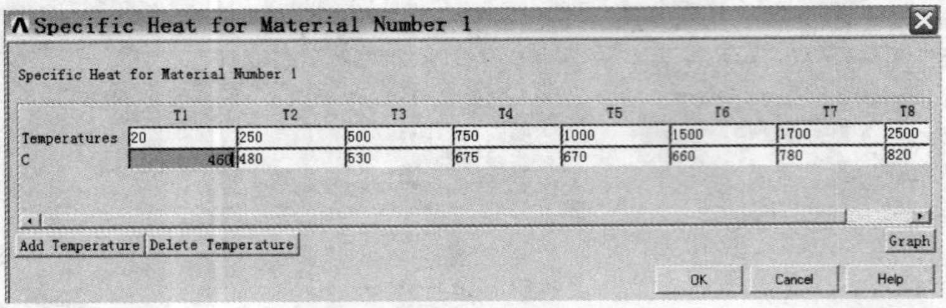

图 13.13 各项同性材料的比热定义

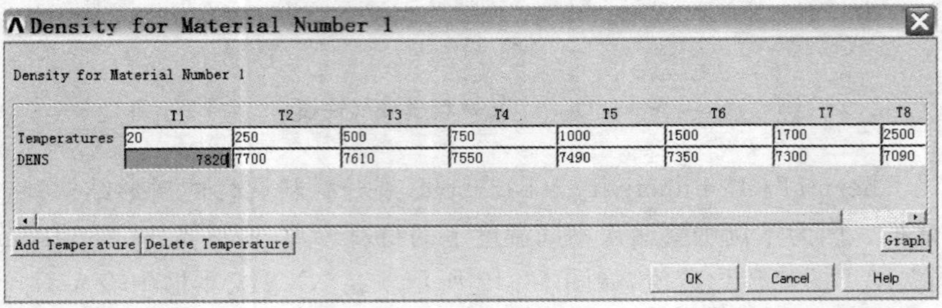

图 13.14 各项同性材料的密度定义

在 Define Material Model Behavior 窗口中，从菜单中选择 Material | Exit 命令，或者单击窗口右上角的☒按钮，退出定义材料模型属性窗口，完成对材料模型的定义。

(7) 建立实体模型

在建立模型的过程中，应考虑到后面的有限元网格划分。而且在焊接模拟中，焊缝及其附近的网格采用较密的网格划分，而离焊缝较远的位置采用较疏的网格。

首先定义模型的标量参数。点击菜单 Parameter | Scalar Parameter，在 Selection 中输入 LENGTH＝0.12，点击 Accept 按钮，完成对长度参数的定义。然后依次输入 WIDTH＝0.06，HEIGHT = 0.006，RB = 0.002，U = 25，I = 180，V = 0.01，EFF = 0.75，R = 0.006，q = U * I * EFF，x_center＝0，y_center＝0，如图 13.15 所示。最后点击 Close 按钮，完成对各个参数的定义。

建立模型，点击主菜单 Preprocessor | Modeling | Volumes | Block | By dimension，弹出创建实体对话框，在其中输入各个尺寸参数，如图 13.16 所示，建立模型如图 13.17 所示。

点击主菜单 Preprocessor | Modeling | Volumes | Block | By dimension 建立两个过渡实体，如图 13.18 所示，命令流为：

```
block,0,2 * rb,3 * rb,5 * rb,0, — height
block,2 * rb,4 * rb,3 * rb,5 * rb,0, — height
```

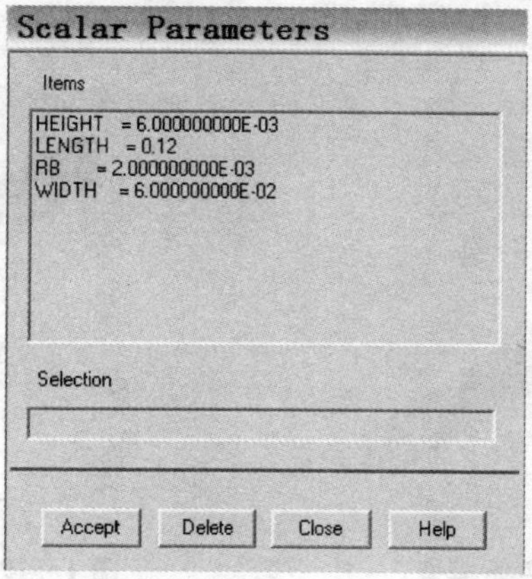

图 13.15　定义标量参数

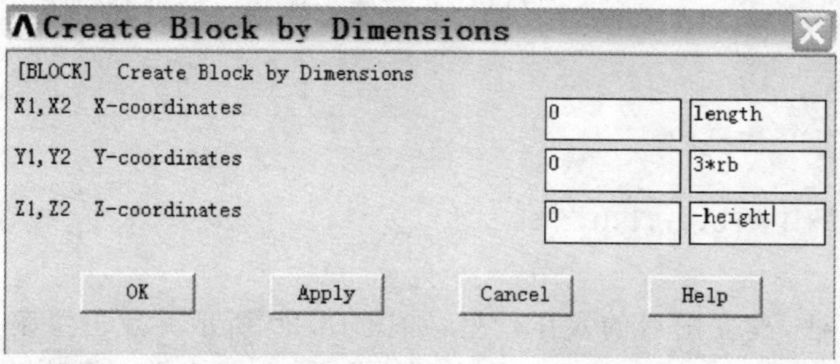

图 13.16　定义实体对话框

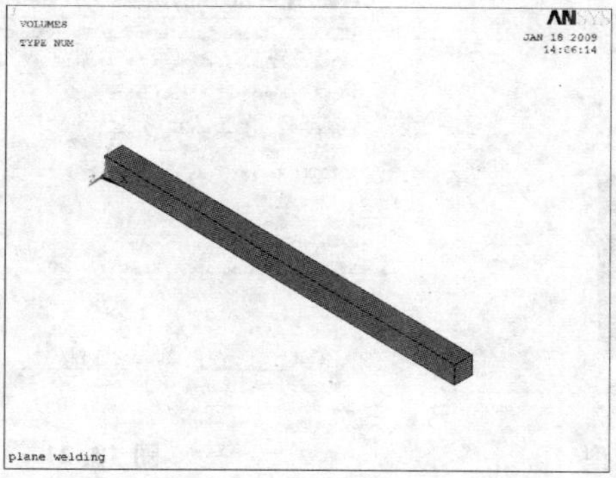

图 13.17　有限元模型

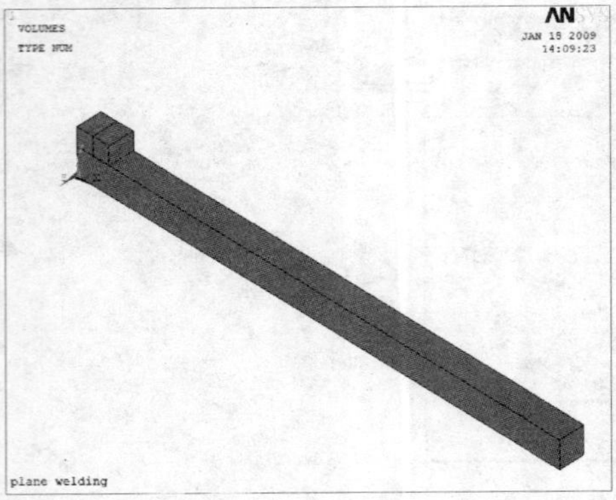

图 13.18 有限元过渡实体模型

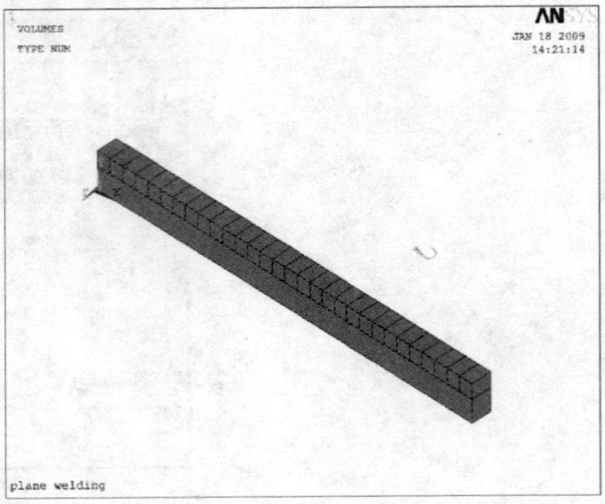

图 13.19 有限元网格划分模型

指定各个过渡实体的线的网格划分。然后通过 APDL 语言生成其他的实体，如图 13.19 所示。命令如下：

```
vsel,s,,,2,3                    !!!! 此实体为所建立的过渡实体
cm,v1,volu
allsel,all
*do,i,1,14,1
vgen,2,v1,,,i*4*rb,,,,1,0,
*enddo
```

依照上面的方法，建立随后的实体模型，如图 13.20 所示。点击主菜单 Preprocessor | Numbering ctrls | Merge items，弹出关键点压缩菜单，在 Label 选择关键点，然后点击 OK 按钮完成压缩，如图 13.21 所示。

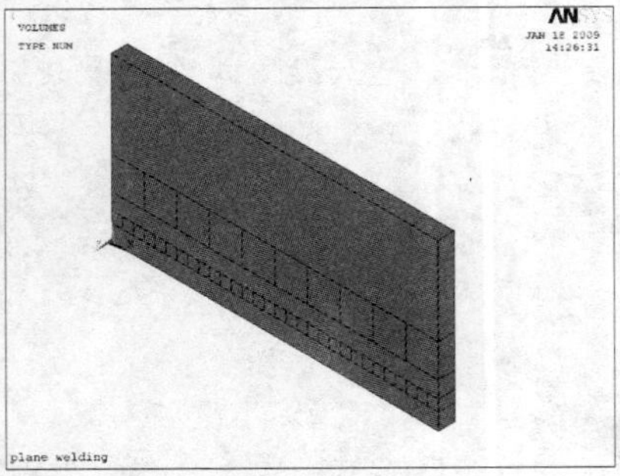

图 13.20 实体模型

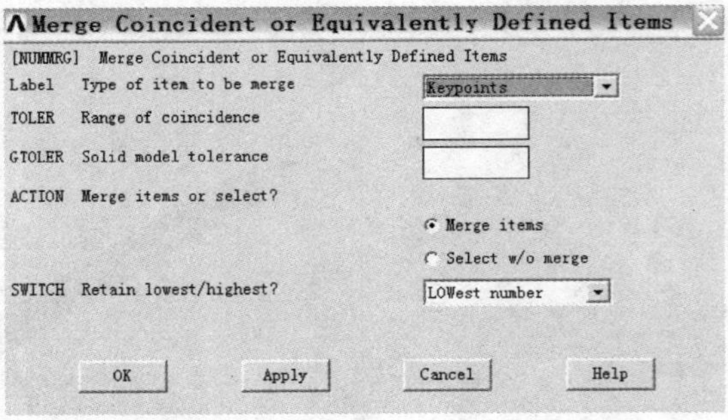

图 13.21 关键点压缩

点击 Modeling | Booleans | Glue | Volumes，弹出 Glue Volumes 对话框，如图 13.22 所示，点击 Pick all，对所建立的模型进行布尔运算，即把所有的模型粘在一起。

(8) 网格划分

对焊缝实体进行网格划分，首先选择焊缝区域的实体，点击实菜单 Select | Entities，选择实体 Volumes - By location - Y coordinate，分别在最小值、最大值文本框中输入最大值和最小值 — 0,3 * rb，点击 OK 按钮完成对实体的选择，如图 13.23 所示。

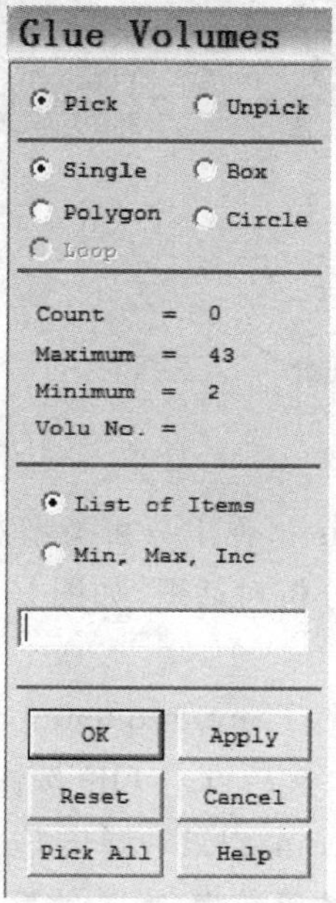

图 13.22　体的布尔运算

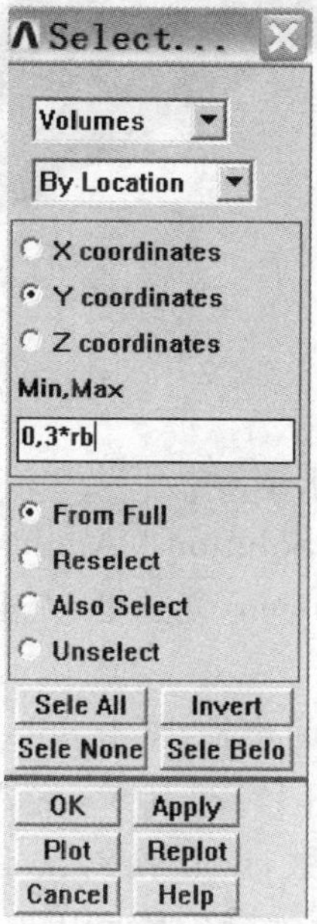

图 13.23　选择实体

然后对实体进行网格划分，如图 13.24 所示。随后对过渡单元进行网格划分，如图 13.25 所示。依次对其他的实体进行网格划分，最后实体的网格划分情况如图 13.26 所示。

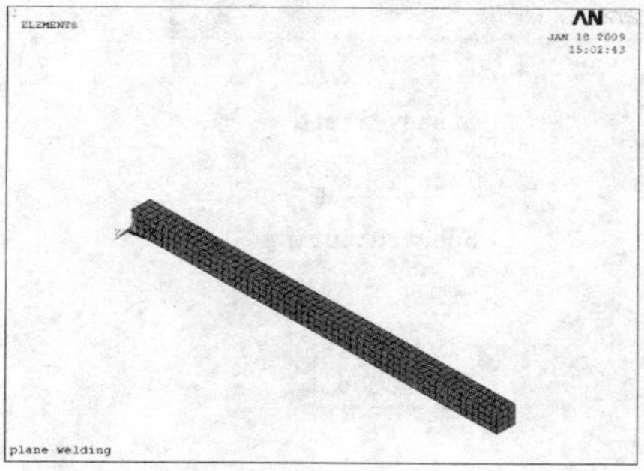

图 13.24　焊缝附近的网格划分

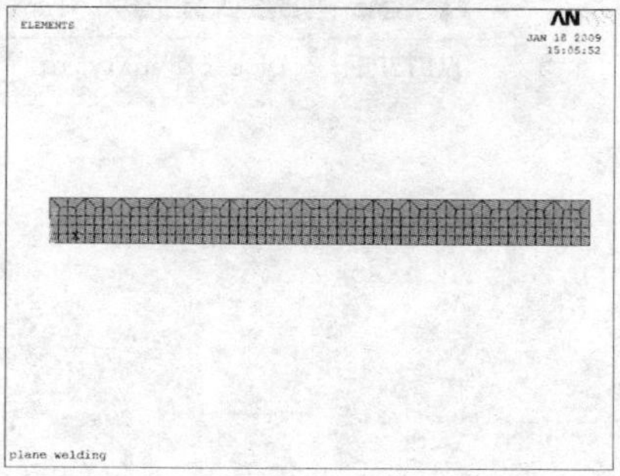

图 13.25　过渡区域的网格划分

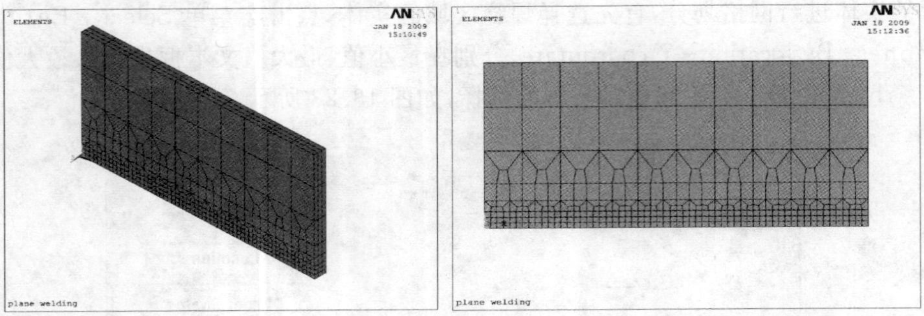

图 13.26　模型的网格划分

(9) 有限元求解

点击主菜单 Solution | Analysis type | New analysis |，弹出分析类型对话框，如图 13.27 所示。选择 Transient 复选框，点击 OK 按钮，弹出瞬态分析对话框，如图 13.28 所示，点击 OK 即可。

打开自动时间步长，点击 Solution | Load step opts | Time/frequenc | Time - time step，弹出对话框，如图 13.29 所示，在 AUTOTS 中选择 ON，然后点击 OK 按钮。

定义热源函数，点击菜单 Parameters | Function | Define/Edit，弹出 Function Editor 对话框，如图 13.30 所示。在 Result 文本框中输入高斯热源的函数表达式，然后点击 File | Save 保存文件。

随后点击菜单 Parameter | Functions | Read from file，选取刚刚命名的函数表达式，如图 13.31 所示。在 Table parameter name 中命名 arc，在 Constant Values 中输入各个参数，点击 OK 按钮，完成函数的定义。

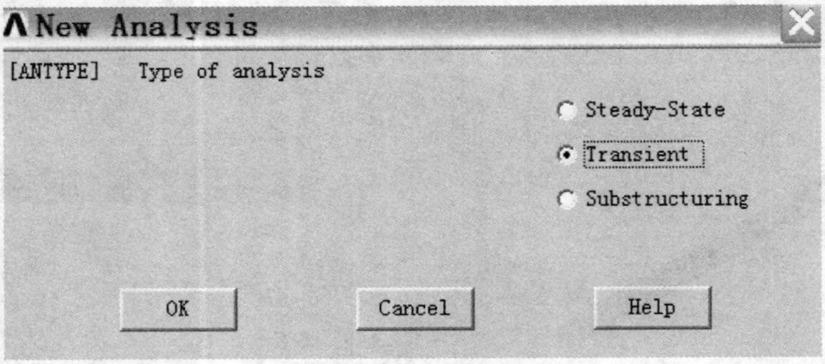

图 13.27　分析类型

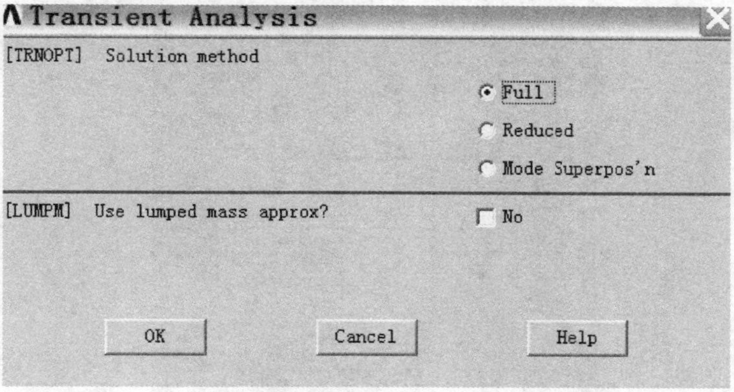

图 13.28　瞬态分析选项

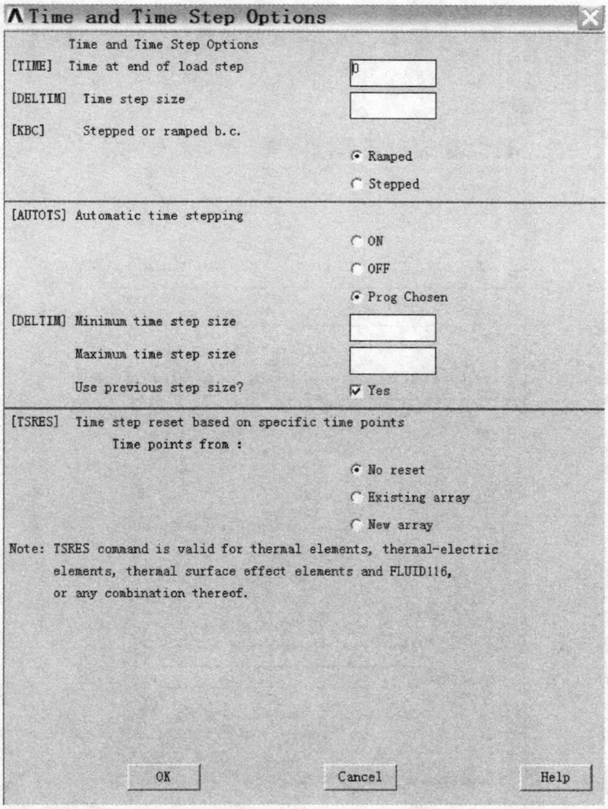

图 13.29　自动时间步长

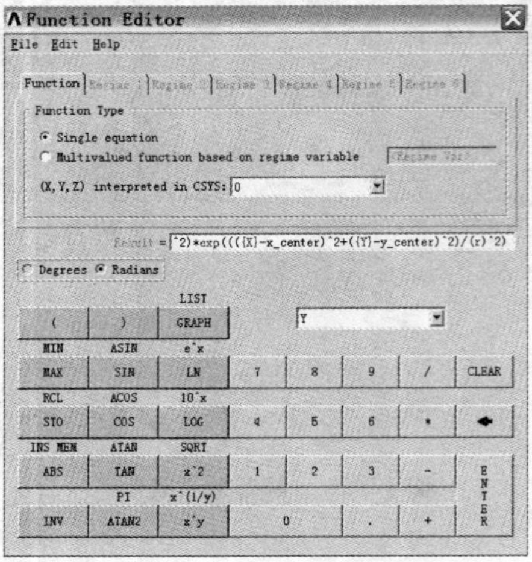

图 13.30　焊接编辑器

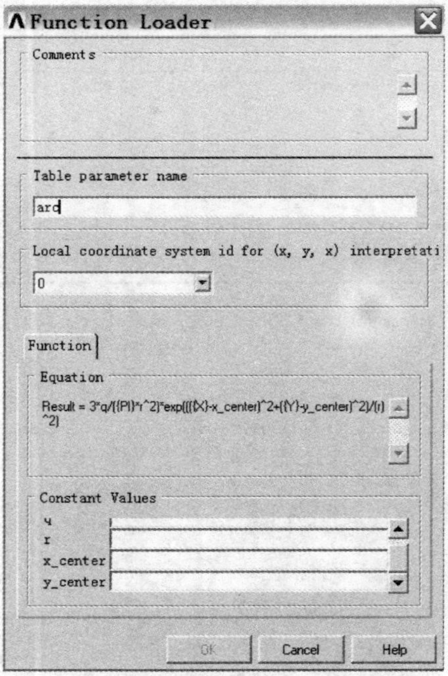

图 13.31　定义函数

施加对流换热系数。点击 Solution | Define loads | Apply | Thermal | Convection | On nodes，弹出施加热流对话框，如图 13.32 所示。在 VALI 文本框中输入 10，在 VAL2I 文本框中输入 20。在除对称面外的平面上施加对流换热系数，如图 13.33 所示。

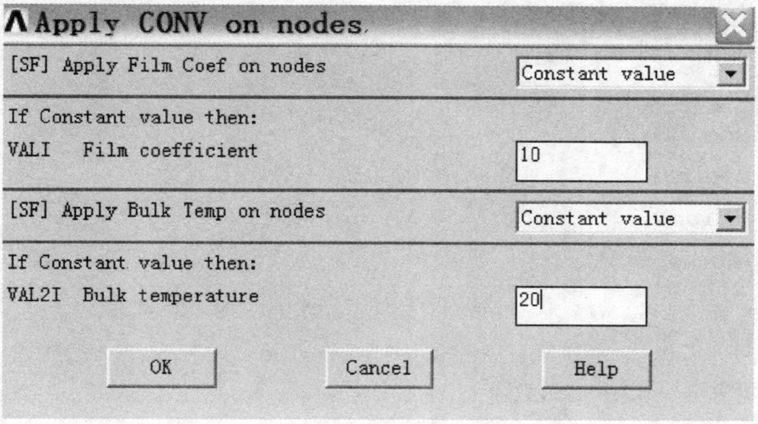

图 13.32　施加热流对话框

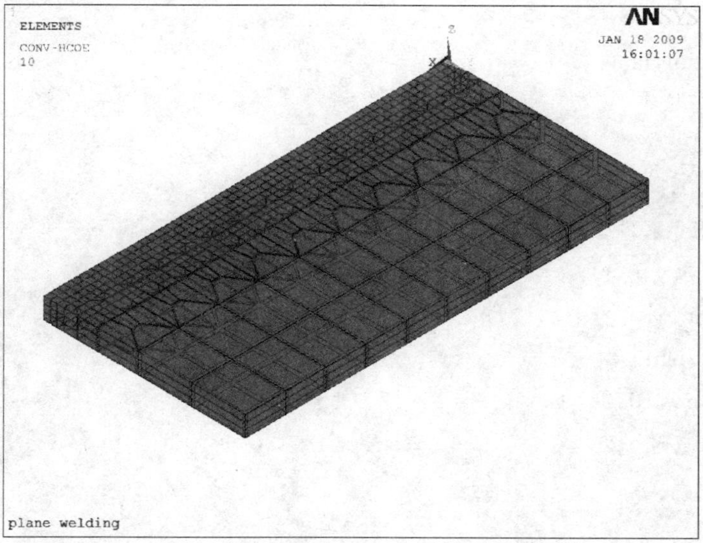

图 13.33　施加对流换热系数

施加热源函数，采用 APDL 语言。程序如下：

```
*do,i,1,60,1
x_center=i*rb
```

```
y_center=0
arc(5,0,1)=x_center
arc(6,0,1)=y_center
local,11,0,i*rb,0,0,,,,,,
nsel,s,loc,x,-r,r
nsel,r,loc,y,0,r
nsel,r,loc,z,0
sfdele,all,conv
sf,all,hflux,%arc%
csys,0
allsel,all
t=t+tinc
time,t
deltim,0.05,0.05,0.1
autots,on
kbc,0
outres,nsol,last
solve
allsel,all
local,11,0,i*rb,0,0,,,,,,
nsel,s,loc,x,-r,r
nsel,r,loc,y,0,r
nsel,r,loc,z,0
sfdele,all,hflux
sf,all,conv,10,20
allsel,all
*enddo
```

(10) 后处理

图 13.34 所示为热源的移动情况。热源最高温度为 2 490℃。图 13.35 所示为焊接冷却后的温度场分布情况。

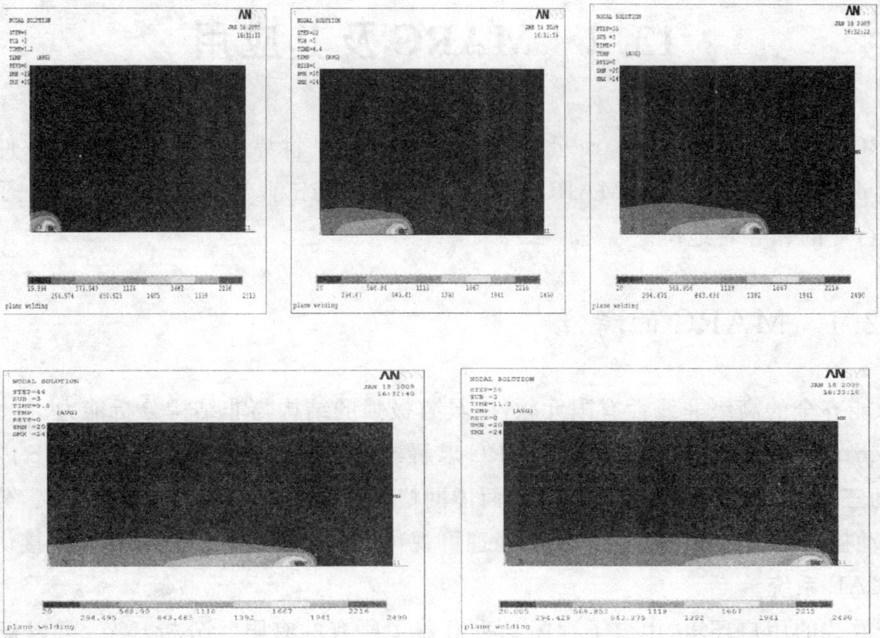

图 13.34　热源的移动

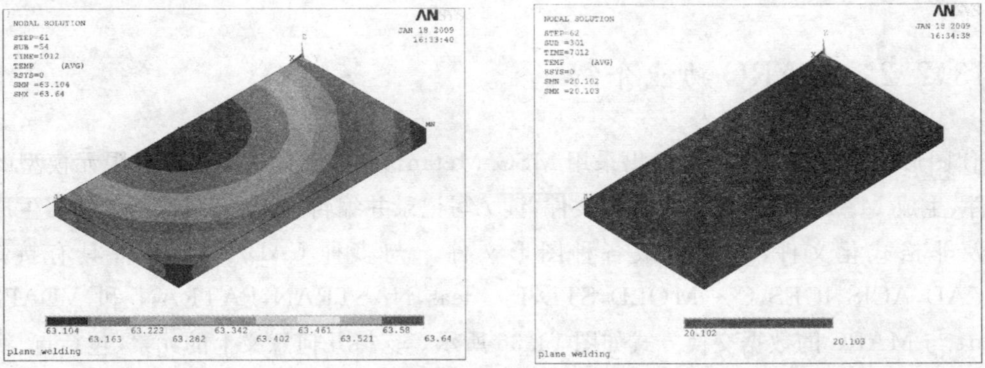

图 13.35　焊接冷却后的温度场分布

13.2 MARC 及其应用

MARC 是美国 MSC. Software 公司的产品，该软件是世界上第一款非线性软件。经过从 1967 年起 40 余年的不断努力，MARC 软件得到学术界与工业界的广泛认可，建立了在全球非线性软件行业的领导者地位。

13.2.1 MARC 的特点

① 功能齐全的高级非线性有限元软件，具有极强的结构与非结构分析能力。

②Mentat 前后处理图形界面与 MARC 求解器无缝连接。该界面具有 ACIS 内核的造型功能，自动三角形、四边形、四面体以及六面体网格划分能力，材料、边界条件定义，分析过程控制定义自动检查分析过程完整性以及后处理可视化、电影、渲染等功能。可以直接访问其他常用 CAD/CAE 系统。

③ 开放式的用户环境，用户子程序几乎覆盖了所有的有限元分析环节，可以极大扩展有限元分析能力。

④ 广泛支持多种硬件和微机、工作站等多种平台，以及 Windows、Linux、UNIX 等多种操作系统，并有强大的并行功能。

13.2.2 MARC 功能介绍

① 图形用户界面。输入 / 输出采用 MSC. Metant，它能够读 / 写描述有限元模型的数据库文件，生成 MARC 求解器输入数据文件，读 / 写记录并编辑过程文件，识别求解器生成的格式化及非格式化文件，结果生成各种图形文件。与多种 CAD/CAE 软件具有接口，如 AutoCAD，ACIS，IGES，C－MOLD，STL，I－deas，NASTRAN，PATRAN 和 VDAFS 等。Metant 与 MARC 的数据交换方式如图 13.36 所示。支持几何意义上的元素（包括点、线、面、体）的操作，基本操作为增加、删除、编辑和显示。支持多种几何形状的单元划分（见表 13.2），其前处理功能有复制、移动、扩展、对称、转换、单元阶次转换、检查、重排、相交、清除、松弛、拉直、重划分和附着等。前处理功能还可定义边界条件、材料参数、几何参数、接触信息、初始条件、连接关系等。

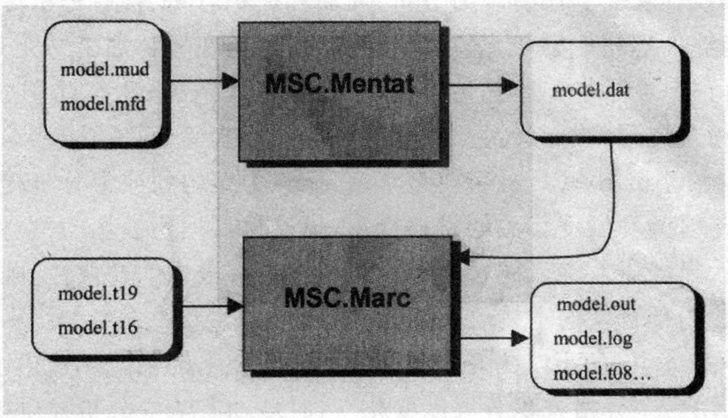

图 13.36　MSC. Mentant 与 MSC. Marc 的数据交换关系

表 13.2　MSC. Mentat 支持的单元几何形状

单元形式	节点连接方式
线单元	2,3 节点
三角形单元	3,6 节点
四边形单元	4,6,8,9 节点
四面体单元	4,10 节点
楔形单元	6,15 节点
六面体单元	8,12,20,27 节点

MSC. Mentat 定义的有限元分析包括加载工况的定义、作业的定义以及递交作业运行等。

其后处理包括图形、动画、电影、曲线、表格以及文件等多种形式显示结果。后处理支持的结果显示形式包括：等值线显示，带状云图显示，中心云图显示，连续云图显示，矢量显示，色标显示，数值显示，等值面显示，切片显示，线图显示，线值显示，向量显示，张量显示，路径显示，历程显示，梁剪力，弯矩，转矩图形显示，综合 XY 图形显示，流线显示，动画显示，电影文件制作等。

② 分析功能强大。MARC 提供多种场问题的求解功能，包括各种结构的位移场和应力场分析，非结构的温度场分析、流场分析，电场、磁场、声场分析以及各种场的耦合分析：热 — 机耦合、土壤 — 渗流耦合、滑动轴承 — 结构耦合、扩散 — 应力耦合、流 — 热耦合、流 — 热 — 固耦合、电磁场耦合、电 — 热耦合、电 — 热 — 结构耦合、声 — 结构耦合等分析功能。

结构分析中除线性结构分析等常见的有限元分析功能外，还提供多级子结构分析、灵敏度分析及优化，其突出的是各种非线性分析功能，包括结构非线性、材料非线性、几何非线性、边界条件非线性等非线性功能。还有动力分析、屈曲和失稳分析、接触分析等。

在热分析中能够处理相变潜热、热接触、热辐射等，这在材料加工中尤其重要。

软件本身具有许多适于加工工艺仿真的特长，包括锻造、挤压类体积成形，冲压、超塑性、拉伸等板材成形，粉末成形，吹制、铸造、热处理、焊接、切割等分析。

③ 完整的材料模型。MARC材料模型丰富，能够为结构的应力分析提供描述各类线性和非线性材料行为，与时间和温度相关的材料行为，描述材料损伤破坏的材料库。非结构分析如传热、流体、电磁场、声场以及渗流的材料库。材料库具有极强的开放性，既能为用户定义材料系数提供入口，也能为耦合新的本构关系模型提供便利。

④ 稳定的求解技术。MARC在多方面保证了求解技术的稳定。提供了五种参考坐标系；对瞬态传热问题采用后差分格式积分温度变化率，时域动态响应分析提供三种时间积分方案；提供三种优化带宽方法；提供多种非线性迭代求解器；可供选择的三种收敛性判据以及自适应时间步长控制。

⑤ 丰富的单元库。MARC为各类分析提供了大量的单元类型，也为不同几何形状的单元间过渡和连接提供了多种连接技术。

⑥ 网格重划分，自适应以及单元生死技术。

⑦ 求解开放性以及并行算法。

13.3 MAGMAsoft 与铸造仿真

13.3.1 MAGMAsoft 铸造模拟软件简介

MAGMAsoft 铸造模拟软件是全球最佳的铸造软件工具，为铸造业改善铸件品质、制造过程条件、降低成本、增加竞争力提供了最优选择。MAGMAsoft 可以准确地预测铸件缺陷，改善现有工艺的不足，提高铸件质量。

铸件的质量受众多因素影响，而质量的保证必须依靠正确的铸造工艺方案。MAGMA-soft 就是设计用以支持从熔炼冶金，造型及铸型制作，浇注过程一直到热处理，整体且全面的工艺优化工具。

MAGMAsoft 适用于所有铸造合金材料的铸造生产，范围自灰铁铸造，铝合金砂型铸造，到大型铸钢件铸造。可应用于铸造部件设计的开发，最佳工艺方案的优化，缩孔、缩松的模拟，钢水充型过程的模拟，以及热处理过程中应力场的模拟。

综上所述，MAGMAsoft 铸造模拟软件是全球最佳的铸造软件之一，为铸造业提供改善铸件品质和制造过程条件、降低成本、增加竞争力提供了较好的选择。

13.3.2　MAGMAsoft 的实现过程

首先将 IronCAD 中所有文件转化成 STL 文件，而且铸件、冒口、浇注系统、冷铁都需要分离开来，每一个部分都分别作为独立的文件；简单件可以直接在 MAGMAsoft 中生成。文件输出时要注意坐标系的选择，也可重新绘制坐标系，以确保其 Z 轴朝上。以上的设置均因 MAGMAsoft 中的特殊要求，用以保证和 MAGMAsoft 中坐标系吻合，最终能够成功被 MAGMAsoft 读取。

13.3.3　MAGMAsoft 的工作流程

MAGMAsoft 的工作流程主要包括：

①Project Management（工程管理）：存取铸件及模具的几何形状、性质、铸造条件的数据供调用，管理统一作业中不同的修订结果，以便反复比较，优化工艺及模具设计。

②Preprocessor（前处理）：简便快速输入铸件或模具的几何形状，进行网格划分，也可用接口软件直接输入其他外部 CAD 软件生成的几何形状数据并加以利用。此过程包含了网格划分（Enmeshment）。

③Simulation（模拟）：研究充填顺序、流动模式、铸件凝固时间温度梯度等数据，帮助优化浇注系统设计和冷却系统设计，从而优化铸造工艺。

④Postprocessor（后处理）：根据计算结果，直接考察铸件关键区域的情况，随时观察铸件和模具的温度，通过 X 射线、切片等辅助手段，精确显示缩孔、缩松所在的位置，动态显示充填及凝固过程。

⑤Info（信息）：记录并保存计算过程的关键数据，为分析结果、优化工艺提供数据依据。

13.3.4　MAGMAsoft 模拟过程

（1）前处理

在 Project 中新建一个文件名，指定其路径，以便查找生成的文件。在此文件名下进入 Preprocessor，这是模拟过程中的一个主要工作区。读入转化成 STL 格式的文件。应注意的是 MAGMAsoft 中把材料分为 Sand（砂型）、Core（砂芯）、Casting（铸件）、Feeder（冒口）、Gating（浇注系统）、Inlet（浇口通道）、Cooling（冷铁）、Insulation（保温材料）等，所列举的是常用的铸造工艺所包含的内容。要求处理时应分别读取每一部分图像特征，该特征会被 MAGMAsoft 用不同颜色标记。当模型读入后可以设置 Tracer 示踪粒子，跟踪充型、凝固过程中液体的流动特征。

(2) 网格划分

设计好模型后采用有限差分法对铸件模型进行网格划分,完成铸造分析模型的几何近似和模型化。网格划分得越细,计算结果越精确。虽然细化网格有助于计算结果的精确性,但是也会导致计算量较大,计算时间较长。所以网格划分要根据分析的目的来确定。

网格划分有自动、标准、高级、高级2四种模式。一般零件的粗略模拟可采用自动,用做特殊的分析可人为设定,影响网格生成的因素有以下几点:

①壁厚。壁厚参数按照 X,Y,Z 三个方向设定,它限制了网格发生器取点的单元尺度,缺省值为5 mm。如果壁厚设定值大于实际壁厚,那么这个部位就无法被捕捉,造成模型失真。

②精度。该参数规定每个网格可以进一步划分的子网格数,缺省值为30。

③单元尺寸。该参数规定最小网格的极限尺寸,单元尺寸的优先权比精度高,当单元尺寸大于网格继续划分的尺寸时精度就不起作用,缺省值为5 mm。

④光滑度。光滑度表示相邻网格长度的最大比值。如果实际长度比值超过了光滑度,那么体积大的网格就会被进一步划分,缺省值为20。

⑤比率。比率表示网格长与宽的最大比值,大于此值的网格就会被继续划分,缺省值为5 mm。

网格划分后的模型应尽量与实际模型相符,以确保实验结果的准确性。网格划分的前提就是壁厚参数小于铸件的最小壁厚。同时根据对计算结果的不同要求设置不同的网格密度。在保证计算精度的前提下,提高计算效率。

(3) 模拟参数的设定

网格划分完成后进行模拟参数的设定。首先选择铸模的种类,分永久模和砂模。接着设定所要模拟的内容,充型、凝固、应力的模拟可根据具体零件确定。

① 材料定义需设计铸件、冒口、浇注系统等各部分所用的材料、浇注温度、液相临界温度、固相临界温度。

② 热物性参数。热传导系数是用来描述一种介质到另一种介质在界面处的传热量,例如从铸件到砂模。所要设定的就是铸件与铸模、保温材料、冷铁,铸模与保温材料、冷铁,砂芯与铸模,保温材料的热传导系数。热传导系数可以根据材料性质查到,对于特殊情况可能需要铸造厂方单独测定。

③ 充型、凝固定义。充型可选择先由压力、浇注速度、时间来限定,再确定相应的充型时间、方向,设置数据的存储,即要规定出数据记录的范围和记录数据的间隔。凝固定义包含是否对补缩进行计算,以及补缩率的确定;补缩率越大,所需补缩时间越长。临界温度1与临界温度2的设定,1代表固相温度加固液温度区间的10%的温度值,2表示液相温度加上2℃的值。这样1与2之间的温度就可以确保金属液在固液相区,是凝固过程的模拟。数据存储与充型定义相同。

(4) 结果显示

在后处理中选择几何操作，可以看到模拟的结果。首先需要对要显示的部件加以选择，而后就会出现模拟后的实体。可以对铸件进行 X 射线分析，从 X,Y,Z 三个方向切割铸件，观察内部充型、凝固过程及缺陷可能产生的位置。结果显示中包括充型过程中的压力、速度、温度、示踪粒子；凝固过程中铸件的固、液相分数，温度及其判据。

模拟结果中的 Niyama 判据评价了流动阻力对缩松产生的影响，适用于缩松缺陷判定，是一种综合性的预测方法。当 $G/\sqrt{R}$ 小于某一临界值时单元出现缩松，否则不出现。这个临界值与铸件大小有关，其临界值为 0.80～1.20，大件取上限，小件取下限。

Porosity 判据是对铸件缩孔加以判断的有效途径。通过凝固模拟来计算此过程结束后的缩孔率。将 Niyama 判据和 Porosity 判据一同使用可以有效地预测铸件中的缩孔、缩松，为优化铸造工艺、降低铸件废品率提供了可靠的保证。Fstime 判据表示铸件每个区域达到所给定的补缩率所耗费的时间，以此来判断收缩产生的原因及解决方法。Hotspot 判据显示的是凝固过程中何时会形成热节，单位为 s，描述了可能产生缩松的区域。

13.3.5　采用 CAD/CAE 技术的总体结构

要完成铸造工艺的计算机辅助设计、辅助分析，首先是利用 IronCAD 软件进行铸造工艺的计算机 CAD 三维造型，然后按照如下步骤进行计算机辅助分析。其主要流程如图 13.37 所示。

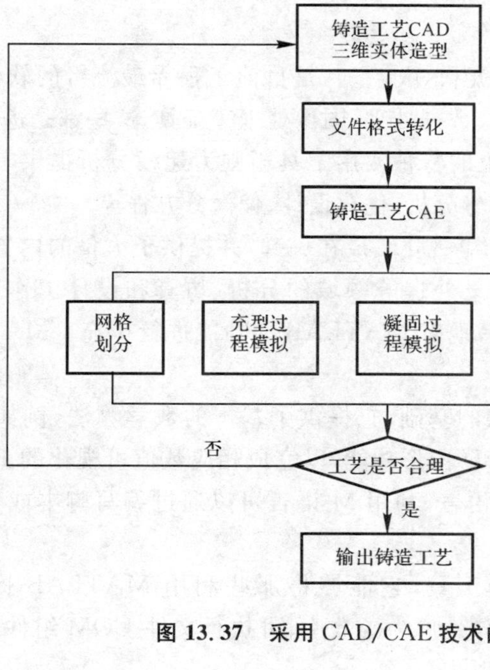

图 13.37　采用 CAD/CAE 技术的工艺流程图

①根据铸造工艺理论知识，利用计算机完成铸件的CAD三维造型，并将文件转换为STL的格式文件。

②将文件导入MAGMAsoft铸造工艺分析软件系统，应用前处理部分的有限差分网格划分程序进行网格划分。

③模拟计算分析：对铸件的充型过程的流场，凝固过程的温度场、应力场、流动与传热耦合进行计算。

④后处理阶段：MAGMAsoft系统经过以上两大模块处理后，得到了铸件凝固过程温度场等物理过程详尽、完整的数据。后处理模块的功能就是将这些基于时空四维空间场的物理数据构织成可视的三维图形，以直观的视觉效果揭示铸件充型、凝固过程的真实面貌，并进一步合成动画，实现充型凝固过程任意位置、任意角度的旋转、剖视功能，查看铸件缺陷的生成及分布情况。

⑤如发现工艺不合理，可返回CAD三维造型部分，修改工艺，再次进行铸造工艺过程的数值模拟分析。

13.4 MATLAB及数值分析应用

13.4.1 MATLAB软件简介

MATLAB即Matrix Laboratory(矩阵实验室)，是目前工程界最流行的软件之一。它除了提供交互式编程外，还提供矩阵运算、数据处理、图像处理等工具，这些都是进行数值建模与分析的基本工具。在MATLAB基础上的各种实用工具箱则为建模分析提供了极大的方便，这些工具包括：神经网络、小波变换、信号分析、优化设计、偏微分方程等。

MATLAB将高性能的数值计算和可视化集成在一起，并提供了大量的内置函数，从而被广泛地应用于科学计算、控制系统、信息处理等领域的分析、仿真和设计工作。利用MATLAB产品的开放式结构，可以非常容易地对MATLAB的功能进行扩充。MATLAB软件包的构成如图13.38所示。

MATLAB是MATLAB产品家族的基础，它提供了基本的数学算法，例如矩阵运算、数值分析算法，MATLAB集成了2D和3D图形功能，以完成相应数值可视化的工作，并且提供了一种交互式的高级编程语言——M语言，利用M语言可以通过编写脚本或者函数文件实现用户自己的算法。

MATLAB Compiler是一种编译工具，它能够将那些利用MATLAB提供的编程语言——M语言——编写的函数文件编译生成为函数库、可执行文件COM组件等等。这样就可以扩展 MATLAB 的功能，使 MATLAB 能够同其他高级编程语言例如 C/C++语言进行混合应用，取长补短，以提高程序的运行效率，丰富程序开发的手段。

图 13.38　MATLAB 软件包构成

利用 M 语言还开发了相应的 MATLAB 专业工具箱函数供用户直接使用。这些工具箱应用的算法是开放的、可扩展的，用户不仅可以查看其中的算法，还可以针对一些算法进行修改，甚至允许开发自己的算法扩充工具箱的功能。目前 MATLAB 产品的工具箱有 40 多个，分别涵盖了数据采集、科学计算、控制系统设计与分析、数字信号处理、数字图像处理、金融财务分析以及生物遗传工程等专业领域。

Simulink 是基于 MATLAB 的框图设计环境，可以用来对各种动态系统进行建模、分析和仿真，它的建模范围广泛，可以针对任何能够用数学来描述的系统进行建模，例如航空航天动力学系统、卫星控制制导系统、通信系统、船舶及汽车动力学系统等等，其中包括了连续、离散、条件执行、事件驱动、单速率、多速率和混杂系统等等。Simulink 提供了利用鼠标拖放的方法建立系统框图模型的图形界面，而且还提供了丰富的功能块以及不同的专业模块集合，利用 Simulink 几乎可以做到不书写一行代码就能完成整个动态系统的建模工作。

Stateflow 是一个交互式的设计工具，它基于有限状态机的理论，可以用来对复杂的事件驱动系统进行建模和仿真。Stateflow 与 Simulink 和 MATLAB 紧密集成，可以将 Stateflow 创建的复杂控制逻辑有效地结合到 Simulink 的模型中。

在 MATLAB 产品族中，自动化的代码生成工具主要有 Real-Time Workshop(RTW)和 Stateflow Coder，这两种代码生成工具可以直接将 Simulink 的模型框图和 Stateflow 的状态图转换成高效优化的程序代码。利用 RTW 生成的代码简洁、可靠、易读。目前 RTW 支持生成标准的 C 语言代码，并且具备了生成其他语言代码的能力。整个代码的生成、编译以及相应的目标下载过程都可以自动完成，用户需要做的仅仅是使用鼠标点击几个按钮即可。

MathWorks 公司针对不同的实时或非实时操作系统平台，开发了相应的目标选项，配合不同的软硬件系统，可以完成快速控制原型(Rapid Control Prototype)开发、硬件在回路的实时仿真(Hardware - in - Loop)、产品代码生成等工作。

MATLAB 的主要特点：

①高级科学计算语言。

②代码、数据文件的集成管理环境。

③算法设计开发的交互式工具。

④用于线性代数、统计、傅里叶分析、滤波器设计、优化和数值计算的基本数学函数。

⑤2D 和 3D 数据可视化。

⑥创建自定义工程师图形界面的工具。

⑦与第三方算法开发工具——C/C++，FORTRAN，Java，COM，Microsoft Excel——集成开发基于 MATLAB 的算法。

MATLAB 的功能强大，详述如下：

①最基本的功能是数学计算，利用以矩阵、向量为基本运算单元的 MATLAB 进行数学计算是加速算法开发的有效途径。MATLAB 数学计算的内容包括：线性代数和矩阵分析与变换，数据处理与基本统计，快速傅里叶变换(FFT)，相关与协方差分析，稀疏矩阵运算，三角及其他初等函数，Bessel，beta 及其他特殊函数，线性方程及微分方程求解以及多维数组的支持。

②MATLAB 提供了各种用于算法开发的工具，其中包括：

MATLAB Editor—— 该工具提供了标准的编辑、调试 M 语言算法的基本环境，例如可以在该工具中定义断点并且进行单步调试。

M - Lint Code Checker—— 该工具用于分析 M 语言代码并且向开发人员提出改善代码性能和维护性的建议。

MATLAB Profiler—— 该工具可以计算每行 M 语言代码执行消耗的时间。

Directory Reports—— 该工具扫描当前目录下所有的 M 语言，并且报告文件的代码效率、文件的相关性以及代码覆盖度等信息。

③MATLAB 提供了功能丰富的数据可视化功能函数，其中包括：2D 和 3D 绘图，包括散点图、直线图、封闭折线图(polygon)、网线图、等值线图、极坐标图、直方图等丰富多样的数据可视化手段；交互的文本注释编辑能力；提供文件 I/O 能力，用来显示绘制图形，支持多种图像文件格式如 EPS，TIFF，JPEG，PNG，BMP，HDF，AVI，PCX 等软硬件支持的 OpenGL 渲染；支持动画和声音多种光源设置、照相机和透视控制；对图形界面元素提供了交互式可编程的控制方法——句柄图形；能够打印或者导出数据图形文件到其他的应用程序中，例如 Word and PowerPoint，共享开发的结果。

④MATLAB 提供了交互式工具用于设计、修改图形窗体，在 MATLAB 的图形窗体中工程师可以完成：拖放数据集到窗体；修改图形窗体中任意对象的属性；放大、旋转、平移、修改摄

像机或者光线的位置、角度等；增加注释和数据标注；将图形窗体文件转变为 M 代码。

⑤MATLAB 提供了一种简便易用的算法开发语言——M 语言，直接利用 MATLAB 提供的基本数学、图形能力，开发工程师自定义的算法。几乎所有的 MATLAB 工具箱函数都是利用 M 语言开发的。它具有可视化的程序编辑器/调试器；语法风格类似 C 语言，容易掌握；JIT 加速器加快程序运行速度；多维向量及工程师自定义结构，以及数组、结构、元胞数组等多种数据结构；支持面向对象编程(OOP)；流程控制(for，while，if，switch)；字符变换；ASCII 及二进制文件输入/输出；灵活的开发性能够与 C，C++，FORTRAN，Java，COM 组件以及 Excel 集成使用；支持使用底层 I/O 手段获取数据，操作数据文件，并且 MATLAB 数据文件——MAT 文件——支持跨平台应用。

本节仅就 MATLAB 基础知识以及材料加工中常用的几个工具箱进行说明，如图 13.39 所示。

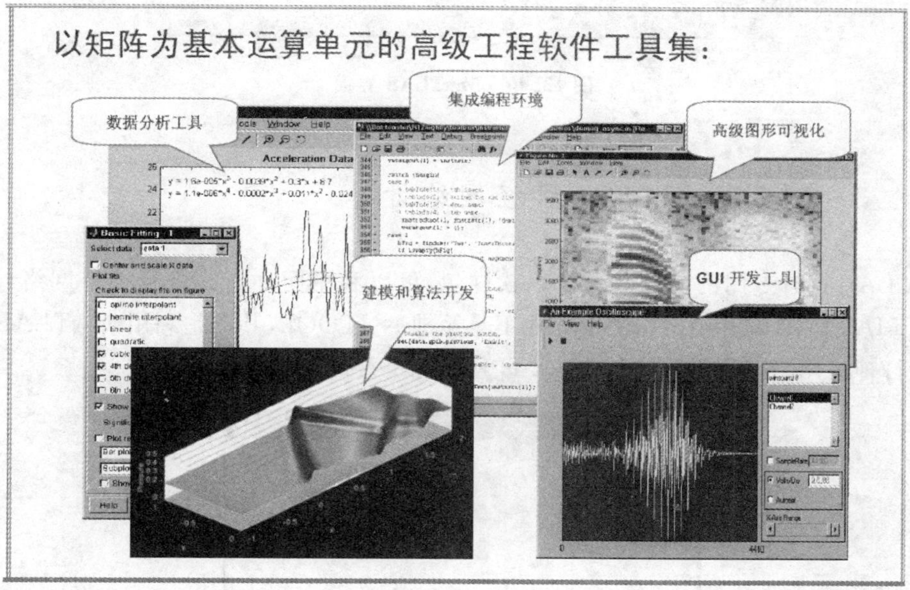

图 13.39　MATLAB 工具集

13.4.2　MATLAB 基础

打开 MATLAB 软件，其界面如图 13.40 所示。其界面包括命令窗口、工作空间、当前目录和历史命令等，其中命令窗口供输入命令对话，工作空间以矩阵的形式储存变量，当前目录表示工作时正在打开及存储的目录，历史命令则提供了用过的命令查询。

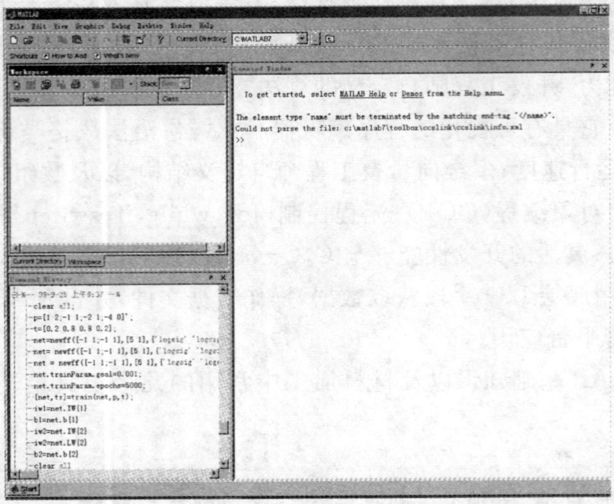

图 13.40　MATLAB 界面

13.4.3　MATLAB 用于神经网络计算

MATLAB 拥有专门的神经网络计算软件包，可以利用两种方式进行神经网络计算。其一是利用 MATLAB 的神经网络图形界面工具箱即 NNTOOL，其二是利用 MATLAB 命令行的形式进行神经网络应用编程。如图 13.41 所示是 NNTOOL 界面。

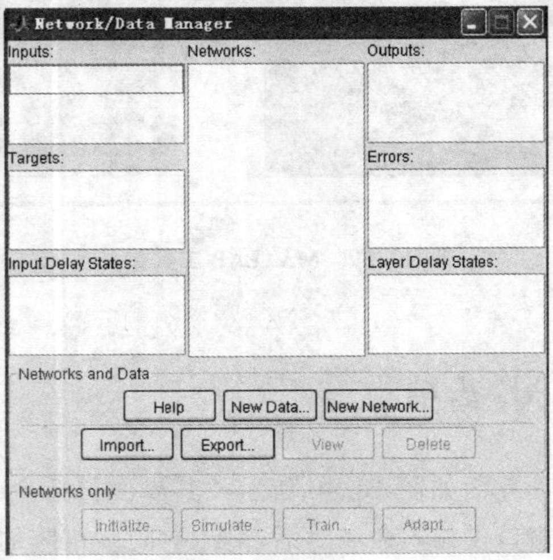

图 13.41　NNTOOL 界面

可以通过点击 New Network 来创建网络，如图 13.42 所示。可创建包括感知器，BP 网络，Hopfield，RBF 等多种常用网络。

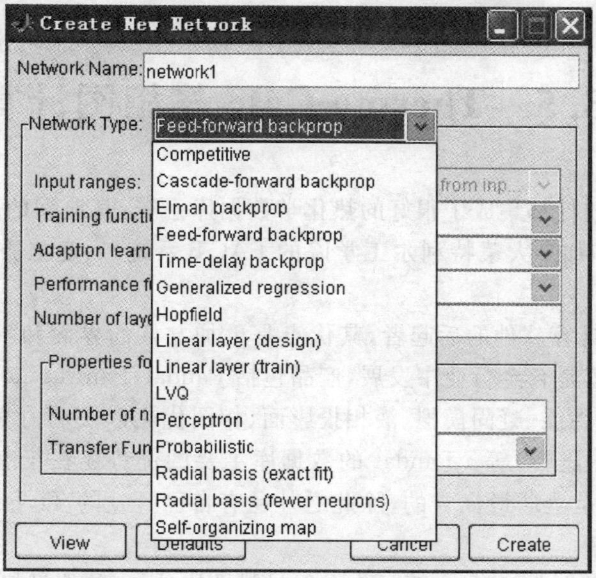

图 13.42　创建新网络

创建好的网络结构可以通过 VIEW 功能观察，如图 13.43 所示。

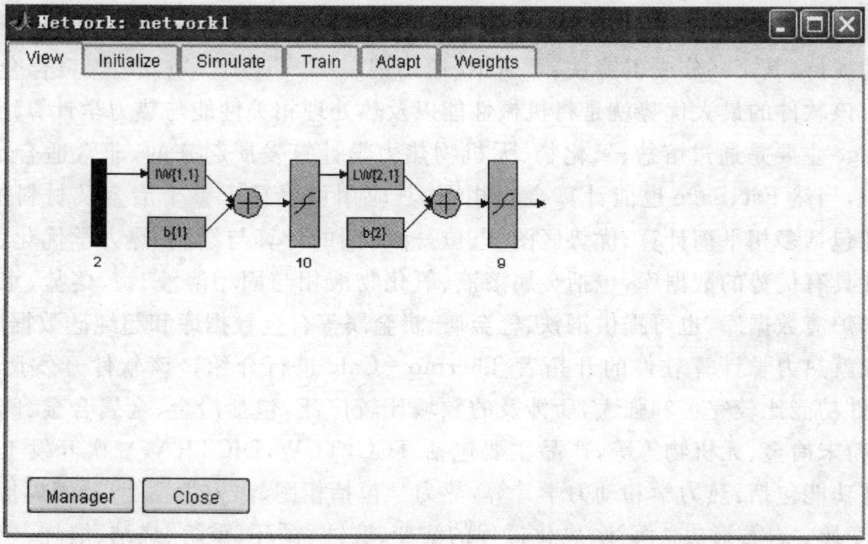

图 13.43　神经网络结构显示功能

由图 13.43 可以看出，通过 NNTOOL 可以清晰地了解网络结构，包括每一层的神经元数量，各层网络传函类型等信息。NNTOOL 还可以完成网络初始化、网络训练，以及适应性和权值等。

13.5 Thermo-Calc 与相图计算

当今的相图计算软件都集成了很好的热化学数据库系统，其典型的代表有瑞典皇家工学院的 Thermo - Calc 和加拿大蒙特利尔工学院的 FACT 系统，后起之秀有 Pandat，JMatPro，FactSage 等系统。

Pandat 是热力学计算软件的后起者，其优点是更加友好的界面和不需要计算初值，目前主要是在金属材料也就是合金行业中发展，产品包括 Pandat，PanEngine 和数据库。软件功能包括相图计算、热力学性能、凝固模拟、液相投影面、相图优化以及动力学二次开发(注意二次开发要在 C＋＋环境中进行)等。Pandat 的数据库主要的优势还在于有色金属方面，尤其是 Mg 和 Al 的数据应该是全球最优秀的，除此之外还有自己开发的 Ti，Fe，Ni，Zr 等，以及日本的 Cu 和 Solder 数据库。

JMatPro 软件定位非常新颖，主要是作金属材料性能计算(其他材料不可用)，如热力学性能、热物理性能、机械性能、热处理相关性能(CCT/TTT、淬火)。数据库和软件绑定在一起，因此没有软件和数据库之分。其软件功能有：相平衡计算、热物理性能计算、凝固性能计算、机械性能(强度、硬度、蠕变)计算、热处理相变模拟(CCT/TTT、淬火等)等，目前可为很多模拟软件提供基础材料数据(如 ANSYS，Procast，Magma 等)。由于姊妹公司 ThermoTech 的合金数据库的支持，其 Fe(分成了铸铁、不锈钢、通用钢)，Ni，Ti，Al，Mg，Zr，焊料合金等数据库较为强大。该软件的最大优势就是将机械性能以及热处理相关性能与热力学计算结合。

FactSage 主要是通过熔盐、氧化物、无机物热力学计算发展起来的，非常适合冶金、化工等行业应用，当然 FactSage 也能计算金属相图，其应用可贯穿于整个冶金及材料加工过程。其软件功能包括多相平衡计算、优势区图、电位—pH 图的计算与绘制、热力学优化、作图处理等。该软件具有优势的数据库，包括金属溶液、氧化物液相与固相溶液、锍、熔盐、水溶液等溶液数据库和炉渣数据库，也可提供钢铁、轻金属、贵金属等合金数据库和超纯硅数据库。

本书仅就热力学计算软件的开拓者 Thermo - Calc 进行介绍。该软件开发历史比较悠久，因此软件功能比较完善和强大，所涉及的领域比较广泛，包括冶金、金属合金、陶瓷、熔岩、硬质合金、粉末冶金、无机物等等，产品主要包括 TCC，TCW，DICTRA，二次开发工具和数据库。其软件功能包括：热力学和动力学计算，热力学包括相图、热力学性能、凝固模拟、液相面、热液作用、变质、岩石形成 、沉淀、风化过程的演变、腐蚀、循环、重熔、烧结、煅烧、燃烧中的物质形成、CVD 图、薄膜的形成、CVM 计算，化学有序、无序等等；动力学(DICTRA)包括扩散模拟,如合金均匀化、渗碳、脱碳、渗氮、奥氏体/铁素体相变、珠光体长大、微观偏析、硬质合金的烧结等等。Thermo－Calc 的数据库比较多,包括 Fe 基合金、Ni 基合金等等的自己开发的数据库,也有很多第三方数据库,如有色金属(Al,Mg,Ti 等)是英国 ThermoTech 的。其可用的数据库包括众多无机物数据库、陶瓷数据库、硬质合金数据库、核材料数据库等等。Thermo－Calc 软件功能强大,用户群较大,方便交流,软件扩展性能好,灵活性强,适用范围广。其缺点则是操作界面不是很友好,很难上手,动力学(扩散)数据目前不是很全,计算引擎技术滞后(主要表现在初始值方面)。

Thermo－Calc 有 DOS 版(TCC)和 Windows 版(TCW),该软件有很多模块,600 多子程序,可以完成多种平衡相图计算以及多种多组元系统的优化。其姊妹程序 DICTRA 则能够进行动力学计算。Thermo－Calc 软件包的结构如图 13.44 所示。

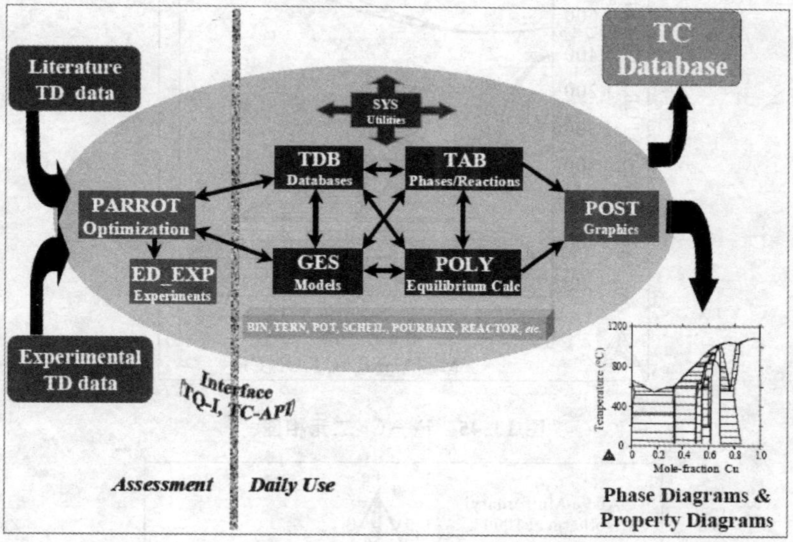

图 13.44　Thermo－Calc **软件包结构**

由于 TCC 与 TCW 所具有的功能基本一致,且 TCC 更加成熟,因此这里以 TCC 为例介绍 Thermo－Calc。TCC 有七个基本模块,它们是:

TDB,资料库管理模块;

GES,多相热力学模型处理和数据控制模块;

TAB,物相和反应的热力学性质表模块;

POLY,多组元平衡计算和绘图模块;

POST,相图与性能图后处理模块;

PARROT,实验数据评估和参数优化模块;

ED_EXP,实验点编辑和平衡计算模块。

在热力学计算中各模块互相连接,相辅相成。在不同的独立模块中有不同的工作空间。POST 模块被看做 POLY 模块的子模块,ED-EXP 模块则被认做 PARROT 的子模块。这两个"子模块"始于 POST 和 PARROT,在 POLY 和 POST 间以及 ED-EXP 和 PARROT 间有共同的空间,TAB 和 POST 模块间也有连接。

TCC 能够完成许多功能,包括稳定与亚稳相平衡的计算;熔解及凝固温度,Scheil 凝固;相中组分及组分的量;焓、热容和活度等热化学数据计算;体积、体积弹性模量等热物理性能;预测相变驱动力和转变温度等。图 13.45～图 13.47 分别列举了 TCC 能够完成的几种功能。

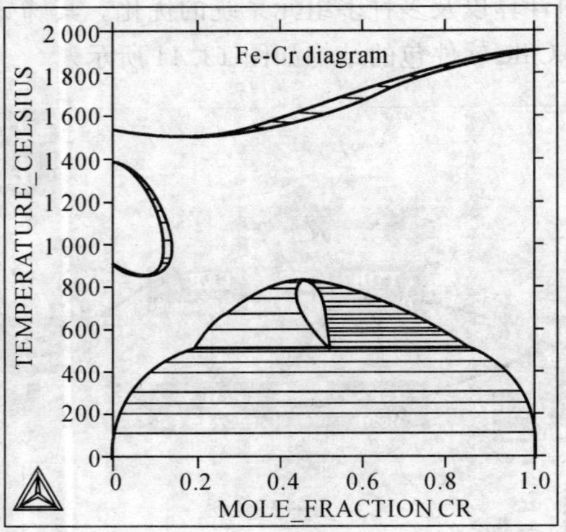

图 13.45　Fe-Cr 二元相图

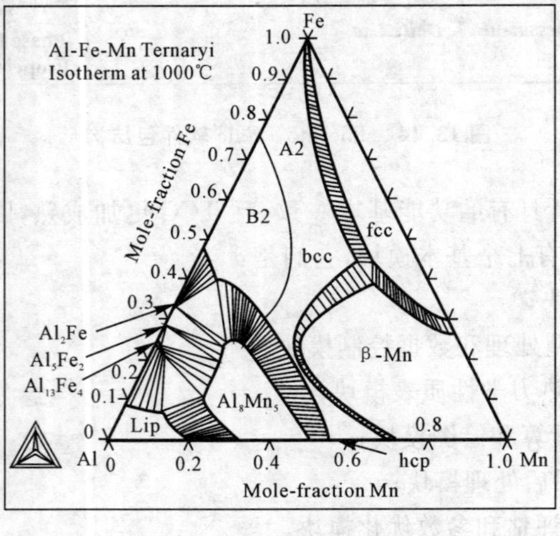

图 13.46　Al-Fe-Mn 等温相图

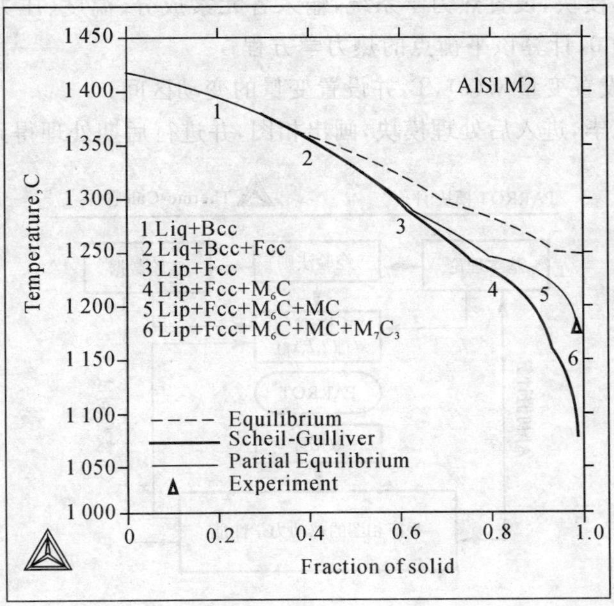

图 13.47　不同方式计算的固态相成分

Thermo－Calc 有一个十分重要的功能，就是评估描述现实系统的热力学模型参数，这已经在工业应用中用于优化材料性能、结构以及加工。软件中用于这一功能的模块是 PARROT。PARROT 是一个利用实验以及文献数据，构成、评价及优化不同的热化学以及动力学参数的一组子程序，它能够将实验数据组合并构成模型参数，判断它们的可靠性，并能够为进一步的实验提供方案，为相变模型和仿真提供基础。该方式使我们脱离了试错法，不但能够提供稳定相的数据，还能够提供亚稳相的化学势以及驱动力数据。数据优化的方式如图 13.48 所示。

Thermo－Calc 能完成的最基本功能是相图计算，我们以 Fe，C 二元相图的生成说明其操作。

在相图计算中首先要选择模块，一般以 POLY 模块作为相图计算的主要模块，由于是二元相图，因此也可选择 BIN 二元相图计算模块。同样，数据库的选择可以是 TCFE 铁基合金数据库或者 PBIN 二元数据库。我们在例子中利用 POLY 模块，TCFE 数据库。其具体操作过程如下：

首先确定 C 元素的成分含量，进入 Thermo－Calc 软件。

之后进入热力学数据库模块，输入 Fe，C 元素，排除冗余的相，获得热力学数据，在这里我们排除了 HCP_A3，DIAMOND_FCC_A4，RAPHITE FE4N_LP1，FECN_CHI 四相，但未排除石墨相。步骤如下：

进入热力学计算模块，设置热力学系统，输入各元素成分、温度、压力等热力学系统参数，确保系统的自由度为0，计算该平衡点的热力学方程；

分别为 X，Y 轴设置变量 w(c)，T，并设置变量的变动区间；

相图平衡计算完毕，进入后处理模块，画出相图，并进行后期处理得到所需的相图。

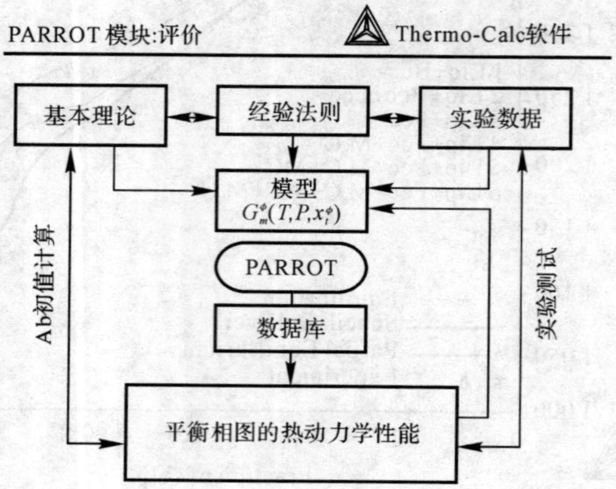

图 13.48 PARROT 参数优化

所绘出的相图如图 13.49 所示。

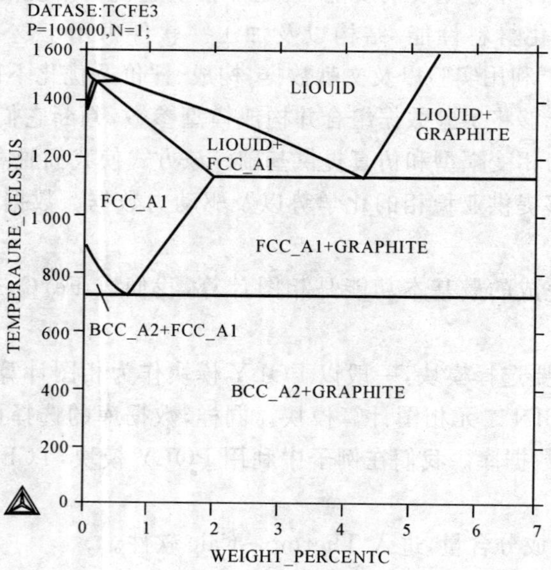

图 13.49 铁-石墨相图

由图 13.49 可以看出，该相图与我们常用的 Fe－Fe3C 相图有很大区别，这是我们计算中在确定体系去除相时保留了 GRAPHITE 也就是石墨相，而该相比 Fe3C 相更为稳定，所以我们得到了铁-石墨相图，若想得到 Fe－Fe3C 相图，则需要去除石墨相。图 13.50 所示为去除石墨相后的计算结果，与我们常见的 Fe－Fe3C 相图相同。

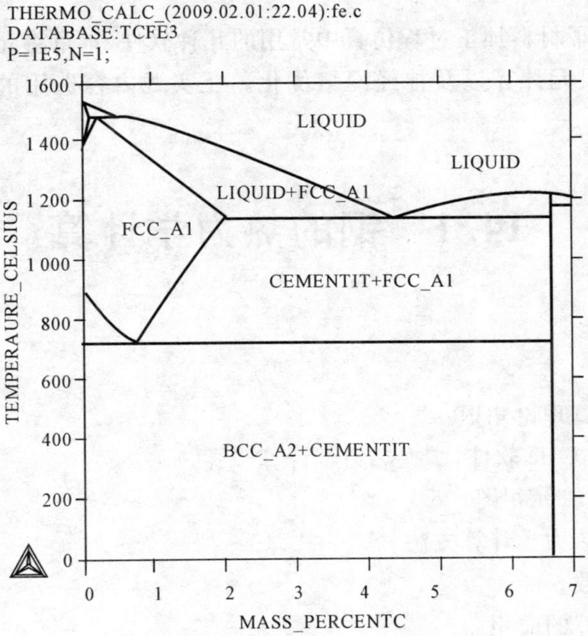

图 13.50　Fe－Fe3C 相图

复习思考题

13－1　尝试用 MARC 软件对 13.1 节中的算例进行计算，体会两种软件的计算过程与计算结果的异同。

13－2　对于焊接问题建模究竟是大变形问题还是小变形问题一直存在争议，试改变设置的条件分析 13.1 节中的算例，体会两个假设建模的不同。

13－3　尝试利用 PBIN 数据库以及 BIN 模块计算铁-石墨相图以及 Fe－Fe3C 相图，体会相图计算的不同途径。

13－4　MATLAB 被形容为一句语句抵 C 语言 100 句，试通过编程计算 14.1 节温度场基础上的组织场来体会 MATLAB 在解决工程问题上的高效率（编程方法参照 9.3 节）。

13－5　体验一下不同边界条件对温度场计算的影响。

第14章 上机实践

上一章我们介绍了材料加工过程仿真中常用的几种软件，本章将介绍一些上机实践内容，包括热力学计算、有限元计算以及神经网络优化。在实践内容选用的软件上尽量使用通用软件。

14.1 钢的热力学计算

1. 实验目的

①巩固热力学计算理论知识。

②了解 Thermo - Calc 软件，掌握热力学计算步骤。

③计算铁-碳合金二元相图。

④了解多元合金热力学计算方法。

⑤计算相质量分数。

⑥了解热力学计算的应用。

2. 实验原理

相图被称为材料设计的索骥图，相图计算则是材料设计的基础，是在前人收集、总结热力学数据的基础上发展形成的一门新的介于热力学、相平衡和计算机科学间的交叉学科。相图计算方法根据所研究体系中各相的特点，即热力学性质、相平衡数据、晶体结构、磁性、有序—无序转变等信息为一体，建立描述体系中各相的热力学模型和相应的自由能表达式，其中的可调参数通过实测的热力学和相图数据经过优化计算获得或用各种经验方法估算，最后根据多元多相平衡的热力学条件计算相图，最终获得具有热力学自洽性的相图。

Thermo - Calc 软件是一个热力学计算软件包，它可以计算多种热力学问题，包括相图计算、相质量分析以及各种热力学参数计算等。

多组元合金体系中平衡相的计算：在不同温度条件下合金系统中的稳定相及其组成是根据平衡时系统的吉布斯能最小原理来确定的，将钢的各元素含量及温度参数输入 Thermo - Calc 软件，计算时输入条件数值保持不变，只改变一种元素含量或温度参数，考察其作用及影响规律。

3. 实验设备

①Thermo-Calc 软件(TCC 版)。

②计算机。

4. 实验内容

①利用 Thermo-Calc 软件计算 Fe-C 相图。

②利用 Thermo-Calc 软件计算合金钢相图,说明合金元素对相图的影响。

③计算合金钢相质量分数。

5. 实验步骤

(1) Fe-C-Cr 系 Cr 含量为 13%时相图计算

①确定 C,Cr 元素的含量,然后进入 Thermo-Calc。

②进入热力学数据库模块,输入 Fe,C,Cr 元素,排除冗余的相,获得热力学数据。

③进入热力学计算模块,设置热力学系统,输入各元素成分、温度、压力等热力学系统参数,确保系统的自由度为 0,计算该平衡点的热力学方程。

④分别为 X,Y 轴设置变量 w(c),T,并设置变量的变动区间,利用步骤③中的热力学方程在 X,Y 轴进行二维扩展计算得到相图数据。

⑤进入后处理模块,画出相图,并进行后期处理得到所需的相图。

(2)Fe-C-Mn-Ni-Si 系在某固定成分相图计算

在上述实验内容中熟悉了使用 Thermo-Calc 进行相图计算的基本步骤,下面实验中将使用更加高效的 Thermo-Calc 功能。

①直接进入热力学计算模块,在 POLY_3 模块中完成定义材料、输入元素、排除冗余的相、获得热力学数据、热力学计算等的步骤。

②进入后处理模块,画出相图,并进行后期处理得到所需的相图。

(3)高速钢相质量分数计算

①进入 POLY 模块,定义体系各元素及含量,起始平衡点温度。

②定义横、纵轴分别为温度及相质量分数,并设定横轴范围。

③绘制相质量分数图。

6. 实验结果

①Fe-C-Cr 系 Cr 含量为 13%时相图如图 14.1 所示。

②Fe-C-Mn-Ni-Si 系在某固定成分相图如图 14.2 所示。

③高速钢相质量分数如图 14.3 所示。

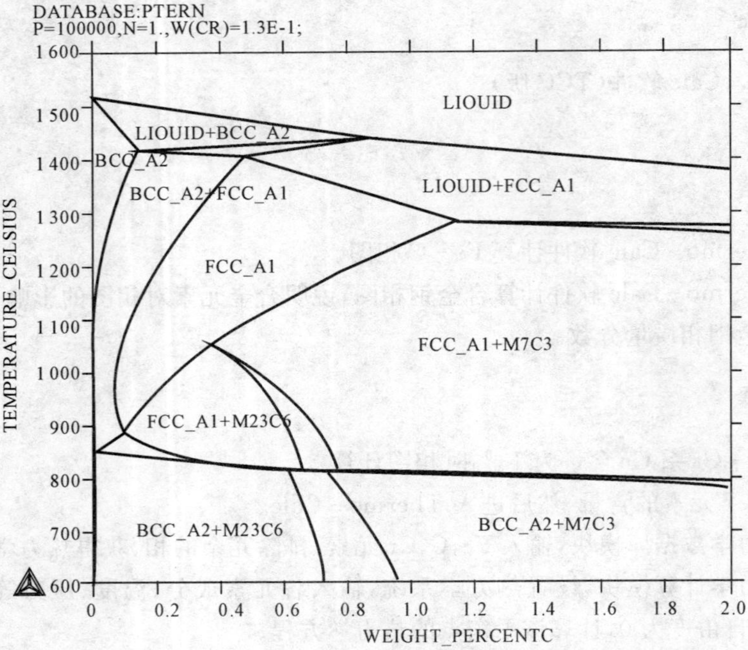

图 14.1 Fe－C－Cr 系相图

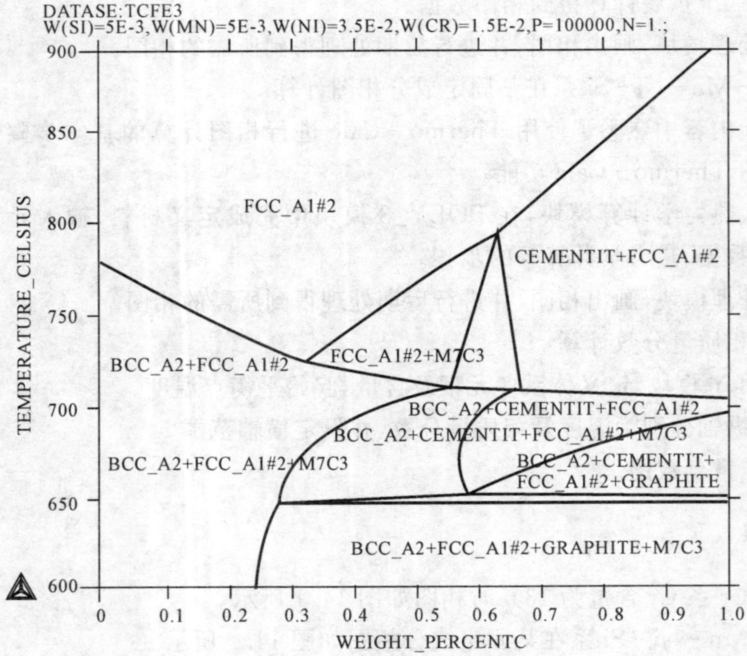

图 14.2 Fe－C－Mn－Ni－Si 系相图

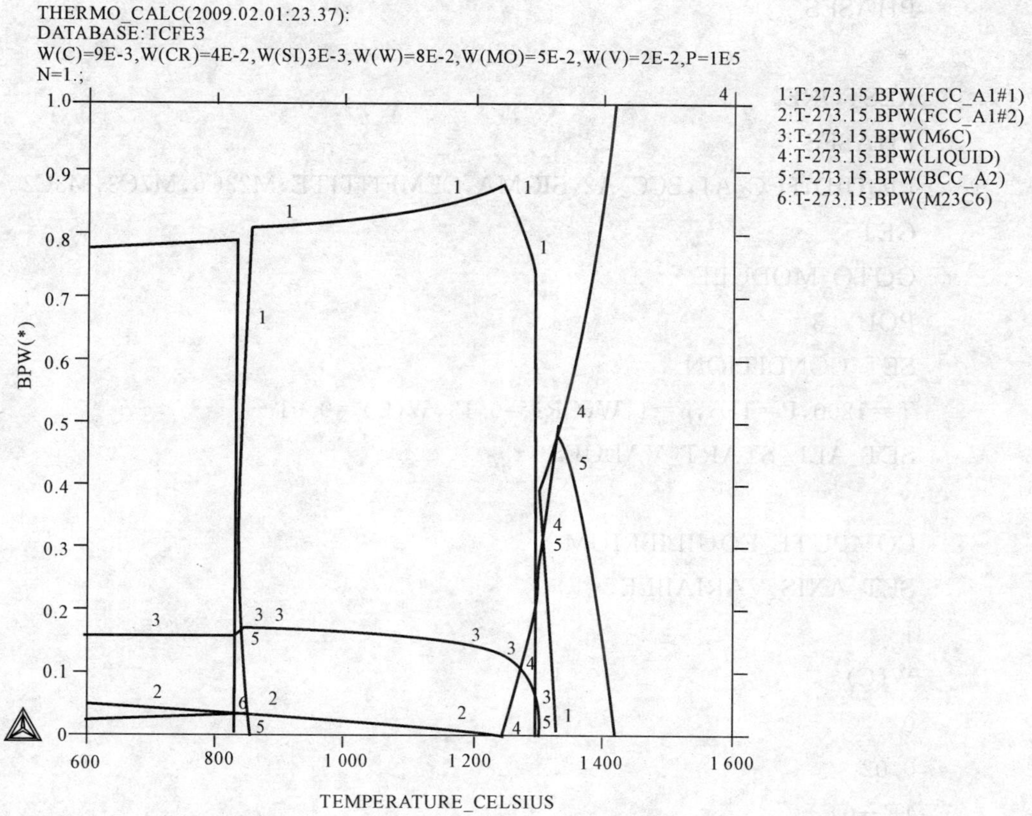

图 14.3　高速钢相质量分数

7. 源程序代码

(1)Fe－C－Cr 系相图计算

```
GOTO_MODULE
DATABASE
SWITCH_DATABASE
PTERN
DEFINE_SYSTEM
FE C CR
LIST_SYSTEM
PHASES
REJECT
```

```
PHASES
*
RESTORE
PHASES
LIQUID,FCC_A1,BCC_A2,SIGMA,CEMENTITE,M23C6,M7C3,M3C2
GET
GOTO_MODULE
POLY_3
SET_CONDITION
T=1200,P=1E5,n=1,W(CR)=0.13,W(C)=0.01
SET_ALL_START_VALUES
Y
COMPUTE_EQUILIBRIUM
SET_AXIS_VARIABLE
1
W(C)
0
0.02
1E-04
SET_AXIS_VARIABLE
2
T
0
2000
20
SAVE FE-CR-C
Y
MAP
POST
SET_TITLE FE-CR-C

PLOT
```

```
SCREEN
SET_COLOR
FOREGROUND
FOREGROUND
FOREGROUND
FOREGROUND
PLOT
SCREEN
SET_DIAGRAM_AXIS
X
WEIGHT_PERCENT
C
SET_DIAGRAM_AXIS
Y
TEMPERATURE_CELSIUS
PLOT
SCREEN
SET_SCALING_STATUS
X
N
0
2
SET_SCALING_STATUS
Y
N
600
1600
PLOT
SCREEN
ADD 1.0 1000
Y
.3632900119
```

```
ADD 1 1520
Y
.3632900119
ADD 0.12 1350
Y
.3632900119
ADD 0.9 1350
Y
.3632900119
ADD 0.2 900
Y
.4
ADD 0.02 1400
Y
.3632900119
ADD 1.0 700
Y
.3632900119
ADD 0.35 1250
Y
.3632900119
ADD 0.011 700
Y
.3632900119
ADD 0.155 1450
Y
.3632900119

PLOT
SCREEN

SET_COLOR
FOREGROUND
BLUE
```

```
BLUE
BLUE

SET_AXIS_LENGTH
X
15

PLOT
SCREEN
```

(2)Fe－C－Mn－Ni－Si 系在某固定成分相图计算

```
GOTO_MODULE
POLY_3
DEFINE_MATERIAL    @@定义材料
TCFE3
FE
Y
C
1
SI.5
MN.5
NI 3.5
CR 1.5

1000
1000
NONE
NONE
Y
N
LIST_EQUILIBRIUM
SCREEN
VWCS

SET_AXIS_VARIABLE    @@设置轴变量
```

```
1
W(C)
0
.01
1E-4
SET_AXIS_VARIABLE
2
T
700
1300
15
SAVE FE-CR-MN-NI-SI-C
Y
MAP
POST   @@进入后处理模块
SET_TITLE FE-CR-MN-NI-SI-C
PLOT
SCREEN

SET_DIAGRAM_AXIS
X
WEIGHT_PERCENT
C
SET_DIAGRAM_AXIS
Y
TEMPERATURE_CELSIUS
PLOT
SCREEN
SET_SCALING_STATUS
X
N
0
1
PLOT
```

```
SCREEN

SET_SCALING_STATUS
Y
N
600
900

SET_TITLE FE-CR-MN-NI-SI-C
PLOT
SCREEN
ADD_LABEL_TEXT
0.2
820
Y
.34375

ADD_LABEL_TEXT.3 630
Y
.34375

ADD_LABEL_TEXT
0.4
730
Y
.34375

ADD_LABEL_TEXT
0.01
730
Y
.34375

ADD_LABEL_TEXT
```

```
0.68
800
Y
.34375

ADD_LABEL_TEXT
0.03
670
Y
.34375

ADD_LABEL_TEXT
0.6
690
Y
.34375

ADD_LABEL_TEXT
0.35
680
Y
.34375

ADD_LABEL_TEXT
0.7
660
Y
.34375

SET_COLOR
FOREGROUND
BLUE
```

```
BLUE
BLUE

SET_AXIS_LENGTH
X
15

SET－TITLE FE－CR－MN－NI－SI－C
PLOT
SCREEN
```

(3)高速钢相质量分数

```
Go p－3
Def－dia
tcfe3
fe
c. 9 cr 4 si. 3 mn. 3 w 8 mo 5 v 2
1000
None
None
Y
N
1
600
1600
8
Xzlfs
plot
```

8. 讨论题

①相图计算的原理。

②根据计算结果讨论铁-碳合金二元相图。

③依照相图及相质量分数说明所计算高速钢的最佳淬火温度。

14.2 ANSI4140 钢端淬温度场仿真实验

1. 实验目的

①理解有限元计算原理。

②熟悉有限元软件结构及操作。

③学会利用大型软件进行温度场计算。

④ 学会分析有限元计算结果。

⑤理解热处理过程中多场耦合的计算依据。

2. 实验原理

热处理过程是一个复杂过程,它包括了温度场、组织场及形变场三个方面及其间相互作用。在淬火过程中组织及应力状态既和目前的温度场状态有关,又和温度场变化的历史有关。相变依赖于温度场变化。有限元软件在材料的热一力耦合分析中,材料的各种热力属性均能定义为时间与温度的常数,淬火过程中工件温度变化如下所示:

$$T(t)=A\exp(-\alpha t)+B \tag{14.1}$$

3. 实验设备

①MARC 软件 2005 R3 版。

②MS office 软件。

③计算机。

4. 实验内容

①问题说明:端淬实验,一直径 1 in(in=2.54 cm),长 3 in 的圆棒,材料为 ANSI4140 钢(相当于我国钢号 42CrMo),初始温度 1 550℉,端部淬火到室温即 71℉。

②材料特性是温度与时间的函数,热导率参数如图 14.4 所示,热容参数如图 14.5 所示,图中横轴为温度变化(℉),纵轴为材料热学系数变化(均为英制单位)。材料密度0.28 lb/in^3。之所以本实验采用英制单位,是因为随着对外交流的深入,与英、美等采用英制标准的国家技术交往日多,学一些英制单位有利于这些工作的开展。

③冷却:淬火顶端强制对流,圆棒表面自由对流,淬火装置顶端与圆棒完全绝热,水冷热传递系数为 9.421×10^{-3} Btu/℉ · in^2,空冷热传递系数为 $5.594\,1\times10^{-6}$ Btu/℉ · in^2。

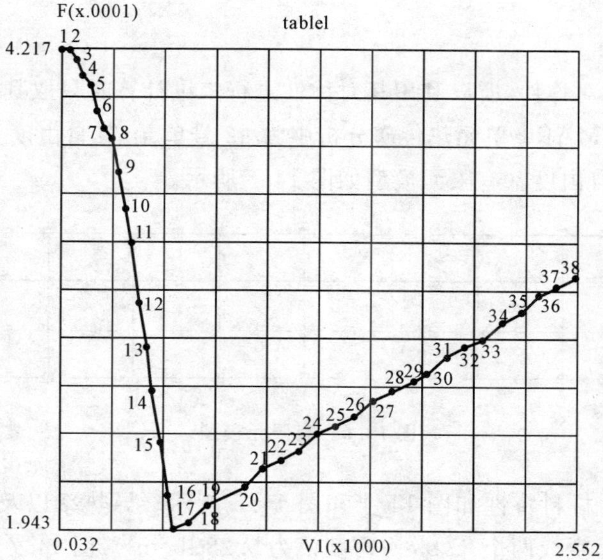

图 14.4　材料热导率随温度变化

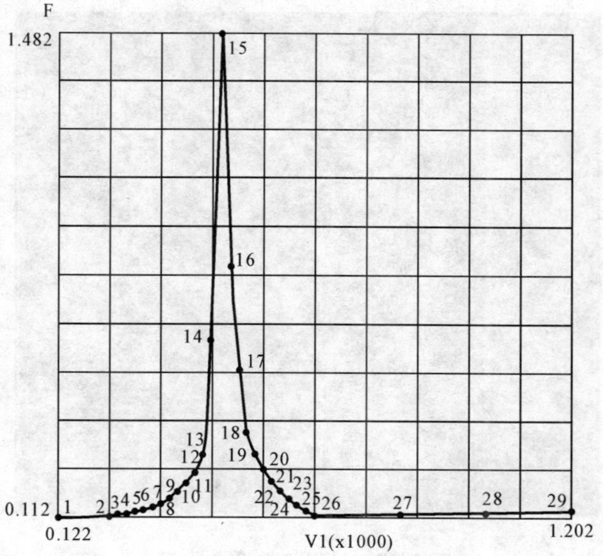

图 14.5　材料热容随温度变化

5. 实验步骤

①建模：因为是轴对称件，所以利用其对称性进行二维计算时只取其上半部。其单元采用 8 节点 4 边形单元，在 MARC 单元热传递分析中为 42 号单元，其自由度为 1，即温度。应力分析为 28 号单元，两个自由度。有限元模型如图 14.6 所示。

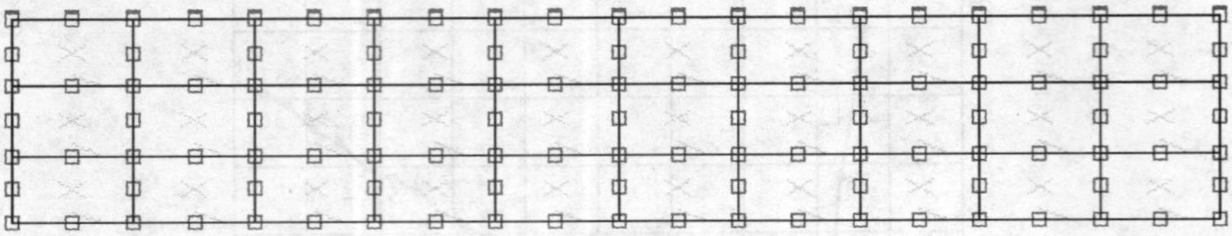

图 14.6 有限元模型

②材料特性设置：材料特性如图 14.4 和图 14.5 所示。导热率以及热容可以利用 Excel 表生成后导入 MARC，生成两个 Table。密度设为 0.28 lb/in^3。图 14.7 所示为材料特性设置界面。可以看出材料热导率执行表 heatr，即图 14.4 所示的关系，热容执行表 heatcap，即图 14.5 所示的关系。

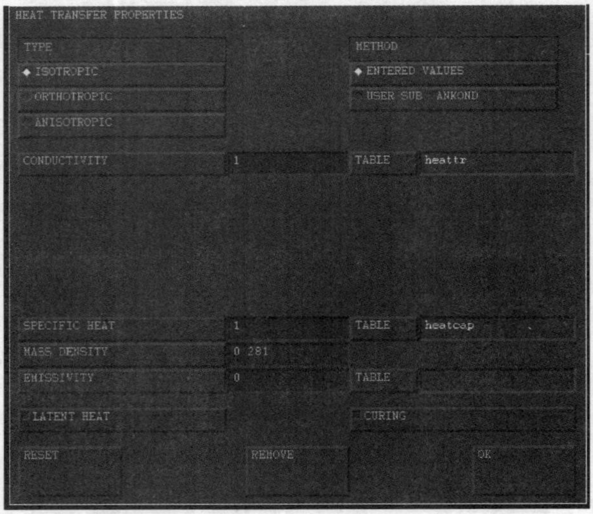

图 14.7 材料特性设置界面

③边界条件：热分析边界条件共有两个，一个是强制水冷端的水冷热传递系数 9.421×10^{-3} Btu/℉·in^2，另一个是柱面上的空冷热传递系数 5.5941×10^{-6} Btu/℉·in^2，如图 14.8 所示。

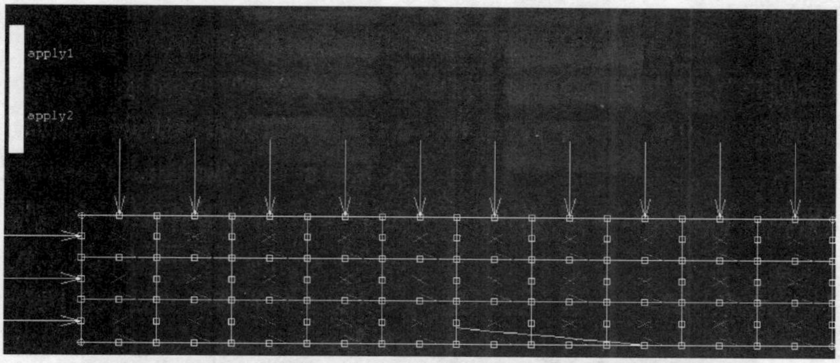

图 14.8　边界条件

④定义热分析初始条件为 1 550℉，如图 14.9 所示。

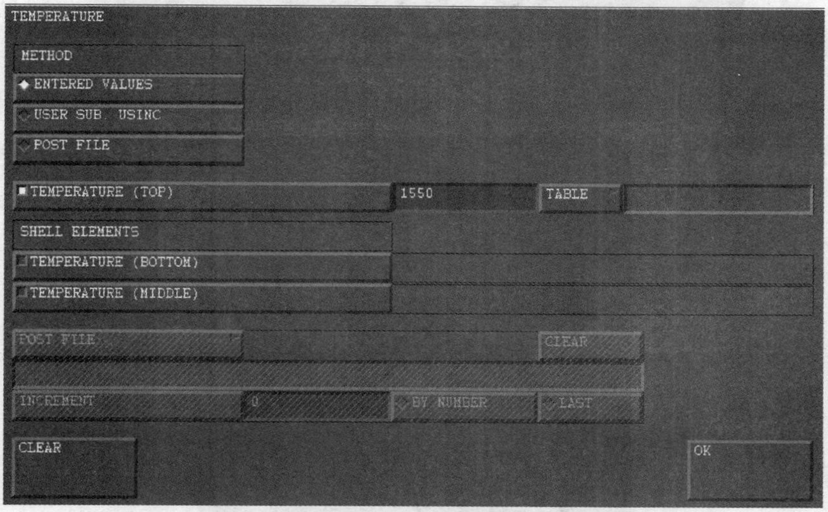

图 14.9　初始条件

⑤定义热分析工况，如图 14.10 所示。

⑥定义热分析作业并提交运算，退出号为 3004，表示计算完毕，正常退出，如图 14.11 所示。

⑦热分析后处理，分别采用云图和温度—时间曲线表示温度场，如图 14.12，图 14.13 所示。

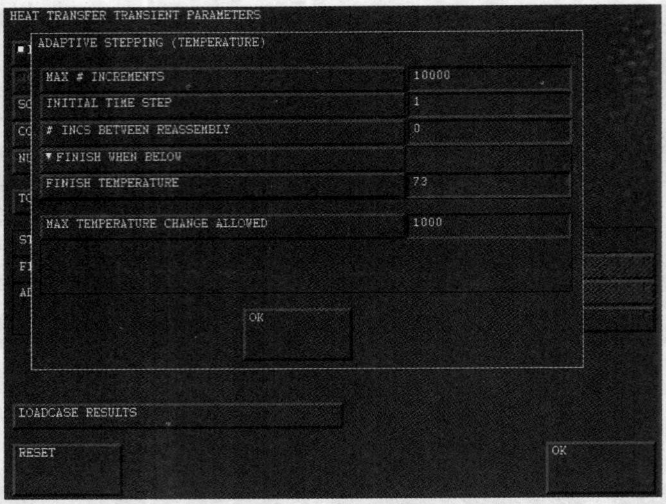

图 14.10 热分析工况

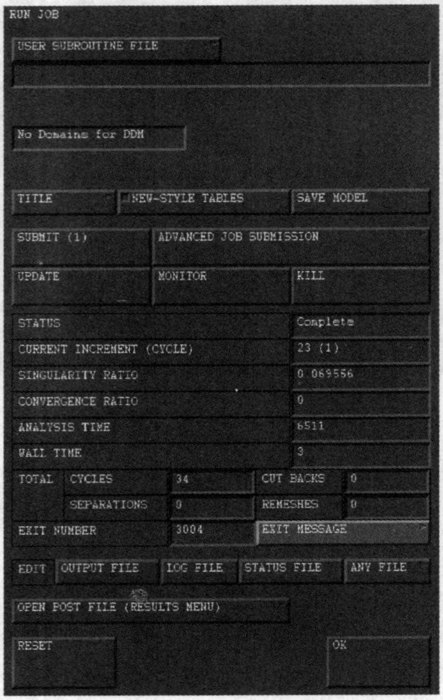

图 14.11 热分析作业

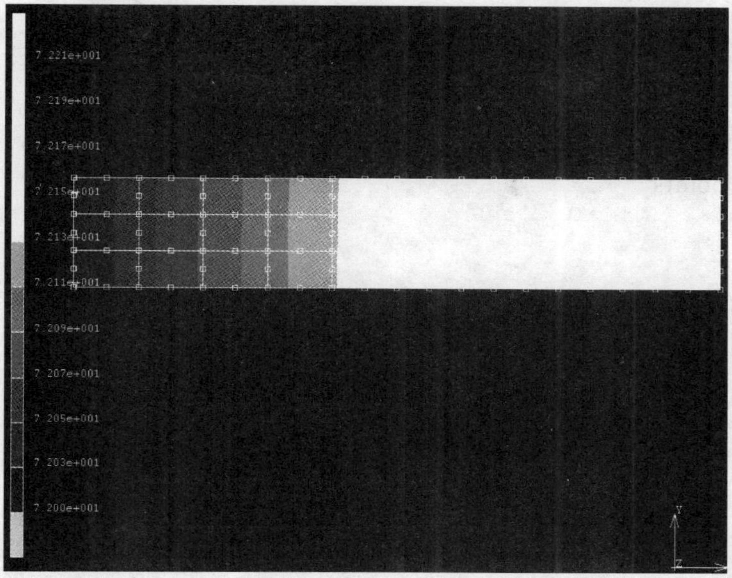

图 14.12 最终温度场云图

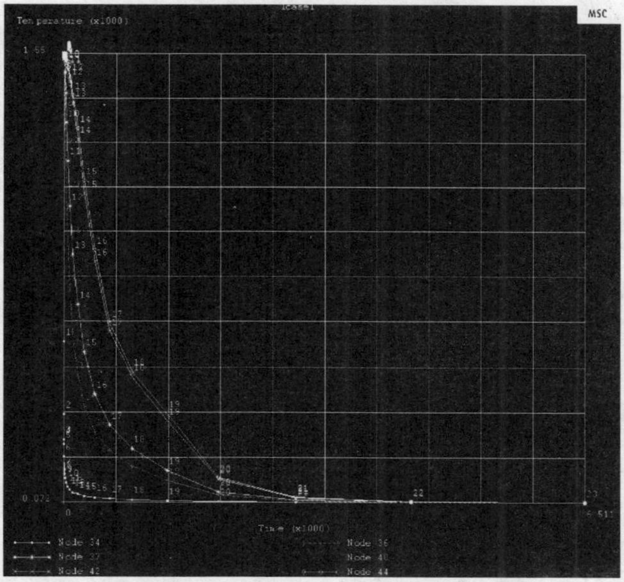

图 14.13 不同点的时间—温度曲线

6. 源代码

建模

```
*fill_view
*add_points
0 0 0
3 0 0
3 0.5 0
0 0.5 0
*fill_view
*add_surfaces   生成面
1
2
3
4
*set_convert_divisions    划分网格
10 3
*convert_surfaces
1
# | End of List
*set_change_class quad8      换节点类型
*change_elements_class
all_existing
*sweep_all
                                    设置材料性质
*new_material
*material_type heat
*material_value heat:specific_heat
1
*material_value heat:mass_density
0.281
*copy_from_clipboard
*set_md_table_type 1
```

```
temperature
 * table_name          设置导热系数表
conduct
 * copy_from_clipboard
 * set_md_table_type 1
temperature
 * table_name            设置热容表
heatspec
 * material_type heat
 * material_param_table heat:conductivity
conduct
 * material_param_table heat:specific_heat
heatspec
 * add_material_elements
all_existing
                                        初始条件
 * icond_type temperature
 * icond_dof t  * icond_dof_value t
1550
 * add_icond_nodes
all_existing
                                        边界条件
 * new_apply
 * apply_name
film1
 * apply_type edge_film
 * apply_dof h  * apply_dof_value h
 * apply_dof_value h 5.5941e-6
 * apply_param_value temp_inf 72
 * add_apply_edges
51:2 52:2 53:2 54:2 55:2 56:2 57:2 58:2 59:2 60:2
# | End of List
 * new_apply
 * apply_name
```

```
film2
 * apply_type edge_film
 * apply_dof h  * apply_dof_value h
 * apply_dof_value h 9.412e－3
 * apply_param_value temp_inf 72
 * add_apply_edges
31:3 41:3 51:3
# | End of List
```

设置路径

```
 * identify_applys  * regen
 * loadcase_type transient_heat
 * loadcase_value dt_error
1
 * loadcase_value time
10000
 * loadcase_option stepping:time_heat
 * loadcase_value maxinc
10000
 * loadcase_value inittime
1
 * loadcase_option finish:below
 * loadcase_value temp_finish
73
 * loadcase_value dt_allowed
100
 * job_class heat
 * add_job_loadcases lcase1
 * add_post_var temperature
 * job_option dimen:two
 * check_job
 * identify_classes  * regen
 * identify_types  * regen
```

```
* identify_none * regen
```

计算

```
* update_job
* submit_job 1 * monitor_job
* monitor_job
```

后处理

```
* post_open_default
* post_contour_bands
* set_history_nodes
34 36 38 40 44
# | End of List
* history_collect 0 999999999 1
* history_add_var
Increment
Temperature
* history_fit
* history_clear
* history_add_var
Time
Temperature
* history_fit
* set_history_increment_id
10
* history_filled
* history_unfilled
* save_model
* show_model
* set_nodes off
* redraw
```

7. 讨论题

如何利用所计算温度场分析材料端淬组织？

14.3 神经网络预测结构钢性能

1. 实验目的

①理解神经网络计算原理。
②熟悉 MATLAB 软件神经计算工具包结构及操作。
③学会利用 BP 网络进行材料性能预测的方法。
④学会分析性能预测结果。

2. 实验原理

力学性能受钢组织结构和加工过程的影响,是一个影响因素较多的量,其影响因素包括材料的成分以及热处理工艺(淬火、回火温度及时间)。神经网络模型具有较好的学习精度和概括性,能够较好地预测结构钢的力学性能。

反向传播算法(Back-Propagation Algorithm)是目前应用最广、最具影响的人工神经网络学习算法之一。它不仅能高精度地处理非线性数据,而且对处理数据有记忆功能,可以通过调整网络状态来接受新的实验数据。

3. 实验设备

①MATLAB 软件。
②计算机。

4. 实验内容

①问题说明:G50 钢,其化学成分(质量分数)为:C 2.28,Ni 4.44,Cr 0.96,Mo 0.62,Mn 0.73,Si 1.94,Nb 0.031,P 0.000 2,O 17×10^{-6},N 20×10^{-6}。成分及热处理条件决定了其性能,即变化的 10 个因素:钢中 C,Si,Mn,Ni,Cr,Mo,Nb 的含量以及淬火温度、回火温度、回火时间。被决定的钢的力学性能 6 个指标:抗拉强度 σ_b(MPa)、屈服强度 $\sigma_{0.2}$(MPa)、延伸率 δ(%)、面缩 Ψ(%)、冲击值 a_{ku}(J/cm^2)以及硬度 HRC。

②实验数据共 15 组,要求用其中一些组数据建立一个映射,能够准确预测另外一些组数据。

③实验数据如表 14.1 所示。

表 14.1　G50 钢成分、工艺及性能

钢的成分							热处理工艺			力学性能实验值					
C	Si	Mn	Ni	Cr	Mo	Nb	淬火温度	回火温度	回火时间	σ_b	$\sigma_{0.2}$	δ	Ψ	a_{ku}	HRC
0.26	2.06	0.53	4.56	1.05	0.00	0.038	900	200	2.0	1 701	1 371	11.8	60.3	118	47.7
0.25	1.79	0.50	4.57	1.38	0.00	0.036	900	200	2.0	1 673	1 260	13.8	56.0	100	48.0
0.27	1.97	0.55	4.86	1.36	0.00	0.039	900	200	2.0	1 664	1 249	14.6	60.0	87	45.0
0.29	1.70	1.81	1.59	1.57	0.85	0.006	820	510	5.0	1 610	1 244	11.9	41.4	27	45.7
0.29	1.70	1.81	1.59	1.57	0.85	0.006	950	300	2.0	1 684	1 276	8.7	31.4	79	46.3
0.33	1.18	0.74	1.09	2.94	0.68	0.005	820	480	3.0	1 647	1 095	11.0	40.6	42	44.3
0.27	1.84	0.74	4.39	1.01	0.62	0.040	860	300	2.0	1 810	1 470	13.0	62.0	89	50.0
0.26	2.03	0.70	4.35	1.08	0.63	0.040	900	200	2.0	1 790	1 410	13.0	57.0	83	49.0
0.35	2.02	0.52	2.45	1.07	0.01	0.003	900	200	2.0	1 717	1 319	11.3	47.9	54	49.3
0.26	2.03	0.70	4.35	1.08	0.63	0.040	870	200	2.0	1 755	1 415	14.8	53.2	118	48.5
0.28	1.94	0.73	4.44	0.96	0.62	0.031	900	200	1.0	1 829	1 378	14.0	55.9	75	50.5
0.28	2.00	0.63	4.36	1.04	0.66	0.03	860	300	2.0	1 830	1 500	13.3	62.3	58	50.7
0.28	1.94	0.73	4.44	0.96	0.62	0.031	850	300	2.0	1 825	1 500	12.5	62.5	67	51.2
0.26	1.93	0.57	4.61	1.06	0.00	0.04	900	200	2.0	1 668	1 230	13.0	51.0	109	46.0
0.27	1.84	0.74	4.39	1.01	0.62	0.04	900	200	2.0	1 820	1 430	13.0	59.0	93	50

注：表中成分单位均为%，温度单位℃，时间单位 h，强度单位 MPa，延伸率、面缩单位%，冲击值单位 J/cm^2，硬度 HRC。

5. 实验步骤

①训练样本选取：选取前 12 组数据进行网络训练，将后三组数据作为测试数据。

②数据归一化：需对输入输出进行归一化处理，即将数据映射到[0,1]区间。目的是为了使各变量的重要性处于同等地位，减轻网络训练的难度。采用的归一化公式如下：

$$X'=0.1+(0.9-0.1)\times(X-X_{min})/(X_{max}-X_{min}) \tag{14.2}$$

式中，X'为 X 的归一化处理后的结果。X_{max} 和 X_{min} 分别是实验数据 X 中的最大值和最小值。

应用训练好的网络进行预测和仿真，需对模拟数据进行反归一化处理，其公式为

$$X=(X'-0.1)\times(X_{max}-X_{min})/(0.9-0.1)+X_{min} \tag{14.3}$$

式中，X 为 X'反归一化处理的数值。

归一化采用 MATLAB，把每项指标数据作为一个数组，按式(14.2)进行归一化处理，以 C 含量为例，归一化后数据为

C=(0.18 0.1 0.26 0.42 0.42 0.74 0.26 0.18 0.9 0.18 0.34 0.34 0.34 0.18 0.26)

③创建网络：网络为 BP 网络，结构 10×18×6，输入为成分与工艺，输出为性能。创建网络使用 NNTOOL，创建过程如图 14.14 所示，网络结构如图 14.15 所示。

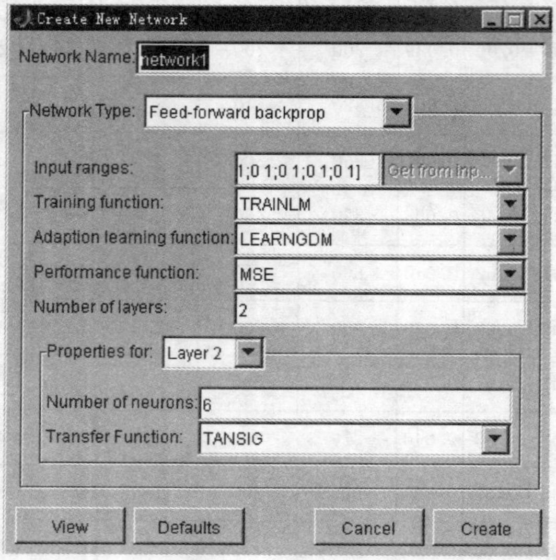

图 14.14　创建网络

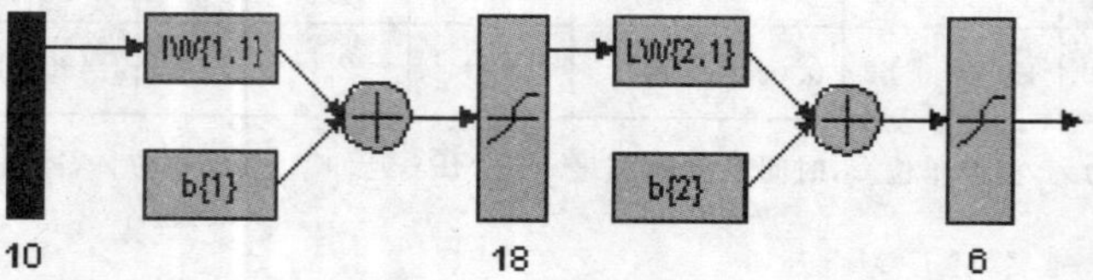

图 14.15　网络结构

由图 14.14，14.15 可见，所用传函都是 TANSIG。

④训练网络：如图 14.16 所示，将参数输入进行网络训练。训练误差性能曲线如图 14.17 所示。

⑤网络仿真：如图 14.18 所示。在训练网络时用到了前 12 组数据，以后 3 组数据进行仿真，验证网络的预测能力。

仿真结果存储于变量 a 中，可通过 VIEW 命令观察，如图 14.19 所示。

⑥导出 a 至 MATLAB workspace，按式(14.3)反归一化，得到数据如表 14.2 所示。

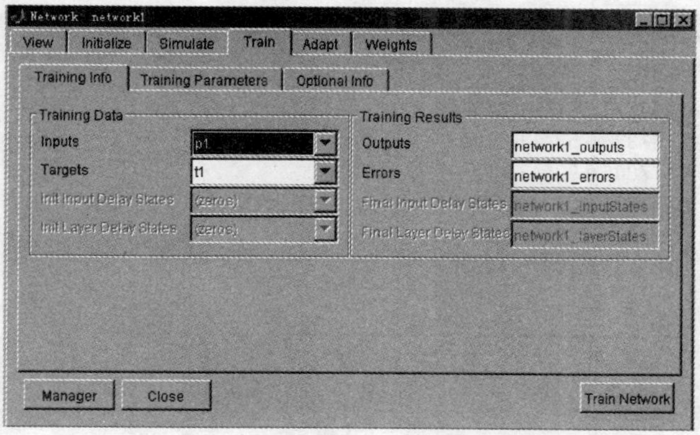

图 14.16 训练网络

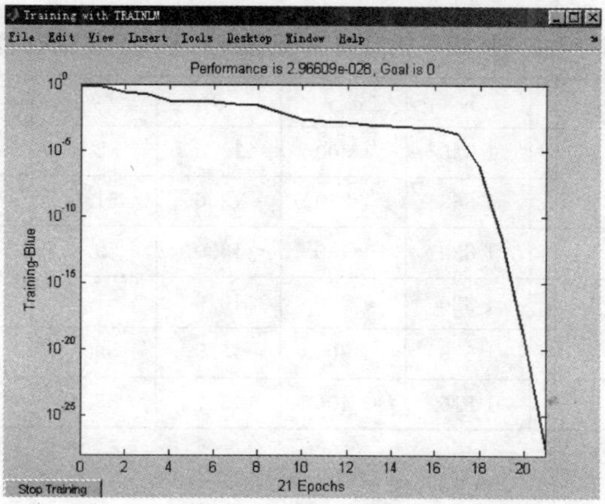

图 14.17 训练误差性能曲线

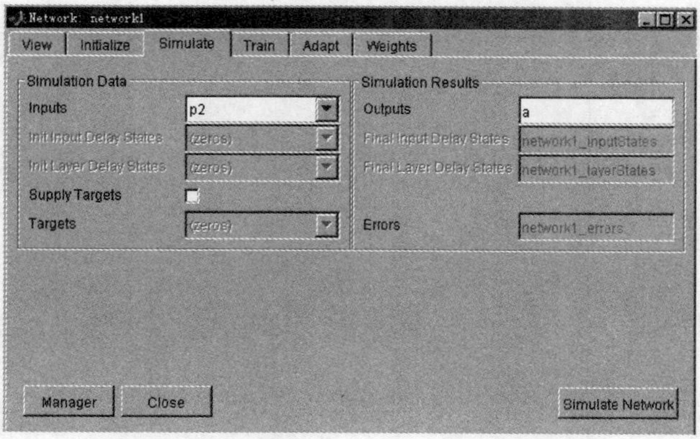

图 14.18 网络仿真

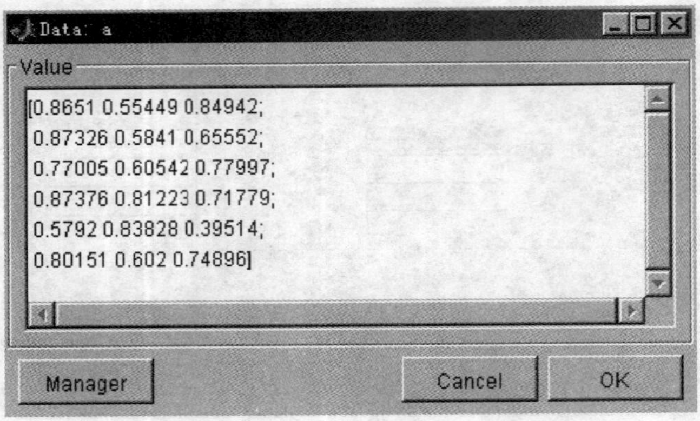

图 14.19　仿真结果

表 14.2　反归一化后网络预测结果与实测结果比较

	组别	σ_b	$\sigma_{0.2}$	δ	Ψ	a_{ku}	HRC
实验值	1	1 825	1 500	12.5	62.5	67	51.2
	2	1 668	1 230	13.0	51.0	109	46.0
	3	1 820	1 430	13.0	59.0	93	50
网络预测值	1	1 820	1 486	12.6	61.5	81.5	49.9
	2	1 679	1 300	13.5	59.1	111	48.3
	3	1 816	1 406	13.7	55.4	60.5	49.5

⑦分析误差。

6. 讨论题

误差产生的原因及如何减小误差。

参考文献

[1] 杨浩. 模型与算法. 北京:北方交通大学出版社,2002.

[2] 郭齐胜,董志明,李亮,等. 系统建模与仿真. 北京:国防工业出版社,2007.

[3] 许鑫华,叶卫平. 计算机在材料科学中的应用. 北京:机械工业出版社,2003.

[4] 周开利,康耀红. 神经网络模型及其 MATLAB 仿真程序设计. 北京:清华大学出版社,2005.

[5] 赵选民. 试验设计方法. 北京:科学出版社,2006.

[6] Ashby M F. 材料问题物理模型的建立. 力学进展,1993,23(4):560-573.

[7] 姬书得. 水轮机转轮焊接残余应力调控措施的虚拟优化[D]. 哈尔滨:哈尔滨工业大学,2006.

[8] 何晓群. 回归分析与经济数据建模. 北京:中国人民大学出版社,1997.

[9] 郑明译. 例解回归分析. 3 版. 北京:中国统计出版社,2004.

[10] 何晓群,刘文卿. 应用回归分析. 北京:中国人民大学出版社,2001.

[11] 朱伟勇. 最优设计在工业中的应用. 沈阳:辽宁科学技术出版社. 1993.

[12] 张成军. 实验设计与数据处理及其应用. 哈尔滨:哈尔滨工程大学出版社,2000.

[13] 周复恭. 应用线性回归分析. 北京:中国人民大学出版社,1989.

[14] 何晓群,刘文卿. 应用回归分析. 北京:中国人民大学出版社,2001.

[15] 朱伟勇. 最优设计在工业中的应用. 沈阳:辽宁科学技术出版社. 1993.

[16] 曹雷,宗培,彭飞. 10CrNi3MoV 船用钢屈服强度检验异常结果的界定. 船舶工程,2004,26(3):76-79.

[17] 马伟民,闻雷,管仁国. Al2O3/ZrO2(Y203)复合材料的可靠性、磨损形态及其切削耐用度. 中国有色金属学报,2007,17(2):270-276.

[18] 车建明. C/Cu 材料耐磨损设计准则研究中的均匀设计与回归分析. 机械设计,2001(6):6-8.

[19] 徐彦,赵金城. Q235 钢在不同应力—温度路径下材料性能的试验研究和本构关系. 上海交通大学学报,2004,38(6):967-971.

[20] 宁爱林,刘志义,冯春,等. 回归时间对 RRA 处理超高强铝合金力学性能的影响. 材料研究学报,2008,22(4):357-362.

[21] 雷毅,郭建良,张雁翔. 基于 UHMWPE/nano—ZnO 复合材料摩擦特性的正交试验及回归分析. 中国石油大学学报,2006,30(4):86-89.

[22] 孙志超,杨合,沈昌武. 基于逐步回归法的 TA1 5 钛合金本构模型的建立. 锻压技术,

2008,33(2):110-115.

[23] 邹锋,韩薇,龙康,等.线性回归法进行 Kelvin 电位测试.腐蚀科学与防护技术,1995,7(1):17-22.

[24] 徐颖,李明利,赵选民,等.响应曲面回归分析法——一种新的回归分析法在材料研究中的应用.稀有金属材料与工程,2001,30(6):428-432.

[25] 李云,郭建亭,袁超,等.用多元线性回归法预测镍基高温合金的抗氧化性.材料研究学报,2003,17(6):659-664.

[26] 刘战杰,张海军,钟香崇.逐次回归分析法研究刚玉/β. Sialon 复合材料粒度组成与烧结性能的关系.无机材料学报,2005,20(1):239-244.

[27] 张新平,于思荣,何镇明,等.Ti 合金在人工体液中的电化学腐蚀动力学参数.特种铸造及有色合金,2002(6):5-7.

[28] 王海鹏,陈新文,李晓骏,等.玻璃纤维复合材料不同温度条件拉伸强度统计分布.材料工程,2008(7):76-78.

[29] 杨海峰,周新宇,张洪波,等.滑动轴承材料摩擦因数预测的 2 种方法.中国表面工程,2002(3):27-32.

[30] 钟珞,饶文碧,邹承明.人工神经网络及其融合应用技术.北京:科学出版社,2007.

[31] Fredric M Ham,Ivica Kostanic.神经计算原理.叶世伟,王海娟,译.北京:机械工业出版社,2007.

[32] 刘金.人工神经网络在材料加工中的应用[D].长春:吉林大学,2007.

[33] 洪伟,吴承祯.试验设计与分析 原理 操作 案例.北京:中国林业出版社,2004.

[34] 苏均和.试验设计.上海:上海财经大学出版社,2005.

[35] 王万中.试验的设计与分析.北京:高等教育出版社,2005.

[36] 陈魁.试验设计与分析.北京:清华大学出版社,2005.

[37] 马成良,张海军,李素平.现代试验设计优化方法及应用.郑州:郑州大学出版社,2007.

[38] 沈邦兴,文昌俊.实验设计及工程应用.北京:中国计量出版社,2005.

[39] 刘文卿.实验设计.北京:清华大学出版社,2005.

[40] 马希文.正交设计的数学理论.北京:人民教育出版社,1981.

[41] 方开泰.均匀设计与均匀设计表.北京:科学出版社,1994.

[42] 方开泰.正交与均匀试验设计.北京:科学出版社,2001.

[43] 刘婉如,徐信之.参数设计与容差设计.北京:国防工业出版社,1988.

[44] 王丰.相似理论及其在传热学中的应用.北京:高等教育出版社,1990.

[45] 禹华谦.工程流体力学.北京:高等教育出版社,2004.

[46] 孔珑. 工程流体力学. 2 版. 北京:中国电力出版社,2003.
[47] 董湘怀. 材料成形计算机模拟. 北京:机械工业出版社,2003.
[48] 辛啟斌. 材料成形计算机模拟. 北京:冶金工业出版社,2006.
[49] 张长春. 材料成形工艺学. 长春:吉林大学出版社,2005.
[50] 朱加铭,欧贵宝,何蕴增. 有限元与边界元法. 哈尔滨:哈尔滨工程大学出版社,2002.
[51] 聂武,孙丽萍. 船舶计算结构力学. 哈尔滨:哈尔滨工程大学出版社,2000.
[52] 金在律,谢祚水,古长江. 船舶计算结构力学. 大连:大连理工大学出版社,1990.
[53] 王瑁成,邵敏. 有限单元法基本原理和数值方法. 北京:清华大学出版社,1997.
[54] Upadhyaya G S, Dube R K. Problem in Metallurgical Thermodynamics and Kinetics. Pergamon Press, Oxford, New York, 1977.
[55] Lukas H L, Weiss J, Henig E-TH. CALPHAD, 1983(7): 229.
[56] Chen S L, Chou K-C, Chang Y A. CALPHAD, 1993(17): 237, 287.
[57] Dinsdale A T. CALPHAD, 1991(15): 317-425.
[58] Mats Hillert. 合金扩散与热力学. 赖和贻,刘国勋,译. 北京:冶金工业出版社,1982.
[59] Redlich O, Kister A. Ind. Eng. Chem. Res., 1948(40): 345-48.
[60] Hildebrand J H, Amer J. Chem. Soc, 1929(51): 66.
[61] Pelton A D, Thompson W T, Prog. Solid State Chem. 1975, vol. 10, part 3, 119.
[62] Hardy H K. Acta Metall, 1953(1), 1954(202); 1956(2).
[63] Sommer F, Metallkd Z, 1982(73): 76.
[64] Sommer F, Metallkd Z, 1982(73): 77.
[65] Hillert M, Stanffasson L I. Acta. Chem. Scand. 1970(24): 361.
[66] Sundman B, Jansson B, Phys J. Chem. Sol, 1981(42): 297.
[67] Ansara I, Chart T G, Guillermet A F, et al. CALPHAD, 1997(21): 171.
[68] Hillert M, Jansson B, Sundman B, Z. Metallkd, 1988(79): 81.
[69] Hillert M, Jansson B, Sundman B, et al. Metall. Trans. 1985(16): 661.
[70] Inden Proc g. CALPHAD V. Max. Plank Inst. Eisenforschung, Düsseldorf, 1976: 1-13.
[71] Hillert M, Jarl M. CALPHAD, 1978(2): 11-21.
[72] Kohler F, Monatsh fur Chemic, 1960(91): 783.
[73] Colinet C. Fac. Des. Sci., Univ. Grenoble 1, Press, France, 1967.
[74] Muggiann Y M, Gambino M, Bros I P. J. Chemic Physique, 1975(72): 83.
[75] Toop G M. Trans. Met. Soc. AIME, 1965(233): 850.

[76]　Hillert M. CALPHAD,1980(4):1.

[77]　Kubaschewski O,Alcock C B,Spercer P J. Metallurgical Thermohemistry,5th Ed.,Pergamn Press,Lodon,NewYork,1979.

[78]　Saunders N,Miodownik A P. CALPHAD (Calculation of Phase Diagrams):A comprehensive guide,Cambridge,1998.

[79]　Van Laar J J,Physik Z. Chem. 1908(63):216;1908(64):257.

[80]　Merjering J L. Philips. Res. Rept,1948(3):281.

[81]　Kaufman L,Bernstain H. Computer Calculation of Phase Diagram. Academic Press,New York,1970.

[82]　Sundman B,Jansson B,Andersson J－O. Calphad,1985(9):90－153.

[83]　Lukas H L,Henig E－Th,Zimmermann B. CALPHAD,1977(1):36－155.

[84]　Patrice Turchi. Thermodynamics of Materials from Ab Initio to Phenomenology,12th National Symposium on Phase Diagrams,Materials Design and its Applications Shenzhen,2004(10):24－28.

[85]　Olson G B. Computational Design of Hierarchically Structured Mterials. Science,1997(277)Iss. 5530; 1237.

[86]　Zhang Y L,Liu H S,Jin Z P. Calphad,2001(25):305－317.

[87]　Liu L B, Andersson C, Liu J, et al. Advances in Electronic Packaging, 2003(1): 45－141.

[88]　Liu L B,Andersson C,Liu J. J. Electronic Material,2004(33):935－939.

[89]　Liu L B,Hertzman S,Pettersson R,et al. IM. 2002－524,Swedish Institute of Metal Research.

[90]　Grobner J,Schmid－Fetzer R. Journal of Alloys and Compounds,2001(320):296－301.

[91]　Grobner J,Kevorkov D,Schmid－Fetzer R,CALPHAD Approach in the Focused Design of Magnesium Alloys,Materials Design Approaches and Experiences,J. C. Zhao. M. Fahrmann,T. Pollock(eds.),TMS,Warrendale,2001:241－253.

[92]　栾贻国. 材料加工中的计算机应用基础. 哈尔滨:哈尔滨工业大学出版社,2005.

[93]　栾贻国. 材料加工中的计算机应用技术. 哈尔滨:哈尔滨工业大学出版社,2005.

[94]　刘庄,吴肇基,吴景之,等. 热处理过程的数值模拟. 北京:科学出版社,1996.

[95]　徐瑞. 材料科学中数值模拟与计算. 哈尔滨:哈尔滨工业大学出版社,2005.

[96]　闫金. 铸造充型过程的计算机模拟[D]. 昆明:昆明理工大学,2004.

[97]　万柳军,张辉,荆涛. 低压铸造汽车轮毂充型过程数值模拟研究. 热加工工艺,2005

(12):27-29.

[98] 朱爱民. 流体力学基础. 北京:中国计量出版社,2004.

[99] 李忠华. 流体力学. 沈阳:东北大学出版社,2004.

[100] 程万里,熊守美,柳百成. 低压铸造过程充型模拟简化模型的研究. 铸造,2003,52(8):609-612.

[101] 曹辉. 铸件凝固过程的数值模拟方法研究[D]. 大连:大连理工大学,2003.

[102] 张奕. 传热学. 南京:东南大学出版社,2004.

[103] 贾力. 高等传热学. 北京:高等教育出版社,2003.

[104] 荆涛. 凝固过程数值模拟. 北京:电子工业出版社,2002.

[105] 杨全,张真. 金属凝固与铸造过程数值模拟. 杭州:浙江大学出版社,1996.

[106] 张占领,杨留栓,李会强. ZA27 合金凝固过程数值模拟. 铸造技术,2003,24(4):277-279.

[107] 廖敦明,刘瑞祥,陈立亮,等. 曲轴铸件的充型和凝固模拟. 铸造,2001(10):27-29.

[108] 徐宏,侯华,赵宇宏,等. 铸造合金凝固模拟潜热处理综合模型研究. 铸造纵横,2004(4):29-31.

[109] 程军. 计算机在铸造中的应用. 北京:机械工业出版社. 1993.

[110] 程伟良. 广义专家系统. 北京:北京理工大学出版社,2005.

[111] 夏兴川,李日,刘文开. 专家系统及在铸造生产中的应用与展望. 中国铸造装备与技术,2007(5):6-9.

[112] 王春伟,王强,赖炼. 铸件缺陷分析诊断专家系统. 特种铸造及有色合金,2002(2):17-19.

[113] 刘强,蒋玉明,杨屹,等. 铸造工程专家系统技术的研究现状及进展. 铸造技术,2002(2):77-80.

[114] 王世滨. 铸造数值模拟技术及其在典型铸钢件中的应用[D]. 哈尔滨:哈尔滨工程大学,2008.

[115] 汪建华. 焊接数值模拟技术及其应用. 上海:上海交通大学出版社,2003.

[116] 张彦华. 焊接力学与结构完整性原理. 北京:北京航空航天大学出版社,2007.

[117] 武传松. 焊接热过程与熔池形态. 北京:机械工业出版社,2008.

[118] 李鸿. 预测船体分段焊接变形方法概述. 船舶工程,2005(5).

[119] 闫洪,周天瑞. 塑性成形原理. 北京:清华大学出版社,2006.

[120] 德国亚琛工业大学塑性成形研究所,北京科技大学压力加工系,机械部北京机电研究所. 金属塑性加工计算机模拟中德研讨会论文集(上). 北京:[出版者不详],1996.

[121] Saeed Moaveni. FINITE ELEMENT ANALYSIS Theory and Application with ANSYS. Pearson Education, Inc. 2003.

[122] 尚涛,石端伟,安宁,等. 工程计算可视化与 MATLAB 实现. 武汉:武汉大学出版社,2002.

[123] 陈火红,于军泉,席源山. MSC. Marc/Mentant 2003 基础与应用实例. 北京:科学出版社,2004.

[124] 陈火红,祁鹏. MSC. Partran/Marc 培训教程和实例. 北京:科学出版社,2004.

[125] 张国英,张辉,曾梅光. 新型钢材料强韧性与微结构. 北京:科学出版社,2005.

[126] 杨鼎宁. 中国 CAE 的创新实践. 中国制造业信息化,2008(8).

[127] 杨鼎宁,邹经湘,盖登宇. 计算机辅助工程(CAE)及其发展. 力学与实践,2005(6).